SCHÄFFER
POESCHEL

Péter Horváth (Hrsg.)

Organisationsstrukturen und Geschäftsprozesse wirkungsvoll steuern

2005
Schäffer-Poeschel Verlag Stuttgart

Herausgeber:
Univ.-Prof. Dr. Péter Horváth
Aufsichtsratsvorsitzender der Horváth AG/Universität Stuttgart

Redaktion:
Dipl.-Kfm. techn. Elmar A. Dworski, M.B.A.
Doktorand der International Performance Research Institute gGmbH und Projektleiter des Stuttgarter Controller-Forums

Bibliografische Information Der Deutschen Bibliothek
Die Deutsche Bibliothek verzeichnet diese Publikation in der Deutschen Nationalbibliografie; detaillierte bibliografische Daten sind im Internet über <http://dnb.ddb.de> abrufbar.

Gedruckt auf chlorfrei gebleichtem, säurefreiem und alterungsbeständigem Papier

ISBN-10: 3-7910-2453-1
ISBN-13: 978-3-7910-2453-0

www.schaeffer-poeschel.de
info@schaeffer-poeschel.de

Einbandgestaltung: Willy Löffelhardt (Foto: Westrich/laif)
Satz: DTP + TEXT Eva Burri, Stuttgart
www.dtp-text.de
Druck und Bindung: Kösel, Krugzell
www.koeselbuch.de
Printed in Germany
September/2005

Schäffer-Poeschel Verlag Stuttgart
Ein Tochterunternehmen der Verlagsgruppe Handelsblatt

Vorwort

Lange Jahre stand das Bild des Steuermanns sinnbildlich für das Controlling. Oben auf der Kommandoebene – in unmittelbarer Nähe des Kapitäns – hielt der Controller das Ruder fest in seinen Händen und navigierte das Unternehmensschiff sicher durch die Wellen. In den letzten Jahren haben wir uns sehr viel damit beschäftigt, die Aufgaben dieses Mannes bzw. dieser Frau am Steuerruder besser kennen zu lernen: Tätigkeiten, Verantwortlichkeiten und natürlich die Instrumente, um die vorgegebenen Ziele und Strategien auch effizient umzusetzen.

Allerdings müssen wir nun auch den veränderten Bedingungen Rechnung tragen. Um bei dem Bild zu bleiben: Die großen Kähne haben sich oft zu Flotten kleiner und beweglicher Schiffe gewandelt. Außerdem zeigt die See seit einigen Jahren ihr raueres Gesicht und die Instrumente zum Navigieren sind vielfältiger und komplexer geworden. Das einzig Beständige ist die Aufgabe des Controllers – nämlich das Schiff auf Kurs zu halten. Mit anderen Worten: effizient auf ein Ziel zu steuern und effektiv eine Strategie umzusetzen. Dazu braucht es neue, spezifische Steuerungskonzepte wie sie innovative Organisationsstrukturen verlangen. Es gilt die Fragen zu beantworten, wie komplexen Unternehmensnetzwerken eine Richtung gegeben werden kann, die in allen Bereichen einheitlich verfolgt wird. Und es geht vor allem darum, die bereichsübergreifenden Geschäftsprozesse erfolgreich zu managen.

Wenn Sie diesen Tagungsband zur Hand nehmen, werden Sie feststellen, dass es kein einzelnes, zentrales »Topthema« gibt. Wir haben bewusst darauf verzichtet! Vielmehr fächern wir die Inhalte auf, um so der gestiegenen Unternehmens- und Themenkomplexität zu begegnen. Der erste Teil dieses Bandes – *Innovative Organisationsstrukturen und Geschäftsprozesse wirkungsvoll steuern* – gliedert sich in drei Unterbereiche auf: *Konzerncontrolling, Process Performance Management* und *Management und Controlling im Wandel*. Es erwarten Sie inspirierende Praxisberichte und innovative Umsetzungen theoretischer Gedanken sowie Best-Practice-Lösungen aus den unterschiedlichsten Bereichen und Unternehmen.

Im zweiten Teil dieses Tagungsbandes befassen sich die Beiträge mit der *Steuerung öffentlicher Organisationen*. Auch in diesem Jahr wollen wir versuchen, die Kluft zwischen administrativem und marktwirtschaftlichem Denken zu verringern. In den Beiträgen zeigen wir auf, wie Controlling-Tools in der öffentlichen Verwaltung Nutzen stiftend eingesetzt werden können – zum Beispiel beim kommunalen Standortmanagement oder bei der Strategieumsetzung im Rahmen von Public Private Partnerships.

Die Autoren lassen uns intensiv an ihren Ideen und Erfahrungen teilhaben. Dafür möchte ich allen meinen tiefsten Dank aussprechen – vor allem auch für ihre Mitarbeit und ihre Flexibilität bei der Erstellung dieses Tagungsbandes.

Mein ganz persönlicher Dank geht innerhalb der Redaktion an Herrn *Elmar A. Dworski*. Er hat mit viel persönlichem Einsatz und Engagement diesen Tagungsband vorangetrieben und immer den Blick für das Ganze behalten. Ebenfalls geht mein Dank an die Redaktionsmannschaft: Frau *Julia Haag*, Herrn *Torsten Schäfer* und Herrn *Florian Vetter*. Sie haben gemeinsam die sprachliche Überarbeitung vorgenommen und die Korrekturen eingearbeitet. Auch bei Frau Ass. jur. *Marita Rollnik-Mollenhauer* vom *Schäffer-Poeschel Verlag* möchte ich mich bedanken. Sie unterstützte uns wie immer tatkräftig bei der Realisierung und war für die reibungslose Umsetzung verantwortlich.

Stuttgart im Juli 2005 Univ.-Prof. Dr. Péter Horváth

Inhaltsverzeichnis

I. Innovative Organisationsstrukturen und Geschäftsprozesse wirkungsvoll steuern

Aktuelle Herausforderungen und Lösungsansätze der internationalen Konzernsteuerung bei Volkswagen

Hans D. Pötsch*

* Hans D. Pötsch, Mitglied des Vorstandes, Volkswagen AG, Wolfsburg.

1 Herausforderungen

Die weltwirtschaftlichen Rahmenbedingungen haben sich insbesondere für die deutsche Automobilindustrie in den vergangenen Jahren nicht so positiv entwickelt, wie es die Branche erwartet und erhofft hat. Hervorzuheben sind hier die ungünstigen Wechselkursrelationen wesentlicher Währungen, gestiegene Rohstoffpreise und die angespannte Wettbewerbssituation auf wichtigen Märkten. Letztere ist gekennzeichnet von Rabattschlachten einer Reihe von Konkurrenten.

Der *Volkswagen Konzern* unternimmt verstärkt Anstrengungen, sich von diesen äußeren Einflüssen unabhängiger zu machen, u. a. durch das Einsparungs- und Leistungssteigerungsprogramm »ForMotion«. Dieses ist inzwischen über die Berichterstattung in den Medien weithin bekannt. Grundsätzlich gilt es, den *Volkswagen Konzern* mit ausgereiften Produkten, robusten Prozessen und exzellenten Kundenbeziehungen für den Wandel der Märkte und Kundenwünsche richtig aufzustellen.

Wird beispielsweise das Kaufverhalten der Kunden betrachtet, so stößt man schnell auf die sich weiter öffnende Schere zwischen steigenden durchschnittlichen Haltungskosten für Fahrzeuge – verursacht etwa durch höhere Aufwendungen für Kraftstoffe, Versicherungen und Service – und gleichzeitig nur schwach wachsenden Nettoeinkommen der Haushalte.

Während noch in den 80er und 90er Jahren ein stetiger Zuwachs der durchschnittlichen Kaufkraft im mittleren Einkommenssegment zu beobachten war, weist diese seitdem eine rückläufige Tendenz auf. Dies führt zu einer Spreizung der Käufersegmente in die höheren und niedrigeren Einkommensschichten – der Mittelstandsbauch wird zu einer Mittelstandstaille.

Dieser Entwicklung ist Rechnung zu tragen. Als Hersteller gilt es, sowohl Premiumansprüchen gerecht zu werden, als auch Lösungen für das preissensible Volumengeschäft anbieten zu können. Die Mehrmarkenstrategie des *Volkswagen Konzerns* bietet hierfür eine hervorragende Grundlage.

Gleichzeitig ändern sich auch die Kundenansprüche. Die immer differenzierteren Bedürfnisse der Kunden und ihr Wunsch nach mehr Individualität und Innovationen bei steigenden Qualitätsansprüchen führten in den vergangenen Jahren zu einer Fragmentierung der Produktsegmente. Bei nur mäßig steigenden Marktvolumen steigt die Anzahl der Modelle deutlich überproportional. Die Folge ist ein im Durchschnitt geringeres Volumen pro Fahrzeugmodell.

So kam es seit 1992 zu einer Verdoppelung der Produktsegmente und damit auch zu einer entsprechenden Zunahme an Modellen.

Dabei ist zu beachten, dass sich der *Volkswagen Konzern* als Mobilitätsanbieter versteht, sich entlang der kompletten Wertschöpfungskette rund um das Automobil positioniert und die einzelnen Wertschöpfungsstufen in Form von Centers of Excellence abbildet. Kontinuierlich zunehmende Bedeutung gewinnt dabei der Bereich After Sales, in dem rund zwei Drittel des Gewinnpotenzials eines Automobils anfallen.

Den Herausforderungen des Marktes bzw. des Wertschöpfungssystems begegnet *Volkswagen* mit einer umfassenden Strategie, in der die Kernkompetenzen und Kernprozesse klar herausgearbeitet sind. Der Fokus liegt auf der Integration und optimalen

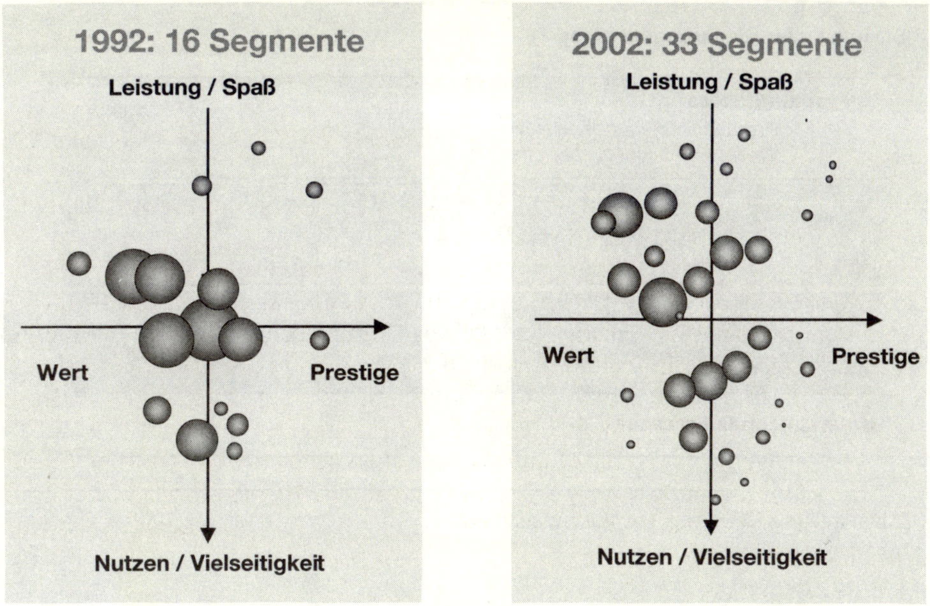

Abb. 1: Entwicklung der Produktsegmente

Abstimmung des Know-hows und der Prozesse. Dadurch lassen sich Synergien in einem Konzern dieser Größenordnung zum Wohle aller Stakeholder erzielen.

Im Mittelpunkt steht dabei immer der Kunde, vor dem die Produkte und die damit verbundenen Dienstleistungen bestehen müssen. Im Idealfall ergänzen und verdichten sie sich zu einem einheitlichen positiven Gesamteindruck. Die Entwicklung reifer Produkte sowie die Vernetzung von fahrzeug- und kundenbezogenen Services, wie z. B. Versicherungen und Mobilitätsgarantien, sind wesentliche Voraussetzungen für die Schaffung exzellenter Kundenbeziehungen.

Volkswagen – ein globaler Mobilitätskonzern auf lokalen Märkten für individuelle Kunden!

2 Finanzielles Zielsystem

Grundvoraussetzung für eine klare Ausrichtung und effiziente Steuerung des *Volkswagen Konzerns* ist ein eindeutiges, transparentes Zielsystem. *Volkswagen* hat sich entschieden, die Marken und Gesellschaften ganzheitlich mit einem wertorientierten Ansatz zu steuern.

Dafür hat *Volkswagen* mit dem Economic Value Added (EVA®) eine an den Kapitalkosten und dem operativen Ergebnis ausgerichtete Steuerungsgröße definiert, die den

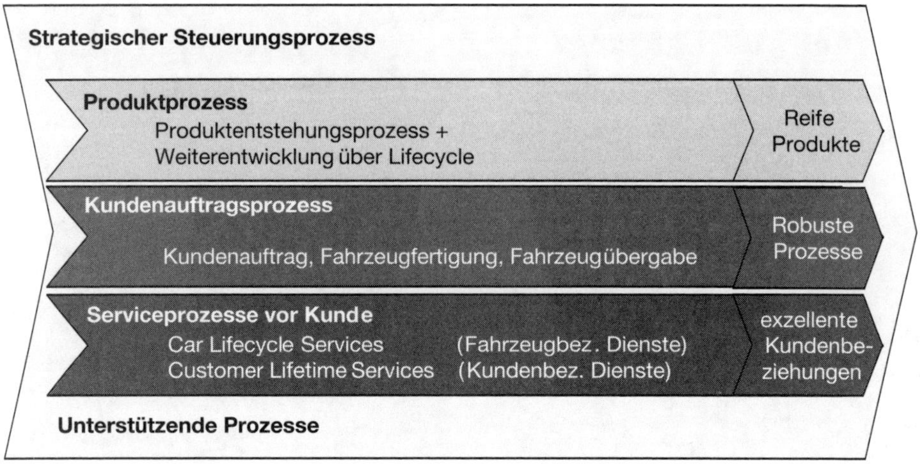

Abb. 2: Darstellung Kernprozesse *Volkswagen AG*

Erfolg des Konzerns in seiner Gesamtheit, seinen Geschäftseinheiten, aber auch seinen einzelnen Produkten und Projekten bemisst.

Mit der Entwicklung und Einführung des wertorientierten finanziellen Steuerungskonzepts berücksichtigt *Volkswagen* eine vom Kapitalmarkt und von uns selbst geforderte Mindestverzinsung von 9 %.

Durch das sukzessive Herunterbrechen der Steuerungsgröße EVA® sowie des Renditeanspruchs von 9% RoI auf die einzelnen Marken, Märkte und Produkte, werden die Ziele aufeinander abgestimmt.

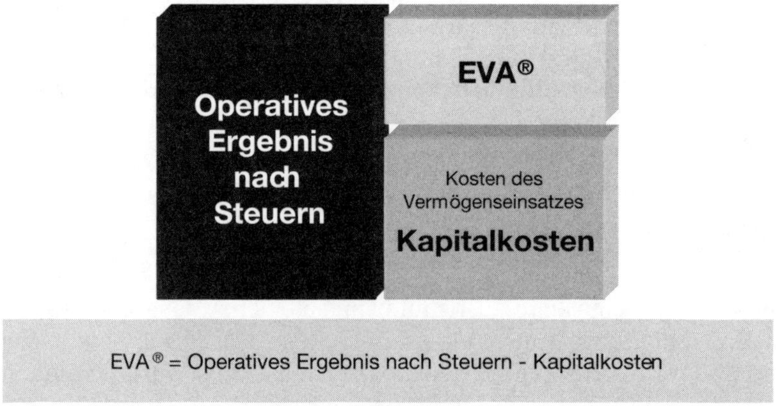

Abb. 3: Finanzielles Zielsystem Volkswagen AG

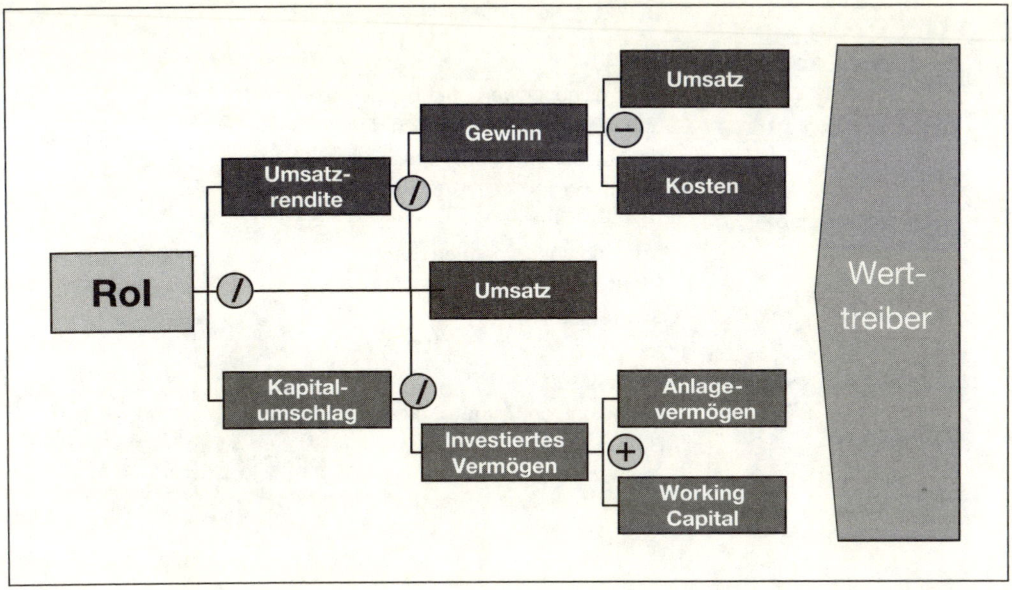

Abb. 4: Werthebel und Werttreiber

Die strukturierte Analyse durch den Einsatz des Werthebelbaumes zeigt dem Management die jeweiligen Werthebel im operativen Ergebnis und beim investierten Vermögen auf. Für die daraus ableitbaren Handlungsfelder gilt es, die entsprechenden Werttreiber mit Maßnahmen zu unterlegen.

Über diese Mindestverzinsung des eingesetzten Kapitals hinaus wird ein möglichst hoher Wertzuwachs des Konzerns und seiner Teilbereiche angestrebt, der allen Anspruchsgruppen des Unternehmens zugute kommt. Ein solcher Wertzuwachs sichert langfristig die unternehmerische Handlungsfreiheit und damit sowohl den Bestand als auch die Unabhängigkeit von *Volkswagen*. Das Risiko aus der Entwicklung neuer Produkte und der Erschließung weiterer Geschäftsfelder wird damit erst wirklich tragbar.

3 Lösungsansätze

3.1 Produktprozess

Grundvoraussetzung für den Konzern-, Unternehmens- und Markenerfolg sind ausgereifte Produkte. Wesentliche Merkmale des Produktentstehungsprozesses sind immer kürzer werdende Entwicklungszeiten und Entwicklungskosten, die i. d. R. unter denen der Vorgängermodelle liegen.

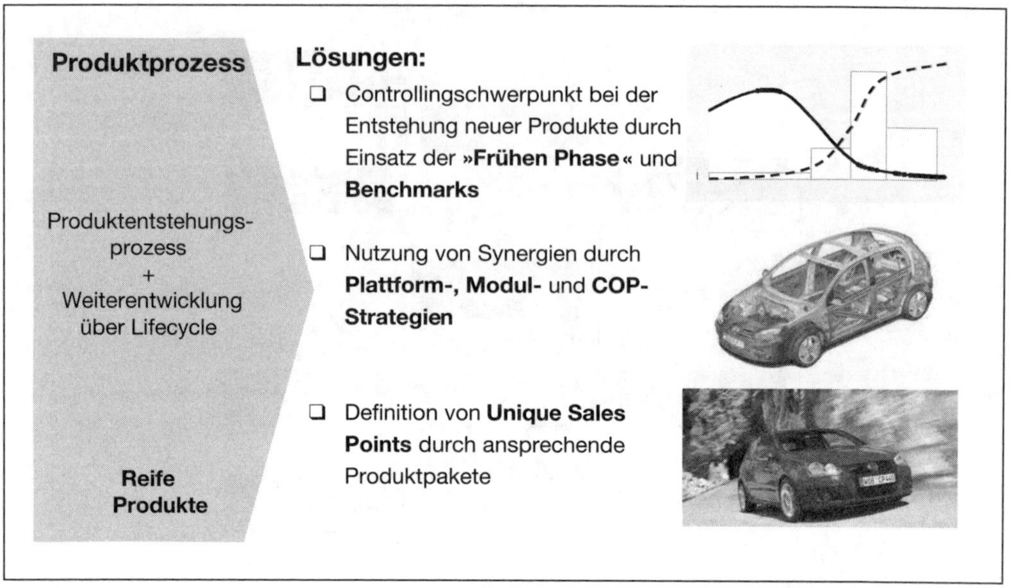

Abb. 5: Produktprozess

Dies kann nur durch frühzeitiges Eingreifen im Produktentstehungsprozess und durch den ständigen Vergleich mit internen und externen Benchmarks, d. h. mit den besten und effizientesten Lösungen, geschehen. Allerdings muss der Prozess auch zu einem klar definierten Zeitpunkt eingefroren werden, um durch die dafür nötige Disziplin spätere und damit teure Änderungen auszuschließen.

Bei *Volkswagen* gilt es daher, in der »frühen Phase« des Produktentstehungsprozesses durch steuerndes Eingreifen Kosten zu vermeiden, statt sie zu einem späteren Zeitpunkt durch mühevolle Nacharbeit zu senken.

Die konsequente Nutzung von Synergien der Plattform-, Modul- und Carry-over-Parts (COP)-Strategie erschließt *Volkswagen* das dafür erforderliche Instrumentarium.

Am Ende der frühen Phase muss das richtige Produkt im optimalen Reifegrad an die Serienentwicklung übergeben werden. Fahrzeuge wie z. B. der Golf GTI verdeutlichen dabei, dass über den Erfolg einer »Unique Selling Proposition« am Ende des Tages einzig und allein der Kunde entscheidet (und damit auch, ob er dafür Geld ausgibt oder nicht).

3.2 Kundenauftragsprozess

Die ganzheitliche Sichtweise der Wertorientierung, über die Grenze von Funktionsbereichen und Gesellschaften hinaus, kommt beim übergreifend gesteuerten Kundenauftragsprozess zum Ausdruck, wie ihn Abbildung 6 schematisch darstellt.

Ein durchgängiges Supply Chain Management verbindet die einzelnen Prozessschritte vom Kundenauftrag (der Bestellung) bis zur Übergabe des Fahrzeuges an den Kunden.

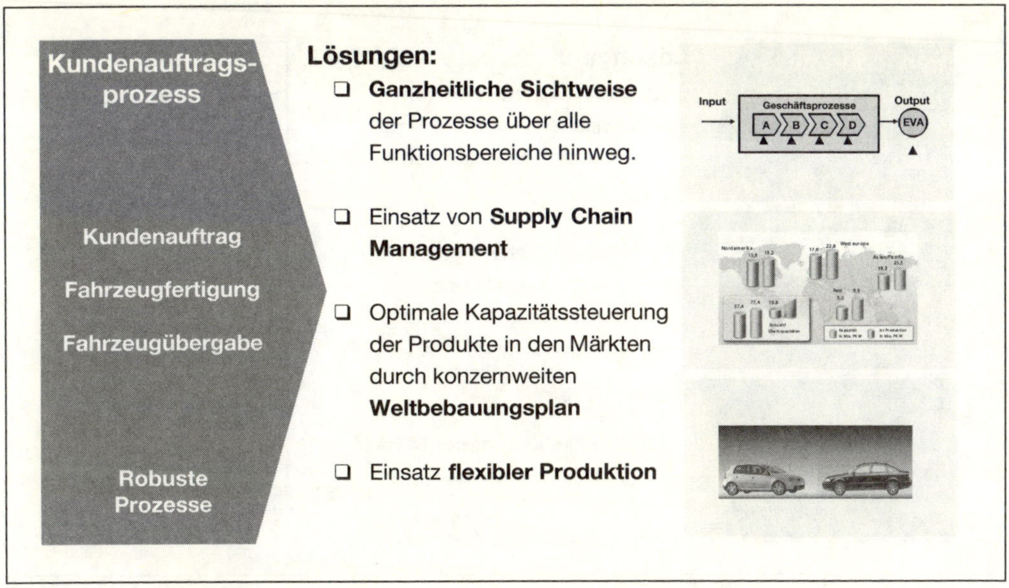

Abb. 6: Kundenauftragsprozess

Betriebswirtschaftlich steht dabei das Konzernoptimum im Mittelpunkt, indem durch zentrale Steuerung die Wertmaximierung in einzelnen Teilgesellschaften und Bereichen zu Lasten des Konzerns vermieden wird.

Dieses geht einher mit einem über alle 52 Standorte des Konzerns abgestimmten Weltbebauungsplan, der im ersten Schritt die jeweiligen Produkte für die einzelnen Märkte festlegt und in einem zweiten Schritt für eine optimale Steuerung der Standortbelegung sorgt.

Um mit der nötigen Flexibilität die durch die wechselnden Bedürfnisse der Kunden hervorgerufene Volatilität der Märkte steuern zu können, wurde bei *Volkswagen* ein Drehscheibenkonzept in der Produktion installiert. Je nach Bedarf können ausgewählte Standorte den zu fertigenden Fahrzeugmix – beispielsweise von Golf und Passat – zu 100 % variieren.

Dieses sorgt für eine kostenoptimale Personalauslastung und Nutzung der wirtschaftlichen Fertigungsmittel in den Standorten des *Volkswagen Konzerns*.

3.3 Serviceprozess vor Kunde

Das Thema Automobilität, wie es der *Volkswagen Konzern* in idealer und ausgereifter Weise repräsentiert, wird in Zukunft in noch stärkerem Maße als bisher durch Dienstleistungen rund um das Auto definiert. Die im Wettbewerbsvergleich einzigartigen Marken-, Produkt- und Serviceangebote (einzeln und in ihrer Kombination) des *Volkswagen Konzerns* bieten dafür die optimale Basis.

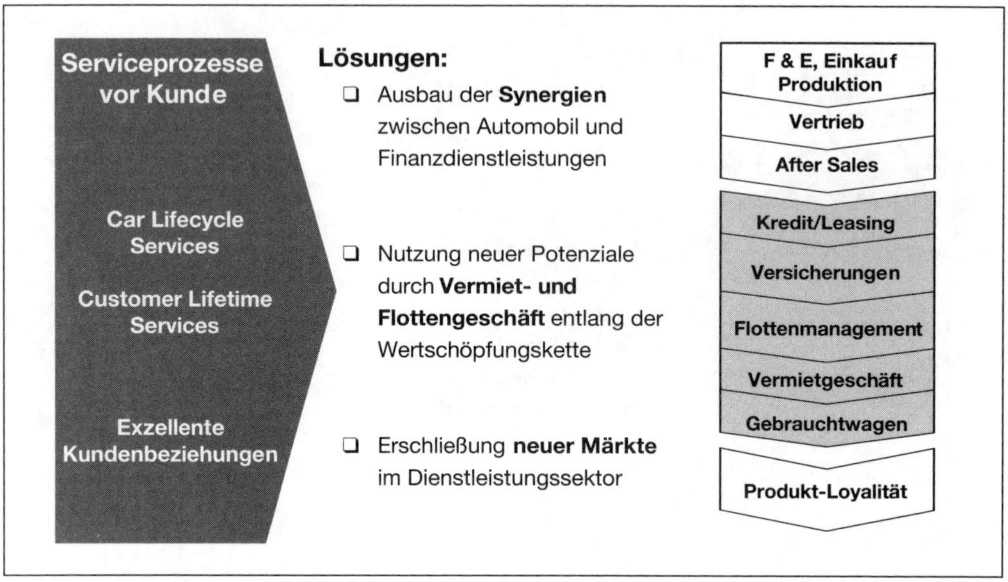

Abb. 7: Serviceprozesse vor Kunde

Das originäre Automobilgeschäft umfasst sowohl die Kreation, Entwicklung und Produktion als auch die Vermarktung und den Verkauf von Fahrzeugen.

Das zukunftsweisende Geschäftsfeld Lifecycle Services beinhaltet sowohl die fahrzeugbezogenen Dienstleistungen – wie Kundendienst und Original-Teile – als auch die kundenbezogenen Dienstleistungen, wie Finanzierung, Leasing (Langzeit), Vermietung (Kurzzeit) und Versicherungen.

Die konsequente Verzahnung dieser Aktivitäten entlang der skizzierten Wertschöpfungskette und die dadurch geschaffene Abbildung der eingangs erwähnten Automobilität in unserer Konzernstruktur sind Grundlage für das Erreichen der gesetzten Mindestrendite von 9 % Return on Investment.

Neue Entwicklungen im internationalen Konzerncontrolling am Beispiel Bosch – Durchgängige Konzernsteuerung

Gerhard Kümmel/Dr. Richard Watterott*

* Gerhard Kümmel, Geschäftsführer, Robert Bosch GmbH, Stuttgart;
Dr. Richard Watterott, Referent Internes Rechnungswesen, Robert Bosch GmbH, Stuttgart.

1 Entwicklung und Strategie der Bosch-Gruppe

Die *Bosch-Gruppe* hat ihren Umsatz in den vergangenen 10 Jahren auf 40,0 Mrd. EUR mehr als verdoppeln können (vgl. Abb. 1). Mit dem Unternehmensbereich Kraftfahrzeugtechnik, der mit einem Umsatzanteil von rund 63 % weiterhin die zentrale Position unter den Gesamtaktivitäten der *Bosch-Gruppe* einnimmt, ist *Bosch* 2004 erstmals umsatzstärkster Automobilzulieferer weltweit geworden.

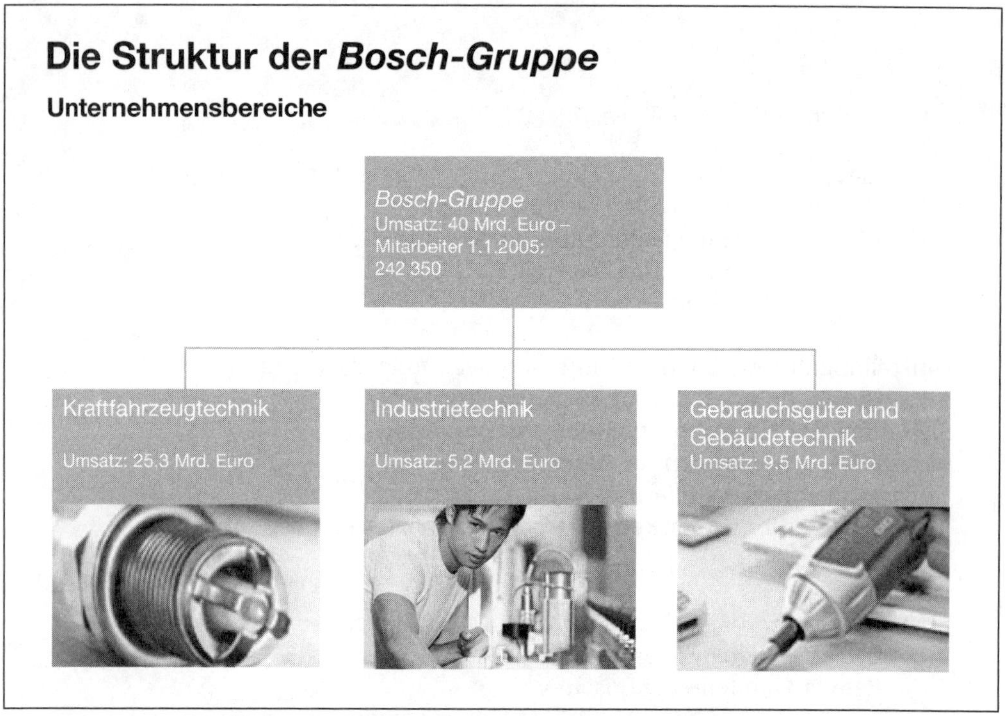

Abb. 1: Umsatz der *Bosch-Gruppe* 2004 nach Unternehmensbereichen

Um den Umsatzanteil der Bereiche Industrietechnik sowie Gebrauchsgüter und Gebäudetechnik zu erhöhen und damit die Unternehmensbereiche noch besser auszubalancieren, wurde in den letzten Jahren eine Reihe von Akquisitionen in diesen Bereichen getätigt. Die zwei größten seien im Folgenden erwähnt:

- Durch die Übernahme der *Mannesmann Rexroth AG* in 2000/2001 mit einem Umsatz von rund 3 Mrd. EUR und die Zusammenführung mit dem *Bosch*-Geschäftsbereich Automationstechnik entstand mit der *Bosch Rexroth AG* ein Unternehmen mit einer führenden Position auf dem Weltmarkt. Die Akquisition stärkte den Unternehmensbereich Industrietechnik nachhaltig und führte so zu einem dritten Standbein der *Bosch-Gruppe*.

- Durch den Erwerb der *Buderus AG* in 2003 mit einem Umsatz von rund 1,8 Mrd. EUR wurden die *Bosch*-Aktivitäten in der Thermotechnik optimal ergänzt. Die Heiztechnik-Aktivitäten in der *Robert Bosch GmbH (Junkers)* und die Heiztechnikaktivitäten der *Buderus AG* wurden in der *BBT Bosch-Buderus-Thermotechnik GmbH* zusammengeführt. Durch den Zukauf ist *Bosch* in der Thermotechnik zur Nummer eins in Europa geworden.

Die Unternehmensbereiche Industrietechnik und Gebrauchsgüter- und Gebäudetechnik tragen inzwischen mit 13 % bzw. 24 % zum *Bosch*-Gruppenumsatz bei. Es ist das Ziel, diese Anteile weiter zu erhöhen, ohne Wachstumsmöglichkeiten auf dem Gebiet der Kraftfahrzeugtechnik auszulassen.

Die Wachstumsstrategie der *Bosch-Gruppe* verfolgt ebenfalls den Ausbau des internationalen Geschäfts. Insbesondere werden die Wachstumspotenziale in Nord- und Südamerika, in der Region Asien-Pazifik sowie in Mittel- und Osteuropa genutzt (vgl. Abb. 2).

Im Zuge dieser Wachstumsstrategie sind auch die Investitionen in Sachanlagen gestiegen von rund 1,1 Mrd. EUR (5,7 % vom Umsatz) in 1995 auf 2,4 Mrd. EUR (6,1 % vom Umsatz) in 2004.

Motor des Wachstums eines technologieorientierten Unternehmens ist dessen Innovationskraft. Die Aufwendungen für Forschung und Entwicklung haben 2004 mit

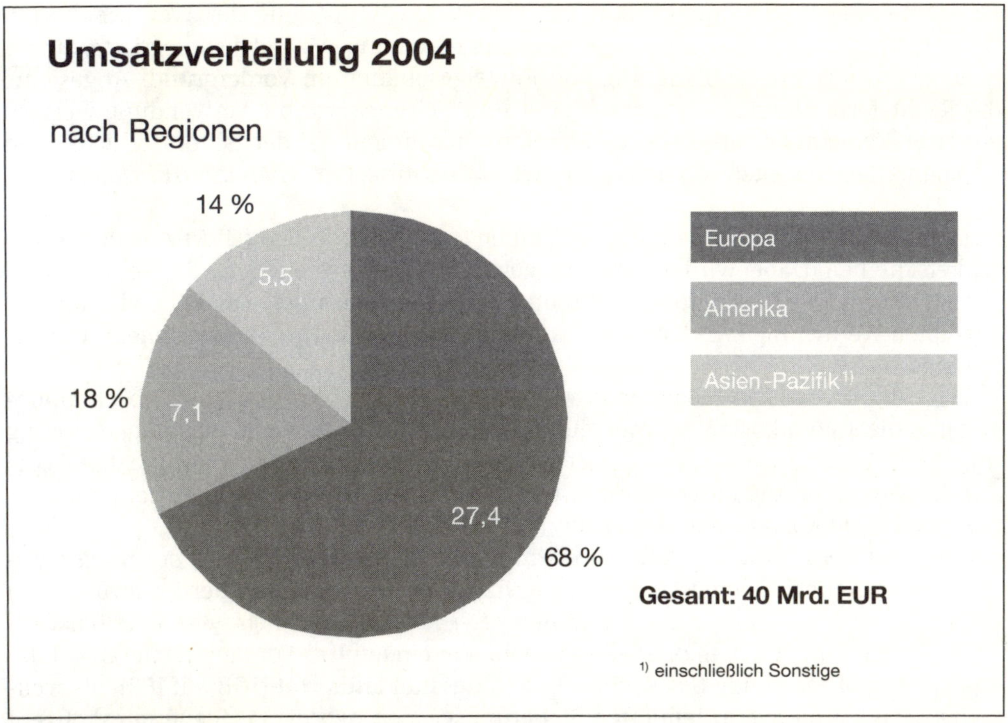

Abb. 2: Umsatz der *Bosch-Gruppe* 2004 nach Regionen

2,9 Mrd. EUR oder 7,2 % des Umsatzes einen neuen Rekordwert erreicht. In der Kraftfahrzeugtechnik, dem forschungs- und entwicklungsintensivsten Bereich, liegt die Quote sogar bei 9,4 %. In der *Bosch-Gruppe* sind mehr als 22.000 Mitarbeiter in Forschung und Entwicklung tätig.

2 Durchgängige Wertorientierte Unternehmenssteuerung

Das Wachstum der *Bosch-Gruppe*, die weitere Differenzierung der Bereiche mit unterschiedlichen Umsatzrenditen und Kapitalintensitäten, aber auch das Wettbewerbsumfeld mit wertorientiert steuernden Kunden, Wettbewerbern und Lieferanten führten dazu, dass die Bewertung des Erfolges und der Attraktivität der Bereiche nur mit der Umsatzrendite nicht mehr ausreichend war. Daher wurde 1999 der Beschluss getroffen, auch bei *Bosch*, mit einer Firmenverfassung als Stiftungsunternehmen, die Wertorientierte Unternehmenssteuerung einzuführen.

2.1 Das Wertorientierte Steuerungskonzept

Es wurde eine Projektorganisation zur weltweiten Einführung der Wertorientierten Unternehmenssteuerung eingerichtet. Bei den Zielsetzungen stand die integrierte, durchgängige Wertorientierte Steuerung von Einzelgeschäften im Vordergrund. Angesichts der Rechtsform und der Finanzierung der *Bosch-Gruppe* war die Verwendung wertorientierter Kennzahlen als Investor Relations Instrument an der Schnittstelle zu den Kapitalmärkten dagegen von untergeordneter Bedeutung (vgl. *Hoffmann/Kirchhoff* 2001, S. 112).

Diese Zielsetzungen ließen für *Bosch* einen Cash Value Added (CVA)-Ansatz vorteilhaft erscheinen. Dabei wird die Residualgewinngröße Wertbeitrag als Spitzenkennzahl zur Steuerung der Geschäfts- und Produktbereiche verwendet. Zur Relativierung der absoluten Wertbeiträge wird die Kapitalrendite Cash Flow Return on Investment (CFROI) herangezogen.

Die kalkulatorischen Elemente des CVA-Konzepts, die ökonomischen Abschreibungen und die Kapitalkosten, wurden durchgängig in der Kosten- und Leistungsrechnung und der Kalkulation verankert. Das Ziel, mit der Wertorientierten Steuerung den Fokus auf die Mittelbindung zu verstärken, wurde auf diese Weise über alle Hierarchieebenen bis in jede Kostenstelle umgesetzt (vgl. Abb. 3).

Seit 2002 werden die Geschäfts- und Produktbereiche der *Bosch-Gruppe* mittels wertorientierter Kennzahlen gesteuert. Das Konzept wurde auf Grund der Erfahrungen in der Anwendung an einigen Stellen weiterentwickelt und beispielsweise eine Barwertadjustierung für gemietete oder geleaste Objekte eingeführt. Vor dem Hintergrund der anstehenden Umstellung des Rechnungslegungsstandards von HGB auf IFRS als weltweite Basis für die wertorientierten Steuerungsgrößen, wurde das Steuerungskonzept noch einmal überprüft (vgl. Abb. 4).

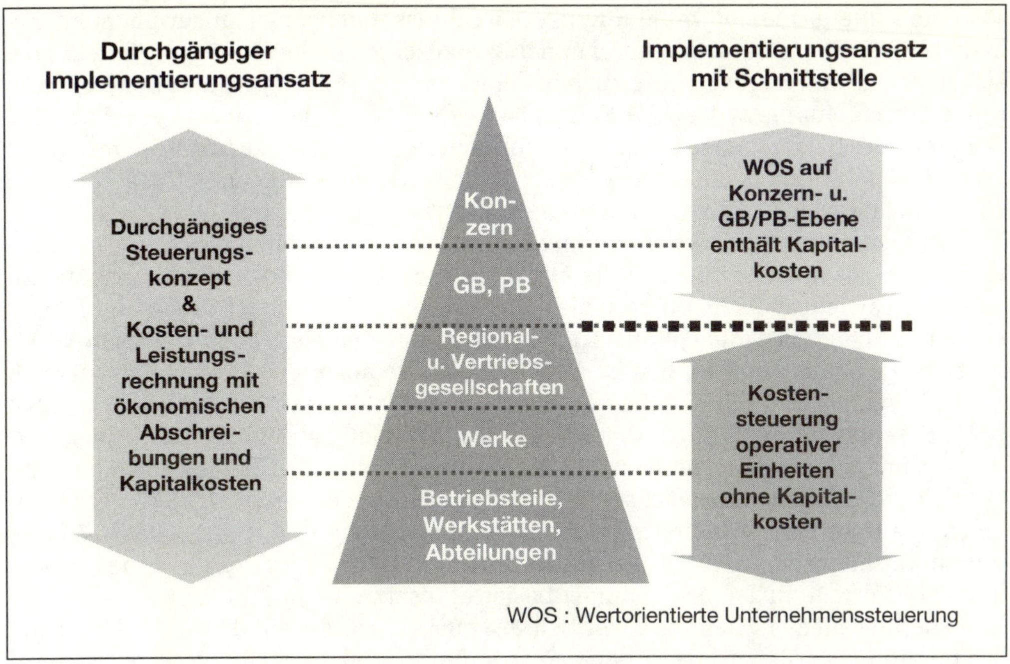

Abb. 3: Unterschiedliche Ansätze zur Implementierung Wertorientierter Steuerungskonzepte

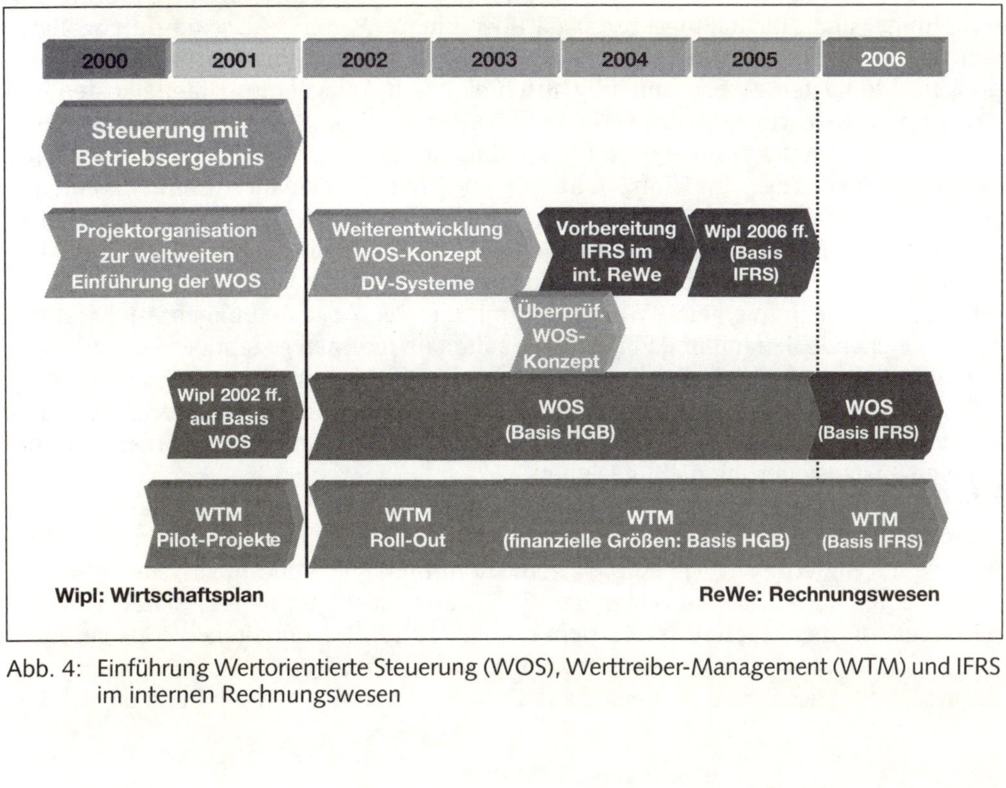

Abb. 4: Einführung Wertorientierte Steuerung (WOS), Werttreiber-Management (WTM) und IFRS im internen Rechnungswesen

Vor dem Hintergrund der im IFRS-Konzernabschluss durchgängig angewendeten linearen Abschreibungsmethoden für planmäßig abzuschreibende Vermögenswerte drängt sich die Frage auf, ob nicht diese auch in der internen Steuerung anstelle der ökonomischen Abschreibungen des CVA-Konzepts verwendet werden sollten. Die Vor- und Nachteile der beiden bedeutendsten wertorientierten, auf dem Residualgewinn basierenden Steuerungskonzepte in der Unternehmenspraxis, dem Economic Value Added (EVA) und dem CVA, wurden deshalb noch einmal gegeneinander abgewogen.

Konzeptanalysen und Benchmarking mit anderen Unternehmen zeigten, dass sowohl Cash- als auch gewinnbasierte Konzepte jeweils Vor- und Nachteile haben und kein Konzept dem anderen grundsätzlich überlegen ist; jedes besitzt Stärken und Schwächen. Das Steuerungskonzept muss jedoch vom bestehenden Rechnungswesensystem unterstützt werden und zu der im Unternehmen verankerten »Denke« passen (vgl. *Coenenberg/Salfeld* 2003, S. 270).

Im EVA-Konzept wird durch den Ansatz des planmäßig abschreibbaren Anlagevermögens in der Investitionsbasis zu Restbuchwerten sowohl der EVA als auch die Kapitalrendite verfälscht. Stark wachsende Unternehmensbereiche werden zu schlecht, stagnierende Unternehmensbereiche werden zu gut beurteilt (vgl. *Groll* 2003, S. 65). In investitionsintensiven Geschäften mit kurzen Produktlebenszyklen führt der Ansatz eher zu Fehlsteuerungen als Cashflow-basierte Ansätze.

In diesen Fällen erscheint der Wertbeitrag gemäß CVA-Konzept durch den Bezug auf die Investitionsbasis zu historischen Anschaffungs- und Herstellungskosten statt zu Buchwerten methodisch korrekter (vgl. *Günther* 2002, S. 94).

Der CVA-Ansatz bietet durch die Berechnung der Kapitalkosten auf Basis der Anschaffungs- und Herstellungskosten darüber hinaus Vorteile für eine durchgängige wertorientierte Kostensteuerung und erleichtert das Controlling von Großserienfertigungen. Die Kosten eines planmäßig abschreibbaren Anlagegutes (Kapitalkosten und ökonomische Abschreibungen) verlaufen über die wirtschaftliche Nutzungsdauer konstant. Der Wertbeitrag und ebenso die Rendite, der CFROI, bleiben c. p. konstant und damit aussagekräftiger im Hinblick auf die operative Performance. Damit vereinfacht sich gegenüber dem EVA-Ansatz die interne Steuerung, während das Konzept selbst durch das Element der ökonomischen Abschreibung schwerer kommunizierbar ist.

Für die operative Steuerung und die Incentivierung auf Basis des Wertbeitrags wären weiterhin auch in einem EVA-Konzept mit linearen Abschreibungen Anpassungen (= abweichende Behandlung von Sachverhalten im internen gegenüber dem externen Rechnungswesen) erforderlich (vgl. ausführliche Beispiele in *Young/O'Byrne* 2001, S. 205–268). Insbesondere die sich aus der Anwendung von Fair Values als Bewertungsansatz in IFRS ergebenden Wertschwankungen von Assets erscheinen für eine durchgängige Kostensteuerung nicht geeignet.

Ergebnis der Überprüfung war somit, dass mit der Einführung von IFRS keine grundlegenden Änderungen am Konzept angezeigt sind. Es bleibt dadurch, bis auf die IFRS-induzierten Änderungen (vgl. Kap. 3.2), die Kontinuität im Steuerungssystem gewahrt.

Der Kapitalkostensatz wurde mit der Einführung der Wertorientierten Steuerung auf Basis des mit dem Capital Asset Pricing Model (CAPM) ermittelten Wertes gerundet mit 9 % nach Steuern festgelegt (vgl. *Hoffmann/Kirchhoff* 2001, S. 144 f.). Aufgrund des nachhaltig gesunkenen Zinsniveaus wird der Kapitalkostensatz ab 2006 auf 8 %

angepasst. Die bei der erstmaligen Ermittlung bereits festgestellte, vergleichsweise geringe Streuung zwischen den Geschäftsbereichen wurde durch eine Überprüfung mittels der Betafaktoren von Peer Groups bestätigt, so dass zur Zeit weiterhin auf eine Differenzierung nach Unternehmens- oder Geschäftsbereichen verzichtet werden kann.

2.2 Werttreiber-Management mit der Balanced Scorecard (BSC)

Das durchgängige Wertorientierte Steuerungssystem auf der finanziellen Kennzahlenebene gibt Anreiz zu wertorientiertem Verhalten. Für die operative Steuerung ist zusätzlich eine systematische, aus der Strategie abgeleitete Vorgehensweise zur Wertsteigerung erforderlich, damit keine (kurzfristige) Suboptimierung der Wertbeiträge in den Bereichen erfolgt. Wertsteigerung auf der Prozessebene in den Funktionsbereichen erfolgt durch die zielgerichtete Beeinflussung der so genannten Werttreiber. Dafür wurde 2001 parallel zur Umsetzung des Wertorientierten Steuerungskonzeptes mit der Einführung des Werttreiber-Managements begonnen (vgl. Abb. 4).

Die konzeptionellen Grundlagen für das Management der Werttreiber sind einerseits systemorientiert ein Business Excellence Modell (z. B. EFQM) und andererseits ergebnisorientiert die BSC (vgl. *Töpfer* 2000, S. 14 ff.).

Bei der Analyse der Konzepte erwies sich das bei *Bosch* bei der Einführung der Wertorientierten Unternehmenssteuerung bereits angewendete EFQM-Modell, das den Fokus auf ganzheitliches Veränderungs- und Verbesserungsmanagement legt, als zu komplex für eine schnelle Umsetzung in die operative Steuerung. Aus den Selbstbewertungen nach EFQM resultieren jedoch in der Regel Maßnahmen, die in die BSC der Bereiche zur Verfolgung aufgenommen werden.

Die BSC wurde in Teilbereichen der *Bosch-Gruppe* ebenfalls bereits angewendet. Sie ergänzt sich mit dem EFQM-Modell und verbindet Strategie mit Wertorientierung und Prozessen (vgl. *Kaplan/Norton* 2004, S. 83 ff., *Töpfer* 2000, S. 311 ff.). Daher verfolgten die meisten Geschäftsbereiche dieses Konzept für die Umsetzung des Werttreiber-Managements. Die projektmäßige Einführung der BSC in einem Geschäftsbereich über alle Produktbereiche dauerte in der Regel etwa eineinhalb Jahre. Die Kaskadierung der BSC erfolgt dabei über zwei oder drei Ebenen (Geschäftsbereich, Produktbereiche, Funktionsbereiche).

Der Erfolg der BSC in den Geschäfts- und Produktbereichen, Werken und Regionalgesellschaften liegt in der integrierten, systematischen Verbindung und der transparenten Darstellung der Zusammenhänge existierender Steuerungsinstrumente, wie

- der langfristigen, strategischen Planung,
- der kurzfristigen, operativen Wirtschaftsplanung,
- dem ganzheitlichen Verbesserungsmanagement mit EFQM,
- dem Zielentfaltungsprozess mit Zielvereinbarungen für die Mitarbeiter sowie
- weiterer Initiativen, die in der Bosch-Gruppe verfolgt werden,

begründet (vgl. Abb. 5).

Führungskräfte, die die BSC als Führungsinstrument in ihrem Bereich kennen und schätzen gelernt haben und neue Aufgaben in Bereichen (beispielsweise in Regional-

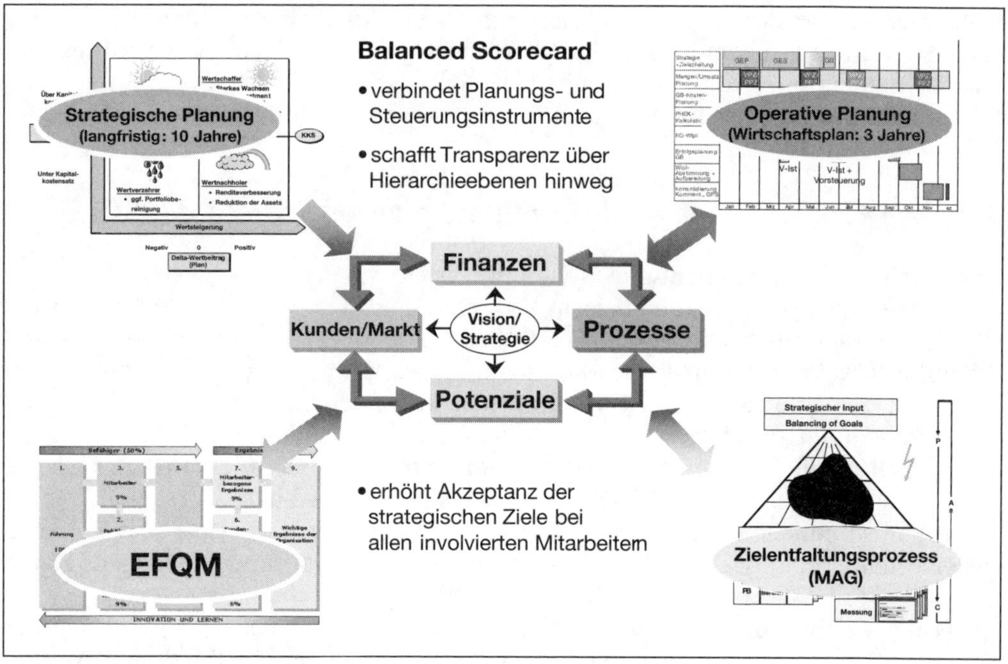

Abb. 5: BSC als integrierendes Führungsinstrument

gesellschaften) übernehmen, die die BSC bisher noch nicht einsetzen, verbreiten die Anwendung in der *Bosch-Gruppe* weiter.

2.3 Unternehmen Geschäftsbereich

Die durchgängige vertikale Verankerung der Wertorientierten Steuerung über die Hierarchieebenen vom Konzern bis in alle Kostenstellen ist auch in horizontaler Richtung über alle Rechtseinheiten hinweg weltweit gegeben. Die Steuerung der *Bosch-Gruppe* baut auf dem Prinzip »Unternehmen Geschäftsbereich« auf.

Die Geschäftsbereiche (GB) sind organisatorische Einheiten mit Ergebnis-, Erzeugnis- und Regionalverantwortung. Sie sind für ihr Erzeugnisgebiet weltweit gesamtunternehmerisch mit den Funktionen Entwicklung, Fertigung, Verkauf und kaufmännische Aufgaben im Rahmen der von der *Bosch*-Geschäftsführung aufgestellten strategischen Grundsätze und Ziele verantwortlich.

Die Geschäftsbereiche untergliedern sich weiter in Produktbereiche (PB). Diese organisatorischen Einheiten tragen für mindestens zwei der Funktionen Entwicklung, Fertigung und Verkauf unmittelbare Verantwortung.

Die Geschäfts- und Produktbereiche stellen Steuerungseinheiten dar, die sich in der Regel über Teile der *Robert Bosch GmbH* und über Gesellschaften oder Teile von Gesellschaften im In- und Ausland erstrecken. Nur im Ausnahmefall ist ein Geschäftsbereich weltweit rechtlich abgegrenzt (vgl. Abb. 6).

Daher wird im Folgenden nicht die rechtliche Sicht (statuarische Struktur), sondern die Steuerungssicht (operationale Struktur), die sich mit der Differenzierung von Aufgabe, Kompetenz und Verantwortung beschäftigt, angesprochen (vgl. hierzu *Welge/Holtbrügge* 1998, S. 145 ff.). Diese weicht von der rechtlichen Form ab, »wie dies im gewachsenen Stammhaus-Konzern häufig vorkommt« (*Müller* 2003, S. 170). Da auch dies noch sehr umfassend ist, erfolgt im Wesentlichen die eingrenzende Betrachtung der Controlling-Funktion mit Ergebnissteuerung und Reporting.

In Europa liegt die regionale Verantwortung ganz in den Händen der Geschäfts- und Produktbereiche. Entwicklungs- und Produktionsstätten sind den GB unmittelbar zugeordnet. Die Vertriebssteuerung erfolgt ebenfalls durch die GB/PB, jedoch gibt es kundenbezogene Vertriebsverantwortliche, die die Wahrung von GB-übergreifenden Kundeninteressen sicherstellen.

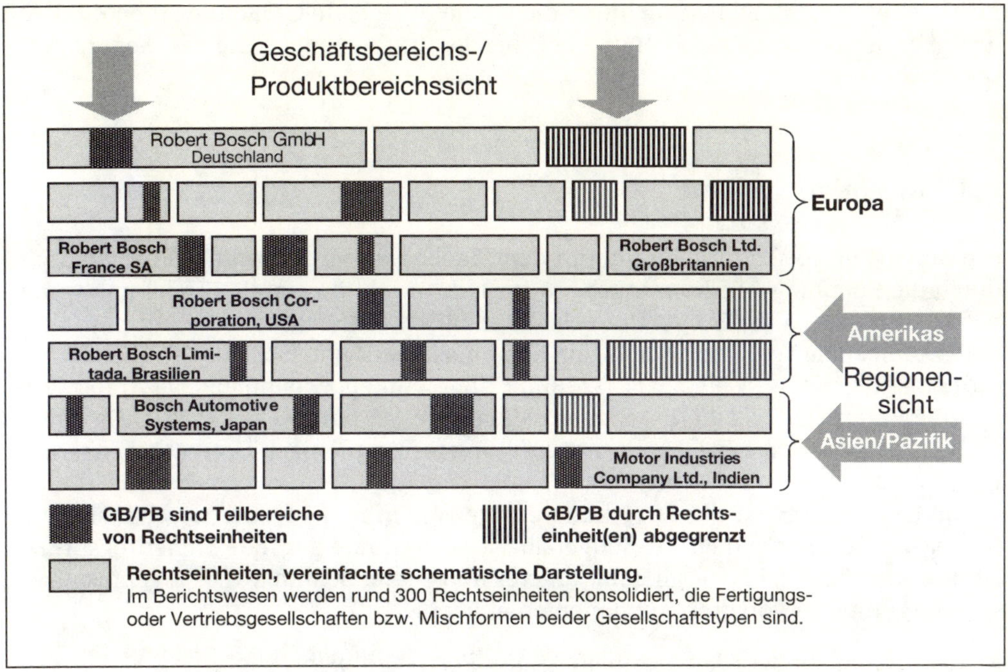

Abb. 6: Unternehmen Geschäftsbereich

Die Entwicklungs- und Produktionsstätten in den weiter entfernten Regionen »Amerikas« und »Asien/Pazifik« sind in der Regel auch direkt dem Geschäftsbereich zugeordnet. Für die Geschäftsbereichsaktivitäten innerhalb einiger größerer Landesgesellschaften gilt eine Struktur, die mit einer Matrix nur unzureichend beschrieben wäre, sie ähnelt eher einem Netzwerk. Mitglieder der Leitungen großer Landesgesellschaften sind gleichzeitig Mitglied in einer Geschäftsbereichsleitung und vertreten auf dieser Ebene die lokalen GB-spezifischen Anforderungen. Die regionale und Regionen-Verantwortung ist weiterhin bis in die Ebene der Geschäftsführung verankert. Die Regionen »Amerikas« und »Asien/Pazifik« sind durch je einen Geschäftsführer vertreten.

Die Ergebnisverantwortung liegt jedoch ausschließlich bei den Geschäftsbereichen. Sie erhalten im Rahmen des Planungsprozesses Wertsteigerungsziele, die sie auf Produktbereiche und Länder bzw. Standorte disaggregieren und mit den jeweils Verantwortlichen vereinbaren. Zur Vermeidung divergierender Interessen erhalten die Länder/Regionen keine eigenen Ergebnisziele; ihre Ziele bilden sich aus der Summe der mit den GB vereinbarten Werten.

Dementsprechend ist das Management-Reporting weltweit nach GB/PB ausgerichtet. Die Landesgesellschaften, die mehrere GB umfassen, berichten an jeden GB. Die Berichte werden von den GB konsolidiert und in der Zentrale zur *Bosch-Gruppe Welt* zusammengefasst. Nur nicht von den GB konsolidierte (kleinere) Gesellschaften und wenige, von den Landesgesellschaften nicht plausibel auf die GB aufzuteilende und nicht der operativen Steuerung durch die GB unterliegende Größen, werden direkt an das zentrale Reporting berichtet und dort bei der Zusammenfassung des Weltergebnisses berücksichtigt.

2.4 Incentive Systeme

Die durchgängige Wertorientierung in den Planungs- und Steuerungsprozessen wird durch die Kopplung von Konsequenzen für Führungskräfte an die Erreichung vereinbarter Wertbeiträge gefördert. Um Fehlsteuerungsimpulse auszuschließen, muss eine anreizkompatible Vergütung durch eine Kombination aus unterschiedlichen Vergütungsformen erfolgen (vgl. *Weiss* 2004, S. 287). Daher wurden zwei finanzielle Anreizsysteme, die kurzfristig orientierte »Ergebnisabhängige Vergütung« (EaV) und die längerfristig orientierte »Variable Abschlussvergütung für langfristigen Unternehmenserfolg« (VALUE) geschaffen (vgl. Abb. 7).

Die EaV incentiviert die Erreichung des geplanten und von der Geschäftsführung freigegebenen Wertbeitrags im Budgetjahr. Das zugrunde liegende Steuerungsprinzip ist hier eine Plan-/Ist-Steuerung mit unterer und oberer Schranke. Die Ergebnisabhängige Vergütung ist von drei Komponenten abhängig:

- der Erreichung des Plan-Wertbeitrags der *Bosch-Gruppe*,
- der Erreichung des Plan-Wertbeitrags des jeweiligen Geschäftsbereiches der Führungskraft sowie
- einem individuellen Leistungsanteil, der an die Erreichung der im Rahmen des jährlichen Mitarbeitergesprächs festgelegen persönlichen Ziele geknüpft ist.

Die anteilige Gewichtung der einzelnen Komponenten ist nach Hierarchieebenen unterschiedlich, die Gewichtung des Bereichsergebnisses nimmt mit höherer Leitungsebene zu. In die Ergebnisabhängige Vergütung sind alle Führungskräfte ab Abteilungsleiter eingebunden.

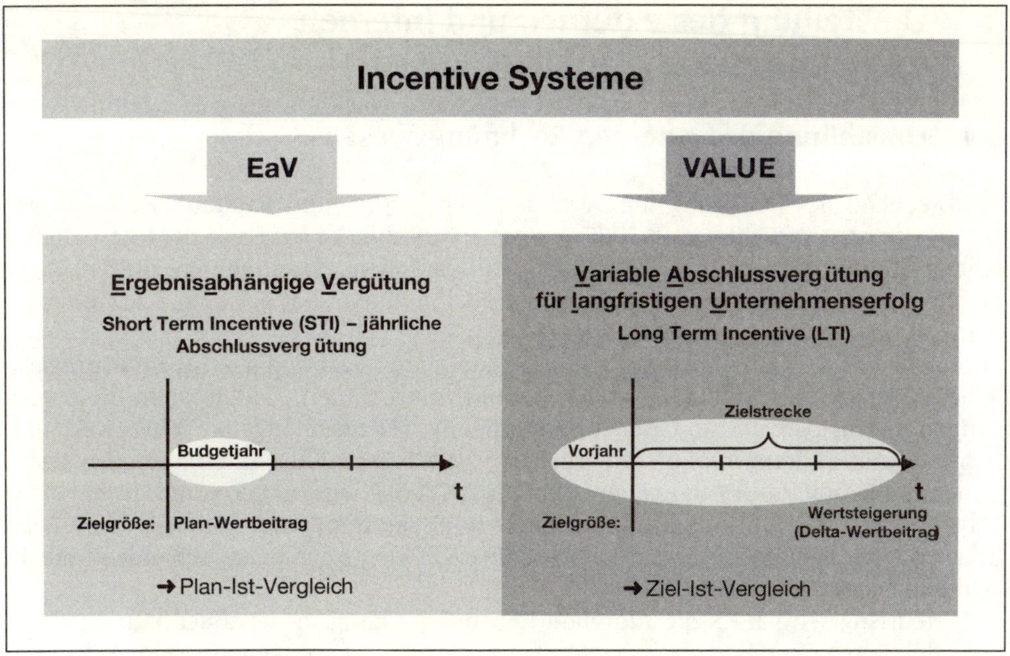

Abb. 7: Incentive Systeme

Zur Förderung längerfristig wirkender Entscheidungen wurde für die obere Leitungsebene ein Long-Term Incentive System implementiert. Jährlich rollierend werden Delta-Ziel-Wertbeiträge für einen Dreijahreszeitraum mit den Geschäftsbereichen vereinbart. Im Gegensatz zur kurzfristigen Ergebnisabhängigen Vergütung wird hier nicht die Planerreichung, sondern die Erreichung von Wertbeitragssteigerungen über die Zeit incentiviert. Dieser variable Vergütungsanteil hat dabei auch eine untere und obere Schranke. Da die Abrechnung des ersten Dreijahreszeitraumes noch aussteht, kann eine abschließende Beurteilung der Wirkung noch nicht erfolgen.

Durch die im Rahmen der jährlichen Zielvereinbarungen festzulegenden Ziel-Wertbeiträge der Geschäftsbereiche für ihr weltweites Geschäft, ist der Wertbeitrag als Hauptsteuerungskennzahl fest im Unternehmen verankert.

3 Umstellung des externen und internen Rechnungswesens auf IFRS

3.1 Umstellung des externen Rechnungswesens

Entsprechend der EU-Verordnung aus dem Jahre 2002 sind kapitalmarktorientierte Unternehmen verpflichtet, von 2005 an Konzernabschlüsse auf Basis der International Financial Reporting Standards (IFRS) zu veröffentlichen. Unternehmen, die den Kapitalmarkt nur mit Fremdkapitaltiteln in Anspruch nehmen, hat der deutsche Gesetzgeber eine Übergangsfrist bis 2007 eingeräumt.

Bosch ist zwar nicht börsennotiert, zählt durch die Begebung einer Fremdkapitalanleihe jedoch zu den kapitalmarktorientierten Unternehmen. Zudem steht die *Bosch-Gruppe* als eines der größten Industrieunternehmen Deutschlands im Wettbewerb und Vergleich mit anderen großen Unternehmen, die bereits nach internationalen Rechnungslegungsstandards bilanzieren. Die *Bosch-Gruppe* wird daher vom Geschäftsjahr 2005 an einen Konzernabschluss auf Basis IFRS veröffentlichen. Für die Jahre 2003 und 2004 (Vergleichsperiode für den Abschluss 2005) wurden entsprechende Probeabschlüsse erstellt (vgl. Abb. 8).

Mittelfristig wird IFRS die führende Rechnungslegung in den Buchhaltungssystemen der *Bosch-Gruppe*. Dies erleichtert die Umsetzung weitgehend standardisierter Prozesse im Rechnungswesen. Die ggf. auch zukünftig erforderliche Buchhaltung auf Basis der lokalen Vorschriften muss jedoch weiterhin abgebildet werden. Dies erfolgt auf der Basis eines Konzernkontenplans, der die Umsetzung einer parallelen Rechnungslegung ermöglicht.

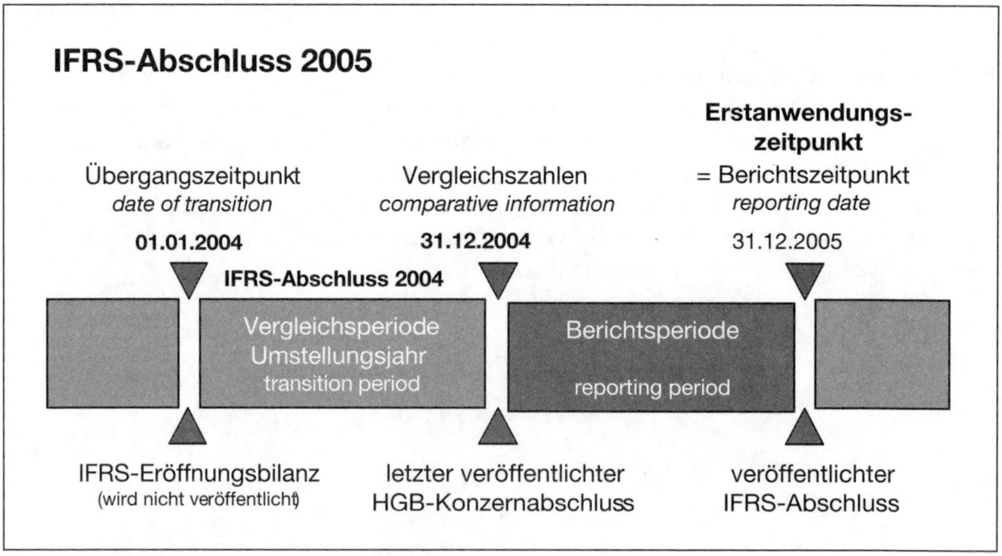

Abb. 8: Umstellung des externen Reporting auf IFRS

3.2 Umstellung des internen Rechnungswesens

Bisher werden weltweit für alle konsolidierten Gesellschaften die Wertansätze der HB II (HGB) auch für die interne Steuerung verwendet. Durch die Umstellung der Konzernrechnungslegung auf IFRS ergeben sich somit Auswirkungen auf die Steuerungskennzahlen gleichermaßen für die gesamte *Bosch-Gruppe*. Bei der Einführung der Wertorientierten Steuerung wurde das Ziel verfolgt, eine größtmögliche Identität von Bewertungsansätzen und Prozessen im externen und internen Rechnungswesen zu erreichen. Dies gilt auch für die Umsetzung von IFRS in der internen Steuerung. Durch die Umstellung sollte auf keinen Fall eine größere Distanz entstehen.

Die wertorientierten Steuerungskennzahlen werden mit operativen Instrumenten generiert und ergeben sich im Fluss der internen Ergebnisrechnung. Diese wurde im Rahmen der Neuausrichtung der Kosten- und Leistungsrechnung parallel zur Einführung der Wertorientierten Unternehmenssteuerung dem Informationsbedürfnis für das Kostencontrolling angepasst. Mit mehrstufigen Deckungsbeitragsrechnungen können Ergebnisse für unterschiedliche Ebenen, wie Geschäftsbereich, Produktbereich, Erzeugnisklasse, Marke, Region, Vertriebsweg, differenziert dargestellt werden (vgl. *Mierzwa/Froehlich/Heckler* 2003, S. 126). Die Deckungsbeiträge sind dabei »wertorientiert« ermittelt, da diese bereits Kapitalkosten und ökonomische Abschreibungen enthalten.

Der Wertbeitrag als Hauptsteuerungsgröße wird jedoch nur bis zur Ebene Produktbereich hinunter ermittelt, da nur bis dahin eine Zuordnung der Investitionsbasis ohne willkürliche Schlüsselung möglich ist.

Die gegenüber HGB unterschiedlichen Bewertungsansätze von IFRS wirken sich in der internen Ergebnisrechnung sowohl direkt in den Kostenansätzen und den übrigen betrieblichen Aufwendungen und Erträgen, als auch indirekt über die veränderte Investitionsbasis in den Kapitalkosten aus. Die Änderungen im Ergebnis vor Steuern als Steuerbemessungsgrundlage wirken sich über die kalkulatorischen Steuern auf den Wertbeitrag aus. Darüber hinaus bewirken Umgliederungen von Sachverhalten zwischen den Ergebnisrechnungspositionen (z. B. aus den übrigen betrieblichen Aufwendungen und Erträgen in die Herstellungs- oder Gemeinkosten) eine Verschiebung zwischen den Deckungsbeitragsstufen.

Durch den weitgehenden Entfall der unter HGB möglichen Bildung von stillen Reserven, wodurch aus Shareholder-Value-Sicht der Ausweis des Vermögens zu niedrig und der Ausweis der Rückstellungen zu hoch erfolgt, steigt unter IFRS die zu verzinsende Investitionsbasis an. Die operative Wertschaffung wird dadurch periodengerechter abgebildet und das Verhalten dezentraler Entscheidungsträger im Sinne der Übereinstimmung mit den vom Unternehmen verfolgten Ziele gefördert (vgl. *Weißenberger/Haas* 2004, S. 62).

Die Umstellung auf IFRS bedeutet einen tiefen Eingriff in die internen Steuerungskennzahlen, auch in einem cash-orientierten Steuerungskonzept. Ohne hier näher auf die in der Literatur ausführlich dargestellten Unterschiede von IFRS zu HGB und den Auswirkungen für die interne Steuerung eingehen zu wollen (vgl. hierzu beispielsweise *Franz/Winkler* 2005 und das darin enthaltene Praxisbeispiel *Bosch*), sollen nur zwei IFRS-Regeln, deren Behandlung in der internen Steuerung intensiv diskutiert wurden, angesprochen werden:

- das dem Fair Value Bewertungsansatz folgende Impairment of Assets und
- die Aktivierung selbsterstellter immaterieller Vermögenswerte.

3.2.1 Impairment of Assets

Bei der Weiterentwicklung der IFRS setzt sich zunehmend die Anwendung von Fair Values als Bewertungsansatz durch (vgl. *Bruns* 2004, S. 648). Für eine durchgängige Wertorientierte Steuerung über alle Ebenen ist jedoch ein Impairment of Assets nach IAS 36 kritisch zu bewerten. Eine außerplanmäßige (pauschale) Abschreibung sonstiger immaterieller Vermögenswerte und Sachanlagen kann Verwirrung erzeugen, da sich in einer Cash Generating Unit die Steuerungskennzahlen wie Produktkosten, Kostenbudgets, Deckungsbeiträge der verschiedenen Stufen, Wertbeitrag und CFROI verändern. Wird dann aufgrund einer Folgebewertung eine Wertaufholung erforderlich, erfolgt die gleiche Verwirrung noch einmal, nur mit umgekehrten Vorzeichen.

Für eine durchgängige interne Steuerung scheinen Fair Value-Bewertungen wenig hilfreich zu sein (vgl. hierzu auch *Kley* 2002, S. 281, *Beißel/Steinke* 2004, S. 67). Im internen Rechnungswesen wird daher wie bisher die planmäßige Abschreibung der Vermögenswerte über die wirtschaftliche Nutzungsdauer, unabhängig von externen (außerplanmäßigen) Abschreibungen (außer bei Goodwill), fortgeführt.

3.2.2 FuE-Aktivierung

Selbsterstellte immaterielle Vermögenswerte sind nach IAS 38 zu aktivieren, jedoch nur unter der Voraussetzung, dass eine Reihe von Kriterien vollständig und gleichzeitig erfüllt ist. Danach sind große Anteile der Forschungs- und Entwicklungskosten bei *Bosch* nicht aktivierungsfähig, so beispielsweise die Kosten für Forschungs- und Grundlagenarbeiten sowie die Entwicklungskosten für grundlegende Innovationen, die einen langen Entwicklungszeitraum benötigen und für die in der Regel auch über einen langen Zeitraum der Entwicklung die Grundlagen für eine Abschätzung eines positiven Cashflows fehlen. An der elektronisch gesteuerten Dieseldirekteinspritzung für Personenwagen beispielsweise wurde bis zur Marktreife rund 15 Jahre gearbeitet, das *Elektronische Stabilitäts-Programm (ESP)* benötigte eine Entwicklungszeit von nahezu 10 Jahren, Irrwege inklusive (vgl. *Fehrenbach* 2004).

Anpassungs- und Applikationsentwicklungen erfüllen hingegen häufig die Kriterien, wobei sich hier dann neben der Frage der Aktivierungspflicht selbst, auch die Aufgabe der verursachungsgerechten Abgrenzung der produkt- oder projektbezogenen Kosten in den beteiligten Entwicklungsbereichen und -abteilungen ergibt. Dabei entsteht ein Ermessensspielraum in der Höhe der zu aktivierenden Kosten, der auf der operativen Ebene zur Ergebnisgestaltung verwendet werden könnte.

Unter den gegebenen Randbedingungen bei *Bosch* scheint die Aktivierung für die interne Steuerung nicht hilfreich zu sein, weshalb aktivierungspflichtige Projekte ab einer relevanten Größenordnung im externen Rechnungswesen zentral auf Ebene des Konzerns aktiviert werden. In den Geschäfts- und Produktbereichen werden die aktivierten Entwicklungskosten dagegen nicht in der Investitionsbasis berücksichtigt, sondern die Kosten der Periode gehen weiterhin in die Steuerungskennzahlen ein. Durch die zentrale Aktivierung und Abschreibung wird auf der Ebene der Geschäfts- und Produktbereiche ein Unterschied zwischen externem und internem Rechnungswesen vermieden.

3.3 Weitere Konvergenz von internem und externem Rechnungswesen und Reporting

Das Ziel der weitestgehenden Übereinstimmung der Bewertungsansätze und Prozesse im externen und internen Rechnungswesen konnte bei der Umsetzung von IFRS für die interne Steuerung erreicht werden. Die Einführung von IFRS wirkt darüber hinaus für viele Annäherungen als Katalysator, wie die folgenden Beispiele zeigen:

- Die bisherige externe Gewinn- und Verlustrechnung (GuV) folgt dem Gesamtkostenverfahren; mit Einführung IFRS erfolgt die Darstellung der externen GuV nach dem Umsatzkostenverfahren; die interne Ergebnisrechnung folgte seit jeher diesem Verfahren, wobei Unterschiede, insbesondere die kalkulatorischen Ansätze von Kapitalkosten und ökonomische Abschreibungen, bleiben.
- Bislang wurden für die Konsolidierung der Daten des externen und des internen Berichtswesens zwei unterschiedliche Konsolidierungssysteme eingesetzt. Diese wurden jetzt durch ein neues, einheitliches Konsolidierungstool, allerdings mit zwei getrennten Applikationen, ersetzt.
- Auch die Einführung eines neuen, dem Abschlussgliederungsprinzip folgenden, Industriekontenplans wurde durch die Umstellung des Rechnungslegungsstandards initiiert.

Die IFRS verlangen für Abschlussbewertungen in stärkerem Maße als HGB interne Planungs- und Berichtsinhalte, beispielsweise für die Segmentberichterstattung oder für Impairment Tests. Daher ist hier die Mitwirkung des Controllings intensiver notwendig. Externes und internes Rechnungswesen kommen somit durch die IFRS-Einführung näher zusammen. Das inhaltliche, organisatorische und informationstechnische Zusammenwachsen bildet eine gute Basis für die Vereinheitlichung von Prozessen und Daten, einer zentralen Voraussetzung zur weiteren Verbesserung von Qualität und Geschwindigkeit der Prozesse im Rechnungswesen.

4 Standardisierung operativer betriebswirtschaftlicher Prozesse

4.1 Unternehmensprozessmodell

Bosch hat in den vergangenen Jahren verschiedene wichtige Veränderungsinitiativen eingeleitet, mit denen die Wettbewerbsfähigkeit erhöht werden soll, z. B. Fokus Kunde, Time to Market, *Bosch* Production System und Wertorientierte Unternehmenssteuerung. Jede dieser Veränderungsinitiativen hat neben organisatorischen Aspekten auch Einfluss auf die Prozessgestaltung. Zur strukturierten, vollständigen Darstellung aller Geschäftsprozesse dient ein Unternehmensprozessmodell. Die prozessorientierte Darstellung hilft, Potenziale zur Effizienzsteigerung aufzudecken. Das bedeutet, nicht wertschöpfende Aktivitäten werden ebenso sichtbar wie bedingt durch eine Funktionssicht entstandene »künstliche« Schnittstellen, z. B. zwischen Entwicklung und Werk (Produktion). Der damit verbundene hohe Organisations- und Koordinationsaufwand kann somit als Kosteneinsparungspotenzial aufgezeigt werden. So wird sichergestellt, das eine gesamthafte Sicht hinsichtlich der Erfolgsfaktoren Zeit, Qualität und Kosten in allen Prozessen zur Anwendung kommt und die Durchgängigkeit auf Basis redundanzfreier Daten gewährleistet wird.

Darüber hinaus werden mit einem Unternehmensprozessmodell Breite und Tiefe der Standardisierung von Prozessen festgelegt. Schlanke, schnelle und sichere Standardprozesse sind Voraussetzung für das Erreichen von »best practice« Prozessen, mit denen wiederum das Ziel »best in class« realisiert werden kann.

Ein Unternehmensprozessmodell definiert auch die Anforderungen an die IT-Systeme. Nur ein intelligenter Einsatz moderner IT-Systeme (Portale, Internet, e-Enabling) auf Basis von prozessorientierten Gesamtzusammenhängen sichert die beste Nutzung der IT. Eine flexible IT-Architektur muss in der Lage sein, die Prozesse ohne zusätzliche Schnittstellen abzubilden.

Unabhängig davon müssen die Prozesse IT-unabhängig definiert werden. Bei *Bosch* wurden deshalb für jeden Prozess so genannte Prozessowner aus den jeweils zuständigen Fachabteilungen festgelegt. Dort liegt das Know-how über die Prozesse vor. Die Aufgabe dieser Prozess Owner ist die Entwicklung und Gestaltung ihrer Prozesse, d. h. in Fachkonzepten werden die Anforderungen an den Prozess sowie dessen Ablauf dokumentiert dargestellt. Auf Basis der Fachkonzepte werden Prozesse und Funktionen von der IT-Organisation auf die IT-Architektur zugeordnet und umgesetzt.

In der Fachliteratur existieren unterschiedliche Modelle für die Darstellung der Unternehmensprozesse, die aber teilweise nur Teile eines Unternehmens, z. B. das Qualitätsmanagement, abbilden. Für *Bosch* schien das aus der Informationsverarbeitung kommende Funktionsmodell nach *Mertens* am besten geeignet zu sein (vgl. *Mertens* 2004, S. 5). Das Modell, mit dem ein integrierter Gesamtansatz für ein Unternehmen möglich wird, ist hierarchisch in Form einer Pyramide aufgebaut. Die Wertschöpfungsprozesse bilden dabei die Basis der Pyramide, die Spitze bildet die Prozesse zur Unternehmensplanung.

In Anlehnung an dieses Modell wurde ein dreigeteiltes Unternehmensprozessmodell für *Bosch* in Pyramidenform entwickelt. Die Basis bilden die Wertschöpfungsprozesse mit Sales, Marketing, Produktentstehung über Produktion bis hin zum Aftermarket. In der Mitte der Pyramide werden die Unterstützungsprozesse abgebildet. Diese versorgen die Wertschöpfungsprozesse. Klassische Unterstützungsprozesse sind Forschung, Personalmanagement, aber auch Finanzmanagement, Steuern sowie Rechnungswesen. Die Spitze der Pyramide bilden die Prozesse der strategischen und operativen Planung sowie Steuerung. Sie dienen sowohl der langfristigen Planung und Entwicklung des Unternehmens als auch der kurz- und mittelfristigen Wirtschaftsplanung und Unternehmenssteuerung (vgl. Abb. 9).

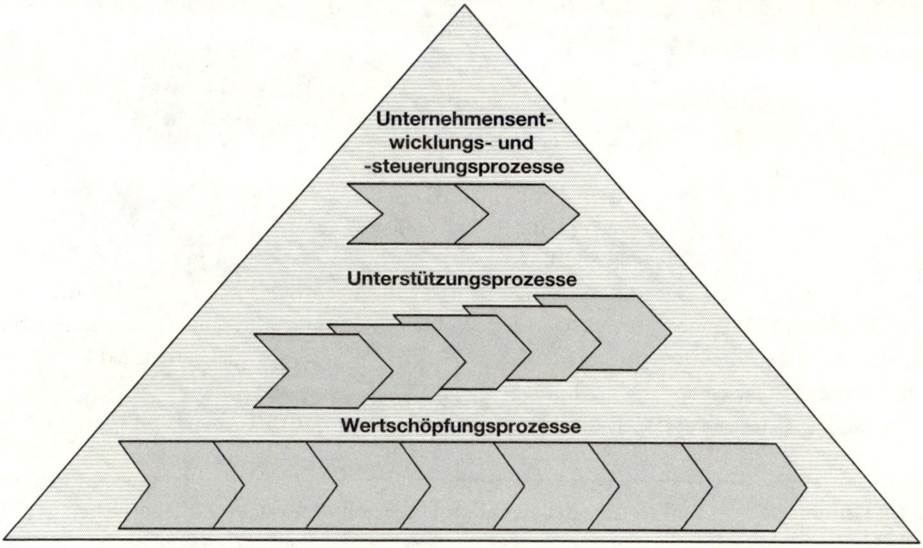

Abb. 9: Struktur des Unternehmensprozessmodells bei *Bosch*

4.2 Referenzmodelle bei Bosch

Für die Abbildung des Unternehmensprozessmodells sind bei *Bosch* in Abhängigkeit von den Geschäftsfeldern mehrere Referenzmodelle entstanden oder in Arbeit. Eine konkrete Ausprägung eines Referenzmodells erfolgte für den Unternehmensbereich Kraftfahrzeugtechnik, das so genannte UBK-RM. Für die Handelsgeschäftsbereiche im Unternehmensbereich Gebrauchsgüter und Gebäudetechnik wurde bereits 1999 mit der Entwicklung und dem Aufbau eines Referenzmodells für Vertriebsprozesse, dem so genannten BIRDS, begonnen. Der Rollout wurde 2002 abgeschlossen. Danach wurden bis Ende 2004 die Vertriebs-Regionalgesellschaften in das jeweilige GB-System integriert. Daneben existieren eigenständige Geschäftsbereichsmodelle für *Bosch Rexroth*, Verpackungstechnik, Elektrowerkzeuge, Thermotechnik und Sicherheitssysteme, die mit teilweise noch laufenden Projekten den Status eines Referenzmodells erreichen (vgl. Abb. 10).

4.2.1 Referenzmodell für den Unternehmensbereich Kraftfahrzeugtechnik

Das UBK-RM basiert auf den Vorgaben der internen Steuerung und verfolgt das Ziel, bestehende Abläufe schneller, einfacher und transparenter auf Basis standardisierter Prozesse zu gestalten. Mit einem vollständig ausgeprägten und produktiven UBK-RM

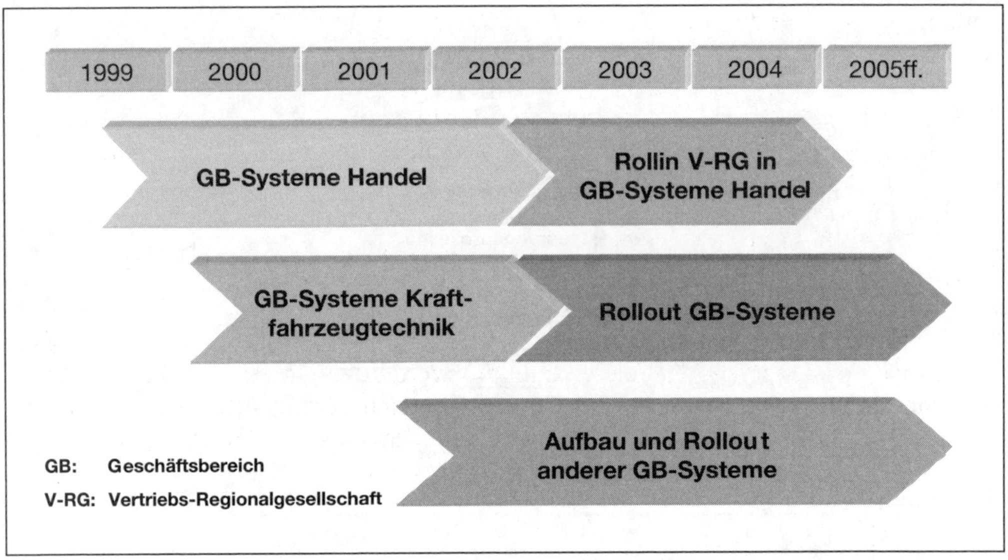

Abb. 10: Einführung von Referenzmodellen in den Unternehmens-/Geschäftsbereichen

werden hier 30 % Effizienzsteigerung erreicht. Die IT-technische Umsetzung erfolgt mit *SAP R/3*.

Mit dem UBK-RM erfolgt eine Harmonisierung der IT-Landschaft. Sie ist die Voraussetzung für ein »fast close« (Ziel: monatlicher Geschäftsbericht am 5. Arbeitstag des Folgemonats), ein durchgängiges Projektmanagement und die Umsetzung eines vereinheitlichten Rechnungswesens auf Basis IFRS als führendem Rechnungslegungsstandard. Des Weiteren eröffnet es die Chance die Prozesse zu überprüfen, wo erforderlich neu zu gestalten und zu vereinheitlichen sowie bewährte Prozessabläufe zu nutzen. Standardisierung bedeutet in diesem Sinne: Prozesse einmal gestalten und n-mal anwenden.

Jeder Geschäftsbereich wird dabei als eigenständiges »Unternehmen« in einem GB-System abgebildet. Die Geschäftsbereiche arbeiten in einem integrierten GB-System auf Basis einheitlicher Daten, Prozesse und Berichte. Die Prozessgestaltung folgt dem Prinzip des integrierten Mengen- und Werteflusses. Die Controllingprozesse sind so ausgeprägt, dass erforderliche wertorientierte Kennzahlen zur internen Steuerung mit den operativen Systemen, beispielsweise einer Ergebnisrechnung für einen Geschäfts- oder Produktbereich, erzeugt werden.

Die eindeutige Fokussierung auf die Geschäftsbereichssicht setzt die Philosophie der Konzernsteuerung über das Unternehmen Geschäftsbereich um. Der Geschäftsbereich wird in seiner weltweiten Produkt-, Markt- und Ergebnisverantwortung unterstützt.

Der wirtschaftliche Einsatz einer Standardsoftware erfordert organisatorische Änderungen. Wer nur Bestehendes abbilden will, muss die Software an vielen Stellen modifizieren, was komplexitätssteigernd hinsichtlich Übertragbarkeit, Wartung und Handhabung ist, insbesondere bei erforderlichen Softwaremigrationen. Die organisatorischen Änderungen müssen von der Organisation akzeptiert und gelebt werden.

Der Vorteil und Nutzen von *SAP R/3* liegt nicht in der Einzelfunktion, sondern in dem umfassenden Funktionsspektrum und der Integration von Prozessen. Daraus resultieren Zeitersparnisse, verbesserte Prozessqualität, geringere Datenredundanz und höhere Datenkonsistenz.

Die aktuelle Version des ausgeprägten UBK-RM deckt alle europäischen Gesellschaften ab. Der Rollout für die Region Asien/Pazifik wurde in 2005 gestartet. Für die Region Nord- und Südamerika sind wir in der Planungsphase.

Die Referenzmodellentwicklung erfolgt mit einer zentralen Projektmannschaft, die mit Mitarbeitern aus der Zentrale, den Geschäftsbereichen und Regionalgesellschaften besetzt ist. Die Prozesse des Referenzmodells werden zu Gruppen zusammengefasst und von einem Prozessmanager aus dem Fachbereich verantwortet. Jeder GB hat einen GB-Organisationsleiter mit Koordinationsfunktion und Verantwortung für den Rollout im Geschäftsbereich. Dieser wird zusätzlich durch eine zentrale Projektorganisation für den Rollout unterstützt.

4.2.2 Referenzmodell für die Handelsgeschäftsbereiche

Auch das Referenzmodell für die Handelsgeschäftsbereiche fokussiert mit GB-Systemen auf das Unternehmen Geschäftsbereich. Diesen werden dann die einzelnen Vertriebs-Regionalgesellschaften eindeutig zugeordnet. Weiterhin wurden Prozesse standardisiert und Verantwortlichkeiten eindeutig geregelt. Beispielsweise wurde die Bestandsverantwortung der regionalen europäischen Läger eindeutig dem Geschäftsbereich zugeordnet. Im Rahmen der Kundenauftragsabwicklung wurden flexiblere Möglichkeiten in der Gestaltung von Vertriebs- und Logistikregionen erarbeitet und damit die Voraussetzungen für die Bildung von Geschäftsbereichs-Poollägern geschaffen.

Im Vertrieb für Westeuropa fand eine Neuorganisation hinsichtlich Vertikalisierung und Regionalisierung statt. Im Rahmen der Vertikalisierung wurden Zuständigkeiten zwischen Geschäftsbereich und Vertriebs-Regionalgesellschaft zugunsten der Geschäftsbereiche reorganisiert. Neben Klarheit und Eindeutigkeit in der Kompetenzzuordnung wurden Prozesse beschleunigt, Überschneidungen reduziert sowie die Vergleichbarkeit und Transparenz innerhalb und bei vergleichbaren Prozessen zwischen den Geschäftsbereichen erhöht. Dieses dient heute als Basis für interne Benchmarks. Die Regionalisierung umfasst im Wesentlichen kaufmännische Funktionen. Unter Berücksichtigung der Erfordernisse der Vertriebsbereiche wurden die bestehenden Landesverantwortungen in eine Regionenverantwortung unter einer gemeinsamen kaufmännischen Leitung zusammengefasst.

Für die Berichterstattung an die Zentrale wurde eine einheitliche Form festgelegt. Hierbei wurden Kennzahlen weltweit standardisiert und inhaltliche Vorgaben in einem gemeinsamen Handbuch zur Berichterstattung dokumentiert.

Wesentliche standardisierte Hauptprozesse aus Vertrieb, Logistik, Materialwirtschaft und Rechnungswesen sind: Auftragserfassung, Rückstandsermittlung, kunden-/produktspezifische Abwicklung, Reklamationsabwicklung, Fakturierung, Versand und

Transportabwicklung, Wareneingangsabwicklung, Kontenfindung sowie Kreditlimit. Sonstige Prozesse sind GB-spezifisch ausgeprägt.

Die Referenzmodellentwicklung erfolgte in einer analogen Organisationsstruktur wie bei dem UBK-RM.

4.2.3 Anpassungen für andere Geschäftsbereiche und Regionen

Unterschiedliche Geschäftsfelder und die damit verbundenen Unterschiede in Prozessabläufen verhindern, dass einmal entwickelte Referenzmodelle unverändert auf alle übertragen werden können. So erfordert beispielsweise der Geschäftsbereich Verpackungstechnik als Einzelfertiger eine andere Ausprägung im Projektcontrolling und in der Kalkulation als die serienfertigenden Bereiche in der Kraftfahrzeugtechnik. Auch der Geschäftsbereich Sicherheitstechnik hat andere Anforderungen an Fertigung, Vertrieb und Logistik als ein Handelsgeschäftsbereich.

Unabhängig davon werden zur Vermeidung von Doppelaufwand verbindliche Standards für die *Bosch-Gruppe* hinsichtlich Stammdaten und Prozesse durch die entsprechenden Zentralabteilungen festgelegt. Beispiele aus der internen Steuerung sind die Ergebnisrechnungsstruktur mit den wertorientierten Kennzahlen sowie Berichtsinhalte und Berichtszyklen.

4.3 Ausblick für die Weiterentwicklung von Referenzmodellen

Standardisierte Prozesse auf Ebene der Geschäftsbereiche sind geeignet für die Anwendung von Shared Service Centern. Der Einsatz moderner IT-Systeme ermöglicht eine problemlose Kommunikation zwischen einem Shared Service Center und den Geschäftsbereichen. Teilweise können Shared Service Center auch in den GB-Systemen arbeiten, geschäftliche Informationen und Daten bleiben so im Geschäftsbereich.

Als erste Umsetzung für ein Shared Service Center wurde ein Inhouse Shared Service Center in der Regionalgesellschaft in Indien eingerichtet. Die ersten Erfahrungen sind positiv, die Entwicklung wird weiterverfolgt.

5 Zusammenfassung und Ausblick

In den letzten Jahren wurden bei *Bosch* zahlreiche Veränderungsprozesse, insbesondere auch im Konzerncontrolling, durchgeführt. Einige befinden sich aktuell noch in der Umsetzung. Die Veränderungsprozesse im Controlling sind dabei nicht Selbstzweck, sondern die Antwort auf die Anforderungen der Wachstumsstrategie und der zunehmenden Globalisierung des Umsatzes und der Wertschöpfung.

Die Veränderungen unterstützen die Durchgängigkeit der Konzernsteuerung auf mehrdimensionale Weise: vertikal über die Hierarchieebenen bis zum Produkt, horizontal über die weltweite Produktverantwortung der Geschäfts- und Produktbereiche, methodisch durch weitgehend einheitliche und damit vergleichbare Inhalte. Die Standardisierung schafft somit nicht nur Synergien im Controlling, sondern auch in den Managementprozessen. Die Veränderungen betreffen damit neben den Mitarbeitern im Controlling vor allem auch die Führungskräfte. Die Steuerung der Bereiche erfolgt mit neuen Konzepten und Inhalten. Diese müssen weltweit kommuniziert, verstanden, akzeptiert und gelebt werden.

Die Vielzahl der Veränderungen führt zu einer erhöhten Anspannung in den Bereichen, für die vorläufig noch kein Ende absehbar ist, da eine Reihe sich in der erfolgreichen Umsetzung befindender Veränderungsprozesse noch die nächsten Jahre zur weltweiten Durchdringung der *Bosch-Gruppe* benötigen:

- Die Referenzmodelle werden weiter verfeinert und der Rollout der *SAP R/3*-Projekte, die auf den Referenzmodellen basieren, über Europa hinausgehend weitergeführt.
- IFRS wird als führender Rechnungslegungsstandard in den Rechnungslegungssystemen weltweit auf Basis eines neuen Konzernkontenplans realisiert.
- Die Prozesse der jährlich rollierenden Wirtschaftsplanung werden weiter standardisiert, gestrafft und zeitlich verdichtet.
- Die systematische Umsetzung der Strategischen Planung in operative Ziele und Maßnahmen sowie deren Verfolgung, beispielsweise mit der BSC, wird weiter in der *Bosch-Gruppe* ausgedehnt.
- Bestehende Shared Service Center Anwendungen werden verbreitert.

Mit den beschriebenen neueren Entwicklungen im Konzerncontrolling der *Bosch-Gruppe* wird eine weitere, kontinuierliche Verbesserung der Planungs- und Steuerungsprozesse erreicht. Das Konzerncontrolling trägt auf diese Weise zur Stärkung der Wettbewerbsfähigkeit der *Bosch-Gruppe* bei.

Literatur

Beißel, J./Steinke, K.-H. (2004), Integriertes Reporting unter IFRS bei der Lufthansa, in: Zeitschrift für Controlling & Management, 2004, Sonderheft 2, S. 63–70

Bruns, H.-G. (2004), Auswirkungen der IFRS auf das Controlling, Interview mit Prof. Dr. Hans-Georg Bruns, International Accounting Standards Board, London, in: Controlling, 16, 2004, 11, S. 647–649

Coenenberg, A. G./Salfeld, R. (2003), Wertorientierte Unternehmensführung – Vom Strategieentwurf zur Implementierung, Stuttgart 2003

Fehrenbach, F. (2004), Was ist Innovationskultur? Das Beispiel *Bosch*. Referat anlässlich des 2. ZVEI Zukunftsforums am 24. Juni 2004 in Berlin

Franz, K.-P./Winkler, C. (2005), Unternehmenssteuerung und IFRS – Anforderungen, Chancen und Implementierung, München 2005

Groll, K.-H. (2003), Kennzahlen für das wertorientierte Management, ROI, EVA und CFROI im Vergleich, München, Wien 2003

Günther, T. (2002), Wertorientierte Kennzahlen zur Steuerung mittelständischer Unternehmen, in: krp 2002, Sonderheft 1, S. 89–97

Hoffman, D./Kirchhoff, M. (2001), Wertorientierte Steuerung eines Automobilzulieferers, in: *Horváth, P.* (Hrsg.), Strategien erfolgreich umsetzen, Stuttgart 2001, S. 107–127

Kaplan, R. S./Norton, D. P. (2004), Strategy Maps – Der Weg von immateriellen Werten zum materiellen Erfolg, Stuttgart 2004

Kley, K.-L. (2002), IAS und wertorientiertes Controlling, in: krp-Kostenrechnungspraxis, 2002, 5, S. 277–281

Mertens, P. (2004), Integrierte Informationsverarbeitung 1 – Operative Systeme in der Industrie, 14. Auflage, Wiesbaden 2004

Mierzwa, W./Froehlich, M./Heckler, S. (2003), Durchgerechnete Ergebnisrechnung bei *Bosch*, in: *Franz, K.-P./Hieronimus, A.*, Kostenrechnung im international vernetzten Konzern, Zfbf, 2003, Sonderheft 49, S. 119–132

Müller, H.-E. (2003), Internationale Organisationsstrategie, in: *Mahnkopf, B.* (Hrsg.), Management der Globalisierung, FHW-Forschungsheft Nr. 44/45, Berlin 2003

Töpfer, A. (2000), Das Management der Werttreiber – Die Balanced Score Card für die Wertorientierte Unternehmensführung, Frankfurt 2000

Young, S. D./O'Byrne, S. F. (2001), EVA and Value-based Management – A practical Guide to Implementation, New York 2001

Weiss, H.-J. (2004), Integrierte Konzernsteuerung – Ganzheitliches Führungsinstrumentarium zur Umsetzung wertorientierter Strategien, Wiesbaden 2004

Weißenberger, B. E./Haas, C. A. J. (2004), Neuausrichtung der Interpretationsfunktion des Controllings, in: Zeitschrift für Controlling und Management, Sonderheft 2, 2004, S. 54–62

Welge, M. K./Holtbrügge, D. (1998), Internationales Management, Landsberg/Lech 1998

Innovative Organisationsstrukturen und Geschäftsprozesse bei DEKRA

Klaus Schmidt/Alexandra Crusen*

* Klaus Schmidt, Vorsitzender des Vorstandes, DEKRA AG, Stuttgart; Alexandra Crusen, Leiterin Konzernkoordination, DEKRA AG, Stuttgart.

1 Einleitung

Erfolgsfaktoren eines Dienstleistungsunternehmens sind qualitativ hochwertige Serviceleistungen, Kundennähe, hohe Flexibilität und kurze Reaktionszeiten. Aufgrund der zunehmenden Globalisierung und Internationalisierung der Märkte erzielen insbesondere die Dienstleistungsunternehmen Wettbewerbsvorteile, die schneller als ihre Wettbewerber auf Veränderungen von Märkten, Kundenbedürfnissen, Technologien und Produktneuheiten reagieren. Zeit ist zum entscheidenden Wettbewerbsfaktor geworden. Die wachsende Anforderung an Zeit, Qualität, Kosten und Flexibilität können international tätige Dienstleistungskonzerne nur erfüllen, wenn sie ihre Strukturen und Prozesse permanent und kontinuierlich den Marktgegebenheiten anpassen. Nur ein effektiv und effizient geführtes Unternehmen kann mit guten und innovativen Dienstleistungen den Kundenansprüchen gerecht werden und seine Wettbewerbsstellung weiter ausbauen.

2 Status quo der Organisationsstruktur bei DEKRA

2.1 DEKRA – ein international tätiger Dienstleistungskonzern

1925 wurde *DEKRA* als *Deutscher Kraftfahrzeug-Überwachungsverein* mit dem Ziel gegründet, seinen Mitgliedern Wissen über die Verkehrssicherheit zu vermitteln. Heute – 80 Jahre später – ist daraus ein international tätiger Dienstleistungskonzern mit 1,2 Milliarden Euro Jahresumsatz, rund 14.000 Beschäftigten sowie über 50 konsolidierten Tochter- und Beteiligungsgesellschaften geworden.

Die Kerngeschäftsfelder von *DEKRA* sind automotive und industrielle Sachverständigenleistungen. Die Dienstleistungspalette von *DEKRA* ist mit den Anforderungen der Kunden kontinuierlich national wie auch international gewachsen. Neben den historischen Tätigkeitsfeldern Fahrzeugprüfungen und Schadengutachten der *DEKRA Automobil* hat *DEKRA* den Bereich der industriellen Prüfungen – Zertifizierungen, Umwelt- und Materialprüfungen sowie Baugutachten – stark ausgebaut. Die Business Unit *DEKRA NORISKO Industrial* ist seit der Akquisition der französischen Industrie-Prüfdienstleister-Gruppe *NORISKO S.A.* im Januar 2005 der zweitgrößte Unternehmensbereich. Ursprünglich unterstützende Tätigkeiten haben sich somit zu neuen Kerngeschäftsfeldern entwickelt.

Anfangs hat *DEKRA* Aus- und Weiterbildungsseminare im Bereich des Speditionsgewerbes für die Mitglieder des *DEKRA e.V.* angeboten. Zwischenzeitlich bietet *DEKRA* bundesweit Geschäftspartnern auch im Bereich Personaldienstleistungen – durch das Drei-Säulen-Modell der *DEKRA Akademie*, *DEKRA Arbeit* und *DEKRA Personaldienste* – ein umfassendes Paket von der Aus- und Weiterbildung, über die vermittlungsorientierte Zeitarbeit, bis hin zur Out- und Newplacement-Beratung an.

DEKRA ist in 21 europäischen Ländern, in den USA sowie in Brasilien mit Tochter-, Beteiligungs- und Joint-Venture-Gesellschaften auf dem Gebiet der Sachverständigendienstleistungen vertreten. Aus diesem historischen Geschäftsfeld Schadengutachten heraus entstand die Affinität zur Schadenregulierung, in der *DEKRA* heute durch die *DEKRA Claims Service Gruppe* europaweit erfolgreich tätig ist.

2.2 Mittelfristige strategische Ausrichtung von DEKRA

DEKRA strebt ein nachhaltiges und ertragsorientiertes Wachstum des operativen Geschäfts in allen Geschäftsbereichen an durch:

- Ausbau der Marktführerschaft in den Kerngeschäftsfeldern automotives Prüfwesen und Gutachten:
  - Weitere Marktdurchdringung durch innovative Dienstleistungen.
- Gute Positionierung in erfolgsversprechenden Zukunftsmärkten:
  - Ausbau des wachstumsstarken nationalen und internationalen Industrieprüfgeschäftes;
  - Vorwärtsstrategie zum umfassenden Personaldienstleister.
- Erweiterung der internationalen Aktivitäten:
  - West- und Osteuropa als Kernmärkte;
  - Selektive Erschließung weiterer Märkte durch Akquisitionen, Kooperationen und Beratungsprojekte.

2.3 »Structure follows Strategy«: Wachstum im operativen Geschäft durch dezentrale Strukturen

Dezentrale Strukturen, Vertrauens- und Innovationskultur sind entscheidende Säulen der Wachstumsstrategie bei *DEKRA*. Organisatorisch ist die Dachorganisation des *DEKRA Konzerns* der *DEKRA e.V.* Unter diesem steht die *DEKRA AG* als strategische Management-Holdinggesellschaft. Das operative Geschäft ist in vier eigenständig operierende und ergebnisverantwortliche Business Units gegliedert: *DEKRA Automotive, DEKRA NORISKO Industrial, DEKRA Qualification & Consulting, DEKRA International Operations*. Die *DEKRA AG* führt diese vier Geschäftsbereiche strategisch und finanziell. Die vier Business Units bestehen ebenfalls aus eigenverantwortlichen Tochtergesellschaften (siehe Abb.1).

Die einzelnen Gesellschaften können sich als »kleinere« organisatorische Einheiten flexibler am Markt ausrichten. Es ist Aufgabe der Geschäftsführer und Business Unit Leiter, die Tätigkeiten zu koordinieren und Redundanzen zu vermeiden. Die klar strukturierte Ausrichtung in die vier Business Units ermöglicht es *DEKRA*, das operative Geschäft zeitnah und effektiv zu führen und dadurch die Kundennähe zu wahren.

Die Flexibilität und Motivation der operativ tätigen Mitarbeiter fördert *DEKRA* durch das Modell »Unternehmertum im Unternehmen«. Jeder Prüfingenieur oder Gutachter der *DEKRA Automobil GmbH* ist Unternehmer im Unternehmen. Das Modell basiert auf einer hohen Eigeninitiative der Mitarbeiter und ermöglicht es dem Mitarbeiter innerhalb eines von *DEKRA* vorgegebenen Rahmens – u. a. der Zuweisung eines Prüfge-

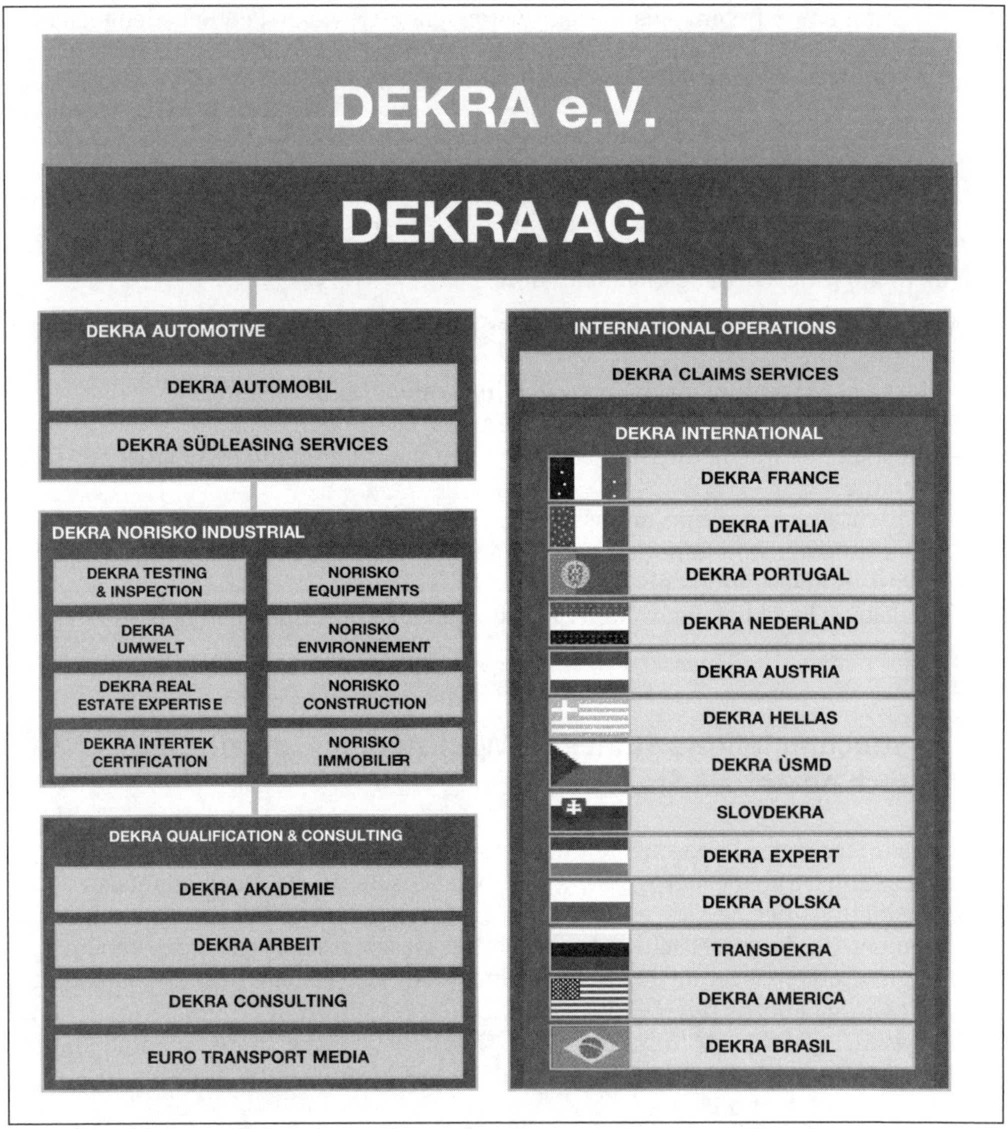

Abb. 1: Organigramm des *DEKRA Konzerns*

bietes – relativ eigenständig seinen Tagesablauf wie ein quasi selbstständiger Unternehmer zu gestalten. Auf der anderen Seite bietet *DEKRA* die Sicherheiten eines Arbeitgebers. Die Mitarbeiter werden durch Zielvorgaben geführt. Diese sind an qualitativen und finanziellen Zielen ausgerichtet. Das *DEKRA* Leitbild gibt Leitsätze vor, die im »daily business« fest verankert sind.

3 Einführung des Shared Service Konzeptes bei DEKRA

3.1 Begriff und Vorteile der Shared Service Center

Das Shared Service Konzept sieht vor, dass bestimmte Dienstleistungen im Unternehmen gebündelt und den dezentralisierten Geschäftseinheiten von der Konzernführung angeboten werden. In Betracht kommen als Shared Services (gemeinsame Dienstleistungen): Personalmanagement, Rechnungswesen und Controlling, EDV-Dienstleistungen sowie Allgemeine Dienste und Facility Management. Die dezentralisierten Geschäftseinheiten geben als interner Kunde Art und Umfang der angebotenen Supportleistungen vor. Die Shared Service Center entscheiden über das »wie« der Auftragserfüllung. Die erzielbaren Vorteile der Shared Service Centerorganisation sind:

- Konzentration der Business Units auf das operative Kerngeschäft;
- Zentralisierung der Supportleistungen;
- Aufbau von zentralem Know-how;
- Reduzierung der Overheadkosten;
- Qualitätssteigerung durch optimierte/standardisierte Geschäftsprozesse;
- Reduzierung der Durchlaufzeiten;
- Qualitätssteigerung durch Herbeiführung marktähnlicher Bedingungen;
- Nutzung von Prozesssynergien;
- Nutzung von Economies of scale/Economies of scope.

3.2 Zielsetzung des Shared Service Konzeptes bei DEKRA

Der Hauptbeweggrund für *DEKRA*, Shared Service Center im Konzern einzurichten, war es, die Geschäftsprozesse effektiver und kosteneffizienter zu gestalten. In den *DEKRA Business Units* hatten sich mit dem expansiven Wachstum des *DEKRA Konzerns* Parallelaktivitäten bei Supportleistungen etabliert. Die neue Organisationsstruktur sollte die *DEKRA* Kultur berücksichtigen, die vorhandene Kompetenz bündeln und es ermöglichen, flexibel auf die Bedürfnisse der einzelnen Business Units zu reagieren.

Die Leitsätze bei *DEKRA* für die Einführung des Shared Service Konzeptes waren:

- *Definition der Aufgaben in Governance- und Shared Service-Aufgaben*
  - Governance-Aufgaben: Hoheitliche Verwaltungsaufgaben, die der Steuerung dienen;
  - Shared Services: Alle Aufgaben(anteile), die nicht der Steuerung dienen.
- *Zuordnung der Aufgaben*
  - Aufgaben mit Dienstleistungscharakter sollten in der Regel nur einmal im Konzern vorhanden sein;
  - Aufgaben, die mehrere Einheiten betreffen, werden von der nächst höheren Ebene im Konzern wahrgenommen;
  - Jede Aufgabe sollte so geschäftsnah (dezentral) wie möglich erledigt werden. Entsprechend sind Aufgaben regional, geschäftssegment-spezifisch oder konzernübergreifend zu verankern;

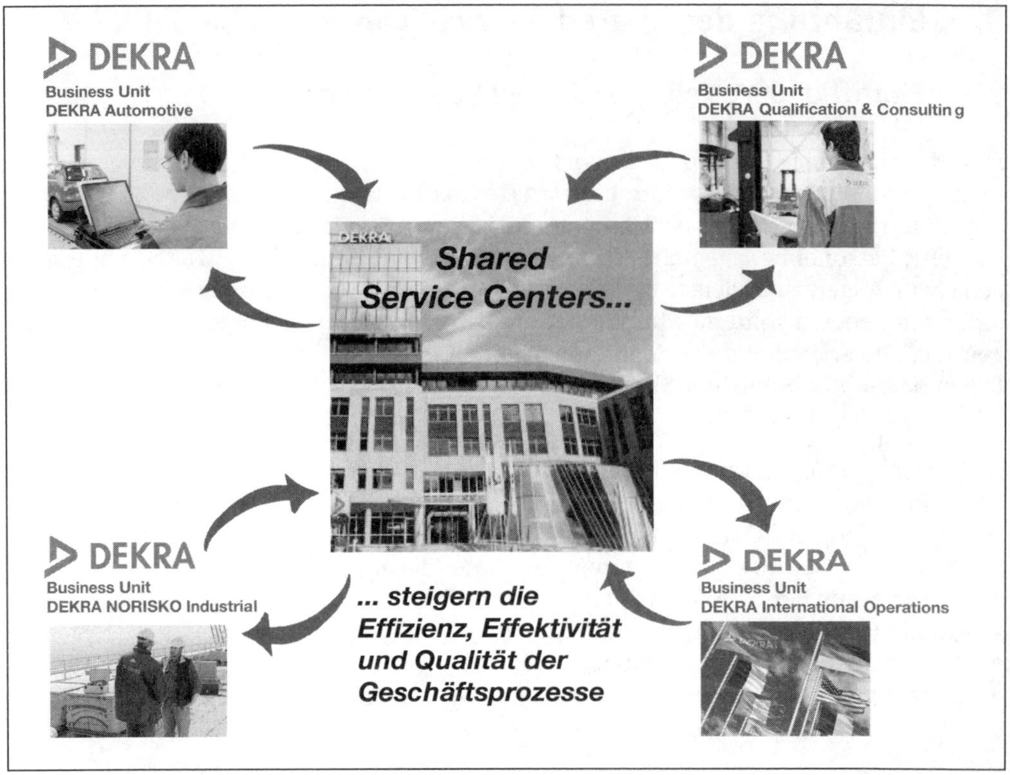

Abb. 2: Ergebnis der Shared Service Centerorganisation

  - Personalunionen sind zu vermeiden (sowohl horizontal als auch vertikal);
  - Die Größe der Abteilungen orientiert sich am durchschnittlichen Bedarf.
- *Steuerung*
  - Aufgaben werden durch adäquate Leistungsindikatoren gemessen und gesteuert.
- *Nutzung*
  - Shared Services müssen genutzt werden;
  - Services können grundsätzlich auch extern vermarktet werden.
- *Verrechnung*
  - Shared Services werden marktgerecht an den Nutzer verrechnet;
  - Kosten hoheitlicher Aufgaben werden umgelegt.

3.3 Die Struktur der Shared Service Centerorganisation bei DEKRA

Zum 1. Januar 2005 wurde im *DEKRA Konzern* eine erweiterte Shared Service Centerorganisation eingerichtet. Zu den bereits bestehenden Shared Service Centern Rechtsabteilung, Treasury und Kommunikation/Marketing Services wurden weitere Supportleistungen, die zuvor historisch bedingt bei der *DEKRA Automobil GmbH* in der Business Unit *DEKRA Automotive* angesiedelt waren, in Zentralabteilungen unter dem Dach der *DEKRA AG Holding* zusammengeführt. So wurden die EDV-Dienstleistungen, Externes und Internes Rechnungswesen, Personalmanagement und die Allgemeinen Dienste (Einkauf, Immobilienverwaltung) zu Shared Service Centers für die *DEKRA* Business Units ausgerichtet.

- Das *Shared Service Center DEKRA EDV-Zentrum* vereinigt die bisher in den Business Units angesiedelten EDV-Abteilungen. In den Business Units verbleiben die Funktionen EDV-/IT-Anforderungen. Sie formulieren die Aufgaben, die dann zentral, basierend auf Gesamtunternehmensvorgaben, umgesetzt werden.
- Das *Shared Service Center DEKRA Externes/Internes Rechnungswesen* vereinigt die jeweiligen Rechnungswesenabteilungen (Bilanzen/Steuern, Kreditoren- und Debitorenbuchhaltung, Kassenbuchhaltung) und führt sie mit dem Beteiligungscontrolling zusammen. In den Bereichen verbleiben die BU-Controlling-Bereiche zur Steuerung des operativen Tagesgeschäfts.
- Das *Shared Service Center DEKRA Personalservice* vereinigt die Dienstleistungsfunktionen der jeweiligen Personalabteilungen (u. a. Grundsatzfragen Personal, Personalsysteme IT). In den Bereichen verbleiben die Personalreferate.
- *Shared Service Center DEKRA Immobilien, Allgemeine Dienste* (u. a. Reiseservice und Soziales) *und Einkauf* vereinigt die entsprechenden, bisher ebenfalls dezentral angesiedelten, Abteilungen.

3.4 Service Level Agreements

Für den Bezug und die Bereitstellung der Dienstleistungen schließen das die Leistung erbringende Shared Service Center und die beziehende *DEKRA* Tochtergesellschaft einen Dienstleistungsvertrag (Service Level Agreement) ab.

Das *Service Level Agreement* regelt insbesondere:

- den Vertragsgegenstand/die Vertragsbestandteile,
- die Vertragslaufzeit/Kündigung,
- die Vergütungsmodalitäten,
- die Eigentumsrechte sowie
- die Haftungsmodalitäten.

Dem Service Level Agreement ist als Anhang ein **Leistungs- und Vergütungsschein** beigefügt. Dieser enthält:

- die Kostenstelle,
- die Tätigkeitsbezeichnung,
- den genauen Umfang der Tätigkeit sowie
- die jährliche und monatliche Vergütung.

Zur Preisfindung wurden die Faktoren Zeitaufwand und Stundensatz des Shared Service Centers herangezogen. Der Zeitaufwand wurde durch das Festhalten des Zeitauf-

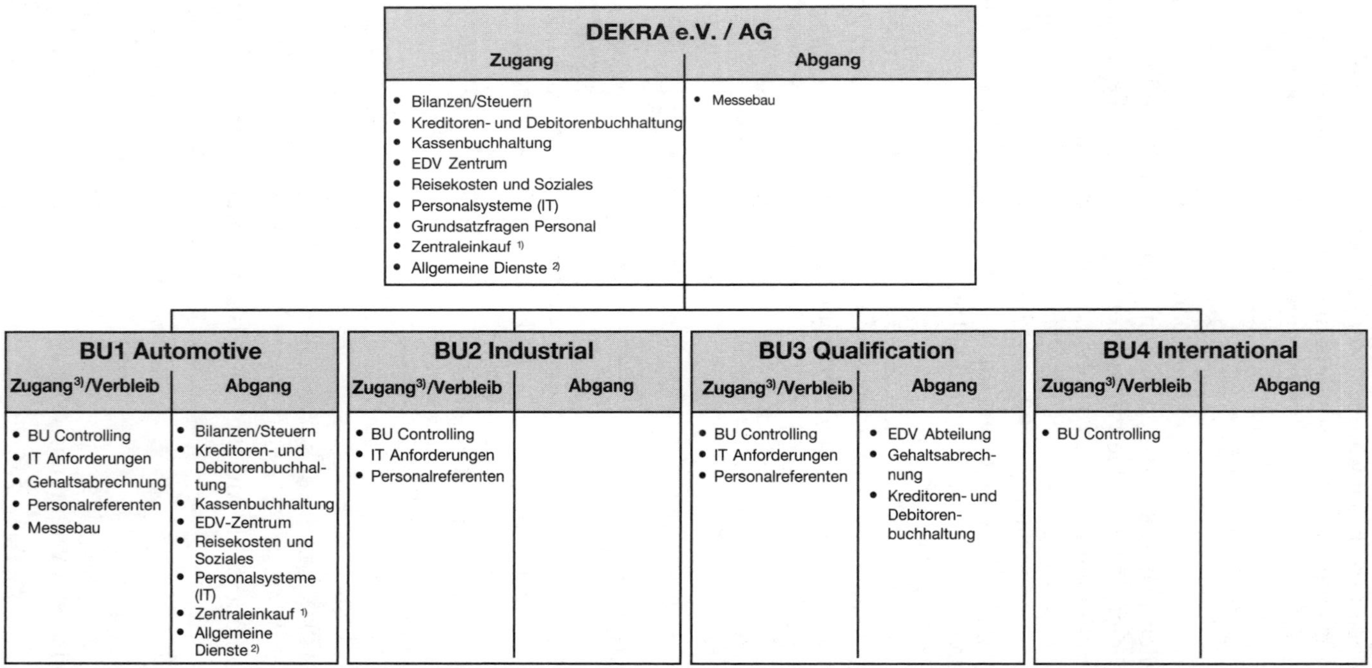

1) Bestehend aus: Einkaufsauswertung, Verhandlungen, Warenkörbe, Logistik, Bestellabwicklung
2) Bestehend aus: Reisestelle, Facility-Management, Poststelle
3) Teilweise neu zu schaffen bzw. Aufgabenänderung

Abb. 3: Wanderungsbilanz zur Einrichtung der neuen Shared Centers

wandes über eine längere Zeitperiode bzw. über vorhandene Statistikzahlen, wie zum Beispiel Anzahl der Bestellvorgänge im Vorfeld, ermittelt. Als Anhaltspunkt für den Stundensatz diente der Durchschnittswert der Personalkosten sowie aller anfallenden Gemeinkosten.

4 Das DEKRA »CIO-Board« Modell

Das Ziel war es, durch das Shared Service Center EDV-Zentrum die EDV/IT-Dienstleistungen im *DEKRA Konzern* zu bündeln und dadurch eine höhere Kostentransparenz zu schaffen sowie die IT-Plattformen zu vereinheitlichen. Neu geschaffen wurde die Funktion des Chief Information Officers (CIO), der direkt dem Vorstand der *DEKRA AG* unterstellt ist. Als Primus inter pares nimmt er mit den Business Unit Leitern im CIO-Board (IT-Lenkungsausschuss) die IT-Governance Aufgaben für den Konzern wahr.

Unter die IT-Governance Aufgaben fallen:

- die IT-Strategie und IT-Architektur des *DERKA Konzerns,*
- die Qualitätsüberwachung (Definiton der IT-Security Richtlinien),
- die Planung und Steuerung (IT-Konzern-Budget und Controlling der IT-Ausgaben) sowie
- das Partnermanagement.

In den einzelnen Business Units liegt die Verantwortung für die IT-Ausgaben und das Budget. Dort werden weiterhin die IT-Anforderungen definiert. Das Shared Service Center EDV-Zentrum (IT-Kundenzentrum) führt die Aufgaben aus.

5 Fazit

Durch die Shared Service Centerorganisation konnte *DEKRA* die Kostentransparenz erhöhen und die Geschäftsprozesse effektiver und effizienter gestalten. Durch die Service Level Agreements ist klar definiert, welche Leistung in welchem Umfang, Preis und Zeitpunkt erbracht wird. Dies führt zu einer höheren Planungssicherheit im gesamten Konzern. Die Neuausrichtung bringt eine Minimierung des Verwaltungsaufwandes mit sich und ermöglicht es, dass die *DEKRA* Geschäftseinheiten, die *DEKRA* Business Units, sich auf das operative Geschäft konzentrieren können. Mit innovativen Dienstleistungen, einer großen Marktnähe und einer permanenten Optimierung der internen Geschäftsprozesse wird der *DEKRA Konzern* seine Wettbewerbsposition als führende Sachverständigenorganisation in Europa weiter ausbauen. *»A company's organization must be as complex as its business«* (*Galbraith* 2000).

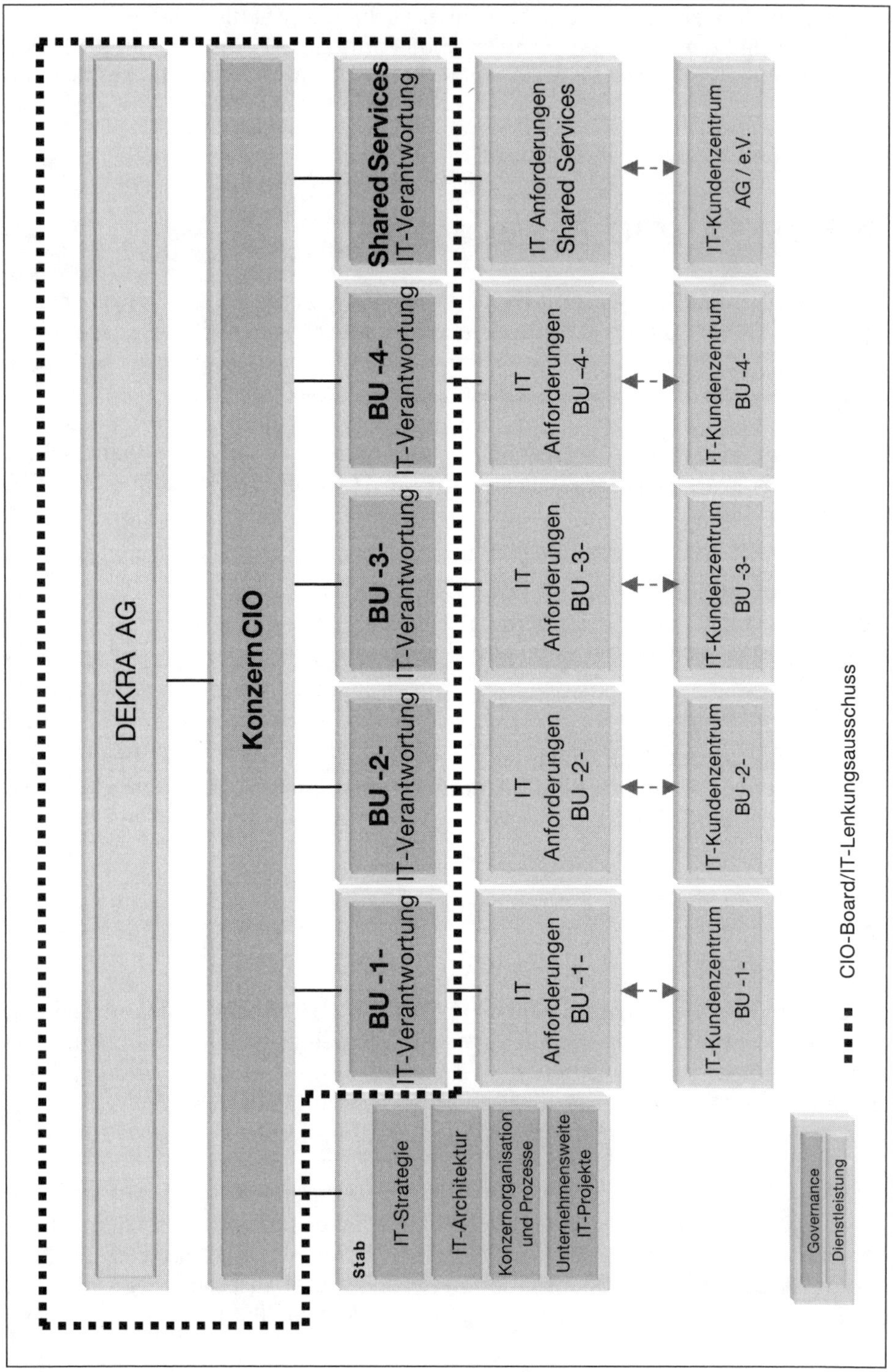

Abb. 4: DEKRA »CIO-Board« Modell

Gesamtbanksteuerung in der DaimlerChrysler Bank

Gregor Pottmeyer*

* Gregor Pottmeyer, Vorstand Finanzen und Risikomanagement, DaimlerChrysler Bank AG, Stuttgart.

1 Die DaimlerChrysler Bank im Überblick

Die Gesamtbanksteuerung in der *DaimlerChrysler Bank* umfasst die Risiko- und Ertragssteuerung einer Automobilbank, die Teil eines international tätigen Fahrzeugkonzerns ist. Die *DaimlerChrysler Bank AG* gehört zu *DaimlerChrysler Financial Services AG,* dem weltweit drittgrößten herstellerverbundenen Finanzdienstleister mit Tochtergesellschaften in 39 Ländern. Gemäß Konzernauftrag unterstützt die *DaimlerChrysler Bank* den Absatz der Fahrzeugmarken des *DaimlerChrysler Konzerns* in Deutschland und ergänzt mit ihrem Produktangebot die automobile Wertschöpfungskette. Die nachfolgende Abbildung verdeutlicht die gesellschaftsrechtliche Zuordnung der *DaimlerChrysler Bank* im *DaimlerChrysler Konzern.*

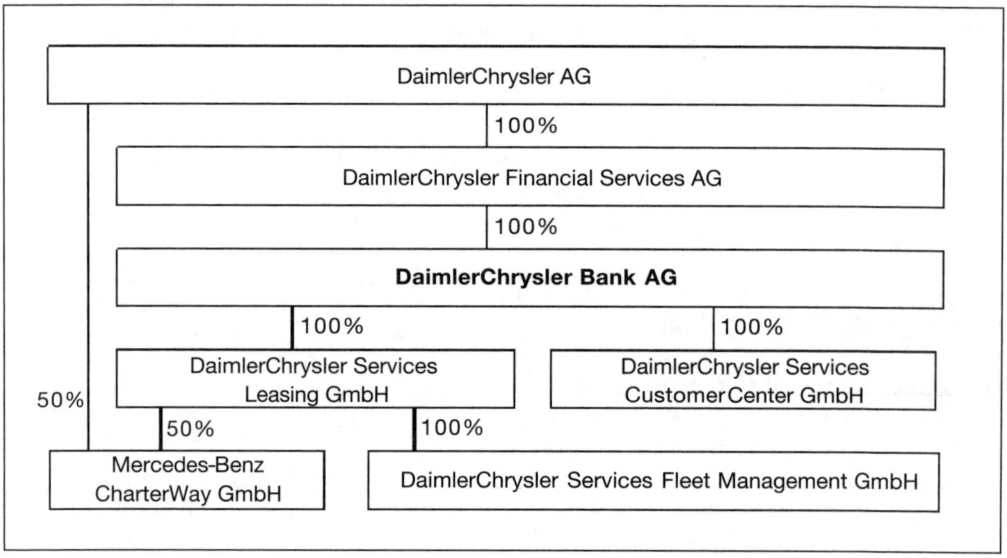

Abb. 1: Gesellschaftsrechtliche Zuordnung der *DaimlerChrysler Bank*

In Deutschland bringt die *DaimlerChrysler Bank* mit ihren Leasing- und Finanzierungslösungen schon jedes zweite *DaimlerChrysler* Nutzfahrzeug und zwei von fünf Pkw auf die Straße – das sind doppelt so viele wie noch vor 10 Jahren. Diese Entwicklung spiegelt sich im signifikanten Wachstum der Bilanzsumme der *DaimlerChrysler Bank* wider: Während die Gesamtheit der Autobanken in den vergangenen 10 Jahren ein durchschnittliches jährliches Wachstum von 9 % verzeichnete, lag der entsprechende Vergleichswert der *DaimlerChrysler Bank* bei 15 %. Zum Jahresende 2004 wies die *DaimlerChrysler Bank* eine Bilanzsumme von 15,4 Mrd. EUR aus. Die *DaimlerChrysler Bank* beschäftigt derzeit ca. 1.500 Mitarbeiter an neun verschiedenen Standorten in Deutschland.

In den vergangenen Jahren hat die *DaimlerChrysler Bank* verstärkt neue Kunden- und Marktsegmente erschlossen. Vor nunmehr drei Jahren startete die *DaimlerChrysler Bank* mit dem Direktbankgeschäft und erweiterte dadurch ihr Produktspektrum um Tagesgeldkonten, Sparpläne, Investmentfonds, Zertifikate und Kreditkarten. Strategisch zielen die neuen Direktbankprodukte auf die Erschließung zusätzlicher Kundengruppen. Gleichzeitig unterstützen sie das Cross-Selling innerhalb der eigenen Produktpalette und somit die langfristige Kundenbindung gegenüber den Fahrzeugmarken und der Marke *DaimlerChrysler*. Eine höhere Kundenbindung durch Cross-Selling gewinnt insbesondere vor dem Hintergrund der neuen Gruppenfreistellungsverordnung (GVO) stark an Bedeutung. Schließlich wirkt sich die von der GVO geforderte Händler-Mehrmarkenstrategie tendenziell negativ auf die Kundenloyalität zu einer Marke bzw. zu einem Händler aus. Das erweiterte Produktportfolio der *DaimlerChrysler Bank* schafft zudem neue Möglichkeiten der Kundengewinnung für das Fahrzeuggeschäft des *DaimlerChrysler Konzerns*, so genannte Cross-Over Potenziale: So sind derzeit rund ein Drittel der Kunden des Einlagengeschäfts Fremdmarkenfahrer. Es ist der erweiterte strategische Konzernauftrag der *DaimlerChrysler Bank*, diese Fremdmarkenfahrer als Kunden für die Fahrzeugmarken des *DaimlerChrysler Konzerns* zu gewinnen.

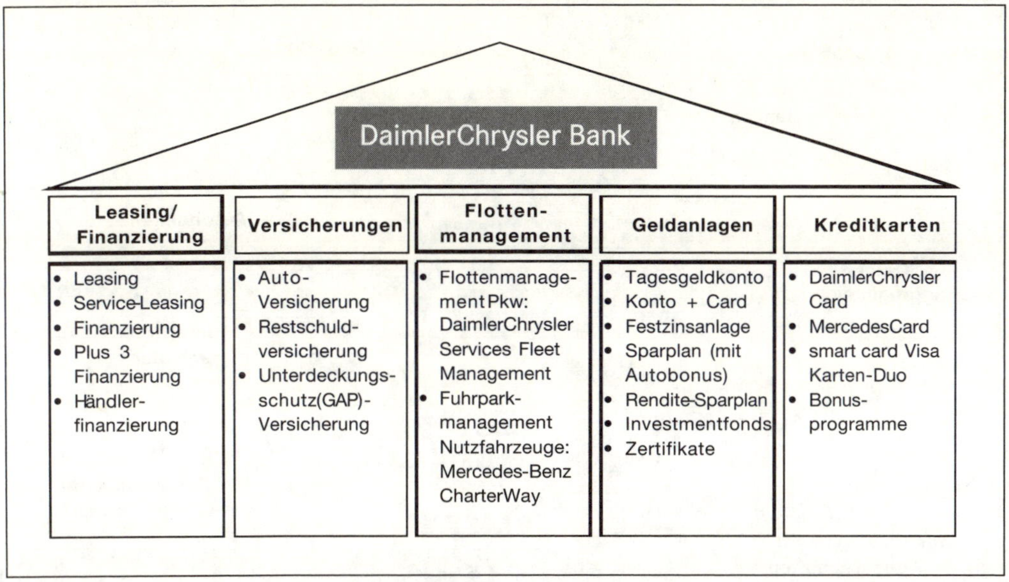

Abb. 2: Produktportfolio *DaimlerChrysler Bank*

Die Bedeutung von Finanzdienstleistungen in der automobilen Wertschöpfungskette wird deutlich, wenn man das Gewinnpotenzial den Umsätzen gegenüberstellt: Finanzdienstleistungen erwirtschaften im gesamten Lebenszyklus eines Automobils 46 % der Gewinne mit einem Anteil von nur 30 % an den Umsätzen. Zu erwarten ist, dass die Bedeutung von Finanzdienstleistungen in den kommenden Jahren weiter wachsen wird, denn die reine Nutzung des Fahrzeuges tritt gegenüber dem Eigentumsgedanken immer mehr in den Vordergrund. Die zentrale Frage, die sich Kunden stellen, wird zunehmend sein: »Wieviel Auto kann ich mir leisten?« Zudem wird eine Tendenz weg von Einzelprodukten, hin zu umfassenden, aber individuell gestalteten Paketlösungen erkennbar. Kunden fordern immer stärker intelligente Mobilitätslösungen, die auch Wartung und Versicherungsleistungen einschließen. Qualität und Attraktivität des Finanzdienstleistungsangebots beeinflussen in erheblichem Maße die Entscheidung über die Anschaffung eines neuen Fahrzeuges.

Aufgrund der Attraktivität des automobilen Finanzdienstleistungsgeschäfts wird das Wettbewerbsumfeld für Autobanken und damit auch für die *DaimlerChrysler Bank* zunehmend komplexer. So drängen weitere neue Player auf den Finanzdienstleistungsmarkt vor. Beispielsweise entdecken Haus- und Großbanken vermehrt die Kfz-Finanzierung als attraktives Geschäftsfeld wieder. Der Wettbewerb wird zudem verstärkt preisaggressiv geführt. Wettbewerber richten ihren Fokus vermehrt auf die Händlerfinanzierung, um so Zugang zum Retailkunden-Potenzial anderer Anbieter zu erhalten. Auch ein verstärkter Einstieg von herstellergebundenen Finanzdienstleistern bei Fremdmarken ist zu beobachten.

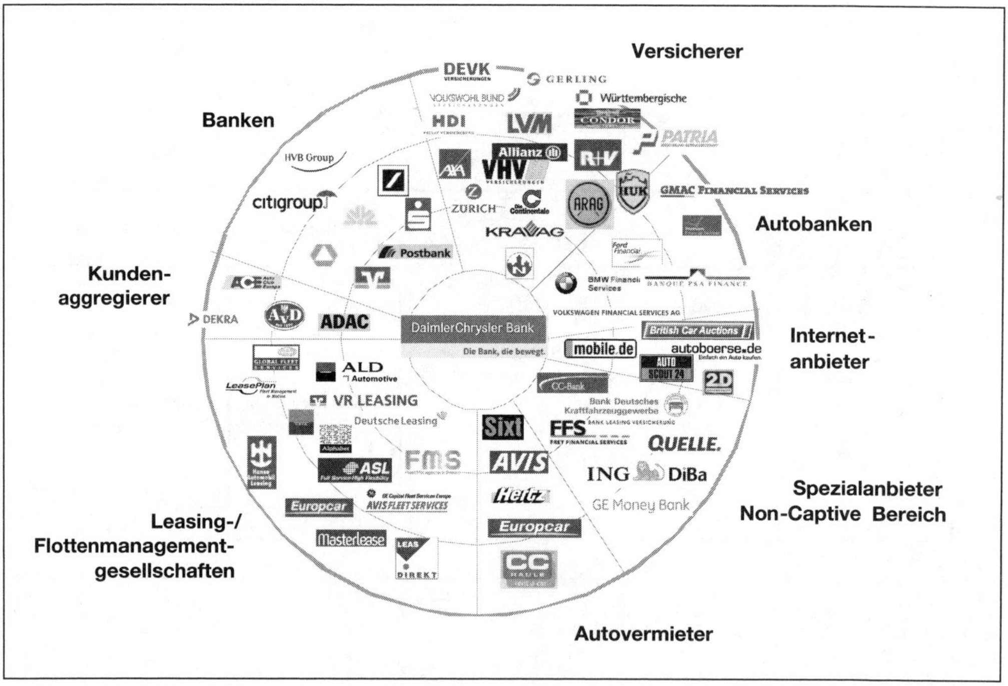

Abb. 3: Wettbewerbsumfeld der *DaimlerChrysler Bank*

In diesem komplexen Wettbewerbsumfeld erweist es sich für die *DaimlerChrysler Bank* als essenziell, über eine klar definierte strategische Stoßrichtung sowie innovative Management- und Steuerungsinstrumente zu verfügen. Die strategische Grundpositionierung der *DaimlerChrysler Bank* wird durch ihre Wachstumsstrategie bestimmt. Als wettbewerbstrategische Option wählt die *DaimlerChrysler Bank* die Kundenpartnerschaft mit dem Kernmerkmal einer Langzeitbeziehung zu Kunden, Händlern und den Fahrzeugmarken des Konzerns. Im Mittelpunkt steht dabei ein automobilnahes Wachstum: Ziel der *DaimlerChrysler Bank* ist es nicht, sich als Universalbank zu positionieren. Vielmehr sollen auf der Basis einer fokussierten Produktstrategie nur solche Produkte auf den Markt gebracht werden, mit denen die *DaimlerChrysler Bank* ihre strategische Stoßrichtung als Absatzunterstützer verfolgen kann. Durch Konzentration auf ein profitables Wachstum und eine gelebte Kundenpartnerschaft kann so ein Mehrwert für den *DaimlerChrysler Konzern* generiert werden. Um die entwickelte Strategie der *DaimlerChrysler Bank* messen, kommunizieren und für das Tagesgeschäft umsetzen zu können, wurde gemeinsam mit der Unternehmensberatung *Horváth & Partners* die Balanced Scorecard (BSC) als strategisches Steuerungsinstrument eingeführt.

2 Die Balanced Scorecard als zentrales Führungs- und Steuerungssystem

2.1 Strategieumsetzung in der DaimlerChrysler Bank anhand der Balanced Scorecard

Die *DaimlerChrysler Bank* sieht ihre primäre Rolle darin, den Absatz der Produkte des *DaimlerChrysler Konzerns* zu unterstützen, zusätzliche Werte für ihre Kunden, Händler und Marken zu schaffen sowie zum finanziellen Erfolg von *DaimlerChrysler* beizutragen. Aus diesem Strategieverständnis leitet sich ein System strategischer Ziele ab. Um diese strategischen Ziele anhand geeigneter Messgrößen und Maßnahmen zu konkretisieren und die Verknüpfungen der Ziele untereinander transparent zu machen, nutzt die *DaimlerChrysler Bank* das Konzept der Balanced Scorecard.

Das auf *Kaplan* und *Norton* (vgl. *Kaplan/Norton* 1992, S. 71 ff.) zurückgehende Konzept der BSC umfasst ein ausgewogenes System von Kennzahlen, die anhand von vier Zielfeldern bzw. Perspektiven wiedergegeben werden: die Finanzperspektive, die Kundenperspektive, die Prozessperspektive und die Potenzialperspektive.

In einem ersten Schritt hat der Vorstand der *DaimlerChrysler Bank* eine Strategy Map entwickelt. Diese Strategy Map umfasst die Konkretisierung der strategischen Stoßrichtung anhand der wichtigsten strategischen Ziele und verdeutlicht die Zusammenhänge innerhalb der vier Perspektiven der BSC und zwischen den insgesamt *19 Zielen*, die im Folgenden dargestellt werden.

- **Strategische Ziele der Finanzperspektive**

Die oberste strategische Zielsetzung der *DaimlerChrysler Bank* ist die Generierung eines profitablen Wachstums bei gegebener Ziel-Rendite (F1) (vgl. ausführlich Kap. 3.3). Damit die *DaimlerChrysler Bank* in einem zunehmend komplexen und dynamischen Wettbewerbsumfeld ihre Wettbewerbsfähigkeit nachhaltig steigern kann, bildet die Verbesserung der Kostenposition (F2) eine weitere zentrale Zielsetzung. Die Optimie-

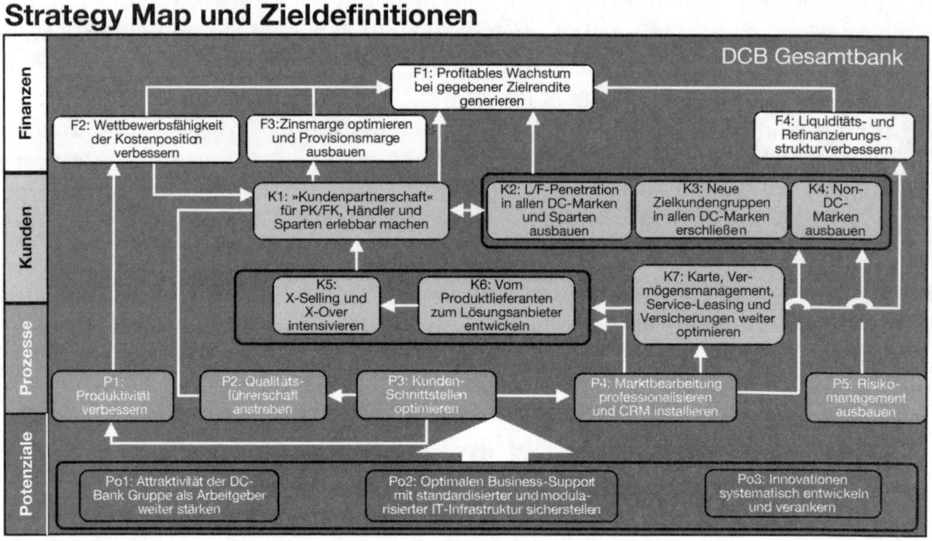

Abb. 4: Strategy Map der *DaimlerChrysler Bank*

rung der Zinsmarge und der Ausbau der Provisionsmarge (F3) sowie die Verbesserung der Liquiditäts- und Refinanzierungsstruktur (F4) sind weitere wesentliche Zielsetzungen der Finanzperspektive.

Die wesentlichen Messgrößen für die strategischen Ziele der Finanzperspektive sind vor allem der Operating Profit, die risikoadjustierte Eigenkapitalrendite, das Neugeschäfts- und Bestandsvolumen und das Cost-Income-Ratio.

- **Strategische Ziele der Kundenperspektive**

Zentrales strategisches Ziel im Rahmen der Steuerung von Kundenbeziehungen ist die Etablierung einer ausgeprägten Partnerschaft mit Kunden, Händlern und den Fahrzeugmarken des *DaimlerChrysler Konzerns* (K1). Der Etablierung der »Kundenpartnerschaft« liegen zwei wesentliche Stoßrichtungen zu Grunde: die Gewinnung von Neukunden zum einen und die langfristige Kundenbindung zum anderen. Die Neukundengewinnung wird durch den Ausbau der Marktpenetration in allen Marken des *DaimlerChrysler Konzerns* (K2) und die Erschließung neuer Zielkundengruppen in *DaimlerChrysler*-Marken (K3) sowie im Bereich der Non-*DC*-Marken (K4) erreicht. Die langfristige Kundenbindung wird durch die Zielsetzungen der Intensivierung des Cross-Selling- und Cross-Over-Geschäftes (K5) sowie durch das Ziel der konsequenten Entwicklung der *DaimlerChrysler Bank* zum Lösungsanbieter (K6) bestimmt. Damit die *DaimlerChrysler Bank* von Kunden und Händlern als Lösungsanbieter wahrgenommen und das Cross-Selling/Cross-Over-Geschäft gefördert wird, ist als weiteres strategisches Ziel die Optimierung und Weiterentwicklung des Angebots im Bereich der Provisionsprodukte (K7) definiert.

Zur Messung der strategischen Ziele der Kundenperspektive werden u. a. die von der *DaimlerChrysler Bank* erzielten Penetrationsraten bei den einzelnen Fahrzeugsparten, die Kundenanzahl und die Kundenzufriedenheit, das mit neuen Zielgruppen erzielte Neugeschäftsvolumen und die Cross-Selling- bzw. Cross-Over-Quote herangezogen.

- **Strategische Ziele der Prozessperspektive**

Wesentlicher Stellhebel der Prozessperspektive ist die Ausrichtung der Geschäftsprozesse der *DaimlerChrysler Bank* auf das strategische Ziel der Produktivitätsverbesserung (P1), ohne jedoch das Ziel der Qualitätsführerschaft (P2) zu gefährden. Hierbei unterstützt das Ziel der Optimierung der Automotive-Schnittstellen (P3) im Sinne integrierter Managementprozesse zwischen der *DaimlerChrysler Bank* und dem *DaimlerChrysler Konzern* das Streben, Produktivitätspotenziale zu heben und dem Anspruch der Qualitätsführerschaft gerecht zu werden. Die systematische Identifikation neuer Marktpotenziale und deren zielkundenspezifische und effiziente Erschließung bedingt eine Professionalisierung der Marktbearbeitung durch den Ausbau der Customer Relationship Management-Prozesse (P4).

Eine zentrale Rolle im System der Zielsetzungen der Prozessperspektive kommt in der *DaimlerChrysler Bank* dem Ausbau des Risikomanagements (P5) zu (vgl. ausführlich Kap. 4), ist dies doch Voraussetzung für die integrative Betrachtung und die aktive Steuerung sämtlicher Risiken auf Gesamtbankebene. Messgrößen für ein professionelles Risikomanagement sind zum Beispiel der Auslastungsgrad des Risikokapitals, das den einzelnen Risikoarten zugewiesenen ist, der aus dem Kreditportfolio erwartete Verlust (Expected Loss) und die Risikokostenquote.

- **Strategische Ziele der Potenzialperspektive**

Kompetenz und Motivation der Mitarbeiter sind kritische Erfolgsfaktoren für die Umsetzung der Strategie. Die Potenzialperspektive bildet daher das Fundament der Strategieumsetzung in der *DaimlerChrysler Bank*. Strategische Ziele auf der Potenzialebene sind neben der Stärkung der Attraktivität der *DaimlerChrysler Bank* als Arbeitgeber (Po1) die Sicherstellung eines optimalen Business-Supports durch eine standardisierte und modularisierte IT-Struktur (Po2) sowie die Institutionalisierung eines Innovationsmanagements (Po3), um innovative Lösungen und Technologien systematisch zu entwickeln und organisationsweit nutzbar zu machen.

Messgrößen der Potenzialebene sind etwa der Übereinstimmungsgrad von Stellenanforderungs- und Qualifikationsprofil, der Grad der Standardisierung der IT-Infrastruktur und der Anteil von Innovationsprojekten am gesamten Projektportfolio.

2.2 Überwachung strategischer Ziele in der DaimlerChrysler Bank

Die in der Strategy Map zusammengefassten strategischen Ziele und die daraus abgeleiteten Messgrößenwerte sind in das Planungs- und Berichtswesen der *DaimlerChrysler Bank* eingebunden, was eine institutionalisierte Überwachung der Entwicklung der einzelnen Zielwerte ermöglicht. Um den Zielstatus auf Basis der mit dem Ziel verbundenen einzelnen Messgrößen zu ermitteln, werden die Messgrößenwerte im Rahmen der monatlichen Berichterstattung einem Sollwert gegenübergestellt. Die Visualisierung des Status für die einzelnen Ziele erfolgt anhand einer sog. Statusampel: Für jede Messgröße werden geeignete Toleranzgrenzen im Sinne der Abweichung des realisierten Werts vom Soll-Wert definiert. Je nach dem Grad der Über- oder Unterschreitung der Toleranzgrenzen resultiert für die einzelnen strategischen Ziele eine grüne, gelbe oder rote Statusampel. Dieses Statusreporting ist ein integraler Bestandteil der BSC als Führungs- und Steuerungsinstrument in der *DaimlerChrysler Bank*. Diejenigen Zielsetzungen, die einen gelben oder roten Status aufweisen, können unmittelbar identifiziert, in der Vorstandssitzung behandelt und einer erhöhten Überwachung durch das Management unterzogen werden. So ist gewährleistet, dass gegensteuernde Maßnahmen frühzeitig eingeleitet werden.

3 Risk-Return-Steuerung als zentrales Element der Gesamtbanksteuerung

Das in der BSC verankerte oberste Ziel, profitables Wachstum bei gegebener Mindestverzinsung des eingesetzten Eigenkapitals zu generieren, ist zentraler Ausgangspunkt für die Gesamtbanksteuerung in der *DaimlerChrysler Bank*. Gleichzeitig muss sich die Gesamtbanksteuerung konsequent aus der Konzernsteuerung ableiten lassen. Im Folgenden wird die Steuerungsphilosophie des *DaimlerChrysler Konzerns* skizziert und die Implikationen für die Gesamtbanksteuerung dargelegt.

3.1 Grundsätze der Steuerung im DaimlerChrysler Konzern

Die Zielsetzung des Steuerungssystems des *DaimlerChrysler Konzerns* wird wesentlich durch die Ausrichtung der internen Ertragsziele an den externen Erwartungen des Kapitalmarkts bestimmt, die über die Veränderung des Marktwerts des Unternehmens gemessen werden können. Die Marktwertänderung kann im Allgemeinen jedoch nur für das Unternehmen als Ganzes ermittelt werden. Für die Messung des Beitrags der Wertänderung der einzelnen Geschäftsbereiche im *DaimlerChrysler Konzern* ergibt sich daher die Notwendigkeit, Steuerungsgrößen vorzugeben, die auch die Richtung der Wertänderung für das Gesamtunternehmen anzeigen. Die zentrale Steuerungsgröße im Konzept der wertorientierten Unternehmensführung im *DaimlerChrysler Konzern* stellt der Wertbeitrag (Value Added) bzw. die Veränderung des Wertbeitrags dar. Der Wertbeitrag zeigt an, welcher Wert über die Kapitalkosten hinaus in der Periode geschaffen wurde:

Wertbeitrag = Ergebnisgröße – Kapitalbasis * Kapitalkosten

Die Änderung des Wertbeitrags, also die Differenz zwischen dem aktuellen Perioden-Wertbeitrag und jenem der Vorperiode, spiegelt den Wertzuwachs auf Geschäftsbereichsebene wider.

Die Ermittlung des Wertbeitrags für die einzelnen Geschäftsbereiche erfolgt – im Gegensatz zur Ermittlung auf Konzernebene – auf Vor-Steuer-Basis. Als Ergebnisgröße vor Steuern wird der Operating Profit als ein gemäß den Rechnungslegungsvorschriften nach US GAAP objektivierter, periodengerechter Erfolgsausweis herangezogen. Analog werden die Kapitalkosten vor Steuern als Mindestverzinsungsanspruch definiert.

Der Verzinsungsanspruch des eingesetzten Kapitals und damit die Kapitalkosten werden aus den Mindestrenditen abgeleitet, die die Anleger für das investierte Kapital erwarten. Aufgrund ihres langfristigen Finanzierungscharakters werden zusätzlich zum Eigen- und Fremdkapital auch die ungedeckten Pensionsverpflichtungen in die Ermittlung der Kapitalkosten des Konzerns mit einbezogen. Dabei werden die Eigenkapitalkosten entsprechend dem Capital Asset Pricing Modell (CAPM) vom Zinssatz für langfristige, risikofreie Wertpapiere zuzüglich einer Risikoprämie für das spezifische Risiko des *DaimlerChrysler Konzerns* für die Anlage in Aktien determiniert (vgl. zum CAPM etwa *Brealey/Myers* 1991, S. 161 ff.). Die Fremdkapitalkosten werden aus dem Verzinsungsanspruch für eingegangene Verpflichtungen des Unternehmens gegenüber Fremdkapitalgebern abgeleitet. Die Kapitalkosten für die ungedeckten Pensionsverpflichtungen werden auf Basis der nach US GAAP verwendeten Diskontierungssätze bestimmt. Der Kapitalkostensatz ergibt sich dann als gewichteter Mittelwert der einzelnen Verzinsungsansprüche.

3.2 Übertragung der Konzernsteuerung auf die Steuerung in der DaimlerChrysler Bank

Im *DaimlerChrysler Konzern* wird bei der Ermittlung von Wertbeiträgen auf Geschäftsbereichsebene zwischen dem Industriebereich und Financial Services unterschieden: Im Industriebereich besteht die Kapitalbasis aus dem Eigenkapital zuzüglich den verzinslichen Verbindlichkeiten (Net Assets), die Kapitalrendite wird dementsprechend als Gesamtkapitalrendite (Return on Net Assets, RONA) begriffen. Analog wird als Verzinsungsanspruch der aus Eigen- und Fremdkapitalkosten gewichtete durchschnittliche Kapitalkostensatz (weighted average cost of capital, WACC) vorgegeben. Die Kapitalbasis im Finanzdienstleistungsgeschäft umfasst dagegen lediglich das eingesetzte Eigenkapital; die Rentabilität des eingesetzten Kapitals wird demgemäß als Eigenkapitalrendite (Return on Equity, ROE) gemessen.

Der Wertbeitrag oder Value Added (VA) für den Financial Services-Bereich stellt den Betrag dar, um den der Operating Profit das mit dem Mindestverzinsungsanspruch multiplizierte Eigenkapital überschreitet:

$$\begin{aligned}\text{VA Financial Services} &= \text{Operating Profit} - \text{Mindestverzinsungssatz} * \text{Ø-Eigenkapital}\\ &= (\text{ROE} - \text{Mindestverzinsungssatz}) * \text{Ø-Eigenkapital}\end{aligned}$$

Aus der Herleitung des Mindestverzinsungsanspruchs, der die Renditeerwartungen der Anteilseigner von *DaimlerChrysler* reflektiert, folgt die Vorgabe einer über den Mindestverzinsungsanspruch hinausgehenden Ziel-Eigenkapitalrendite für *DaimlerChrysler*

Financial Services. Die Umsetzung dieser Zielrendite erfolgt über die Vereinbarung von Operating Profit-Zielen für die Tochtergesellschaften des Financial Services-Bereichs. Für die *DaimlerChrysler Bank* bilden damit im Hinblick auf die Finanzperspektive die Eigenkapitalrendite und der Operating Profit die primären Steuerungsgrößen, die konsequent aus der wertorientierten Steuerung des *DaimlerChrysler Konzerns* abgeleitet wurden.

3.3 Profitables Wachstum bei gegebener Zielrendite als Primat der Wertsteigerung

Profitables Wachstum bei gegebener Zielrendite bildet die oberste strategische Zielsetzung in der Strategy Map der *DaimlerChrysler Bank*. Dabei impliziert diese Zielsetzung zwei »Spannungsfelder« oder Restriktionen:

- Aus dem Wachstum muss eine Rendite resultieren, die der Zielrendite entspricht.
- Die Höhe des eingesetzten Eigenkapitals definiert das maximale Risiko, das durch die *DaimlerChrysler Bank* eingegangen werden kann.

Diese, mit dem Wachstumsziel verbundenen Restriktionen, leiten sich unmittelbar aus der Wertbeitragssteuerung des *DaimlerChrysler Konzerns* ab: Eine zusätzliche Wertsteigerung durch Wachstum kann nur dann erzielt werden, wenn die Rendite des Neugeschäfts den Mindestverzinsungsanspruch übertrifft. Da der Mindestverzinsungsanspruch aber gleichzeitig die risikoadäquate Renditeerwartung der Aktionäre widerspiegelt, ist die alleinige Rentabilitätsorientierung nicht zweckmäßig. Vielmehr muss bei der Beurteilung des Wertbeitrags eines Neugeschäfts die risikoadjustierte Renditebetrachtung im Fokus stehen. Dem trägt die *DaimlerChrysler Bank* durch die konsequente Ausrichtung der Gesamtbanksteuerung auf die Risk-Return-Steuerung Rechnung. Der Risk-Return-Steuerung liegen dabei folgende Leitsätze zu Grunde:

- Das eingegangene Risiko darf die Risikotragfähigkeit der Bank nicht übersteigen.
- Jedem Risiko muss ein entsprechender Ertrag gegenüberstehen.

Die folgende Darstellung verdeutlicht den Zusammenhang zwischen der BSC und der Gesamtbanksteuerung.

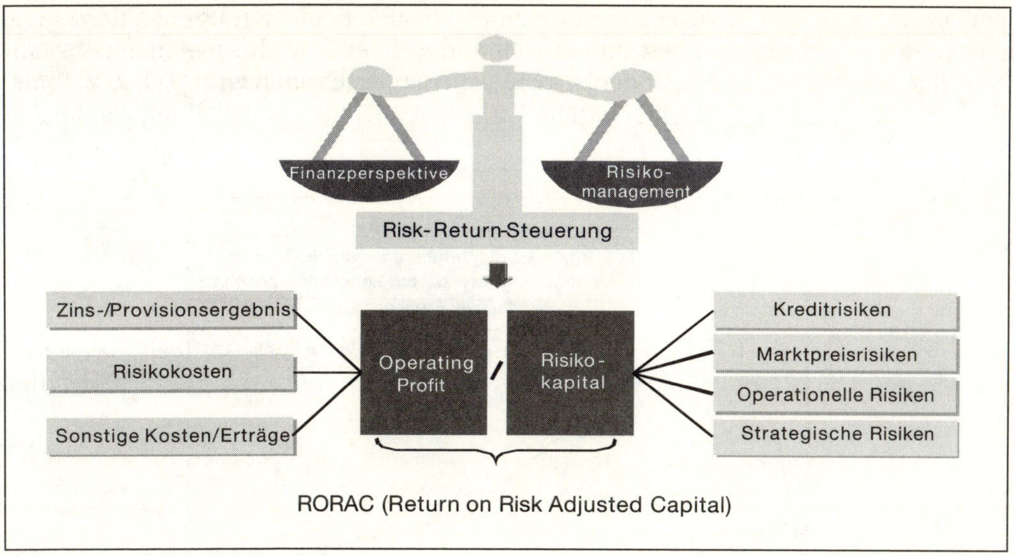

Abb. 5: Risk-Return-Steuerung

4 Ausgestaltung der Risikosteuerung

4.1 Präzisierung des Risikobegriffs

Als Finanzdienstleister ist die Übernahme von Risiken ein zentraler Bestandteil der Geschäftsaktivitäten und zugleich eine Kernkompetenz der *DaimlerChrysler Bank*. Die bewusste und zielorientierte Steuerung von Risiken stellt für die *DaimlerChrysler Bank* daher nicht nur eine aufsichtsrechtliche Norm, sondern vor allem auch einen erfolgskritischen Faktor dar – dem Risikomanagement und dessen ständiger Weiterentwicklung kommt in der Unternehmensführung der *DaimlerChrysler Bank* eine große Bedeutung zu. Bevor auf die wesentlichen Grundzüge der Risikosteuerung in der *DaimlerChrysler Bank* eingegangen wird, ist es zunächst notwendig, eine Präzisierung des Terminus »Risiko« vorzunehmen, um ein gemeinsames Begriffsverständnis zu schaffen.

Risiko im Sinne der *DaimlerChrysler Bank* bezeichnet grundsätzlich die Gefahr, dass Ereignisse oder Handlungen das Unternehmen daran hindern, seine Ziele zu erreichen bzw. seine Strategie erfolgreich umzusetzen. Im Hinblick auf die Risikoquantifizierung wird als Risikomaß der unerwartete Verlust (Unexpected Loss, UL) gewählt. Dieses Risikomaß basiert auf dem Grundgedanken, dass die in den Margen eingepreisten Standardrisikokosten dem erwarteten Verlust (Expected Loss, EL), d. h. dem langfristigen Mittelwert der zukünftigen Kreditverluste, entsprechen. Der erwartete Verlust stellt die »costs of doing business« dar. Im Rahmen statistischer Schwankungen werden die tatsächlich eingetretenen Verluste jedoch vom erwarteten Verlust abweichen. Das Risikomaß »unerwarteter Verlust« gibt nun den maximalen Betrag an, um den der erwartete Verlust innerhalb eines bestimmten Zeitraums mit einer Wahrscheinlichkeit – entsprechend dem gewählten Konfidenzniveau – nicht überschritten wird (vgl. z. B. *Schierenbeck* 2001, S. 256ff.). Der unerwartete Verlust ist über die Bereitstellung von Risikokapital abzudecken.

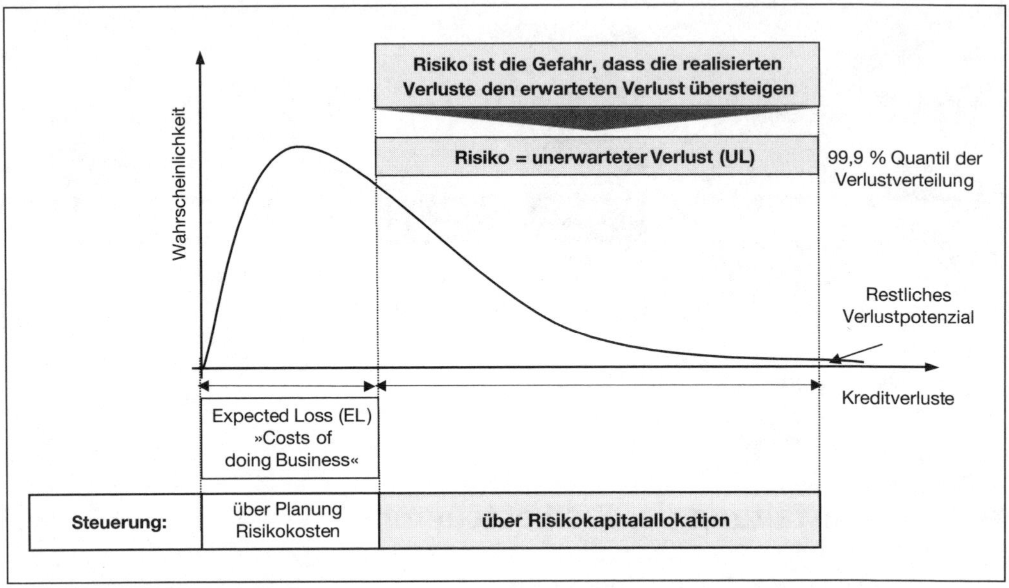

Abb. 6: Risikodefinition

4.2 Relevante Risikoarten im Überblick

Die *DaimlerChrysler Bank* differenziert in ihrer Risikosteuerung zwischen den Risikoarten Kreditrisiken, Marktpreis- und Liquiditätsrisiken, operationalen Risiken sowie strategischen Risiken. Aufgrund des Geschäftsschwerpunkts resultieren ca. 75 % des Gesamtrisikos der *DaimlerChrysler Bank* aus den Kreditrisiken. Unter dem Begriff des Kreditrisikos werden alle aus dem Aktivgeschäft resultierenden Einzelrisiken subsumiert. Diese beinhalten

- das Adressenausfallrisiko als Gefahr, dass ein Kredit-, Leasingnehmer oder sonstiger Kontrahent seinen tatsächlichen, eventuellen oder zukünftigen Zahlungsverpflichtungen nicht vereinbarungsgemäß nachkommt,
- das Konzentrationsrisiko als Resultat einer suboptimalen Portfoliodiversifikation über Kreditnehmereinheiten oder Branchen,
- das Restwertrisiko, welches sich bei einem Leasinggeschäft ergibt, wenn die tatsächliche Wertentwicklung eines Fahrzeuges unterhalb des vertraglich garantierten Restwerts liegt.

Das Marktpreisrisiko resultiert aus der Unsicherheit über die Entwicklung von Marktpreisen und -kursen sowie den zwischen ihnen bestehenden Korrelationen. Das Liquiditätsrisiko beschreibt die Unsicherheit, dass die Bank eigenen Zahlungsverpflichtungen nicht termingerecht und/oder nicht in vollem Umfang nachkommen kann und daher zu einer überteuerten Geldaufnahme gezwungen ist.

Der Begriff des operationalen Risikos umfasst bei der *DaimlerChrysler Bank* die Gefahr von Verlusten, die in Folge der Unangemessenheit oder des Versagens von internen Verfahren, Menschen und Systemen oder in Folge externer Ereignisse eintreten (vgl. *Baseler Ausschuss für Bankenaufsicht* 2004, S. 157). Strategische Risiken werden definiert als die Gefahr negativer Ergebnisentwicklungen durch Grundsatzentscheidungen des Managements.

4.3 Risikokapitalallokation als zentrales Element der Risikosteuerung

Im Kern ihrer Risikostrategie strebt die *DaimlerChrysler Bank* nicht an, Risiken zu vermeiden. Vielmehr sollen Risiken bewusst eingegangen werden, solange ihnen adäquate Erträge gegenüberstehen und sie die Risikotragfähigkeit der *DaimlerChrysler Bank* nicht überschreiten. Die Ermittlung der Risikotragfähigkeit erfolgt bei der *DaimlerChrysler Bank* auf Basis einer Substanzwertbetrachtung des bestehenden Portfolios. In Abhängigkeit der Risikoneigung der Geschäftsleitung wird ein Teil dieses maximal zur Risikodeckung verfügbaren Kapitalpuffers als Risikokapital bereitgestellt. Das Risikokapital entspricht der verfügbaren Deckungsmasse für bewusst eingegangene Risiken. Die Differenz zwischen Risikokapital und Risikotragfähigkeit dient als Reserve für Ausnahmeereignisse, die über den Rahmen einer Risikobetrachtung hinausgehen und weder prognostizierbar noch quantifizierbar sind.

Um zu gewährleisten, dass die Summe der eingegangenen Risiken kleiner, maximal gleich dem bereitgestellten Risikokapital ist, wird eine Allokation dieses Risikokapitals über Risikoarten und Steuerungseinheiten vorgenommen. Die Überwachung der Risikoentwicklung erfolgt über ein Risikosteuerungssystem, in welchem für jede Risikoart eine entsprechende »at-Risk«-Kennzahl bestimmt wird. Diese gibt je Risikoart die Verlustobergrenze an, welche innerhalb eines Jahres mit einer Wahrscheinlichkeit von 99,9 % nicht überschritten wird. Im Rahmen des Regelreportings wird eine Limitauslastung berechnet, d. h. die Ist-Risikoposition wird dem allokierten Risikokapital gegenübergestellt. Eine Aggregation der einzelnen »at-Risk«-Kennzahlen erfolgt im »Capital-at-Risk«, welcher die Gesamtrisikoposition der *DaimlerChrysler Bank* widerspiegelt.

Die Kreditrisiken als Hauptkomponente der Risikoposition der *DaimlerChrysler Bank* unterliegen durch die Kreditrisikostrategie einer differenzierten Steuerung. Das kreditrisikotragende Geschäft der *DaimlerChrysler Bank* requiriert sich primär aus dem Bereich des Fahrzeugleasings bzw. der Fahrzeugfinanzierung und setzt sich somit aus zweckgebundenen Ratenkrediten mit definierter Cashflow-Struktur zusammen. Das Risikoprofil ist dabei durch den hohen Besicherungsgrad des Engagements gekennzeichnet, da grundsätzlich jedem Vertrag ein Fahrzeug als Finanzierungs- bzw. Leasinggegenstand gegenübersteht. Für eine differenzierte Steuerung des Kreditrisikos werden in allen Portfoliosegmenten Risikoklassifizierungsverfahren eingesetzt, auf deren

Grundlage die Ausfallwahrscheinlichkeit (Probability of Default, PD) und die Verlusthöhe bei Ausfall (Loss Given Default, LGD) auf Kunden- bzw. Vertragsebene individuell geschätzt werden. Neben einer Überwachung der Portfolioentwicklung über Risiko- und Größenklassen und des daraus resultierenden erwarteten und unerwarteten Verlustes ist ein Limitsystem das zentrale Steuerungsinstrument der Kreditrisikostrategie. Durch dieses Limitsystem werden auf unterschiedlichen Aggregationsebenen die Kreditrisiken dem allokierten Risikokapital gegenübergestellt. Der unerwartete Verlust wird für Ausfallrisiken auf Basis des Portfoliomodells nach Basel II ermittelt. Das Portfoliomodell nach Basel II lässt sich als einfaktorielles Asset-Value-Modell kennzeichnen (vgl. *Wilkens/Baule/Entrop* 2002, S. 1199).

Wie können nun Kreditrisiken zielorientiert gesteuert werden? Maßnahmen zur Steuerung der Kreditrisiken zielen vor allem auf das Neugeschäft: Portfoliobezogene Handlungsmöglichkeiten bestehen im Rahmen der Neugeschäftssteuerung beispielsweise in einer gezielten Modifikation der Cut-off-Werte von Scoring und Rating. Einzelvertragliche Handlungsmöglichkeiten betreffen die zusätzlich zum Fahrzeugwert geforderten Sicherheiten, die Höhe der Anzahlung wie auch die Vertragslaufzeit. Handlungsmöglichkeiten in Bezug auf die Kreditrisikoposition lassen sich mit der Problemkreditbearbeitung im Collection Management, dem Frühwarnsystem auf Kreditnehmereinheitsebene und der Intensivbetreuung, aber ebenso für den Altbestand identifizieren.

4.4 Weiterentwicklung des Risikomanagements der DaimlerChrysler Bank

Die Weiterentwicklung des Risikomanagements in der *DaimlerChrysler Bank* wird maßgeblich durch die Neue Basler Eigenkapitalvereinbarung »Basel II« geprägt. Die *DaimlerChrysler Bank* verfolgt das Ziel, auf Basis dieser neuen Regelungen ihr internes Risikomanagement so weiterzuentwickeln, dass sie auch in diesem Bereich eine führende Position im Vergleich zu anderen (Automobil-) Banken einnimmt. Hierbei strebt die *DaimlerChrysler Bank* die Implementierung des fortgeschrittenen IRB-Ansatzes für Kreditrisiken an. Die Abkürzung IRB steht dabei für Internal Rating Based. Der fortgeschrittene IRB-Ansatz lässt sich als ein auf internen Ratings basierender Ansatz kennzeichnen, der neben bankinternen Schätzungen für die Ausfallwahrscheinlichkeit (Probability of Default, PD) auch die Verwendung einzelvertraglicher Schätzungen für die Ausfallschwere (Loss Given Default, LDG) erlaubt. Die von Seiten der Bankenaufsicht geforderte Datenhistorie beträgt für den Risikoparameter PD fünf Jahre, für den Risikoparameter LGD sieben Jahre. Im Vergleich zu den anderen Ansätzen (Standardansatz, IRB-Basisansatz) sichert der fortgeschrittene IRB-Ansatz günstigere Refinanzierungskonditionen für die Bank.

Weiterhin bietet der fortgeschrittene IRB-Ansatz die Chance, den tatsächlichen Verlust (unter Berücksichtigung der Fahrzeugsicherheit) beim Ausfall eines Kunden einzukalkulieren. Die *DaimlerChrysler Bank* verfügt aufgrund ihrer Einbindung in einen Fahrzeugkonzern über ein hohes Maß an Restwert- beziehungsweise Marktwert-Know-how und über Vertriebsmöglichkeiten zur Fahrzeugverwertung bei Ausfall des Kunden. Durch Berücksichtigung der Sicherheiten lässt sich die angesetzte Verlustquote gegenüber dem aufsichtsrechtlich gegebenen Standardwert deutlich reduzieren. Der daraus resultierende Kostenvorteil kann an die Kunden in Form niedrigerer Kreditzinsen weitergegeben werden. Damit wird es möglich, insbesondere in den bonitätsmäßig vorteilhafteren Geschäftssegmenten neue Kunden zu akquirieren und damit den Absatz der *DaimlerChrysler*-Marken noch besser zu unterstützen.

Neu und wichtig ist auch die Implementierung eines Managements operationaler Risiken. Zum einen gilt es, die aufsichtsrechtlichen Anforderungen zu erfüllen. So strebt die *DaimlerChrysler Bank* in Bezug auf die Eigenkapitalunterlegung operationaler Risiken zunächst den so genannten Standardansatz an, bei welchem sich die Berechnung des aufsichtsrechtlichen Eigenkapitals an dem durchschnittlichen Bruttoertrag der letzten drei Jahre orientiert und für jedes Geschäftsfeld ein individueller Multiplikator herangezogen wird. Die Einführung einer Verlustdatenbank für operationale Risiken – wie beispielsweise für IT-Systeme – stellt einen weiteren Aufgabenschwerpunkt dar. Die Aktivitäten der *DaimlerChrysler Bank* im Bereich operationaler Risiken dienen jedoch nicht nur der Erfüllung aufsichtsrechtlicher Anforderungen, sondern stehen vielmehr unter dem Fokus des Aufbaus eines intern nutzbaren Managements operationaler Risiken, welches eine effektive Unterstützung der Unternehmensführung leistet.

Die *DaimlerChrysler Bank* begreift die Ausgestaltung ihres Risikomanagements als wichtigen Wettbewerbsvorteil. Nur wenn die Risikosteuerungs- und -controllingprozesse permanent einer Weiterentwicklung unterliegen und am aktuellen wissenschaftlichen Erkenntnisstand orientiert sind, kann die Strategie der *DaimlerChrysler Bank* erfolgreich umgesetzt und ein Mehrwert für den *DaimlerChrysler Konzern* mit seinen Anteilseignern geschaffen werden. Adäquate Risikosteuerungs- und -controllingprozesse lassen sich folgerichtig als integraler Bestandteil des Corporate Governance Systems kennzeichnen.

5 Einordnung der Gesamtbanksteuerung der DaimlerChrysler Bank in den Kontext der Corporate Governance

5.1 Corporate Governance-Umfeld der DaimlerChrysler Bank

»Corporate Governance« kann allgemein als ein System gesetzlicher und vertraglicher Regelungen, welche die Ausgestaltung von Leitung und Kontrolle des Unternehmens bestimmen, begriffen werden. Die *DaimlerChrysler Bank* bewegt sich in ihrer Eigenschaft als Kreditinstitut einerseits und als Tochterunternehmung der an der *New York Stock Exchange (NYSE)* gelisteten *DaimlerChrysler AG* andererseits in einem Netz komplexer Rahmenbedingungen, die auf die Ausgestaltung der Unternehmenskontrolle Einfluss nehmen.

5.1.1 Aktienrechtliche Rahmenbedingungen

Aktienrechtliche Rahmenbedingungen umfassen zunächst jene Regelungen, die das Verhältnis der Organe einer Aktiengesellschaft untereinander regeln (vgl. insb. §§ 76, 84, 105, 111 und 119 AktG). Darüber hinaus unterliegt die *DaimlerChrysler Bank AG* als Aktiengesellschaft dem Gesetz zur Kontrolle und Transparenz im Unternehmensbereich (KonTraG). Dieses zielt darauf ab, den Organen und Prüfungsinstanzen einer Aktiengesellschaft Pflichten im Zusammenhang mit Risiken des Unternehmens explizit aufzuerlegen. So hat der Vorstand nach § 91 Abs. 2 KonTraG die Verpflichtung, ein Überwachungssystem einzurichten, mittels dem Risiken, die den Fortbestand des Unternehmens gefährden, frühzeitig erkannt werden. Zur Erhöhung der Transparenz hat der Vorstand zudem im Lagebericht auf die Risiken der künftigen Entwicklung hinzuweisen (§§ 289 Abs. 1 u. 315 Abs. 1 und Abs. 2 HGB). Die Adäquanz der Darstellung der Risiken aus der künftigen Entwicklung und die Eignung des vom Vorstand einzurichtenden Überwachungssystems sind durch den Wirtschaftsprüfer zu beurteilen (§ 317 Abs. 2 u. 4 HGB).

5.1.2 Bankenaufsichtsrechtliche Rahmenbedingungen

Die *DaimlerChrysler Bank AG* ist nach § 1 Abs. 1 KWG (Gesetz über das Kreditwesen) ein Kreditinstitut. Das KWG ist damit neben dem Aktiengesetz eine der grundlegenden rechtlichen Rahmendingungen, die für die *DaimlerChrysler Bank AG* relevant sind. Die Mindestanforderungen an das Betreiben von Handelsgeschäften von Kreditinstituten (MaH), die Mindestanforderungen an die Ausgestaltung der Internen Revision der Kreditinstitute (MaIR) und die Mindestanforderungen an das Kreditgeschäft der Kreditinstitute (MaK) stellen weitere rechtlich verbindliche Rahmenbedingungen dar. Diese Mindestanforderungen präzisieren die »besonderen organisatorischen Pflichten von Instituten«, die Gegenstand von § 25a Abs. 1 KWG sind und die Regelungen zur Steuerung, Überwachung und Kontrolle der Risiken enthalten. Die MaH decken dabei die Marktpreisrisiken und die MaK die Kreditrisiken ab. Die interne Überwachung und Kontrolle wird über die MaIR geregelt.

Am 2. Februar 2005 hat die *Bundesanstalt für Finanzdienstleistungsaufsicht (BaFin)* einen Entwurf der Mindestanforderungen an das Risikomanagement (MaRisk) veröffentlicht. »Die MaRisk sollen die kodifizierten Grundsätze des § 25a Abs. 1 KWG im Sinne einer Best Practice-Betrachtung weiter konkretisieren...« (vgl. *Apweiler u. a.* 2005, S. 6) und ein konsistentes Gesamtwerk in Hinblick auf MaH, MaIR und MaK bilden. Aber auch der Umsetzung der zweiten Säule aus Basel II wird durch die MaRisk Rechnung getragen. Die zweite Säule beinhaltet die Beurteilung der Adäquanz und Effizienz des Risikosteuerungs- und Controllingsystems durch die Bankenaufsicht im Rahmen des sog. Supervisory Review Process (SREP). Innerhalb des SREP wird eine ganzheitliche Risikobetrachtung mit einer Allokation des internen Kapitals zur Limitierung der einzelnen Risiken gefordert. Neu in den MaRisk ist ein umfassenderer Ansatz der operationellen Risiken sowie des Zinsänderungsrisikos auf Gesamtbankebene.

5.1.3 Sarbanes-Oxley-Act

Der im Juli 2002 erlassene Sarbanes-Oxley-Act (SOA) wird gemeinhin als das US-amerikanische Kapitalmarktgesetz erachtet, das die weitestreichenden Auswirkungen auf die Unternehmenskontrolle seit dem Erlass des Securities Exchange Act im Jahr 1934 mit sich bringt (vgl. *Arbeitskreis »Externe und Interne Überwachung der Unternehmung«* 2004, S. 2399). Der SOA hat zum Ziel, das Vertrauen der Anleger in die globalen Kapitalmärkte wiederzugewinnen und den Schutz der Anleger zu stärken. Neben der Erweiterung der Verantwortlichkeiten des Managements und des Audit Committees wurden insbesondere die Anforderungen an die Genauigkeit und Vollständigkeit von veröffentlichten finanzwirtschaftlichen Informationen verschärft sowie Offenlegungs- und Prüfungspflichten erweitert. Als ein an der *NYSE* notiertes Unternehmen unterliegt auch die *DaimlerChrysler AG* den Regelungen des SOA. Mit Inkrafttreten des SOA wurden die bestehenden internen Berichts- und Kontrollprozesse konzernweit überprüft und – wo erforderlich – angepasst.

5.1.4 Integrity Code und Code of Ethics der DaimlerChrysler AG

Corporate Governance wird nicht nur durch extern vorgegebene Regelungen ausgeübt, sondern auch maßgeblich durch die Setzung unternehmensinterner Verhaltensnormen bestimmt. Der Integrity Code des *DaimlerChrysler Konzern* ist ein für alle *Daimler-Chrysler-Mitarbeiter* verpflichtender Verhaltenskodex, dessen Einhaltung durch die interne Revision überprüft wird. Er definiert unter anderem das Verhalten im internationalen Geschäftsverkehr und im Fall auftretender Interessenkonflikte, die Rolle der internen Kontrollsysteme sowie den Anspruch auf Einhaltung gesetzlicher Normen und sonstiger interner bzw. externer Regelungen. Darüber hinaus richtet sich der Code of Ethics an die Mitglieder des Vorstands und eine größere Anzahl anderer Führungskräfte, die auf Planung und Berichterstattung wesentlichen Einfluss haben. Die darin enthaltenen Vorschriften sind darauf ausgerichtet, Fehlverhalten zu vermeiden und ethisches Verhalten sowie eine vollständige, genaue, zeitgerechte und verständliche Veröffentlichung von Unternehmensinformationen zu fördern.

5.2 Auswirkungen auf die Gesamtbanksteuerung

Aus dem skizzierten Corporate Governance-Umfeld der *DaimlerChrysler Bank* wird deutlich, dass der Schwerpunkt der Anforderungen an die Gesamtbanksteuerung die Institutionalisierung eines Führungs- und Steuerungssystems umfasst, welches die Ursache-Wirkungsbeziehungen von Zielgrößen untereinander transparent macht, damit die Risiken künftiger Entwicklungen frühzeitig identifiziert, mit geeigneten, von Wirtschaftsprüfern und von der Bankenaufsicht anerkannten Methoden quantifiziert und gesteuert werden können. Das Risikosteuerungssystem der *DaimlerChrysler Bank* ermöglicht eine ganzheitliche Betrachtung der Unternehmensentwicklung unter Rendite-Risiko-Gesichtspunkten und lässt Handlungsbedarfe über die Implementierung des BSC-Reportings umgehend erkennen.

6 Zusammenfassung und Ausblick

Die oberste strategische Zielsetzung der *DaimlerChrysler Bank*, die Generierung von profitablem Wachstum bei gegebener Mindestverzinsung des eingesetzten Eigenkapitals, mündet in der Etablierung eines Gesamtbanksteuerungssystems, das als Risk-Return-Steuerung konzipiert ist. Diese Grundausrichtung der Gesamtbanksteuerung findet ihren Niederschlag in der Strategy Map der *DaimlerChrysler Bank*, die das zentrale Instrument der Strategieumsetzung und -überwachung bildet. Die Verankerung der Risikosteuerung in der Stratey Map trägt darüber hinaus in besonderem Maße den Erfordernissen Rechnung, die aus dem Corporate Governance-Umfeld der *DaimlerChrysler Bank* abgeleitet werden. Zentraler Anspruch der *DaimlerChrysler Bank* ist dabei, das Risikosteuerungssystem so zu gestalten, dass nicht nur aktien- und aufsichtsrechtliche sowie kapitalmarktorientierte Normen erfüllt werden, sondern dass auch primär die Wettbewerbsposition der *DaimlerChrysler Bank* über die Implementierung des fortgeschrittenen IRB-Ansatzes nach Basel II nachhaltig gesteigert wird.

Neben der Umsetzung der Basel II-Anforderungen stellt die Einführung der International Financial Reporting Standards (IFRS) einen weiteren Schwerpunkt der künftigen Herausforderungen an die Ausgestaltung der Gesamtbanksteuerung der *Daimler-Chrysler Bank* dar. Als kapitalmarktorientiertes Unternehmen mit Börsennotierung an der NYSE ist die *DaimlerChrysler AG* verpflichtet, ab 2007 Konzernabschlüsse im Einklang mit den IFRS zu erstellen. Damit muss auch die *DaimlerChrysler Bank* künftig ihre Rechnungslegung an den Normen von IFRS ausrichten. Im Zusammenhang mit der Ausgestaltung der Gesamtbanksteuerung kommt dabei jenen Regelungen eine besondere Relevanz zu, die nach IFRS und nach Basel II konzeptionell unterschiedlich gefasst sind. Hier ist insbesondere der International Accounting Standard (IAS) 39 zu nennen, der den Ansatz und die Bewertung von Finanzinstrumenten, beispielsweise der Kredite und Forderungen (IAS 39.9), beschreibt. Die Bewertung dieser Vermögenskategorie steht gleichzeitig im Hauptfokus von Basel II. Maßgeblich für die Bemessung des Wertansatzes ist die Bestimmung der Höhe von Wertberichtigungen als Maß des aus einer Forderung erwarteten Verlustes. Hierbei ist festzustellen, dass sich Basel II und IFRS in der Konzeption und Methodik der Quantifizierung dieses Verlustes deutlich unterscheiden. Inwieweit künftig eine stärkere Konvergenz beider Regelwerke herbeigeführt wird, bleibt abzuwarten. Aufgrund der derzeit unvollständigen Konvergenz stellt damit die gleichzeitige Bewältigung der Umsetzung von Basel II einerseits und von IFRS andererseits eine große Herausforderung für die *DaimlerChrysler Bank* bei der Weiterentwicklung des Gesamtbanksteuerungssystems dar.

Literatur

Apweiler, H. u. a. (2005), MaRisk. Ein Vergleich des Entwurfs vom 2. Februar 2005 mit den MaK, MaH und MaIR, München 2005

Arbeitskreis »Externe und Interne Überwachung der Unternehmung« der Schmalenbach-Gesellschaft für Betriebswirtschaft e.V. (2004), Auswirkung des Sarbanes-Oxley Act auf die Interne und Externe Unternehmensüberwachung, in: Betriebsberater, 59, 2004, 44, S. 2399–2407

Baseler Ausschuss für Bankenaufsicht (2004), Internationale Konvergenz der Kapitalmessung und Eigenkapitalanforderungen. Überarbeitete Rahmenvereinbarung. Übersetzung der *Deutschen Bundesbank*, 2004

Brealey, R. A./Myers, S. C. (1991), Principles of Corporate Finance, 4. Auflage, New York u. a. 1991

Kaplan, R. S./Norton, D. P. (1992), The Balanced Scorecard. Measures that drive performance, in: Harvard Business Review, 70, 1992, 1, S. 71–79

Schierenbeck, H. (2001), Ertragsorientiertes Bankmanagement. Band 2: Risiko-Controlling und integrierte Rendite-/Risikosteuerung, 7. Auflage, Wiesbaden 2001

Wilkens, M./Baule, R./Entrop, O. (2002), Basel II – Die neuen Eigenmittelanforderungen im IRB-Ansatz nach QIS3, in: Zeitschrift für das gesamte Kreditwesen, 2002, 22, S. 1198–1201

Aufgaben und Organisation des Konzerncontrollings bei der EnBW AG

Thomas Hartwig*

* Thomas Hartwig, Finanzvorstand, EnBW Kraftwerke AG, Stuttgart.

1 Ausgangssituation

1.1 Das Unternehmen

Die *EnBW Energie Baden-Württemberg AG,* mit Hauptsitz in Karlsruhe, ist mit etwa fünf Millionen Kunden das drittgrößte deutsche Energieversorgungsunternehmen.

Ihre Kernaktivitäten konzentrieren sich auf die Geschäftsfelder

- Strom,
- Gas und
- Energie- und Umweltdienstleistungen.

EnBW-Konzern		**2004**	**2003**
Außenumsatz	Mio. €	9.844,0	9.952,1
EBITDA	Mio. €	2.223,3	1.013,6
EBIT	Mio. €	1.216,9	-190,4
Nettoergebnis	Mio. €	308,1	-1.192,9
Ergebnis je Aktie	€	1,36	-5,40
Operating Cashflow	Mio. €	1.585,5	885,4
Investitionen	Mio. €	500,8	565,6
Free Cashflow	Mio. €	2.351,8	-348,7
Mitarbeiter (im Durchschnitt)	Anzahl	19.385	33.224

Abb. 1: Wesentliche Kenngrößen *EnBW*

1.2 Historie

Die *EnBW* ist 1997 aus der Fusion von *Badenwerk AG* (Karlsruhe) und *Energie-Versorgung Schwaben AG* (Stuttgart) als Zusammenschluss gleichberechtigter Partner entstanden. Anschließend kam es zu weiteren Unternehmenszusammenschlüssen unter anderem mit der *Neckarwerke Stuttgart AG,* sodass eine Großkonzernhistorie bis dato nicht und auch in der Folgezeit nur begrenzt vorhanden war.

Die weitere Entwicklung war gekennzeichnet durch ein frühzeitiges legales Unbundling zur Förderung des Wettbewerbs auf dem Strommarkt.

Unter dem Dach einer Holding wurden eigenständige Gesellschaften für

- Vertrieb,
- Netz,

- Übertragung,
- Handel,
- Erzeugung sowie
- eine zentrale Servicegesellschaft gegründet.

Neben der Neugestaltung der Aufbauorganisation wurde die Diversifikation in Form von Akquisitionen vorangetrieben:

- *tesion* (Telekommunikation);
- *Salamander* (Schuhe, Parkhäuser, Gebäudedienstleistung);
- Regionalversorgung/Stadtwerke in Deutschland (z. B. *Stadtwerke Düsseldorf*);
- Internationale Beteiligungen.

Im Rahmen der Liberalisierung des Privatkundengeschäfts hat sich *EnBW* als »first-mover« durch den Aufbau der Marke und des Unternehmens *Yello* positioniert.

Seit der Liberalisierung des Strommarktes gilt *EnBW* als das Unternehmen der Energiebranche, das sich dem Wettbewerb am stärksten verpflichtet fühlt. Mit seiner Strommarke »*Yello*« hat es bisher mehr als 1,1 Mio. Kunden bundesweit gewonnen. Mit ihrer klaren Ausrichtung auf Wettbewerb und Innovation hat sich die *EnBW* den Ruf erworben, Vordenker und Wegbereiter der Energiebranche zu sein. *EnBW* gibt Impulse für wissenschaftliche Forschung und Entwicklung und versteht sich als Unternehmen, das wirtschaftlich, ökologisch und gesellschaftlich verantwortlich agiert.

2 Sanierungs- und Konsolidierungsphase

Die Neugestaltungs- und Wachstumsphase in den ersten Jahren der Liberalisierung führte in 2003 zu folgender Unternehmenssituation:

- Negatives EBIT von –190 Mio. € und negatives Jahresergebnis von –1,2 Mrd. €;
- Finanzverbindlichkeiten von über 8 Mrd. €;
- Eigenkapitalquote zum 31.12.2003 von 6,1 % und negativer Free-Cashflow von rd. –350 Mio. €;
- Stark diversifiziertes Beteiligungsportfolio von insgesamt 395 Gesellschaften, davon 298 im Konsolidierungskreis (voll, quotal, at equity).

2.1 Methodischer Ansatz

Das Sanierungsprogramm lässt sich konzeptionell in drei Phasen aufteilen, die einen erfolgreichen Turnaround unterstützen:

Inhaltlich umfasste das Sanierungs- und Konsolidierungsprogramm folgende wesentlichen Themenfelder, wobei sicherheitsrelevante und gesetzlich/regulatorisch vorgegebene Maßnahmen ausdrücklich ausgenommen sind:

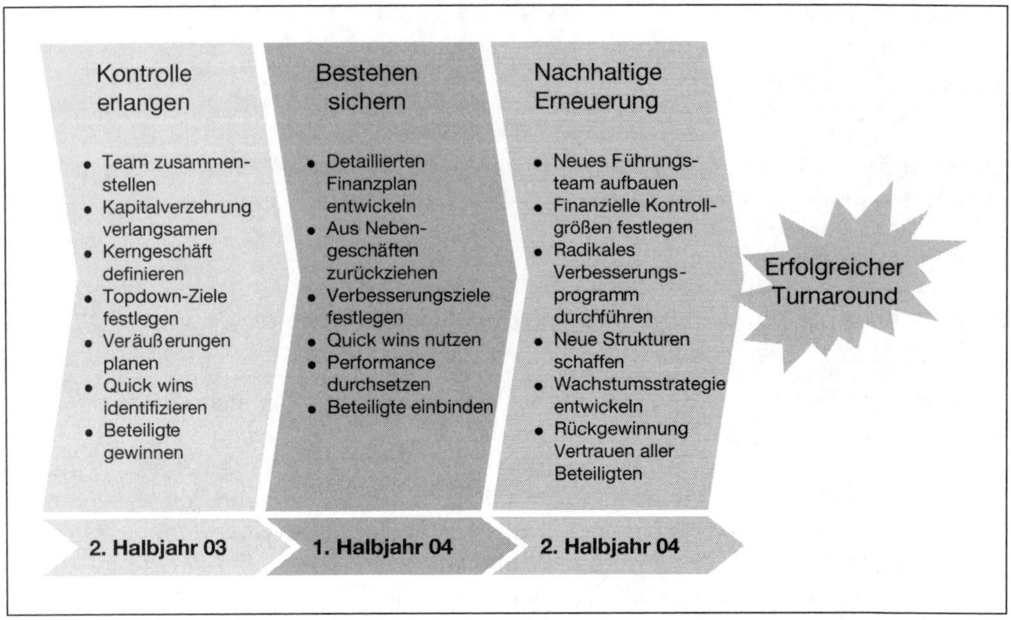

Abb. 2: 3 Phasen-Sanierungsprogramm

- Das TOP FIT-Kostensenkungsprogramm beinhaltet eine nachhaltige Ergebnisverbesserung (Kostensenkung) von 1 Mrd. € p. a., umzusetzen bis Ende 2006;
- Kurzfristiger Ausgabenstopp für Investitionen und Dienstleistungen und damit unmittelbare Verbesserung der Liquiditätssituation verbunden mit der Bewusstseinsschaffung für die Neugestaltung eines Investitionsmanagementprozesses;
- Reduzierung der Konzernkomplexität durch Fokussierung auf das Kerngeschäft und Desinvestition von »Nicht-Kerngeschäftsbeteiligungen«.

Aufgrund der Bedeutung dieses Programms für den Konzern wurde ein umfassendes Projekt aufgesetzt, unterstützt vom CEO und besetzt mit einem Projektteam aus dem TOP-Management.

Es wurden sowohl Kosten- als auch Strukturthemen bearbeitet. Die Ziele, Maßnahmen und Entscheidungen wurden über eine umfangreiche Kommunikation und über einen begleitenden Change-Prozess in das gesamte Unternehmen getragen.

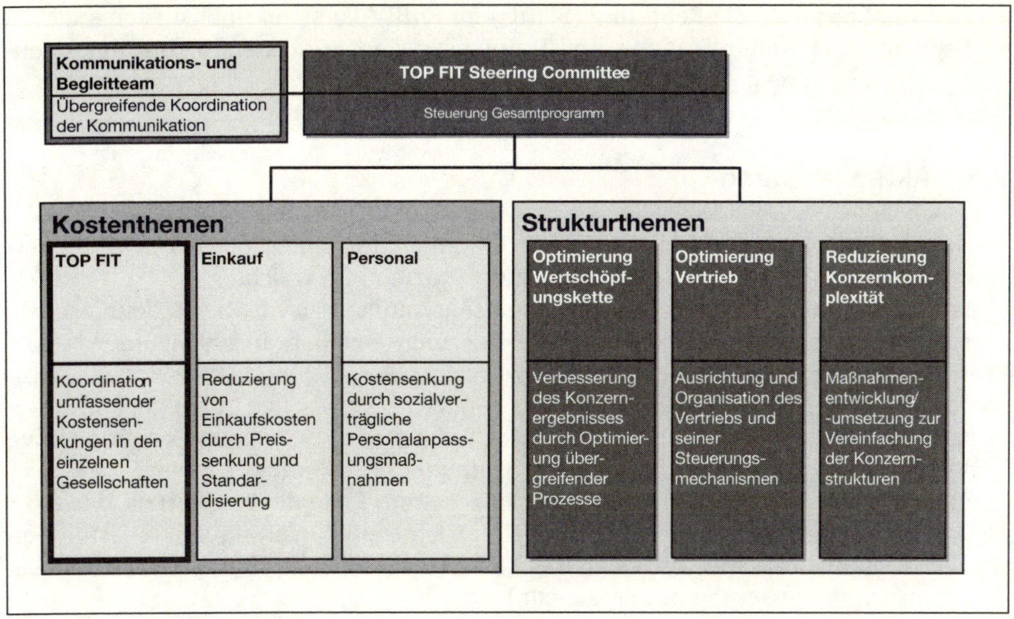

Abb. 3: Gesamtprogramm Sanierung/Konsolidierung

2.2 Kostensenkungsprogramm TOP FIT

Der Erfolg des Kostensenkungsprogramms TOP FIT ist durch die nachfolgend dargestellten methodischen Ansätze und Erfolgsfaktoren gekennzeichnet:

- Festlegung eines Gesamtziels von 1 Mrd. € inkl. Vorgabe eines Realisierungszeitraums durch den *EnBW*-Vorstand;
- Hinterlegung/Begründung der Zielvorgabe durch entsprechende Benchmarks und entsprechende Kommunikation der Zielsetzung;
- Herunterbrechen des Gesamtziels auf wesentliche Kostenpositionen (Material, Personal usw.);
- Festlegung einer klaren »baseline«, d. h. Vergleich/Bezugswerte für die Messung der Verbesserung (z. B. Kostenvolumen 2003);
- Anerkanntes und akzeptiertes Vollzeit-Projektteam, das ein gutes Netzwerk im Konzern hat und direkte Einbindung von »Key-operative Players«;
- Straffes und konsequentes Projektmanagement;
- Transparenz und Verlässlichkeit für die einbezogenen Projektmitglieder bzw. Gesellschaften hinsichtlich Vorgehen und Zielvereinbarung;
- Externe Unterstützung (Berater) für »heikle« Themen;
- Analyse der Kostenpositionen nach Beeinflussbarkeit und Heranziehen von Benchmarks/Best-Practices von Vergleichsunternehmen/-prozessen;
- Konsequentes Maßnahmencontrolling mit Härtegradlogik und Hochlaufverfolgung;

- Regelmäßiges TOP FIT-Reporting (Status) im *EnBW*-Vorstand und Aufsichtsrat;
- Begleitendes Kommunikations- und Trainingskonzept zur Unterstützung des »mentalen turn-around«.

2.3 Aktueller Stand

Nach einer Projektphase von knapp zwei Jahren sind folgende positive Zwischenergebnisse des Sanierungs- und Konsolidierungsprogramms erreicht:

Es sind Maßnahmen mit einem Kosteneinsparvolumen von 1 Mrd. € definiert und entsprechende Verantwortlichkeiten zur Realisierung vereinbart. In 2004 wurden bereits Einsparungen in Höhe von rd. 490 Mio. € erreicht. Für 2005 sind GuV-wirksame Einsparungen in Höhe von rd. 700 Mio. € (im Vergleich zur baseline 2003) geplant.

Hinsichtlich der Entwicklung der Eigenkapitalquote ist eine ebenfalls sehr positive Entwicklung zu verzeichnen. Nach einem Tiefpunkt in 2003 mit 6,1 % stieg die Eigenkapitalquote über 9,7 % (31.12.2004) auf 11,7 % zum Ende des 1. Quartals 2005.

Das bewusstere Ausgabeverhalten führte zu einer Reduzierung der Investitionen und Aufwendungen. Unterstützt durch entsprechende Desinvestitionen führte dies zu einer starken Verbesserung des Free-Cashflows.

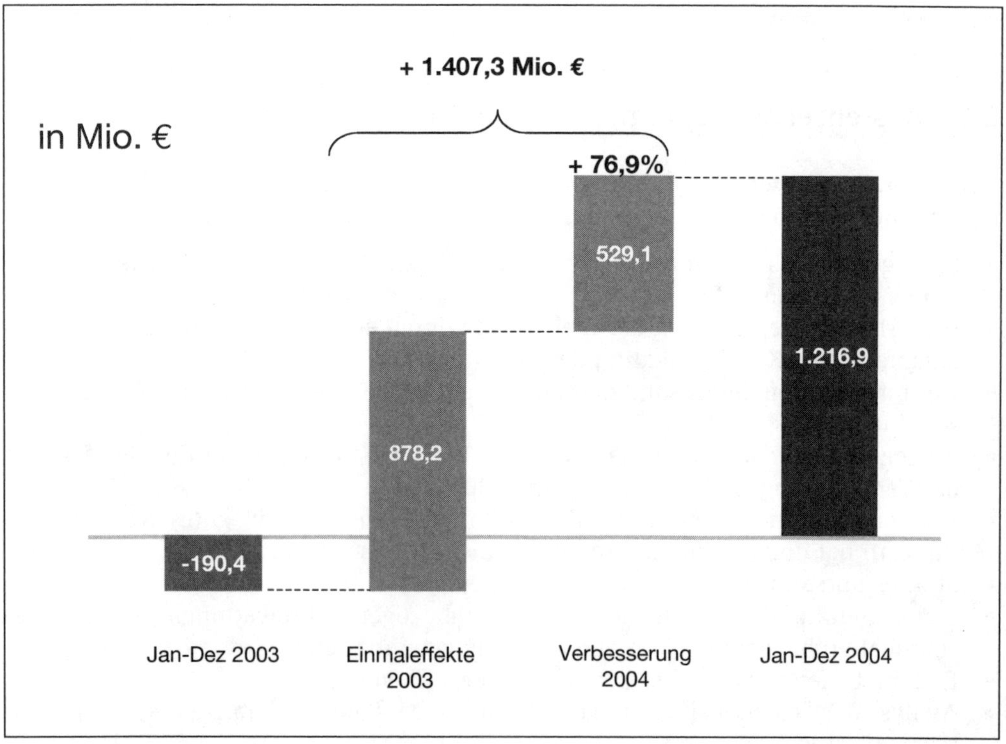

Abb. 4: EBIT-Entwicklung

3 Aufbau eines Konzerncontrollings

Mit der Konsolidierung und Fokussierung des Konzerns ging auch eine Neuausrichtung der Holding einher. Der Wandel zu einer operativen Holding erfordert auch eine geänderte Rolle des Konzerncontrollings. Die bisherige Situation war durch das Fehlen eines stringenten und institutionalisierten Konzerncontrollings gekennzeichnet. Eine entsprechende Funktion gab es nur in Ansätzen in der Servicegesellschaft. Somit war ein entsprechender Wandel von einer Service- und Dienstleistungsfunktion hin zu einer stärkeren Ordnungs- und Beratungsfunktion zu vollziehen. Dies führte zum entsprechenden Aufbau einer zentralen Konzerncontrollingeinheit innerhalb der Holding.
Die folgende Grafik zeigt die neue Aufstellung des Konzerncontrollings:

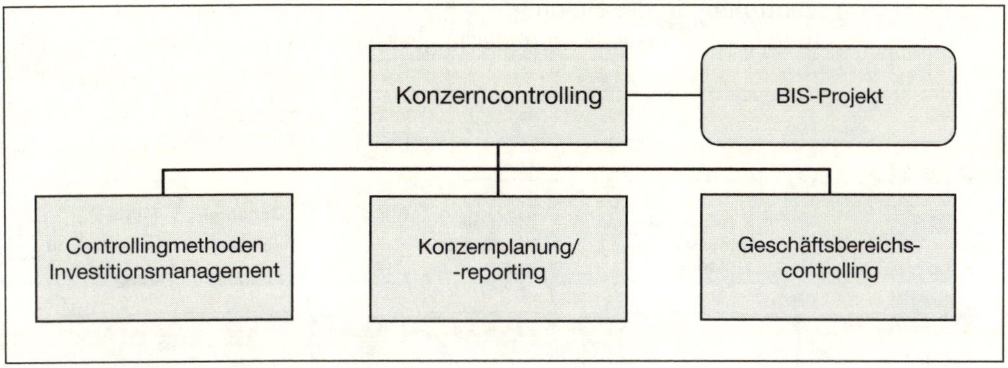

Abb. 5: Aufbau Konzerncontrolling

Im Folgenden sollen nicht die einzelnen Detailaufgaben und Controllingprozesse dargestellt werden, sondern es werden ausgewählte Schwerpunktthemen skizziert, die für das Konzerncontrolling und für den Konzern insgesamt in der aktuellen Entwicklungsphase der EnBW von größter Bedeutung sind.

3.1 Investitionsmanagement

Abhängig von unterschiedlichen Unternehmensphasen sind differenzierte Controllinginstrumentarien schwerpunktmäßig einzusetzen. Standen im Rahmen der Konsolidierungsphase Kostencontrollingthemen im Vordergrund, ist in Folge der optimierte Investitionsmanagementprozess entscheidend für die Wettbewerbsfähigkeit.

Im Hinblick auf eine Neugestaltung des Investitionsmanagementprozesses wurden verschiedene Schwachstellen und Optimierungsansätze identifiziert. Es bestand keine ausreichende gesellschaftsübergreifende Transparenz über das Investitionsportfolio hinsichtlich Freiheitsgraden, Renditen und Prioritäten. Eine systematische Portfoliooptimierung hinsichtlich der Investitionsprojekte auf Konzernebene fand nicht im gewünschten Umfang statt.

Die Verknüpfung zwischen Strategie und Kapitalallokation stellt dabei ein entscheidendes Element dar. Das Management von Interdependenzen zwischen den Funktionsbereichen und Konzerngesellschaften zur Erreichung eines Gesamtoptimums war nur gering ausgeprägt.

Die Optimierung von großen Einzelprojekten unter Nutzung des Target-Investment-Ansatzes wurde als zusätzlicher Bestandteil eines optimalen Investitionsmanagementprozesses festgelegt.

Neben der Neugestaltung des Investitionsmanagementprozesses wurden Inhalte der Investitionsplanung überarbeitet, Standards und Methoden zur Berechnung der Wirtschaftlichkeit definiert sowie Reporting- und Freigabeprozesse angepasst. Federführend koordiniert wird dieser Investitionsmanagementprozess durch eine zentrale Einheit im Konzerncontrolling in der Holding.

Die Neugestaltung dieses Prozesses ist in der folgenden Grafik schematisch dargestellt:

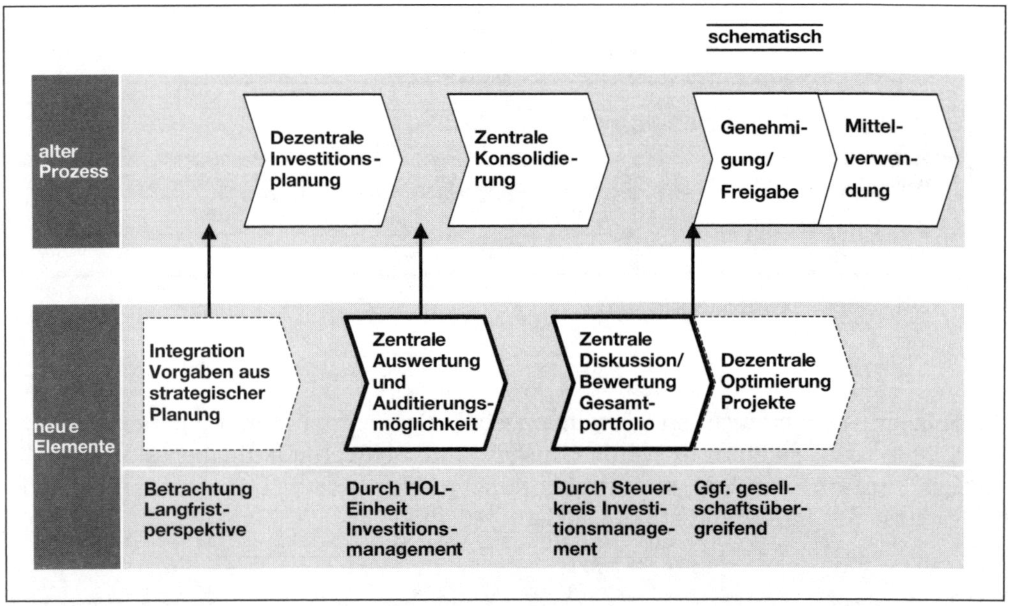

Abb. 6: Neugestaltung des Investitionsmanagementprozesses bei *EnBW*

Darüber hinaus wurde ein Investitionssteuerkreis geschaffen, der sich als Beratungsgremium regelmäßig mit dem Investitionsportfolio, einzelnen Projekten oder auch mit methodisch/konzeptionellen Themen befasst, mit dem Ziel, eine optimale Kapitalallokation für den Konzern zu erreichen.

Der Steuerkreis Investitionsmanagement wird vom CFO geführt. Er ist hochrangig besetzt mit dem COO und Vorständen/Geschäftsführern der Kerngesellschaften sowie Vertretern zentraler Holding-Einheiten.

Die Aufgaben dieses Steuerkreises umfassen im Wesentlichen drei Themenfelder:

1. Bewertung von strategischen Investitionsprojekten/-szenarien
   - Diskussion und Bewertung von *strategischen Investitionsprojekten (Filter- und Bewertungsfunktion)* nach festzulegendem Raster vor einer Beschlussfassung im Holding-Vorstand;
   - Vorstellung, Diskussion und *Beurteilung verschiedener Szenarien/konzernrelevanter strategischer Überlegungen.*
2. Priorisierung/Optimierung Investitionsportfolio
   - Priorisierung/Ausrichtung des Gesamtportfolios durch *top-down Vorgaben (strategisch und finanziell)* im Rahmen der Strategischen Planung;
   - Diskussion und Umgang mit *strategischen Lücken* im Investitionsportfolio;
   - Erarbeitung von *Priorisierungsvorschlägen* bei begrenzten finanziellen Mitteln im Rahmen der Planung;
   - *Ausbalancierung* des Portfolios hinsichtlich kurzfristiger Ertragsverbesserung und langfristiger Potenzialerschließung.
3. Eskalationsgremium und Multiplikatorfunktion
   - *Eskalationsgremium bei signifikanten Abweichungen* im laufenden Investitionsbudget (mit Notwendigkeit zur Neupriorisierung der Projekte bzw. Empfehlungen an Holding Vorstand, insbesondere im Umgang mit neuen ungeplanten Projekten);
   - *Multiplikator-/Mentorfunktion für Target-Investment-Ansatz* im Konzern.

Zur Beurteilung der langfristigen und strategischen Relevanz von großen Projekten und Investitionen wurde in Zusammenarbeit mit dem Vorstandsressort Operations ein flexibles Planungsmodell entwickelt, das folgende Kernfragen beantworten soll:

- Welche langfristigen Investitionserfordernisse und Optionen gibt es?
- Wie stellt sich die langfristige Ergebnis- und Finanzsituation auf dieser Basis dar?
- Welchen Einfluss haben Szenarien für wesentliche Ergebnistreiber auf die langfristige Ergebnis- und Finanzsituation?

3.2 Target-Investment-Ansatz

Zur Unterstützung der Optimierung insbesondere von Großprojekten wird der Target-Investment-Ansatz bei der *EnBW* etabliert. Dieser Ansatz stellt aus unserer Sicht einen integralen Bestandteil des Prozesses zur wirtschaftlichen Realisierung von Investitionen dar. Die Grundidee des Target-Investment-Ansatzes, die sich aus dem Target-Costing-Ansatz ableitet, lässt sich wie folgt beschreiben: »Bestimmung des maximal zulässigen Investitionsvolumens unter Berücksichtigung der Kunden- und Marktanforderungen sowie der wirtschaftlichen Ziele des Unternehmens.«

Es handelt sich somit um einen markt- und wettbewerbsorientierten Ansatz im Gegensatz zu einer gerade auch für die Energiewirtschaft früher typischen Cost-plus-Kalkulation.

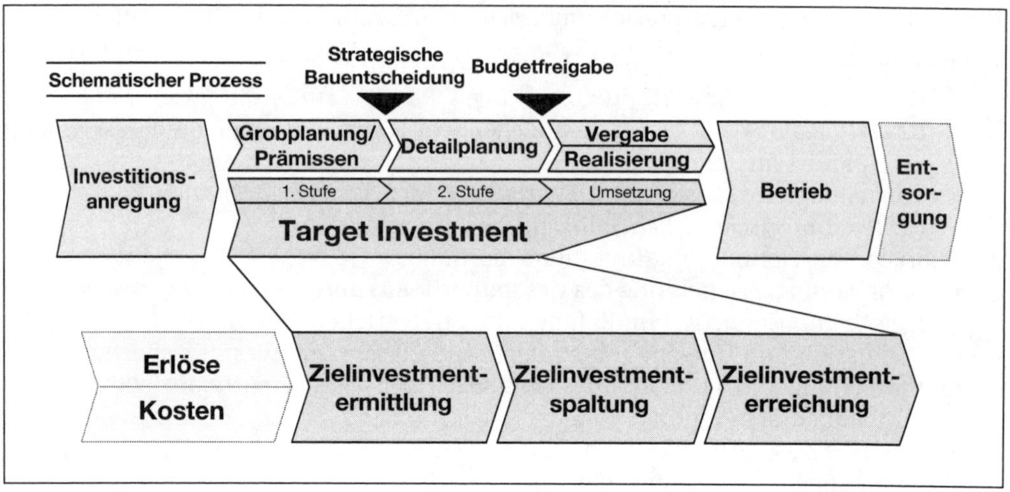

Abb. 7: Target-Investment-Ansatz

Der Target-Investment-Prozess lässt sich in drei Schritte zerlegen, wobei es sich insbesondere bei der Phase der Zielinvestmenterreichung um einen iterativen Prozess handelt, der in der Regel mehrmals durchlaufen wird, bis das Zielinvestitionsvolumen erreicht ist.

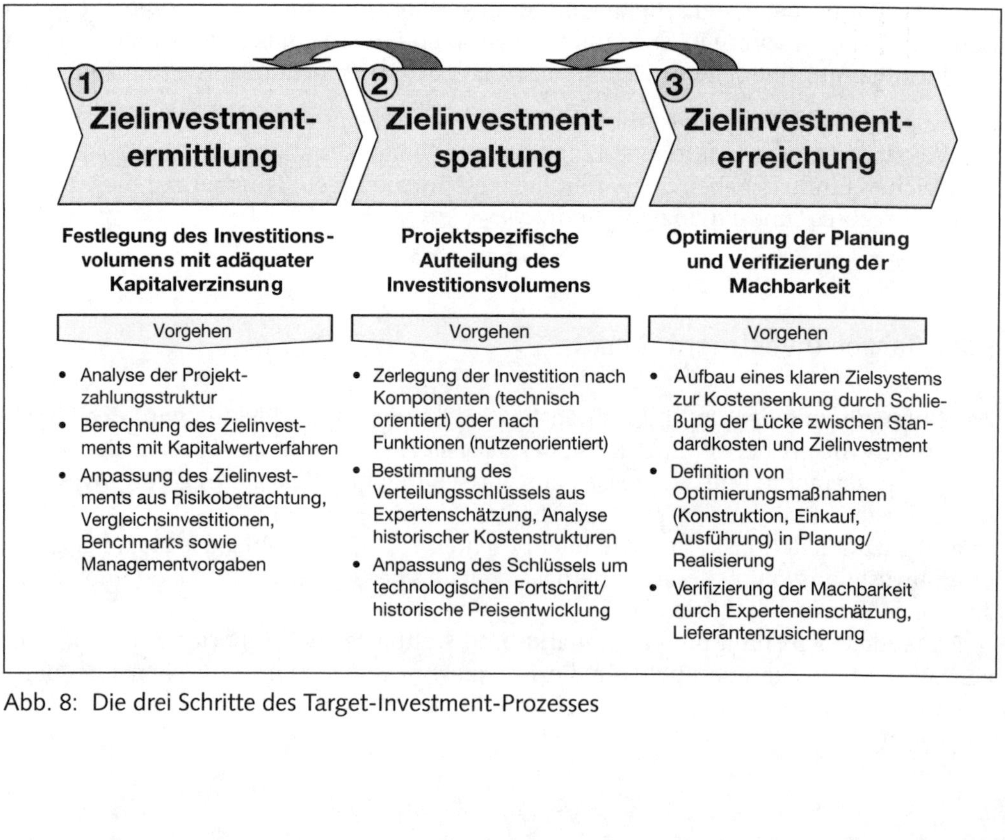

Abb. 8: Die drei Schritte des Target-Investment-Prozesses

Die Zielgröße für ein maximal zulässiges Investitionsvolumen wird in der Regel auf Basis einer Investitions-/Wirtschaftlichkeitsrechnung ermittelt, wobei im Rahmen einer Discounted-Cashflow (DCF)-Rechnung die Verzinsung des eingesetzten Kapitals im Vordergrund steht. Dabei sind die relevanten Nebenbedingungen und Prämissen festzulegen und die beeinflussbaren Größen zu identifizieren.

Hinsichtlich des Projektinhaltes und des Marktumfeldes sind die relevanten Produkte/Dienstleistungen (Output) und deren Erträge/Kostenvorteile zu definieren und zu bewerten. Nicht beeinflussbare Faktoren (externe Marktgegebenheiten) mit direkter Auswirkung auf die Investitionsrechnung sind zu identifizieren und festzulegen (z. B. nach Konzernprämissen, externen Gutachten, aktuellen Markterwartungen, internen Expertenschätzungen usw.). Der risikoadjustierte Kapitalkostensatz ist entsprechend den Konzernrichtlinien anzusetzen.

Ziel dieses Ansatzes ist es, nicht nur das Investitionsvolumen zu optimieren, sondern auch alle beeinflussbaren Positionen in den Optimierungsprozess einzubeziehen um die höchstmögliche Wirtschaftlichkeit des Projektes zu erzielen.

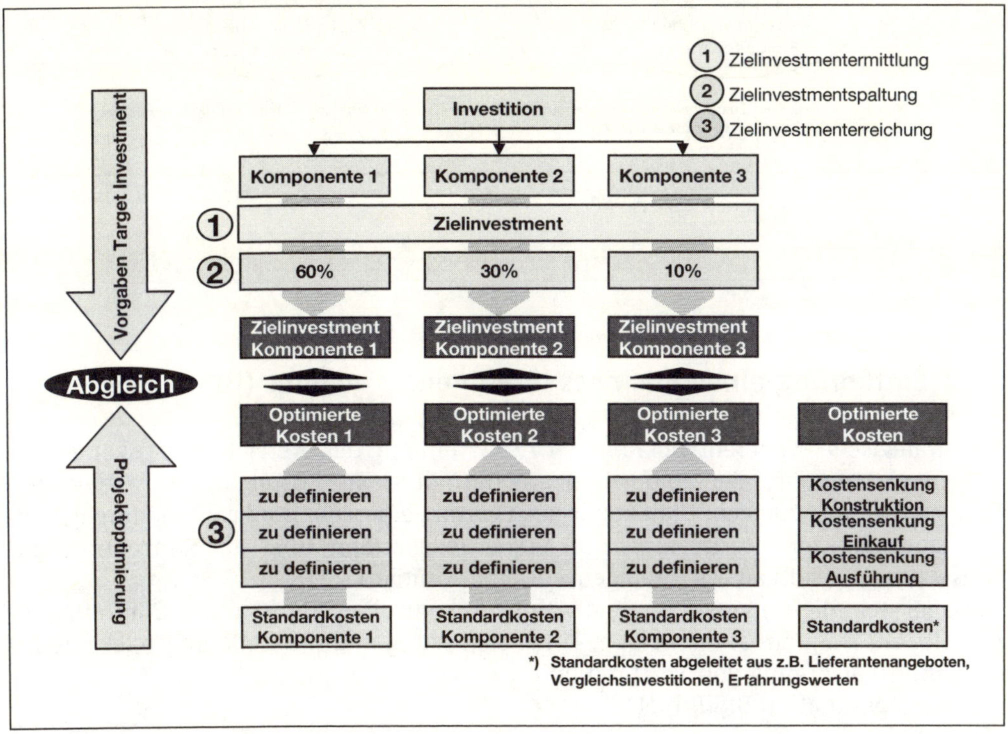

Abb. 9: Schematische Darstellung Optimierungsprozess

Entscheidend für den Erfolg dieses Ansatzes ist die frühzeitige Einrichtung eines interdisziplinären Projekt-/Optimierungsteams mit einer engen Einbindung und ggf. Federführung des Controllings.

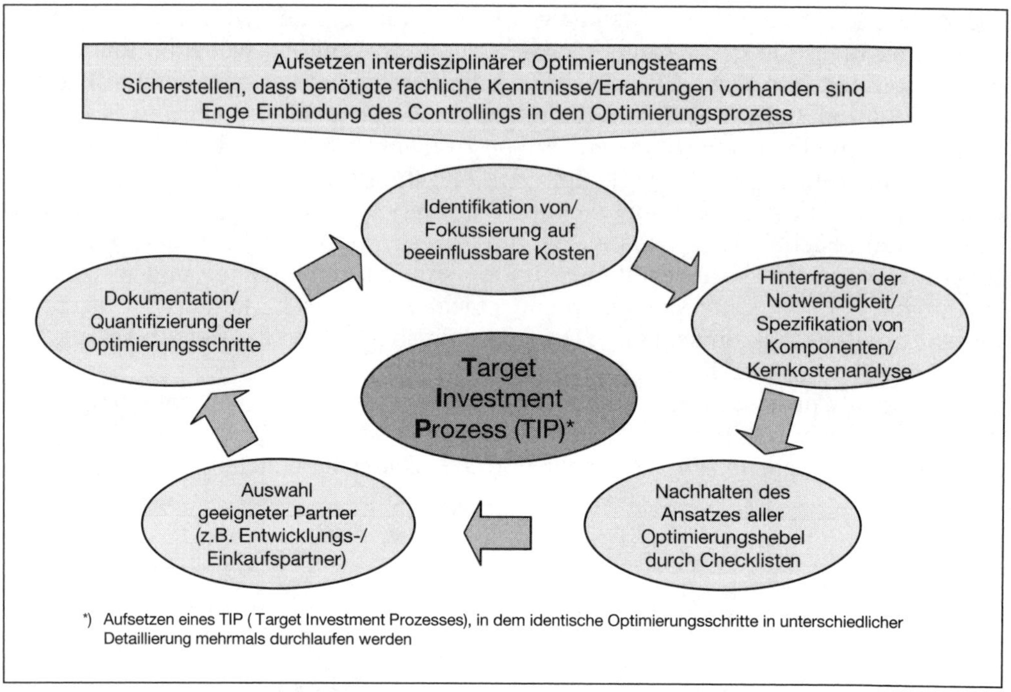

Abb. 10: Target-Investment-Prozess

3.3 Einführung eines Business Intelligence Systems (BIS)

Die strategische Weiterentwicklung der *EnBW* entlang der Wertschöpfungskette stellt erweiterte Anforderungen an das Konzerncontrolling. Zur Lösung dieser Problemstellung wurde Ende 2004 ein Projekt zur Realisierung eines standardisierten, durchgängigen kaufmännischen Führungs- und Steuerungssystems über die Konzeption und Umsetzung eines Business Intelligence Systems initiiert.

Dabei steht die Neuausrichtung des Konzerncontrollings hinsichtlich Controllingdimensionen, -standards, -prozessen, IT-Unterstützung und die steuerungsrelevante Informationsversorgung von Vorstand und Management im Vordergrund.

Ausgangssituation BIS-Projekt:

- Keine einheitlichen Planungs- und Reportingstandards;
- Keine gesellschaftsübergreifenden Informationen im Hinblick auf eine integrierte Wertschöpfungskette (unter Beachtung von Unbundlinganforderungen);
- Aufwändige Planungs- und Reportingprozesse;
- Unterschiedliche Systeme für legale Konsolidierung und Managementkonsolidierung;
- Komplexe IT-Landschaft.

Ausgehend von diesen Rahmenbedingungen wurden folgende Ziele für das Projekt formuliert:

- Umsetzung eines ganzheitlichen, wert- und potenzialorientierten *Steuerungskonzepts* mit einheitlichen Kennzahlen und definierter Eindringtiefe seitens der Holding;
- Gestaltung des *betriebswirtschaftlichen Konzepts* unter Berücksichtigung der Anforderungen des Managements;
- Optimierung des *Controllings hinsichtlich Steuerungsrelevanz und Bedarfsorientierung;*
- Vereinfachung der *Planungs- und Reportingprozesse*;
- *Harmonisierung* der legalen und Management-Sicht unter besonderer Berücksichtigung der *Konsolidierung*;
- Ablösung der Altsysteme durch eine leistungsstarke und *zukunftsfähige IT-Lösung* im Rahmen der IT-Strategie.

Die BIS-Projektplanung sah für die jeweiligen Themenfelder zunächst eine ausführliche Diagnosephase vor, danach erfolgte die Erstellung des Rahmen- und Feinkonzepts. Die vollständige Umsetzung soll bis Ende 2006 realisiert werden.

Parallel zur Neugestaltung der Prozesse und Systeme ist sicherzustellen, dass der bestehende operative Prozess stabil weiterläuft und dass »Quick wins« realisiert werden.

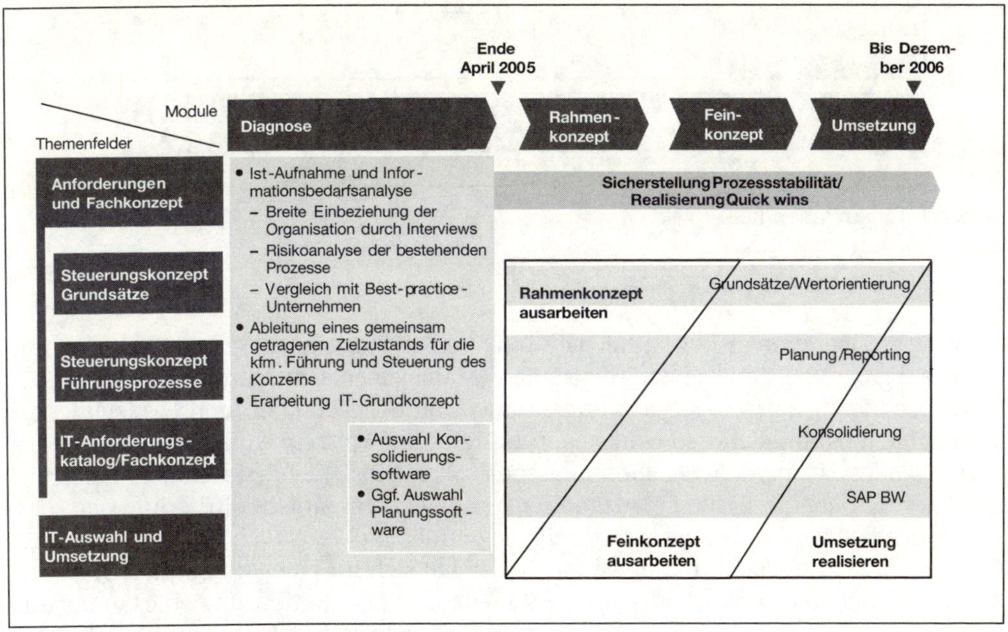

Abb. 11: Rahmenplanung BIS-Projekt

Aufgrund der Bedeutung dieses Projekts für die *EnBW* wird es entsprechend hochrangig unterstützt. Der CFO ist Vorsitzender des Projekt-Lenkungsausschusses und der CEO ist zusätzlich Mentor des Projekts. Diese Unterstützung ist erfolgsentscheidend, da eine Vielzahl von unterschiedlichen dezentralen Planungs- und Reportingprozessen sowie IT-Systemen zu integrieren sind. Zur Unterstützung hinsichtlich der Methodik und der IT-Systemlandschaft wurden externe Berater eingesetzt. Die Projektorganisation stellt sich wie folgt dar:

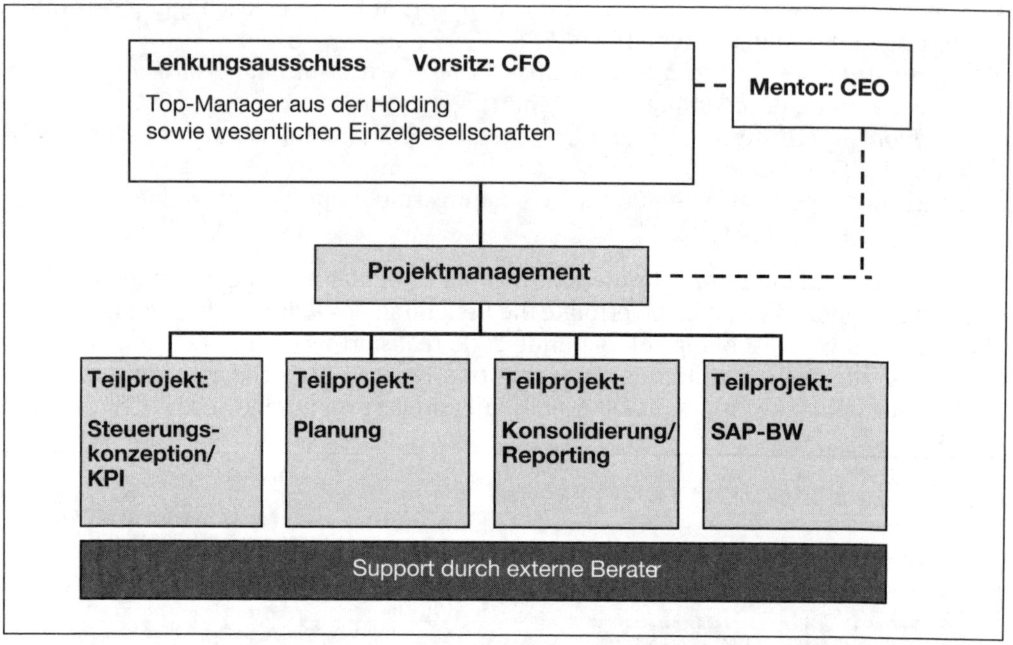

Abb. 12: Organisation BIS-Projekt

Neben der Operationalisierung der wertorientierten Steuerung (Steuerungslogik) und der Festlegung von Controllingdimensionen (Managementsicht, Strukturierung der Ergebnisrechnung) befasst sich das Projekt auch mit der Definition und Festlegung von Kennzahlen. Es sind dabei sowohl steuerungsrelevante Spitzenkennzahlen für den Konzern als auch segment-/wertschöpfungsspezifische KPIs (Key-Performance-Indicators) festzulegen. Dabei stellt die Potenzialorientierung ein wesentliches Kriterium dar.

Hinsichtlich der Steuerungsanforderungen wurden im Wesentlichen drei unterschiedliche Ansätze untersucht und bewertet. *EnBW* hat sich für einen kombinierten Ansatz aus Wert- und Potenzialorientierung entschieden. Auf die Einführung eines umfassenden Balance-Scorecard-Ansatzes wurde zunächst bewusst aus Gründen der Komplexitätsreduktion des Projektes verzichtet.

Im Rahmen der Optimierung des Planungsprozesses wurde ein Vorgehen in mehreren Phasen gewählt. Ausschlaggebend war dabei die Berücksichtigung der vorhandenen Ressourcen und die Sicherstellung der laufenden operativen Prozesse. Neben den Inhalten und Methoden, den Prozessen und der Organisation werden auch die unterstützenden IT-Systeme betrachtet.

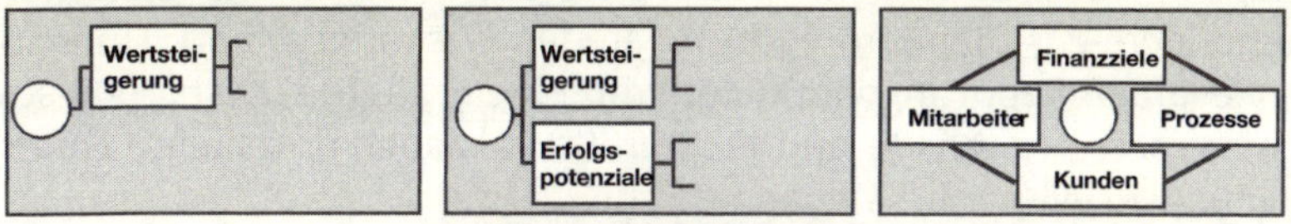

	Wertorientiertes Management	Strategietreiberkonzept	Balanced Scorecard
Beschreibung	• Fokus auf Wertorientierung • Messung realisierter, periodischer Wertsteigerung (Wertbeitrag)	• Integration von Wert- und Erfolgspotenzialorientierung • Betrachtung besonders bedeutender Erfolgspotenziale mittels vorlaufender und potenzialorientierter KPIs	• Integration von Wert- und Erfolgspotenzialorientierung • Umfassende Messung von Erfolgspotenzialen entlang von 4 Dimensionen
Bewertung	+ Analytische Stringenz, eindeutige Ausrichtung − Inhärente Gefahr der Kurzfristorientierung, »Strohfeuereffekt« − Keine Abbildung von strategischen Erfolgspotenzialen und energiewirtschaftlichen Risiken + Vergleichsweise einfache Implementierung	+ Balance zwischen Wert- und Potenzial-/Risikoorientierung mit Fokus auf kritischen Faktoren − Eingeschränkte Erfolgspotenzialorientierung +/− • Moderater Implementierungsaufwand • Erweiterung zu BSC-Konzept möglich	+ Integratives Konzept mit umfassender Erfolgspotenzialorientierung − Hoher Implementierungsaufwand (Datenverfügbarkeit, Prozessänderungen, Abstimmung)

Abb. 13: Bewertung unterschiedlicher Steuerungsansätze

	Modul 1 **Kurzfristige Optimierung (Quick wins Planung 2006)**	Modul 2 **Mittelfristige Optimierung (Planung 2007)**	Modul 3 **Langfristige Optimierung (Planung 2008)**
Inhalte und Methoden	■ Frühe Bekanntgabe von Prämissen ■ Integration ausgewählter KPIs	■ Einheitliche Methodik ■ Erhöhte Transparenz ■ Integration weiterer KPIs	■ Einheitliche Methodik ■ Erhöhte Transparenz ■ Integration komplexer KPIs
Prozesse und Organisation	■ Verkürzung des Planungsprozesses ■ Entschärfung kritischer Schnittstellen ■ Stärkere Integration des Konzerncontrollings	■ Neugestaltung des Planungsprozesses ■ Anpassung des Planungsprozesses an das Steuerungskonzept ■ Organisatiorische Verankerung	■ Verknüpfung der strategischen und operativen Planung
Systeme	■ –	■ Ableitung Softwareanforderungen für Planungssystem ■ Softwareauswahl	■ Einführung neuer Planungssoftware ■ Evtl. weiterer Ausbau BW-Anwendungen / Schnittstellen

Abb. 14: Vorgehen Optimierung Planungsprozess

Unter Beachtung der neuen Steuerungsgrundsätze ist das Reporting entsprechend zu konzipieren und umzusetzen. Im Fokus der Analyse und Optimierung steht dabei insbesondere das Standardreporting an den Gesamtvorstand. Unter Berücksichtigung der relevanten Reportingparameter wird eine erhöhte Transparenz sowohl durch qualitativ verbesserte Inhalte und Kenngrößen als auch durch eine Fokussierung auf entscheidungsrelevante Inhalte angestrebt.

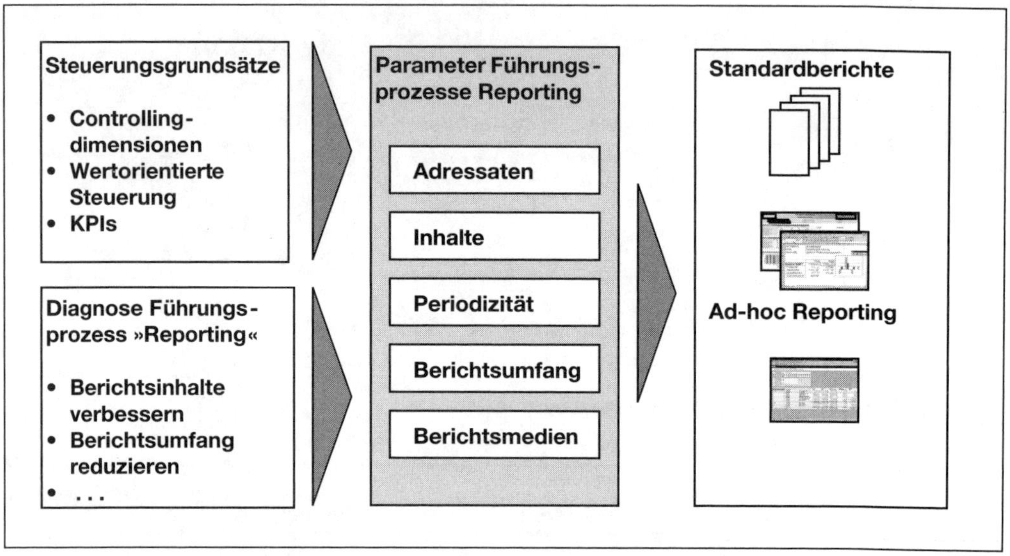

Abb. 15: Reportinganforderungen

Letztlich stellt das BIS ein integriertes System dar, das ein hohes Maß an Datenkonsistenz und ein Minimum an Redundanzen ermöglicht und somit die Anforderung an ein modernes Reporting erfüllt.

Zur Umsetzung und Unterstützung dieser Konzeption ist eine entsprechende IT-Lösung unabdingbar. Die bisherige IT-Landschaft in diesem Bereich war gekennzeichnet durch eine hohe Komplexität, hohe Fehleranfälligkeit und begrenzte Flexibilität. Es wird daher ein einheitliches System für die legale Konsolidierung und die Managementkonsolidierung sowie eine integrierte Datensicht über ein Data-Warehouse angestrebt.

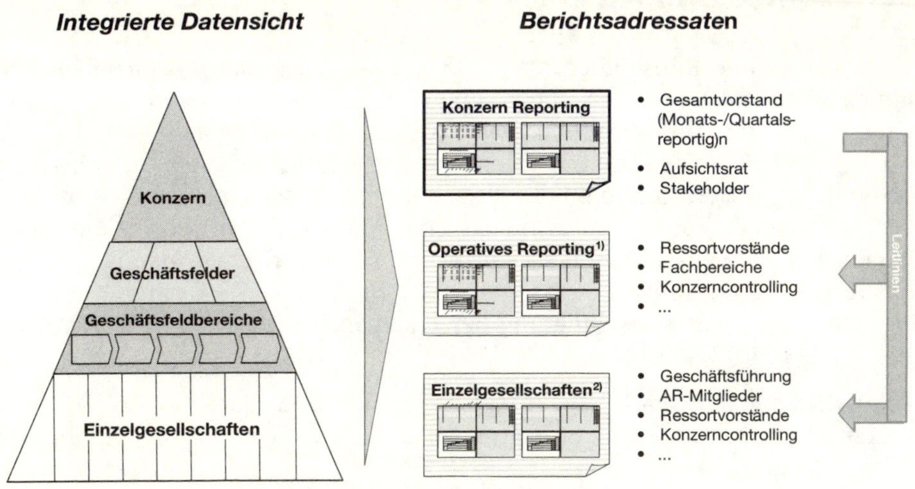

1) z.B. Einkaufscontrolling, Investitionscontrolling, Liquiditätsplaner
2) Inkl. Darstellung nach Geschäftsfeldbereichen

Abb. 16: Integrierte Datensicht

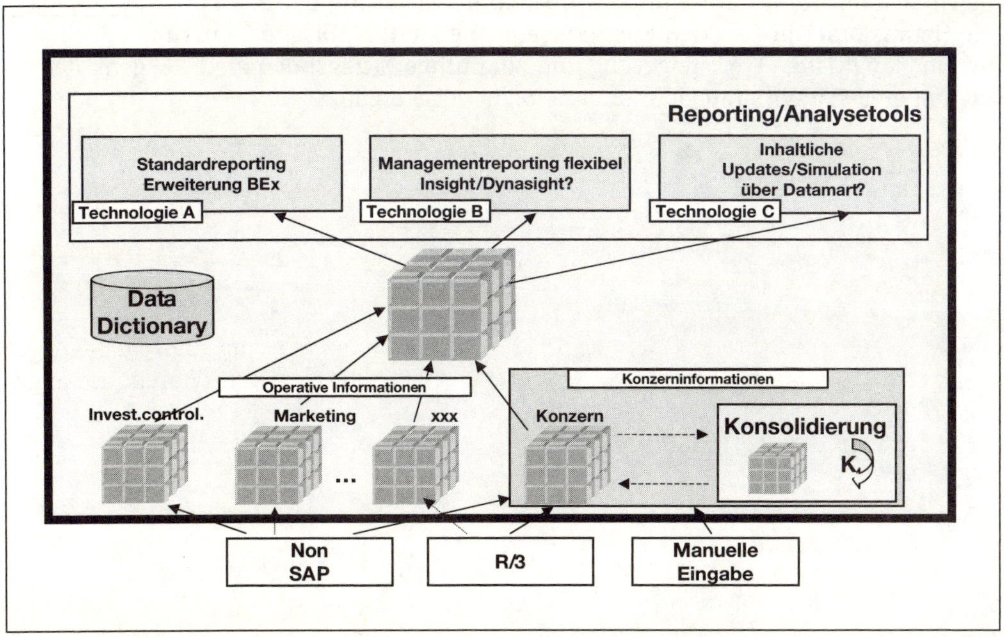

Abb. 17: BIS IT-Architektur

4 Resümee und Ausblick

Die Sanierungs- und Konsolidierungsphase in 2003/2004 war gekennzeichnet durch ein umfassendes Kostensenkungsprogramm, einen Investitionsstopp und eine Portfoliobereinigung durch Desinvestition. Dabei war das Controlling gefordert, den Prozess der Ausgaben- und Kostensenkung mit zu steuern und zu begleiten, um die operative Ertragskraft zu steigern und die hohe Verschuldung möglichst schnell zu reduzieren. Ein entsprechendes konsequentes monatliches Reporting (Fortschrittskontrolle) auf Ebene der Einzelgesellschaften oder sonstiger organisatorischer Verantwortung standen dabei im Vordergrund.

Die Phase nach der Konsolidierung beinhaltet folgende strategische Herausforderungen an den *EnBW Konzern*:

- Fokussiertes Wachstum,
- umfangreiche Investitionsentscheidungen in Erzeugung und Netz mit langfristigen Auswirkungen,
- kontinuierlicher Fokus auf operative Effizienz und
- uneingeschränkte Kapitalmarktfähigkeit.

Neben dem Einsatz von Standardcontrollinginstrumenten begleitet das Controlling diese Entwicklungsphase der *EnBW* mit einem optimierten Investitionsmanagementprozess, der Etablierung des Target-Investment-Ansatzes und einer Neugestaltung wesentlicher Controllingelemente im Rahmen des BIS-Projektes (Business Intelligence System).

Die Erhöhung der Transparenz über Wirkungszusammenhänge von sowohl energiewirtschaftlicher als auch finanzwirtschaftlicher Positionierung wird eine wesentliche Herausforderung für den Konzern sein. Die kaufmännische Steuerung wird dabei auf eine langfristige Wertsteigerung und zukünftige Ertragspotenziale ausgerichtet sowie um eine stärker strategieorientierte Sichtweise ergänzt.

Centersteuerung und Management Transfer Preise in der Zumtobel Lighting Group

Thomas Spitzenpfeil*

* Thomas Spitzenpfeil, CFO, Zumtobel AG, Dornbirn.

1 Einleitung

»Nichts ist beständiger als der Wandel«, für Unternehmen gilt das mehr denn je. Diese müssen sich daher beständig und pro-aktiv wandeln, um frühzeitig Antworten auf die Herausforderungen der Märkte und des wirtschaftlichen Umfelds zu entwickeln. Aufbauorganisatorische Maßnahmen müssen dabei von der Ausgestaltung geeigneter Führungs- und Steuerungsmodelle begleitet werden, um die neuen Strukturen und Prozesse konsequent im Unternehmen zu verankern. Damit steht der Finance-Bereich im Zuge der Reorganisation vor großen Herausforderungen, kann dabei jedoch eine entscheidende Rolle als treibende Kraft des Veränderungsprozesses spielen.

Die *Zumtobel AG* hat sich mit der Übernahme der englischen *Thorn Gruppe* im Jahre 2000 zu einem der weltweit größten Unternehmen der Leuchtenindustrie entwickelt. Zusammen mit dem Teilkonzern *TridonicAtco* sind seither drei starke Marken und spezifische Leistungsmerkmale unter einem Konzerndach vereint. Während zunächst die Führung der Teilkonzerne als relativ autonome Einheiten ein erfolgsversprechendes Modell war, so musste u. a. in Folge der seit ca. vier Jahren anhaltenden Verschlechterung der wirtschaftlichen Rahmenbedingungen in der europäischen Bauindustrie, eine neue Organisation und Unternehmenssteuerung gefunden werden. Diese soll dazu beitragen, weitere Synergien zu heben, Plattformstrategien zu verwirklichen und die internationale Expansion des Konzerns zu unterstützen.

Die nachfolgenden Ausführungen geben einen Einblick in die Reorganisation des Konzerns, die daraus folgenden Herausforderungen für die Konzernsteuerung und die wesentlichen Eckpunkte des neu ausgestalteten Steuerungsmodells.

2 Die Zumtobel Group und ihre Teilkonzerne

Bis ins Jahr 2000 bestand der *Zumtobel Konzern* aus den beiden Teilkonzernen *Zumtobel Staff (ZS)* und *TridonicAtco*. Das Unternehmen hat sich aus mittelständischen Wurzeln organisch und durch Akquisitionen zu einem bedeutenden Unternehmen mit rund 700 Mio. € Umsatz entwickelt. Die Marke *Zumtobel Staff* (ca. 420 Mio. € Umsatz) ist in der Leuchtenindustrie als Spezialist für Lichtlösungen in der professionellen Gebäudebeleuchtung positioniert. Bei globaler Präsenz hat *Zumtobel Staff* einen regionalen Schwerpunkt insbesondere in den deutschsprachigen Ländern. Die Produkte vereinen innovative Lichttechnologie mit höchsten Designansprüchen. Die Kooperation mit internationalen Designern, Architekten und Lichtplanern sorgt für Innovationsführerschaft und hochwertige Lichtlösungen. *Zumtobel Staff* ist als Top-Marke in vielen renommierten und preisgekrönten Bauprojekten vertreten. Diese Markenidentität ist ein bedeutendes Asset.

Der Teilkonzern *TridonicAtco* (ca. 320 Mio. €) ist hingegen als innovationsorientiertes Center of Competence für elektronische und elektromagnetische Betriebsgeräte von Lichtquellen positioniert. Dies schließt den zukunftsweisenden Geschäftsbereich LED (Licht emittierende Dioden) ein.

Da das organische Wachstum für *Zumtobel Staff* im relevanten Marktsegment begrenzt war, bot sich im Jahr 2000 mit der Übernahme des englischen Leuchtenkonzerns *Thorn* eine Gelegenheit zu einer sowohl geografisch, als auch vom Marktsegment komplementären Erweiterung des Konzerns. *Thorn* steht für qualitativ hochwertige Beleuchtungssysteme in der gewerblichen und industriellen Gebäudeausstattung sowie im Außenbereich. Mit einer regionalen Abdeckung von England, Frankreich, Australien und Teilen Asiens gibt es geringe regionale Überschneidungen zu *Zumtobel Staff*. Der Markenkern ist Mid- bis Top-Segment mit einer eher konservativ-technischen Anmutung. Die Akquisition ließ den Konzern auf eine Größe von rund 1,2 Mrd. € Umsatz wachsen.

Nach der Akquisition wurde die relative Unabhängigkeit der Teilkonzerne *Zumtobel Staff* und *Thorn* zunächst bewahrt und Synergien zwischen den Leuchtenmarken nur auf »informeller« Basis erschlossen. Dies geschah aus der Überzeugung, dass sich Marktpotenziale am besten nutzen lassen, wenn man geografische und kundenspezifische Marktsegmentierungen berücksichtigt und diese durch darauf zugeschnittene »Value Prepositions« mit getrennten Marken erschließt.

Seit 2001 jedoch verschlechterte sich die Baukonjunktur im Kernmarkt Europa zum Teil dramatisch, was zu rückläufigen Umsätzen und Erträgen des Konzerns führte. In dieser Situation mussten für die Leuchten produzierenden Teile des Konzerns (*Zumtobel Staff* und *Thorn*) organisatorische Antworten gefunden werden, die in schrumpfenden Märkten die Ertragslage stabilisieren, ohne die nach wie vor gültige Notwendigkeit zweier Markenidentitäten aufzugeben.

3 Neue Herausforderungen für die Unternehmenssteuerung

Die Lösung der geschilderten Problemsituation resultierte in eine Neugliederung des Konzerns, die zwei Grundsätzen folgt:

- Markenspezifische Funktionen sowie Front-Office-Tätigkeiten werden separat geführt, um die klare Markenpositionierung und marktsegment-spezifischen Aufgaben optimal abzubilden.
- Markenunspezifische Funktionen und Back-Office-Tätigkeiten werden, wo immer möglich, zusammengefasst. Dies betrifft insbesondere die bislang getrennt geführte Produktion.

Daraus ergibt sich eine funktionale Aufbauorganisation mit zwei Markenorganisationen und einer gemeinsamen Plattform für den Bereich Operations (vgl. Abb. 1).

Die neue, zusammengefasste Organisation, die den internen Namen »*Zumtobel Lighting Group*« (*ZLG*) führt, stellt an den Finance-Bereich und insbesondere an das Controlling spezifische Herausforderungen. Für die neue Konzernstruktur gilt es, ein passendes Führungs- und Steuerungsmodell zu entwickeln, welches den neuen Verantwortungsstrukturen gerecht wird, die richtigen Hilfsmittel zur Unternehmenssteuerung bereitstellt und die Planungs- und Reportingprozesse anpasst. Das neue Steuerungsmodell für die *Zumtobel Lighting Group* zeichnet sich durch folgende Eckpunkte aus:

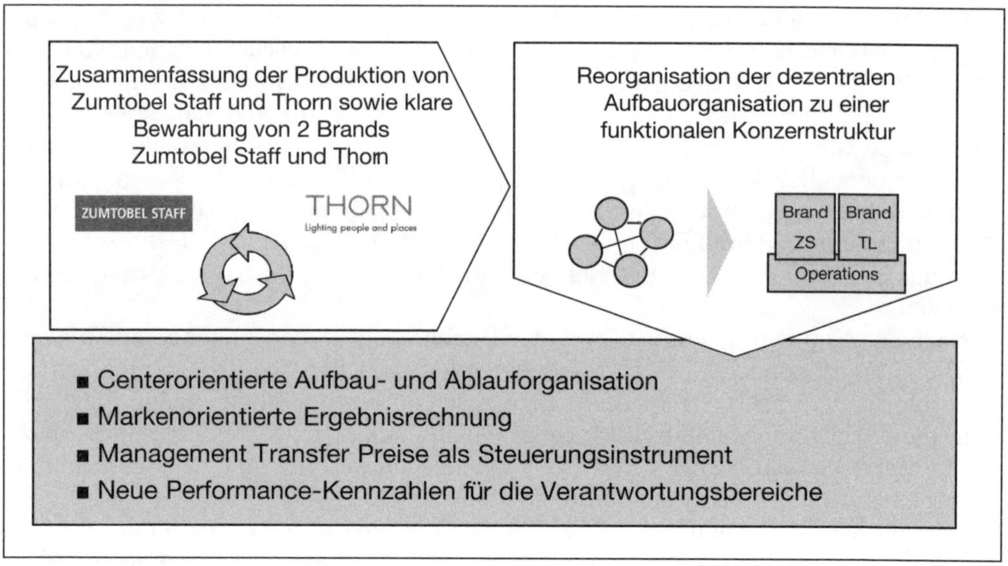

Abb. 1: Aus zwei Teilkonzernen werden drei Management Center

- Einheitliche Leitung und performanceorientierte Steuerung der Fertigungsstätten;
- Neuorganisation des Brand-Management mit zentraler Verantwortung für das Produktportfolio und die Preise;
- Management-Transfer-Preise als effizientes Instrument zur Verhaltenssteuerung;
- Durchgängiges, wertorientiertes Zielsystem mit Verbindung der Interessen von Eigentümer, Konzernmanagement und »Local Business«;
- Angepasste und weiterentwickelte Reportingstrukturen, -prozesse und -tools.

Die »2-Marken«-Organisationen und die gemeinsame Fertigungsplattform »Operations« werden als einzelne Center gesteuert. Auch wenn die Definition des Center-Typs, zu der in der funktionalen Aufbauorganisation naheliegenden Lösung Marke = Profit Center, Operations = Cost Center führt, so hat die Detailgestaltung doch in jedem Unternehmen fallspezifisch zu erfolgen. Es müssen im Unternehmen akzeptierte Lösungen gefunden werden, die unter Beachtung von branchenspezifischen Randbedingung sowohl die Zuständigkeiten und Verantwortlichkeiten konkret regeln, als auch »weiche« Aspekte wie z. B. die Unterstützung von Motivation und Innovation ausreichend berücksichtigen.

4 Das neue Steuerungsmodell der Zumtobel Lighting Group

4.1 Cost Center-Operations

Organisatorisch ist dem Bereich Operations die Verantwortung für die Werke und für die Bereiche F&E, Produktweiterentwicklung sowie Einkauf und Logistik zugeordnet. Die Operations tragen damit die Verantwortung für eine effiziente Produktion, Make- or Buy-Entscheidungen, Produktverbesserungen und die Auslastung der Kapazitäten. Wesentliche Steuerungskennzahl ist die Einhaltung der Kosten bzw. die Erreichung des Operations-Ergebnisses (Ergebnis = Standardkosten – Istkosten). Da die Leuchtenindustrie durch hohe Produktvielfalt, kurze Lieferterminerwartungen und hohe Auslastungsschwankungen gekennzeichnet ist, die vom Vertrieb nur bedingt beeinflussbar sind, muss die Produktion sehr flexibel organisiert sein. Atypisch für das klassische Cost Center wurde deshalb festgelegt, dass der Bereich Operations die Verantwortung für alle Plankostenabweichungen trägt, seien diese verbrauchs-, faktorkosten- oder zusätzlich mengeninduziert. Damit ist ein Anreiz zu hoher Variabilisierung der Kostenstruktur gegeben.

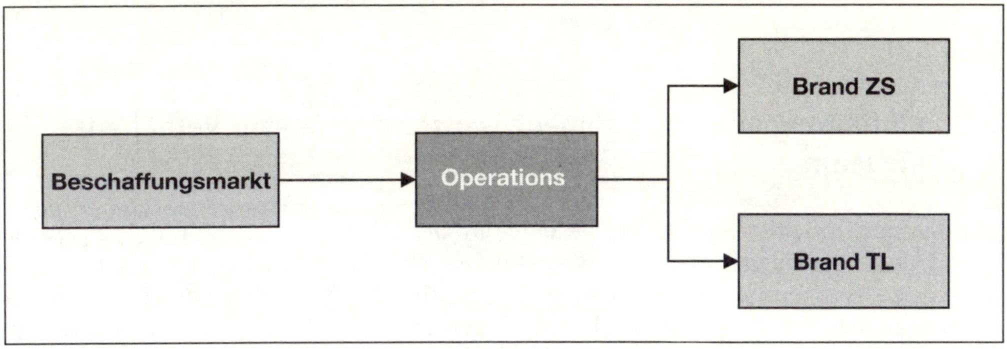

Abb. 2: Organisation der Operations in der Wertschöpfungskette

4.2 Profit Center-Marken

Die beiden Markenorganisationen von *Zumtobel Staff* und *Thron* umfassen die Bereiche Marketing, regionale Vertriebsorganisation und Neuproduktentwicklung. Marktstrategie, Preissetzung und Produktportfolio sind dabei typische Aufgaben. Die zwei Profit Center der Marken berichten je ein Ergebnis, das sich aus dem Marktpreis minus den als »Standardkosten plus« definierten Transferpreisen von *ZLG*-Operations ergibt.

Dieses im Grunde simple Modell erweist sich in der praktischen Umsetzung jedoch als komplex. Aus grundsätzlichen Überlegungen der Markensteuerung und des strategischen Pricings ist es nicht sinnvoll, die Transferpreise der Werke in den dezentralen Vertriebseinheiten individuell in Kundenpreise zu transformieren. Vielmehr müssen strategische Preispunkte, die das zentrale (*Zumtobel Staff*) bzw. regionale Marken-

Management (*Thorn*) setzt, zu angemessenem Verkaufsverhalten veranlassen. Mit der Verantwortung für die Marktstrategie, die Preissetzung und das Produktportfolio kommt dem jeweiligen Brand-Management eine bedeutende strategische Funktion in der Interaktion zwischen Operations einerseits und den dezentralen Vertriebseinheiten andererseits zu.

Entlang dieser prinzipiellen Logik müssen Abrechnungsmechanismen gestaltet und organisatorische Regelungen zur Ermittlung der Verrechnungspreise geschaffen werden.

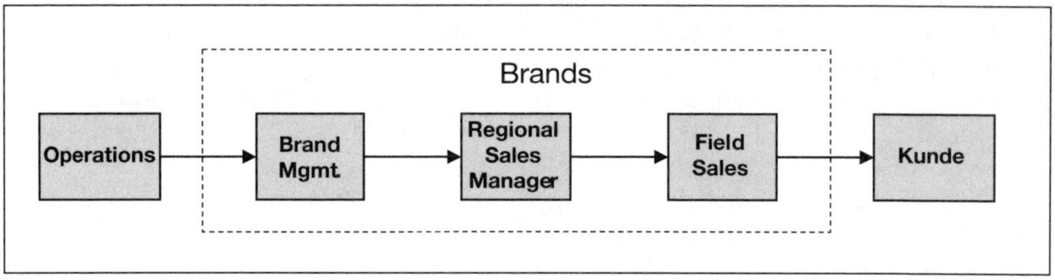

Abb. 3: Die Markenorganisation und die dezentralen Vertriebseinheiten in der Wertschöpfungskette der Zumtobel Lighting Group

4.3 Einführung von Management Transfer Preisen zur Verhaltenssteuerung

Mit den neuen Center-Strukturen in der *Zumtobel Lighting Group* sind drei eigenverantwortliche Organisationseinheiten entstanden. Dies führt, wie in jeder Organisation, zu Bereichsgrenzen und der Tendenz zur Suboptimierung der Bereiche. Die wesentliche Herausforderung der Unternehmenssteuerung ist nun die gemeinsame Zielausrichtung der Center im Sinne der Gesamtkonzernstrategie, so dass die positiven Effekte der organisatorischen Fokussierung nicht durch die Reibungsverluste an den Bereichsgrenzen überkompensiert werden.

Ein effizientes Instrument der Steuerung dezentraler Einheiten im Sinne des Gesamtkonzerns stellen interne Verrechnungspreise bzw. managementorientierte Transferpreise dar. Deren Zielsetzungen und Funktionen im Sinne der Unternehmenssteuerung können dabei sehr vielfältig sein:

- Verhaltenssteuerung der dezentralen Einheiten im Sinne der Konzernstrategie,
- Koordinationsfunktion im Gesamtkonzern,
- Anreizgestaltung und Motivationsfunktion für die Verantwortlichen,
- Erfolgsermittlung und Erfolgszurechnung für die Geschäftsbereiche.

In der *Zumtobel Lighting Group* kommen dazu zwei zentrale Transferpreise zum Einsatz. An der Schnittstelle zwischen den Operations und dem Brand-Management wird ein an geplanten Standardkosten orientierter Management-Transfer-Preis (MTP) verrechnet. Der MTP basiert auf Plankosten und enthält damit bereits die für das Geschäftsjahr geplanten Kostenanpassungen, die sich aus Marktanforderungen ergeben. Der MTP beinhaltet keine Gewinnelemente. Zusammen mit der Abweichungsverantwortung in den Operations ist so ein Anreiz zur Flexibilisierung, Effizienzsteigerung, Kostenreduktion und Planeinhaltung in den Fertigungsstätten gegeben.

An der Schnittstelle zwischen dem zentralen Brand-Management und den dezentralen Verkaufseinheiten wird der marktorientierte Field-Transfer-Preis (FTP) verrechnet. Dieser errechnet sich vereinfacht aus dem gewünschten Marktpreis minus den geplanten fixen und variablen Kosten der dezentralen Field Sales. Damit beinhaltet der FTP die angestrebte Gewinnmarge für die gesamte Wertschöpfungskette und stellt das Brand-Management damit in die zentrale Verantwortung. Der FTP ist auch das Instrument der Preisstrategie und -politik der *Zumtobel Lighting Group*. Die dezentralen Vertriebseinheiten erhalten keinen Einblick in die Kostenkalkulation, da der Management Transfer Preis nur für das Brand-Management sichtbar ist, und werden damit zur Preisdisziplin angehalten.

Mit beiden Transferpreisen (MTP und FTP) kann das Verhalten der dezentralen Verantwortlichkeiten (Operations und Field Sales) sehr effizient im Sinne des Gesamtkonzerns (*Zumtobel Lighting Group*) gesteuert werden. Nachfolgende Abbildung gibt einen Überblick über die gesamte Wertschöpfungskette und den Einsatz der jeweiligen Transferpreise.

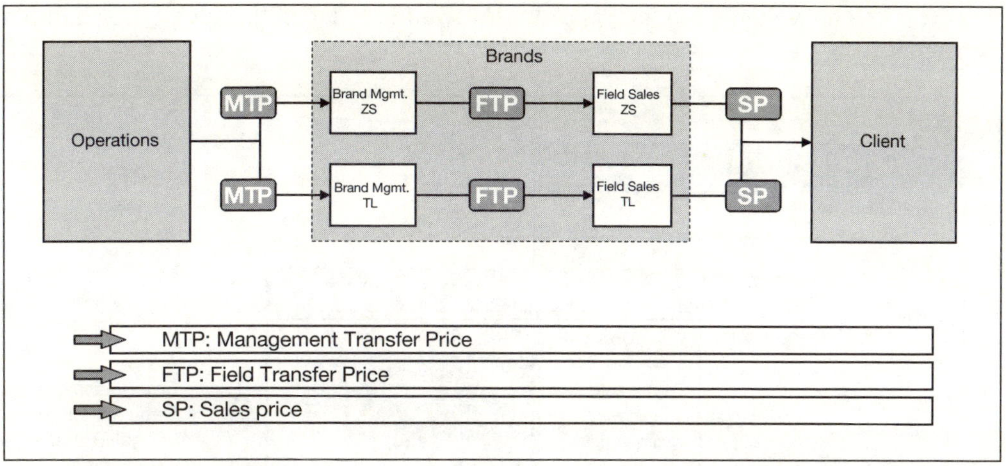

Abb. 4: Das System der Management Transfer Preise und Field Transfer Preise

Das neue Transferpreissystem der *Zumtobel Lighting Group* ist komplett vom System der legalen Transferpreise (LTP) abgekoppelt und hat damit keinen Einfluss auf die Fakturierung zwischen den Legaleinheiten. Zusammen mit dem Aufbau der neuen Center Organisation führt dies zwangsläufig zu einer die legalen Einheiten übergreifenden und damit teilenden Aufbauorganisation. Der Blick auf die Ergebnisse aus Sicht des verantwortlichen Managements weicht damit von der gesellschaftsrechtlichen Sicht ab. Werden aus Managementsicht Reporting-Units als Teile von legalen Einheiten zum jeweiligen Center und sodann die drei Center zum Teilkonzern konsolidiert, so ergibt sich traditionell ein Teilkonzernergebnis aus der Konsolidierung legaler Einheiten. Gleichwohl muss sichergestellt sein, dass beide Konsolidierungswege zum gleichen Ergebnis in Bilanz und GuV führen. Die Berichterstattung über Reporting-Units als Knoten einer Reporting-Matrix ist die Folge (vgl. Abb. 5).

Für die zugrunde liegenden Rechenwerke (Plan, Ist, Vorschau) wird mit einer Entscheidung für die Center-Steuerung eine detailliertere Datenerfassung (nach Reporting-Units) nötig. Der Aufwand in der Konsolidierung steigt, da neben den legalen Einheiten nun eine deutlich größere Zahl an Reporting-Units zu erfassen ist.

Um die Komplexität der Konsolidierung nicht ausufern zu lassen, hat sich *Zumtobel* zu einer pragmatischen Herangehensweise entschlossen, die eine exakte Konsolidierung des Teilkonzerns *ZLG* ermöglicht und gleichzeitig mit einer für die Center-Steuerung hinreichenden Genauigkeit die Center-Ergebnisse abbildet. Die legalen Einheiten werden dazu für die Konsolidierung vollumfänglich mit allen konzerninternen Partnertransaktionen berichtet, die Partnerbeziehungen der Reporting-Units werden jedoch nur vereinfacht abgebildet. Die Teilkonzernkonsolidierung stellt damit eine echte Konsolidierung dar, die Center-Konsolidierung ist eher eine Aggregation. Da der Ergebnisausweis für die Center jedoch auch auf diesem Weg richtig und lediglich die Bilanz der Center, insbesondere wegen fehlender Zwischengewinneliminierung, geringfügig verzerrt ist, ist ein weitergehender Reporting-Aufwand weder nötig noch wirtschaftlich vertretbar.

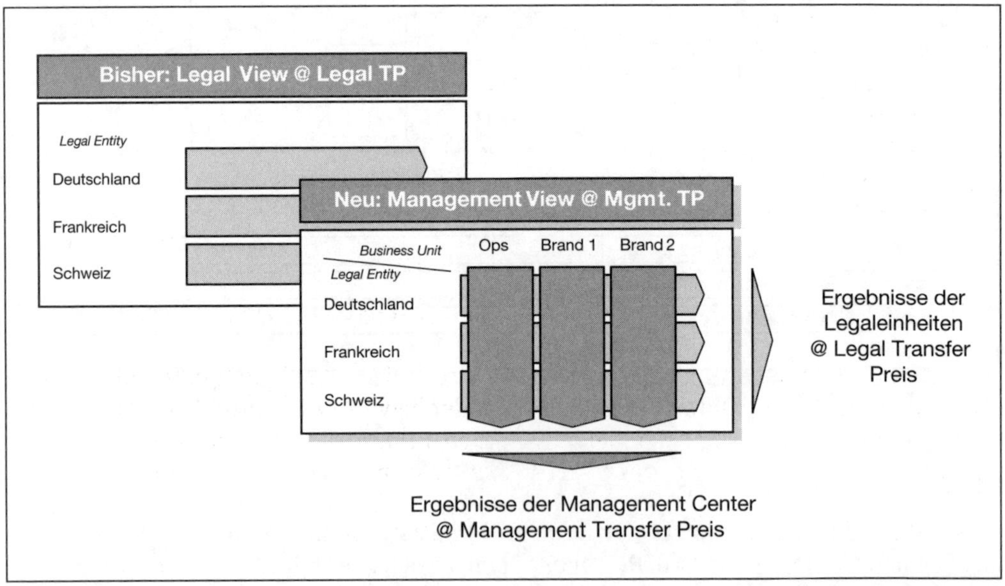

Abb. 5: Die Einführung der Center-Steuerung führt zu einem Matrix-Reporting nach Units, die die konsolidierte Abbildung sowohl legaler Einheiten als auch der Center erlauben

4.4 Aufbau eines durchgängigen Zielsystems mit Value Based Management-Ansatz

Ziel der Neuorganisation der *Zumtobel Lighting Group* ist, die Zukunftsfähigkeit des Unternehmens zu sichern und dadurch zu einer nachhaltigen Werterhöhung beizutragen. Diese klare Ausrichtung muss sich auch in den wesentlichen Steuerungsgrößen widerspiegeln, welche sich logisch aus dem Unternehmenswert ableiten müssen.

Da die *Zumtobel AG* ein börsennotiertes Unternehmen ist, hat man für den Unternehmenswert einen einfachen Nährungswert (Proxy) gefunden, der folgender Formel folgt:

(Multiple * EBITDA - Net Debt)/Anzahl Aktien = Aktienkurs-Proxy

Der Multiple wird gemäß dem Renditeziel der Eigentümer gesetzt. Aus dieser Formel lassen sich alle wesentlichen Erfolgstreiber ableiten (vgl. Abb. 6).

Für den EBITDA sind ausgehend von der GuV erfolgsbestimmende Kennzahlen abzuleiten (z. B. Deckungsbeiträge, Materialtangente etc.). Die das Net Debt beeinflussenden Effekte lassen sich über Kennzahlen zum Working Capital (z. B. gemessen an Bestandsreichweiten, Forderungslaufzeiten etc.) und Investitionen messen. Von diesen finanziellen Kennzahlen führt dann der nächste logische Schritt zur Definition nicht-finanzieller Kennzahlen (KPIs), die eng mit der Erreichung der Unternehmensziele korrelieren (z. B. Neuproduktrate, Produktivität etc).

Bei der Entwicklung des KPI-Baums und den einzelnen Kennzahlen wurden folgende Erfolgskriterien deutlich:

- überschaubare Anzahl,
- Steuerungsrelevanz kombiniert mit hoher Akzeptanz in der Organisation, was i. d. R. pragmatische Lösungen erzwingt,
- Erhebbarkeit mit angemessenem Zusatzaufwand,
- Konsolidierbarkeit bzw. Aggregierbarkeit über die verschiedenen Konzernebenen,
- standardisierte Definitionen.

4.5 Einführung eines neuen Management-Reporting-Systems

Berichtet werden Reporting-Units, die Teile von rechtlichen Einheiten sind und in Summe auch diese ergeben. Durch Konsolidierung der jeweils zuzuordnenden Units ergibt sich das Center-Reporting der beiden Marken *Zumtobel Staff* und *Thorn* sowie für Operations. Für das Berichtswesen heißt dies, dass im zugrundeliegenden *SAP*-System die Profit Center-Rechnung (PCA) aktiviert werden muss und bei allen Buchungsvorgängen neben dem Buchungskreis auch das Profit Center kontiert wird. Der Anspruch an Genauigkeit und Details wächst. So kommt z. B. die Abstimmung von Buchungskreisen und dazugehörigen Profit Centern, ebenso wie die (wenn auch vereinfachte) Erfassung von Partnerbeziehungen zwischen Reporting Units zusätzlich zu den Partnerbeziehungen zwischen rechtlichen Einheiten hinzu. Die Abstimmung der Intercompany-Beziehungen wird umfangreicher.

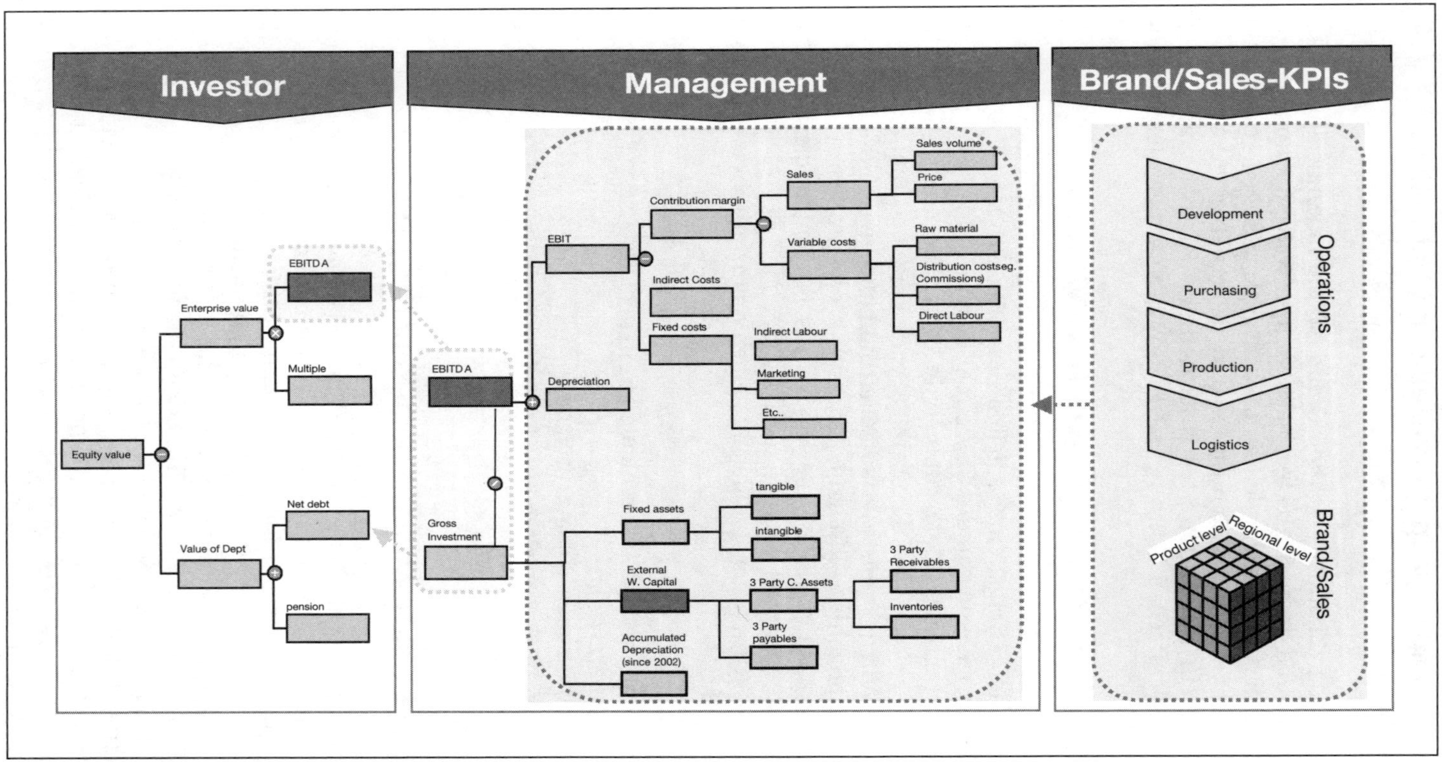

Abb. 6: Ableitung wesentlicher Kennzahlen aus der Spitzenkennzahl »Aktienkurs-Proxy«

Neben den Buchungen in der Profit Center-Rechnung zu legalen Transferpreisen (LTP) sind für das Management Reporting die Buchungen zu Management Transferpreisen (MTP) parallel abzubilden. Um diesen zusätzlichen Reportingaufwand in Grenzen zu halten, wurde neben die legale Reporting-Pyramide eine managementorientierte Reporting-Pyramide gesetzt. Diese sammelt im Transaktionssystem automatisch sämtliche für das Management Reporting relevanten Transaktionen und generiert am Ende des Monats automatisch die jeweiligen Differenzbuchungen (LTP-MTP) in der Profit Center Rechnung. Das *SAP* Business Warehouse greift diese Managementsicht ab und stellt sie dem Management Cockpit an der Spitze der Reportingpyramide zur Verfügung (vgl. Abb. 7).

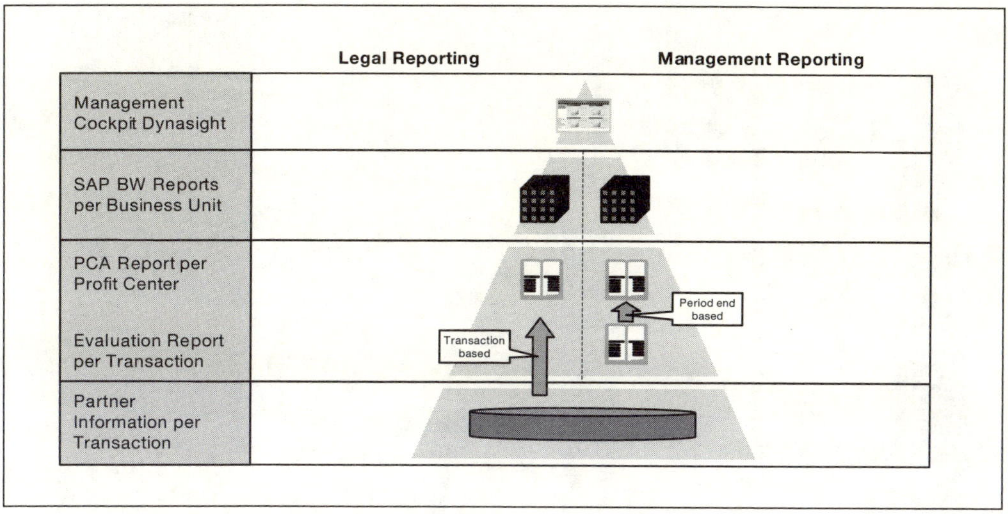

Abb. 7: Durchgängiges Management Reporting auf einer gemeinsamen Datenbasis

Performance-Orientierung setzt Transparenz der wirtschaftlichen Lage, rasche Analysierbarkeit und vor allem einheitliche Daten voraus. Ferner sind wir überzeugt, dass Benchmarking ein wertvolles Instrument ist. Wenn jeder leicht erkennen kann, wo sich der eigene Verantwortungsbereich im Vergleich zur internen Peer-Group befindet, wirkt dies leistungssteigernd.

Vor diesem Hintergrund ist die Einführung eines Management Cockpits (vgl. Abb. 8), das auf den Reporting-Daten (Bilanz, GuV, KPIs) basiert, ein notwendiger Schritt. Ausgehend von den Komponenten des Kennzahlenbaums (vgl. Abb. 6), die als dynamische Ampeln (rot/grün versus Plan) gestaltet sind, kann man zu den Abweichungen nach einzelnen Reporting-Units gelangen, League-Tables erstellen oder grafische Auswertungen zu bestimmten Berichtsinhalten einfach abfragen.

Das von der *Zumtobel AG* gewählte System (Dynasight) hat dabei den gewichtigen Vorteil, dass es über jeden gängigen Web-Browser zugänglich ist und sich flexibel sowohl zu *SAP*-BW als auch anderen OLAP-Datenbanken verbinden lässt.

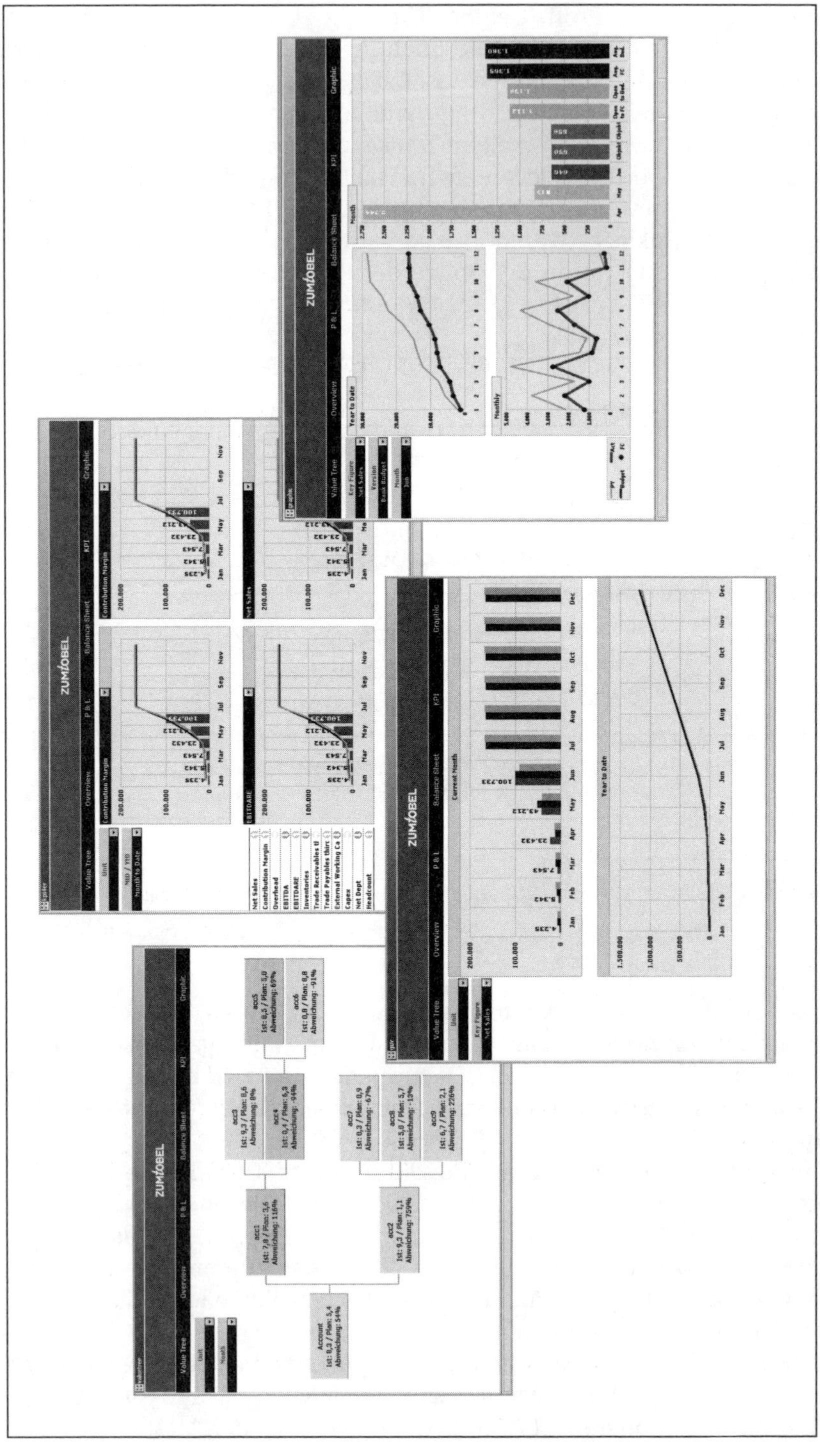

Abb. 8: Screenshots des Management Cockpits

5 Fazit

Die Einführung eines neuen Steuerungsmodells ist ein umfangreiches und vielschichtiges Projekt. Aus den Erfahrungen der *Zumtobel Lighting Group* kann eine zügige Umsetzung und entsprechender Projekterfolg nur sichergestellt werden, wenn es gelingt die folgenden Erfolgskriterien zu gewährleisten:

- Kommunikation des neuen Steuerungsmodells (Auswirkungen auf Management- und operativer Ebene);
- Permanente Einbeziehung der internen Organisation bei der Entwicklung der fachlichen Konzepte;
- Gemeinsame Teams aus internen Fach- und Führungskräften sowie externen Consultants;
- Pragmatischer Ansatz in der IT-technischen Umsetzung des Management-Transfer-Preis-Systems;
- Integration in die Unternehmensprozesse (Kalkulation, Planung, Closing & Reporting);
- Berücksichtigung der Anreizwirkungen und Anpassung der Performance- und Entlohnungssysteme.

Nur was man messen kann, wird umgesetzt. Für eine neue Organisation und für neue Ziele ist daher das Vorhandensein des dazu passenden Steuerungssystems essentiell. Dies zu realisieren, ist von nicht zu unterschätzender Komplexität. Die *Zumtobel Lighting Group* hat mit dem dargestellten Projekt einen weiteren Schritt in Richtung Zukunftssicherung und Performance-Steigerung getan.

Weiterführende Literatur

Coenenberg, A. G. (1993), Kostenrechnung und Kostenanalyse, 2. Auflage, Landsberg am Lech 1993

Horváth, P. (2003), Controlling, 9. Auflage, München 2003

Küpper, H.-U. (2003), Controlling, 3. Auflage, Stuttgart 2001

Mandler U. (2002), Internationale Konzernverrechnungspreise, in: Das Wirtschaftsstudium, 31, 2002, 7, S. 929–934

Pfaff, D./Pfeiffer, T. (2004), Verrechnungspreise und ihre formal-theoretische Analyse – Zum State of the Art, in: Die Betriebswirtschaft, 64, 2004, 3, S. 296 ff.

Spitzenpfeil, T. (2005), Center Steuerung – ein Beitrag zur Performance Steigerung, in: Controller News, 2005, 1

Weber, J./Stoffels, M./Kleindienst, I. (2004), Internationale Verrechnungspreise im Konzern, Vallendar 2004

Das Process Performance Management-Konzept – Realisierungsbeispiele und Nutzenaspekte

Dr. Reinhold Mayer*

* Dr. Reinhold Mayer, Mitglied des Vorstandes, Horváth AG, Stuttgart.

1 Erfolgsfaktor Prozessperformance

Das größte Ergebnispotenzial eines Unternehmens liegt in dessen Fähigkeit, Prozesse zu managen. »Processes are what create the results that a company delivers to its customers.« (*Hammer* 2001, S. 53) Nicht die singuläre Konzentration auf Märkte, Produkte, Organisationseinheiten und Lieferanten sichert dauerhaften Erfolg, sondern die Fähigkeit, Prozesse zu installieren und zu managen, die sicherstellen, dass:

- ein Unternehmen die relevanten Markttrends erkennt und schneller in Produkte umsetzt als die Wettbewerber;
- ein Unternehmen in der Lage ist, seine Zielmärkte und Zielkundengruppen zu erkennen und segmentbezogen optimal anzusprechen und zu betreuen;
- es einem Unternehmen gelingt, seine Leistungserstellung mit höchster Effizienz zu organisieren und den Leistungsoutput in der vom Markt geforderten Qualität sicherzustellen;
- die Supportprozesse das Geschäftsmodell optimal unterstützen und benchmarkfähige Effizienz liefern;
- ein Unternehmen in der Lage ist, die Wertschöpfungsprozesse so zu managen, dass eine optimale Aufteilung dahingehend erfolgt, was in eigener Ressourcenverantwortung und was von Partnern durchgeführt wird;
- es einem Unternehmen gelingt, die Zusammenarbeit mit Wertschöpfungspartnern effektiv und effizient zu organisieren.

Eine konsequente Ausrichtung des Unternehmens auf Kunden und Märkte geht somit einher mit einer Fokussierung auf Prozesse als Garant nachhaltiger Ergebnissicherung und Ergebnissteigerung. »Processes are the route to results and so to success in the customer economy« (*Hammer* 2001, S. 57).

Ein Prozess ist eine auf die Erbringung eines Leistungsoutputs gerichtete Kette von Aktivitäten (vgl. *Horváth/Mayer* 1993, S. 16). Er ist gekennzeichnet durch:

- interne oder externe Kunden, für die die Leistung erbracht wird;
- einen definierten materiellen oder immateriellen Leistungsoutput, der sich aus den Bedürfnissen der externen oder internen Kunden ableitet;
- Kosten-, Qualitäts- und Zeitanforderungen, die an den Leistungsoutput geknüpft sind;
- eine Inanspruchnahme von Ressourcen (Input), die mittels definierter Transformationsschritte zu einem Leistungsoutput führen;
- Verfahren und Regeln, die die Transformationen zielgerichtet sicherstellen sollen.

Dies soll am Beispiel eines Kundenauftragsprozesses verdeutlicht werden:

Ein Kunde erwartet einen definierten Leistungsoutput in Form eines angebotenen Produkts oder einer Dienstleistung. Qualitäts- und Zeitanforderungen ergeben sich aus zugesagten oder erwarteten Qualitätsmerkmalen und Lieferbedingungen. Die Einhaltung der Kostenziele sichert den Unternehmen den notwendigen Deckungsbeitrag. Um den Auftrag abzuwickeln, werden in den verschiedenen Abteilungen des Unternehmens (Entwicklung, Einkauf, Logistik, Produktion, Vertrieb etc.) Ressourcen benötigt, die nur dann zum gewünschten Leitungsoutput transformiert werden, wenn für die Transformationsschritte Verfahren und Regeln bekannt sind, die für alle am Prozess Beteiligten zu einem abgestimmten und gemeinsamen Handeln führen.

Aus Unternehmenssicht besteht das Ziel darin, einen Prozess entsprechend der an ihn gestellten Kosten-, Zeit- und Qualitätsziele auszugestalten. Dies wird als Prozessperformance bezeichnet. Die Prozessperformance beeinflusst unmittelbar die zentralen Steuerungsgrößen Umsatz und Kosten.

- Unternehmen, die ihre vertriebs- und kundenbezogenen Prozesse nicht an ihrer Strategie und an den Anforderungen des Marktes ausrichten, verzichten auf Umsatz.
- Unternehmen, die nicht alle Möglichkeiten einer optimalen Prozessgestaltung ausschöpfen, lassen Kostensenkungspotenziale ungenutzt. Das Ziel liegt in der Schaffung einer nachhaltigen Prozessperformance: Es gilt die Prozessperformance permanent an die Anforderungen anzupassen und gezielt zu steuern.
- Unternehmen, die keine Mechanismen installieren, die dazu beitragen, die weitere Optimierung der Prozesse zu einem dauerhaften Steuerungsthema zu machen, verzichten auf nachhaltigen Erfolg.

  Prozesse zu modellieren, zu optimieren und zu managen bedeutet, sie in einem starken Maße zu standardisieren. Verträgt sich das mit der notwendigen Kunden- und Marktausrichtung, die permanente Veränderung und kundenindividuelle Lösungen erfordert?
- Prozessstandardisierung hat in operativen Prozessen die Aufgabe, eine hohe Effizienz und eine hohe Qualität zu sichern. Für einen innovativen Prozess kann Standardisierung in gleicher Weise hilfreich sein, da z. B. für alle Business Units gewährleistet wird, dass die erfolgskritischen Marktfaktoren erfasst und bewertet werden. Hierbei soll der Standard sicherstellen, dass sich das Unternehmen permanent und adäquat mit der Marktdynamik auseinandersetzt.
- Variantenvielfalt bis hin zum kundenindividuell gestalteten Produkt ist ohne extrem standardisierte Prozesse nicht mehr zu managen. Nur klar definierte Prozesse machen die Komplexität beherrschbar.

Process Performance Management hat sich viel eher mit der Unternehmensstrategie und dem Geschäftsmodell eines Unternehmens zu beschäftigen, als mit der Nutzung irgendwelcher Modellierungstools. Deshalb stellen wir den Performance-Architect-Ansatz in den Vordergrund. Eine überzeugende Strategie findet ihre Übersetzung in einem Geschäftsmodell, das Prioritäten und Anforderungen an Prozesse beschreibt. Die Transformation der relevanten Prozesse zu managen ist nur ein Teil eines erfolgreichen Process Performance Management. Die Effektivität und Effizienz der Prozesse dauerhaft und nachhaltig zu sichern, ist die Herausforderung an einen Prozesscontrolling-Ansatz.

2 Das Process Performance Management Konzept von Horváth & Partners

Das *Horváth & Partners* Process Performance Management-Konzept soll dem Anspruch gerecht werden, eine umfassende prozessorientierte Gestaltung und Steuerung von Unternehmen zu erzielen. Das Konzept berücksichtigt folgende Zielsetzung:

- **Nachhaltigkeit**
  Process Performance Management muss dauerhaft die Performance sichern. »Strohfeuereffekte« durch Prozessoptimierungsprojekte, die keine Nachhaltigkeit gewährleisten, haben ebenso wenig Process Performance Management-Charakter wie Prozessmodellierungen, die keinerlei Einfluss auf das Geschäft haben.
- **Performancesteigerung der erfolgskritischen Prozesse**
  Unternehmen müssen die Prozesse entsprechend ihrem spezifischen Geschäftsmodell gestalten und steuern. Individuelle Schwerpunkte können in den Innovations-, den Supply Chain-, den Operations-, den Market- und Customer-Relationship- sowie den Internal-Services-Prozessen liegen. Auch in den Support-Prozessen können erhebliche Potenziale »schlummern«.
- **Anwendung in verschiedenen Unternehmenssituationen**
  Unternehmen können in unterschiedlichen Situationen zur Einführung von Process Performance Management motiviert sein. Ein massiver Handlungsdruck, z. B. zur Kostensenkung, kann eine umfassende Restrukturierung notwendig machen, bevor man die Planung und Steuerung aufbaut. In anderen Unternehmen mag die inkrementelle Verbesserung im Rahmen eines aufzubauenden Planungs- und Steuerungssystems die Motivation zum Einstieg in das Process Performance Management sein.
- **Stufenweise Einführung**
  In Abhängigkeit der spezifischen Handlungserfordernisse müssen Unternehmen die Bausteine des Process Performance Management-Konzepts anwenden können. Eine Einführung des gesamten Konzepts ist in einem Zug nicht ratsam, da Process Performance Management von den Mitarbeitern des Unternehmens verinnerlicht und gelebt werden muss.

Das *Horváth & Partners Process Performance Management-Konzept* bezieht sich auf alle Prozesse eines Unternehmens. Auf einer sehr aggregierten Ebene lassen sich sechs Prozessbereiche beschreiben: der Managementprozess, der Innovationsprozess, der Supply-Chain-Prozess, der Operations-Prozess, der Market- und Customer-Relationship-Prozess und der Internal-Services-Prozess. Das *Horváth & Partners* Process Performance Management-Konzept besteht aus zwei Säulen, der Prozesstransformation und der Prozesssteuerung (vgl. Abb. 1). Prozesstransformation ist die einmalige Veränderung bzw. Neugestaltung von Prozessen. Unter Prozesssteuerung versteht man dagegen die laufende Verbesserung der Prozesse.

Process Performance Management ist eng an die Unternehmensstrategie gekoppelt. Unternehmen müssen im Rahmen der Strategie zunächst klären, welche Prozesse für

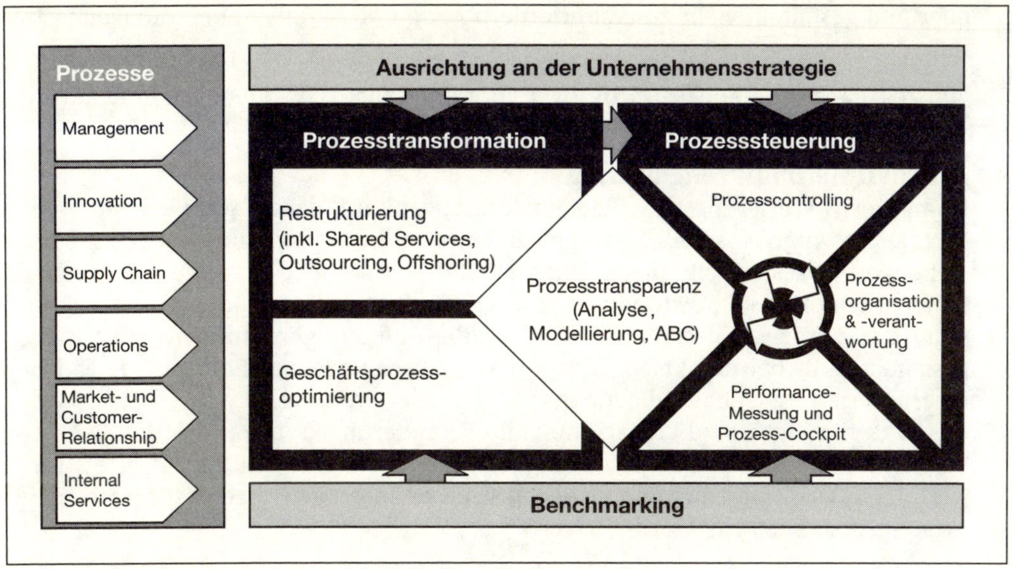

Abb. 1: Der *Horváth & Partners*-Process Performance Management-Ansatz

ihr Geschäftsmodell von besonderer Relevanz sind und wo Handlungsbedarf besteht. Aus der Strategie leiten sich die Anforderungen an die Prozesse und die Prozessperformance ab (vgl. *Currle/Schwertner* 2005, S. 30ff.).

Process Performance Management ist heute ohne ein Benchmarking nicht vorstellbar. Zielsetzung für die kritischen Prozesse muss sein, »Best in Class« zu erreichen. Auch zur laufendend Steuerung dienen zunehmend Benchmarks als Messlatte für Zielvereinbarungen und als Impulsgeber für Prozessveränderungen (vgl. *Renner* 2005, S. 70).

Das Konzept besteht aus mehreren Elementen bzw. Bausteinen:

- **Prozesstransparenz**
  Der Baustein »Prozesstransparenz« bildet sowohl die Grundlage für Transformationsprojekte wie auch für die laufende Steuerung. Er umfasst zum einen die Analyse bestehender Prozesse, zum anderen die Prozessmodellierung. Bei der Prozessanalyse wird der Ist-Prozessablauf mittels verschiedener Analyse- und Beschreibungsmethoden dargestellt. Zu den einzelnen Prozessschritten werden Informationen über Prozesskosten, -zeiten und Qualitäten erhoben sowie Schwachstellen beschrieben. Dies ist die Voraussetzung, um Prozesse zu verbessern. Neben der Analyse werden die Prozesse modelliert. Hierunter wird die Gestaltung und Beschreibung von Prozessen verstanden.

- **Prozesstransformation**
  Liegt ein massiver Handlungsbedarf vor, der große Einschnitte erfordert, wird der Ansatz der Prozesstransformation gewählt. Dabei werden die Prozesse gemäß strategischer Vorgaben oder auf Grund operativer Optimierungserfordernisse verändert

oder neu gestaltet. Nicht zuletzt erfordern Merger & Akquisitionen die Neugestaltung der Prozesse.

Die Prozesstransformation kann in zwei Formen realisiert werden: als Restrukturierung/Reengineering und als Geschäftsprozessoptimierung.

- **Restrukturierung/Reengineering**
  Durch Restrukturierung bzw. Reengineering werden Prozesse grundlegend verändert. Diese Vorgehensweise wird gewählt, wenn die Optimierung substanziell bestehender Prozesse nicht ausreichend ist. Statt vorhandene Prozesse zu überarbeiten, werden diese komplett neu konzipiert. Mitunter werden für das Unternehmen völlig neue Prozesse gestaltet und i. d. R. die Aufbauorganisation verändert. Dies geschieht z. B. bei der Erschließung neuer Geschäftsfelder. Ein anderer Fall der Restrukturierung ist das Outsourcing bestehender Prozesse.
  Restrukturierungen sind vielfach radikale Veränderungen, bei denen die Ziele top-down von der Unternehmensführung vorgegeben werden. In der Regel erstreckt sich der Einsatz auf mehrere Bereiche und weniger auf einzelne Prozesse (vgl. *Grönke* 2005, S. 89f.).

- **Geschäftsprozessoptimierung**
  Im Gegensatz zur Restrukturierung knüpft die Geschäftsprozessoptimierung an bestehende Prozesse an. Ermittelte Schwachstellen werden beseitigt bzw. der Prozess an die neuen Anforderungen angepasst. Die Vorgehensweise ist dabei weniger radikal als bei der Restrukturierung. Der bisherige Prozessablauf wird systematisch auf Schwachstellen untersucht und an Benchmarks gespiegelt. Ziel ist es, Verbesserungsmöglichkeiten zu finden. Die Vorgehensweise der Geschäftsprozessoptimierung ist teamorientiert und auf Konsens der operativ am Prozess Beteiligten ausgerichtet: Vertreter aller am Prozess beteiligten Abteilungen erarbeiten die Optimierungsmaßnahmen gemeinsam. Auf diese Weise wird nicht nur das Know-how der Mitarbeiter genutzt, sondern auch die Akzeptanz für die Veränderung bisheriger Abläufe gesteigert, da die Betroffenen aktiv an der Ideenentwicklung beteiligt sind (vgl. *Becker/Schmidt* 2005, S. 108f.).

- **Prozesssteuerung**
  Damit die optimierten Prozesse jedoch dauerhaft die geforderte Performance erzielen, muss als nächster Schritt eine Prozesssteuerung aufgebaut werden.
  Unternehmen können auch direkt durch den Aufbau einer Prozesssteuerung in das Process Performance Management einsteigen. Dieser Ansatz wird i. d. R. gewählt, wenn keine grundlegenden Veränderungen der Prozesse erforderlich sind. Unabhängig vom Einstieg in das Process Performance Management gilt: Eine nachhaltige Prozessperformance kann nur durch Einsatz der Prozesssteuerung erreicht werden.
  Ein Prozesssteuerungssystem muss alle Bausteine beinhalten, die notwendig sind, um die Prozessperformance nachhaltig zu sichern bzw. zu verbessern. Hierzu gehört die laufende Performance-Messung der Prozesse und die Bereitstellung der KPIs in einem Prozess-Cockpit. Das Prozesscontrolling ist zu institutionalisieren und der Planungs- und Steuerungsprozess der KPIs sowie die Maßnahmen zur

Zielerreichung festzulegen. In einer weiterentwickelten Organisation müssen sich Prozessverantwortliche folgenden Instrumentariums bedienen, um ihre Zielerreichung zu steuern:

- **Performance-Messung und Prozess-Cockpit**
  Die Erhebung und die Bereitstellung neuer Informationen über die Prozessperformance bilden die Grundlage für die Prozesssteuerung. Hierfür sind geeignete Kennzahlen (KPIs) zu erarbeiten. Neben finanziellen Größen, wie beispielweise Prozesskosten, sind dies vor allem nicht-finanzielle Größen mit dem Fokus auf Zeit und Qualität.
  Die Darstellung der Informationen erfolgt in Form sogenannter »Prozess-Cockpits«. Die relevanten Prozessinformationen werden empfängerspezifisch aufbereitet und in Form der Prozess-Cockpits bereitgestellt.

- **Prozesscontrolling**
  Das Prozesscontrolling baut auf der Performance-Messung auf. Hierbei werden Ziele für Prozesse vorgegeben. Die Zielerreichung wird überprüft. Treten Zielabweichungen auf, werden gegensteuernde Maßnahmen eingeleitet. Das Prozesscontrolling ist sowohl auf strategische als auch auf operative Prozessziele auszurichten.
  Prozesscontrolling beinhaltet auch die Planung der zur Prozessdurchführung benötigen Kapazitäten. Auf diese Weise wird eine Budgetierung der Prozesse ermöglicht. Analog zu den KPIs erfolgt eine periodische Produktivitätsanalyse und daraus abgeleitet mögliche Kapazitätsanpassungen.
  Ein wesentlicher Bestandteil des Prozesscontrollings ist die Steuerung von Maßnahmen zur Erreichung der Prozessziele. Solche Optimierungsmaßnahmen werden i. d. R. von den Prozess- und Bereichsverantwortlichen im Rahmen ihrer laufenden Planung und Steuerung initiiert und durchgeführt. Sie unterscheiden sich von Transformationsprojekten, die einen umfassenderen Charakter haben. Sollte sich im laufenden Controllingprozess zeigen, dass eine massive Handlungsnotwendigkeit besteht und Prozesse umfassender umgestaltet werden müssen, werden eigenständige Transformationsprojekte angestoßen.

- **Prozessorganisation und -verantwortung**
  Ein Prozess-Cockpit und ein Prozesscontrollingsystem reichen allein nicht aus, um Prozesse zu steuern. Hierzu braucht es Verantwortliche, die sich des Instrumentariums bedienen. Prozessverantwortung kann nicht losgelöst von der Strukturorganisation erfolgen. Schließlich ist das Anreizsystem der Prozess- und Bereichsverantwortlichen so anzupassen, dass es die Erreichung der Prozessziele unterstützt.

3 Anwendungsfall 1: Ergebnistransparenz schaffen durch Anwendung der Prozesskostenrechnung/ABC

Die Prozesskostenrechnung ist eine die vorhandene Kostenrechnung ergänzende Methodik zur Erfassung, Planung, Steuerung und Verrechnung kostenstellenübergreifender Prozesse. Anwendungsgebiet sind alle Unternehmensbereiche, die keine industriellen Arbeitspläne verwenden (vgl. *Mayer* 1998, S. 5). In reinen Dienstleistungsunternehmen, in Handelsunternehmen, in Banken, Versicherungen, Behörden und öffentlichen Einrichtungen ist es das generelle Verfahren, um die Kosten von Produkten und Dienstleistungen über die dazu notwendigen Prozesse zu kalkulieren bzw. Kostentransparenz in interne Prozesse zu bringen.

Dabei sind zwei Aspekte zu unterscheiden:

- Die Ermittlung der Kosten eines Prozesses durch Zuordnung der bewerteten Ressourceninanspruchnahme aller Kostenstellen, die für den Prozess Leistungen erbringen, d. h. Teilprozesse abwickeln.
- Die Weiterverrechnung der ermittelten Prozesskosten an Leistungsnehmer anderer Unternehmensbereiche (bei einem Service Center) auf ein Produkt im Rahmen der Produktkalkulation oder auf Objekte einer Ergebnisrechnung (Kunde, Produktgruppe, Marktsegment etc.) im Rahmen einer mehrstufigen Deckungsbeitragsrechnung.

Aus verschiedenen Anwendungsfeldern der Prozesskostenrechnung (vgl. Abb. 2) soll ein Beispiel zur Kundenprofitabilitätsanalyse herausgegriffen werden (vgl. *Mayer* u. a. 2005, S. 125).

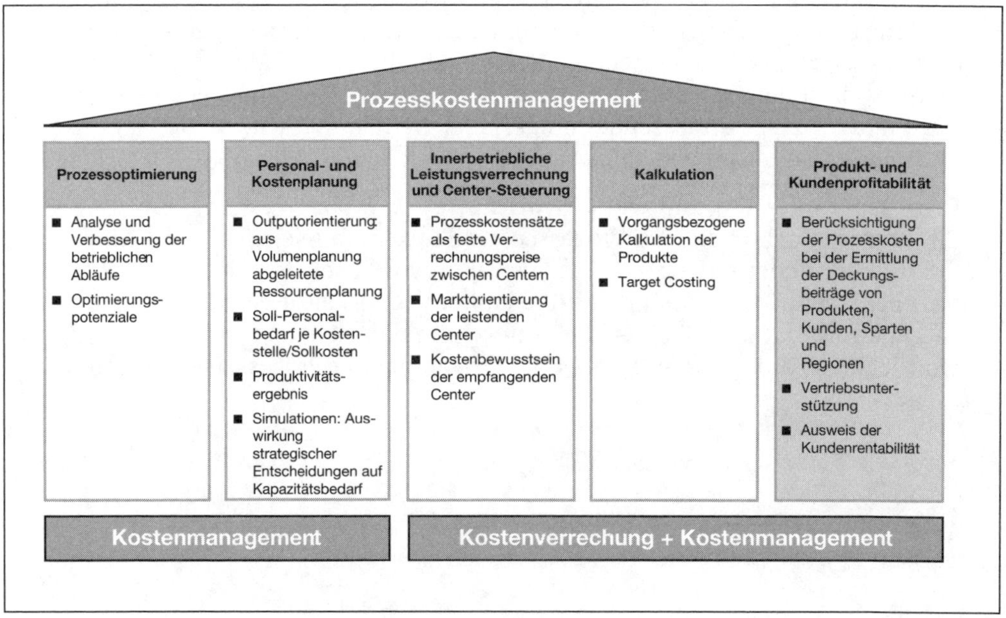

Abb. 2: Anwendungsfelder einer Prozesskostenrechnung

Für fast alle Unternehmen stellt sich die Frage, ob mit bestimmten Kunden, Kundengruppen, Marktsegmenten und Vertriebsregionen Gewinne oder Verluste erzielt werden.

Hierfür sind die jeweils in Anspruch genommenen Prozesse einzelner Kunden oder Kundengruppen zu erfassen und die entsprechenden Kosten zuzuordnen. Die Prozesskostenrechnung ist in fast jedem Unternehmen die Voraussetzung für eine Kundenergebnisrechnung.

Die Transparenz über die Produkt- und Kundenprofitabilität bildet die Grundlage für strategische und operative Entscheidungen. Strategisch ist die Auswahl von Zielkundengruppen und der dazugehörigen, oftmals individuellen Vertriebs- und Betreuungskonzepte wichtig. Es geht im Weiteren um das Produktportfolio, um

Produkt-/Servicebündel, um Vertriebswege, Vertriebspartner und Rabattstrukturen. Operativ geht es um die Planung und Steuerung von Produkten und Kunden, um Vertriebsgebiete und die Steuerung der produkt- und vertriebsverantwortlichen Manager (vgl. *Mayer/Weich* 2005, S. 142).

Die gewonnenen Informationen sind nicht nur für die unmittelbare Steigerung der Kunden- und Produktprofitabilität verwendbar, sondern für eine Vielzahl weiterer Fragestellungen. Sie können z. B. als Bewertungsmaßstab für Werbekampagnen oder als Baustein für eine Incentivierung im Vertrieb genutzt werden. Außerdem dienen sie als Grundlage für weiterführende Managementsysteme wie z. B. das Kundenwertmanagement und das Target Costing.

Ein Industrieunternehmen mit ca. 2000 Mitarbeitern im Bereich Mechatronik versteht sich als Spezialist für Komponenten im Bereich Maschinen- und Anlagenbau. Seine Kunden sind große internationale, aber auch viele kleinere Untenehmen, die Komponenten des Unternehmens in ihre Maschinen und Anlagen einbauen. Im Zuge der Überarbeitung der Produkt- und Vertriebsstrategie soll eine Kundenergebnisrechnung neue Impulse geben.

Hierfür wurde für die ca. 2000 Kunden eine Kundendeckungsbeitragsrechnung erstellt. Dabei ging man von der vorhandenen Deckungsbeitragsrechnung aus, die für jeden Auftrag die Deckungsbeiträge nach vollen Herstellkosten ausweist. Auf dieser Ebene sind allerdings alle Aufträge und somit auch alle Kunden, Geschäftsbereiche und Regionen mit positivem Deckungsbeitrag ausgewiesen.

Dabei sind die ca. 30 % Marketing und Vertriebskosten nicht eingeflossen. In einer erweiterten Deckungsbeitragrechnung auf Basis der Prozesskostenrechnung wurde dies korrigiert bzw. ergänzt (vgl. *Mayer* 2004, S. 240ff.):

- Vom Deckungsbeitrag eines Auftrags wurden zunächst die dem Auftrag zuordenbaren Kosten der Abwicklungsprozesse in Abzug gebracht. Hierbei handelt es sich um technische und kaufmännische Auftragsklärung, Änderungsmanagement, Auftragsabwicklung und Versand. Schon hierbei wurde eine große Streuung des Aufwands festgestellt.
- Um den Kundendeckungsbeitrag zu ermitteln, sind die Deckungsbeiträge aller Aufträge eines Kunden zu addieren und alle weiteren Vertriebs- und Betreuungsaktivitäten des Kunden in Abzug zu bringen. Hierbei handelt es sich z. B. um Prozesse wie Kundenbesuche, technische Betreuung durch Vertriebsingenieure, Angebote, Reklamationen etc.

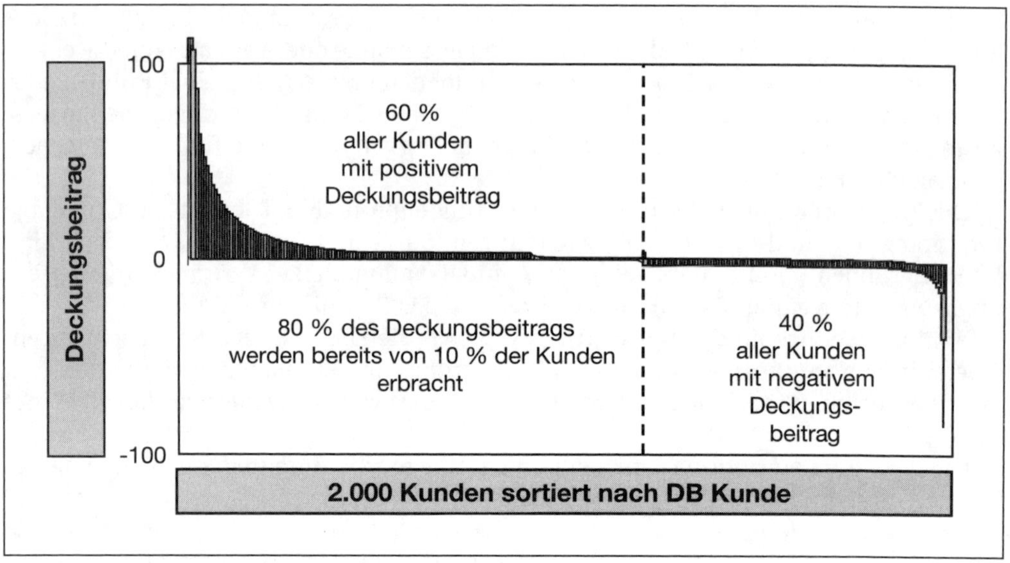

Abb. 3: Profitabilitätsanalyse nach Einzelkunden

Das Ergebnis wird in dieser Schärfe nicht erwartet (vgl. Abb. 3):

- 80 % des Deckungsbeitrags wurden bereits mit 10 % der Kunden erzielt,
- 60 % der Kunden hatten einen positiven, 40 % einen negativen Deckungsbeitrag,
- nur wenige Kunden führten zu deutlichen Verlusten,
- mit der Masse der Kunden wird jedoch kaum Deckungsbeitrag erzielt.

Es wäre zu kurz gedacht, den Kunden ausschließlich nach den in der Vergangenheit erzielten Deckungsbeiträgen zu beurteilen. Es soll daneben insbesondere auf das Kundenpotenzial und die Kundenattraktivität abgestellt werden. Die Kundenprofitabilität (Deckungsbeiträge) wird deshalb einem Kundenscore gegenübergestellt, der sich aus verschienenen Kriterien des Kundenpotenzials und der Kundenattraktivität als Punktwert ermittelt. Hieraus wurde ein Kundenportfolio aufgestellt, das Kundentypen differenziert und dafür Grundstrategien vorschlägt:

- **Star Customer**
  Star Customer haben eine hohe Profitabilität, aber auch eine hohe Attraktivität für weiteres zukünftiges Geschäft. Hier soll versucht werden, Partnerschaften auszubauen, sowohl auf der Entwicklungs- als auch auf der Abwicklungsseite. Ein Beispiel hierfür ist die Übernahme der kompletten Ersatzteilversorgung und Belieferung innerhalb von 24 Stunden für den Endkunden des Kunden im Rahmen eines Supply Chain Management Konzepts. Der Kunde muss immer wieder mit technischen Neuentwicklungen und besonderer Flexibilität in der Abwicklung begeistert werden.

- **Cash Customer**
  Der hohen aktuellen Profitabilität des Cash Customer steht wenig weiteres Potenzial gegenüber. Der Kunde kommt vielleicht aus einer wenig attraktiven Branche und steht wirtschaftlich nicht besonders gut da. Dennoch muss die Kundenbeziehung solange als möglich aufrechterhalten werden, ohne zuviel Aufwand zu betreiben. Ein optimiertes Betreuungskonzept stellt sicher, dass der Kunde nicht vernachlässigt wird, ihm jedoch nur Standardneuerungen vorgestellt werden.

- **Question Customer**
  Question Customer haben zwar aktuell eine geringe Profitabilität. Einige dieser Kunden sind mit negativem Deckungsbeitrag ausgewiesen. Dennoch haben sie ein hohes Potenzial bzw. eine hohe Attraktivität für zukünftiges Geschäft. Oft rührt ein negativer Deckungsbeitrag daher, dass ein Neukunde mit relativ großem Aufwand gewonnen werden musste. Solche Kunden dürfen aber nicht auf die Dauer unprofitabel bleiben, sondern müssen über klare Zielvereinbarungen mit dem Vertrieb und einem begrenzten Investment kurzfristig profitabel werden.

- **Poor Customer**
  Hier sind sowohl die Deckungsbeiträge negativ, als auch der Kunden-Score gering. Somit sind einschneidende Maßnahmen notwendig. Priorität sollte dabei sein, die Kunden möglichst zu halten und profitabel zu machen. Dies kann man über Preiserhöhungen erreichen, insbesondere wenn aufwendige Sonderleistungen nicht mehr kostenfrei erbracht werden und der Kunde in ein verändertes Betreuungskonzept überführt wird. In diesem Fall wurden Änderungskonstruktionen mit dem vollen Aufwand angeboten und keine logistischen Sonderabwicklungen mehr akzeptiert und der Kunde nur noch telefonisch betreut.

Angesichts der Tatsache, dass ca. 70 % der Kunden geringe Deckungsbeiträge erbrachten und davon wiederum mehr als die Hälfte in das Segment der »Poor Customer« fällt, war es notwendig ein komplett anderes Geschäftsmodell für Kleinkunden aufzubauen, das in Summe positive Wertbeiträge generiert.

Mit der Übergabe von Kleinkunden an einen Großhändler konnte ein solches neues Geschäftsmodell generiert werden. Der Großhändler hat grundsätzlich andere Prozesse und Abwicklungssysteme, sodass er auch solche Kunden noch profitabel betreuen kann, die bei Direktbetreuung durch das Industrieunternehmen negative Ergebnisse erbringen würden. Außerdem hatte er zu einer Vielzahl dieser Kunden bereits Geschäftsbeziehungen über andere Produkte, so dass eine ideale Ergänzung möglich war.

Mit dem Großhändler konnte eine vertragliche Exklusivitätsvereinbarung erzielt werden, keine Wettbewerbsprodukte zu vertreiben und im Gegenzug alle Kleinkunden zu übernehmen. Über eine unfangreiche und intensive Kundeninformation konnte erreicht werden, dass über 90 % der Kunden gehalten werden konnten. Die Abwicklung mit dem Großhändler wurde im Rahmen eines Supply Chain Management Systems optimiert. Jederzeitige Information über Abverkäufe und Bestände beim Großhändler ermöglichte eine optimale Disposition, umrüstminimale Produktionsprozesse und niedrige Bestände.

Nach ca. einem Jahr der Umstellung des Geschäftsmodells konnte mit der Abwicklung des Geschäfts über den Großhändler ein positiver Deckungsbeitrag unter Berücksichtung aller Kosten erzielt werden.

Insgesamt hat das differenzierte Vorgehen gemäß dem Kundenportfolio dazu beigetragen, das Ergebnis zu verdoppeln. Die Fokussierung auf profitable und zukünftig attraktive Kunden hat darüber hinaus auch wichtige Anregungen für die strategische Weiterentwicklung gemäß der eingangs gestellten Fragen der technischen, vertriebsseitigen und regionalen Positionierung gegeben.

4 Anwendungsfall 2: Prozesscockpit und Prozesscontrolling aufbauen

Die Performance der Prozesse dauerhaft zu sichern ist die Herausforderung an einen Prozesscontrolling-Ansatz (vgl. *Brenner/Mayer* 2005, S. 260 ff.). Planung und Steuerung kann nur auf Basis eines akzeptierten Informationssystems erfolgreich durchgeführt werden, das wir Prozesscockpit nennen wollen.

Durch ein Prozesscockpit wird das Reporting der Prozessperformance umgesetzt. Dabei wird für alle steuerungsrelevanten Größen eines Prozesses ein Plan/Ist-Vergleich durchgeführt (vgl. Abb. 4). Für den Empfänger, i. d. R. der Prozessverantwortliche, werden prozessbezogene Informationen über den Status der Zielerreichung der strategischen und operativen Prozessziele bereitgestellt, ebenso wie Informationen über prozessbezogene Kapazitäten und Prozesskosten. Für die Prozesskosten und -kapazitäten wird neben der Abbildung der Planwerte für die Planperiode, i. d. R. das Geschäftsjahr, der kumulierte Planwert zum Berichtszeitpunkt dargestellt. Zusätzlich erfolgt die Ermittlung der Sollwerte zum Berichtszeitpunkt. Den Ist-Mengen und Ist-Kosten werden die aus den Ist-Mengen resultierenden Soll-Kosten gegenübergestellt, um die Produktivität beurteilen zu können.

Ferner werden die zum Erreichen der Prozessziele definierten Maßnahmen und die damit verbundenen Projektkosten abgebildet. Unterjährig initiierte Maßnahmen zur Prozessoptimierung sowie Anpassungen bei den Zielwerten sind in das Prozesscockpit aufzunehmen.

Für die Entwicklung der IT-Architektur eines Prozesscockpits sind vor dem eigentlichen Entwurf eine Reihe von Rahmenbedingungen zu klären:

- der Durchdringungsgrad und die Verfügbarkeit von operativen Vorsystemen zur Datenanlieferung;
- die Verfügbarkeit eines Systems zur Prozesskostenrechnung für die Bereitstellung der finanziellen Kennzahlen im Prozesscockpit;
- die IT-Strategie für betriebswirtschaftliche Anwendungen;
- die Existenz und der Reifegrad eines Data Warehouse als ein zentraler Bestandteil einer integrierten Lösung;
- die Verfügbarkeit von Softwareprodukten zum Aufbau eines Prozesscockpits;
- das vorhandene technische Know-how und die vorhandenen Ressourcen.

Prozess Kunden betreuen (Report für Juni 2005)

Strategische Prozessziele	Indikatoren / Messgröße	Ist-Wert	Ziel 2005	Ziel 2006	Maßnahmen/ Projekte
Vertragslaufzeit verlängern	Anzahl Jahre	3 Jahre	3,5 Jahre	3,8 Jahre	
...	...	...	...	...	

Operative Prozessziele	Indikatoren / Messgröße	Vorjahr	Ziel	Ziel 2005			Maßnahmen/ Projekte
				Jan	Feb	...	
Kundenanfragen verbessern	Antwort innerhalb Von 2 Tagen	30%	50%	38%	41%	...	
...	...	...	...	...	...	...	

	Menge (Anzahl Kunden)	Effizienz (Prozesskosten)	Kapazität (MJ)	Kosten	Projektkosten
Plan (Jahr)	800.000	0,5€/Monat	90	4.800.000 €	0,85 Mio. €
Plan (Juni kum.)	800.000	0,5€/Monat	90	2.400.000 €	0,4 Mio. €
IST (Juni kum.)	600.000	0,72 €	90	2.600.000 €	0,5 Mio. €
SOLL (Juni kum.)		0,5 €	67,5	1.800.000 €	0,4 Mio. €

Abb. 4: Das Prozesscockpit für den Prozess »Kunden betreuen« einer Versicherung

- **Varianten beim Aufbau einer IT-Architektur**
  Für die Einführung eines IT-Systems zur Unterstützung des Prozesscontrollings gibt es keinen »Königsweg«. Insbesondere die Architektur und der damit verbundene Integrationsgrad eines Prozesscockpits sind die wesentlichen Unterscheidungsmerkmale solcher Anwendungen. Grundsätzlich lassen sich hierbei drei Architekturvarianten unterscheiden (vgl. *Heinzelmann/Paulus* 2005, S. 184–186):

- **Integrierte Plattform basierend auf einem Data Warehouse**
  Bei der integrierten Plattform gibt es kein separates Modul, das explizit die Rechenlogik für das Prozesscontrolling abbildet. Vielmehr wird diese Rechenlogik in die bestehende IT-Lösung integriert. Grundsätzlich ist die Nachbildung dieser Logiken möglich, häufig wird der aus dem Wegfall von Schnittstellen resultierende Vorteil durch die Nachbildung bzw. Programmierung der speziellen Rechenlogik für das Prozesscontrolling ausgeglichen.

- **Speziallösung ohne Integration**
  Bei dieser Variante wird eine Software eingesetzt, die speziell für die Belange einer Lösung zur Messung und Darstellung des Prozesscontrollings entwickelt wurde. Speziallösungen für das Prozesscontrolling haben zum Ziel, in einem einzigen Tool

die Darstellung der Prozesscockpits selbst sowie sämtlicher zur Datengenerierung benötigter Komponenten zu integrieren. Diese Tools sind i. d. R. dafür konzipiert, unabhängig vom bestehenden Berichtssystem des Unternehmens angewendet zu werden. Auf diese Weise wird ein vom sonstigen Berichtssystem des Unternehmens unabhängiges Reporting über die Prozessperformance ermöglicht. Ein Beispiel für diese Art von Tools ist »ARIS PPM« der *IDS Scheer AG*, das *Horváth & Partners* in solchen Projekten einsetzt.
Die Tools werden mit den Basissystemen verbunden. In periodischen Abständen werden die in den Basissystemen vorhandenen Belege von einzelnen Transaktionen extrahiert. Durch diese Tools können die für die Prozesssteuerung benötigten Cockpits automatisiert bereitgestellt werden. Neben der Ermittlung von übergeordneten Kennzahlen, welche den Durchschnitt einer Kennzahl über alle Prozessabläufe abbilden, kann auch direkt auf die aus dem Basissystem ausgelesenen Einzeltransaktionen zugegriffen werden. Dadurch wird es möglich, einzelne Geschäftsvorfälle zu analysieren. Hierzu bieten die Tools die Möglichkeit, die systemtechnisch durchgeführten Prozesse zu visualisieren.

- **Speziallösung mit Integration in ein Data Warehouse**
  Für den Aufbau einer konsistenten Berichterstattung für das Prozesscontrolling sind gewisse Integrationsmaßnahmen unerlässlich. Nach zunehmendem Integrationsgrad können folgende Stufen unterschieden werden:
  - Die Versorgung eines zentralen Data Warehouse mit den Kennzahlenwerten aus der Speziallösung. Anschließend werden diese Werte in einem unternehmensweiten Management-Cockpit dargestellt;
  - Die Synchronisation der Stammdaten mit einem Data Warehouse;
  - Die Versorgung der Speziallösung ausschließlich mit Daten aus dem Data Warehouse (d. h. auch die Bewegungsdaten).

Der Vorteil einer Integration auf allen drei Ebenen liegt in einer durchgängigen Verwendung der Kennzahlen und Daten. Der Aufwand für diese Integration ist allerdings nicht zu unterschätzen.

Ein Telekommunikationsunternehmen will die Effizienz und damit die Kostensituation in den indirekten Bereichen deutlich verbessern. Durch eine Bündelung des Rechnungswesens konnte bereits ein Effizienzsprung erzielt werden. Zur Realisierung weiterer Potenziale ist jedoch ein permanentes Monitoring der Prozesse im Hinblick auf Kosten, Zeit und Qualität notwendig.

Vor diesem Hintergrund hat sich der Finanzvorstand des Unternehmens entschieden, ARIS-PPM für zunächst sechs abteilungsübergreifende Prozesse des externen Rechnungswesens einzuführen. Kernziel des Einsatzes von ARIS-PPM war neben den bereits dargestellten Herausforderungen die Ablaufoptimierung und Qualitätsverbesserung der Prozesse des externen Rechnungswesens. Durch die Vermeidung von Schleifen und Doppelarbeiten im Prozessablauf wird ein wesentlicher Beitrag zur Verbesserung der Prozesseffizienz erwartet. Für die sechs ausgewählten Prozesse, beispielsweise den Prozess der kaufmännischen Abwicklung von investiven Projekten, wurden die bereits vorhandenen Soll-Prozess-Modelle überarbeitet. Insbesondere wurde die End-to-end-Sicht der Prozesse realisiert, so dass nicht nur der Teilprozess des Buchhaltungsberei-

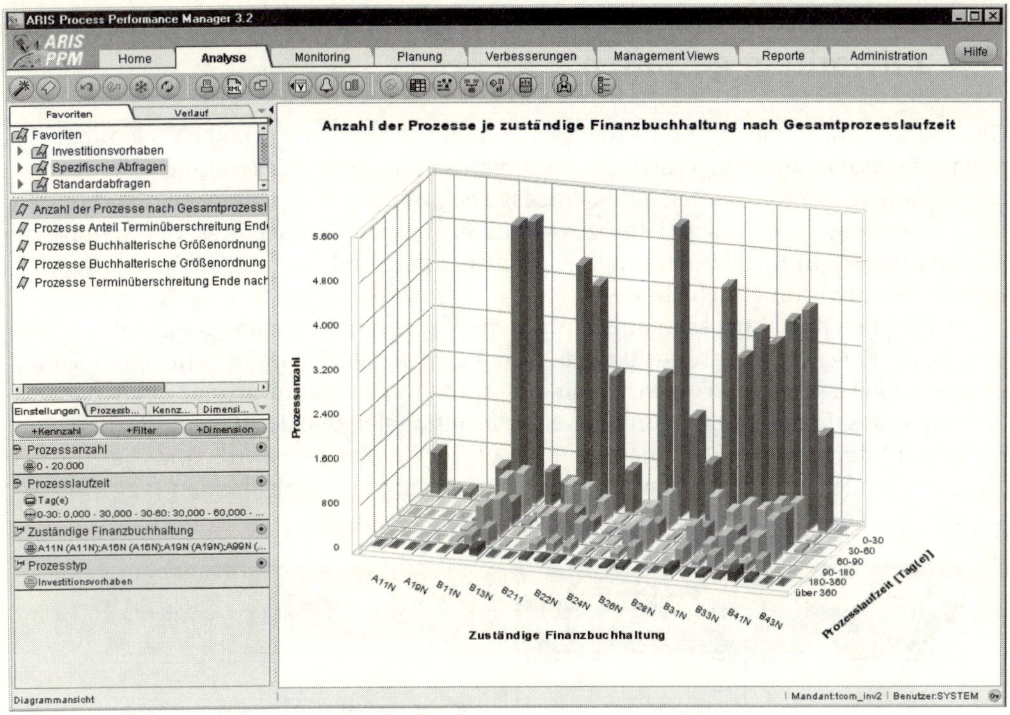

Abb. 5: Beispiel eines Prozesscockpits für Finanzbuchhaltungsprozesse

ches sichtbar blieb, sondern auch die Teilprozesse der technischen Bereiche und des Einkaufs mit ihren Schnittstellen einbezogen wurden.

Abbildung 5 zeigt, welche Finanzbuchhaltungseinheit die hier zugeordneten Aufgaben mit welcher durchschnittlichen Prozesslaufzeit abschließen konnte. Dabei geht es um die Analyse der Arbeitsbelastung auch in Zusammenarbeit mit den Schnittstellenpartnern. Ausgehend von einem Standardbericht ist ein Drill-down bis hin zu einer einzelnen Prozessdurchführung möglich. Dabei kann beispielsweise im Detail überprüft werden, bei welchen Prozessschritten wie viel Zeit verstrichen ist.

Eine managementgerechte Aufbereitung der Ergebnisse wird über die entsprechende Verknüpfung zu Reports bzw. zum existierenden Intranet-Managementberichtswesen erreicht.

5 Anwendungsfall 3: Prozessorganisation und Prozessverantwortung gestalten

Ohne klare Verantwortliche für Prozesse werden Prozess Performance Ziele nicht systematisch verfolgt und umgesetzt. Prozessorganisation und Prozessverantwortung muss somit elementarer Bestandteil eines Process Performance Management-Konzepts sein. Die Umsetzung vieler Geschäftsprozessoptimierungsprojekte scheitert daran, dass die Teammitglieder in ihre Linienfunktion zurückkehren und keine organisierte Gesamtprozessverantwortung mehr besteht.

Wie können nun Prozessorganisation und Prozessverantwortung realisiert werden? Mit dieser Frage ist die grundsätzliche aufbauorganisatorische Struktur eines Unternehmens angesprochen. Folgen wir in der Aufbauorganisation primär einer prozessorientierten Aufgabenintegration oder einer funktionalen Spezialisierung? Neben einer reinen funktionalen Struktur, die hier nicht weiter thematisiert wird, sind drei Formen einer mehr oder weniger starken Prozessfokussierung zu unterscheiden (vgl. Abb. 6).

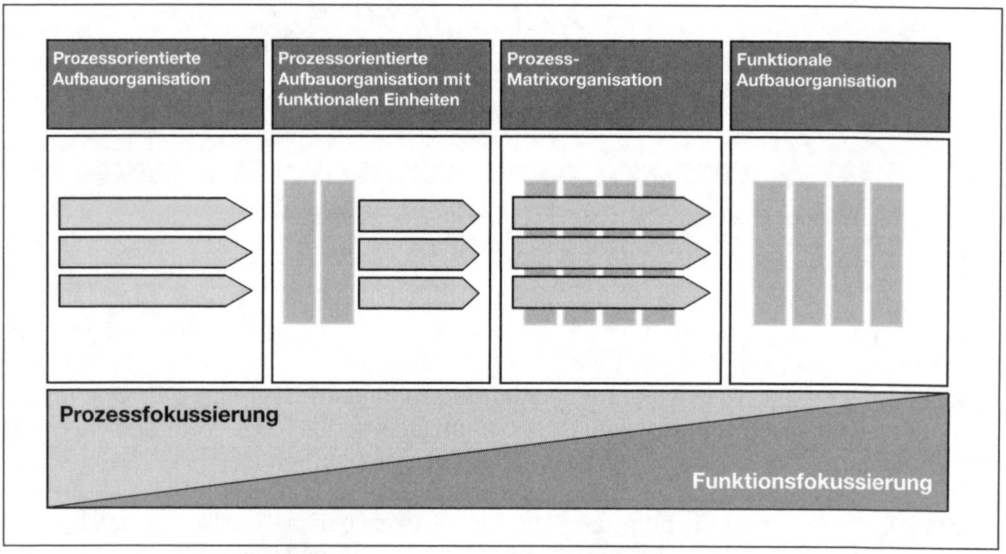

Abb. 6: Typen der Prozessorganisation

- Eine prozessorientierte Aufbauorganisation verlangt eine Aufteilung aller Funktionseinheiten auf marktausgerichtete Einheiten im Sinne einer Divisionalisierung.
- Eine prozessorientierte Aufbauorganisation mit funktionalen Einheiten ist abgeschwächt. Funktionale Spezialisierungsvorteile sollen erhalten bleiben. Funktionale Einheiten sind »Lieferanten« bzw. »Dienstleister«.
- Eine Prozess-Matrixorganisation sieht prozessverantwortliche Einheiten parallel zu einer funktionalen Struktur vor.

- Eine vollständig prozessorientierte Aufbauorganisation liegt dann vor, wenn alle für einen Kunden/ein Marktsegment notwendigen Prozesse und Prozessschritte bei jeweils einem Verantwortlichen liegen und die entsprechenden Ressourcen auch organisatorisch klar zugeordnet sind.

Eine komplett prozessorientierte Aufbauorganisation wird in den meisten Fällen nicht wirtschaftlich sein. Den Vorteilen aus der Prozessintegration stehen nämlich fast immer Aspekte der Spezialisierung, der Effizienz und der Auslastung gegenüber. Auch im Falle einer prozessorientierten Umstrukturierung der Aufbauorganisation wird diese Reorganisation in den überwiegenden Fällen nur für bestimmte Prozesse oder Prozessabschnitte erfolgen. Bestimmte Aufgaben werden aus den o. g. Gründen nicht integriert, sondern zentral gebündelt. Es handelt sich folglich um eine prozessorientierte Aufbauorganisation mit funktionalen Einheiten.

Den Trend zur Dezentralisierung der 80er Jahre folgte in den 90er Jahren eine Gegenbewegung. Viele Unternehmen suchten nach einer Re-Zentralisierung ihrer Servicebereiche, ohne jedoch den aus der Dezentralisierung gewonnenen Nutzen wieder aufgeben zu wollen. Die Herausforderung bestand also darin, Standardisierungs-, Bündelungs- und Skaleneffekte auf der einen Seite mit den Vorteilen der Flexibilität und Anpassungsfähigkeit auf der anderen Seite zu verbinden.

Im Bestreben, diese scheinbar konfliktären Zielsetzungen in einer Organisationsform zu vereinen, wurde das Konzept der Corporate und Shared Service Center entwickelt. Corporate und Shared Service Center sind Organisationsformen, deren Zielsetzung es ist, bestimmte Leistungen im Unternehmen, die für verschiedene Unternehmensbereiche erbracht werden müssen, in zentralen Organisationseinheiten – den Corporate und Shared Service Centern – zusammenzufassen (vgl. *Grönke* u. a. 2005, S. 280 ff.).

Eine »marktwirtschaftliche« Verankerung des Shared Service Centers soll in der Organisation die Effizienz der Einheit und die Qualität der zur Verfügung gestellten Leistungen sicherstellen. Das Service Center muss dem Vergleich mit entsprechenden externen Anbietern standhalten und die intern vereinbarten Service Level Agreements sollten sich am Preis- und Leistungsniveau externer Anbieter orientieren.

Ein alternatives Konzept zur Organisation von Prozessverankerung stellt die Prozess-Matrixorganisation dar. In einer Prozess-Matrixorganisation stehen sich die Bereichsmanager mit der Funktionsbereichsverantwortung und die Prozessmanager mit der Verantwortung für die Geschäftsprozesse gegenüber. In der Prozess-Matrixorganisation will man die Vorteile eines kundenorientiert ausgerichteten Prozesses mit denen einer funktionalen Spezialisierung verbinden. Diesen jeweiligen Vorteilen stehen verschiedene Nachteile gegenüber: hohe Anforderungen an das Schnittstellenmanagement und die Mitarbeiter, Diskussionen, die bis hin zum Selbstzweck geführt werden sowie die Komplexität in der Steuerung dieser Organisationsform.

Voraussetzungen für eine erfolgreiche Prozess-Matrixorganisation sind:

- **Hohe Ziele und Kompetenzen**
  In der Prozess-Matrixorganisation verantworten die Bereichsmanager die Ressourcen. Sie tragen dabei die Verantwortung für das Erreichen der Bereichsziele und -budgets, als Gegengewicht müssen die Bereichsmanager über klar definierte Teil-

ziele bei der Optimierung bereichsübergreifender Prozesse verfügen. Auf diese Weise leisten sie neben der bereichsinternen Optimierung ihren Beitrag zur bereichsübergreifenden Prozessoptimierung.
Die Prozessmanager hingegen haben vor allem eine Transparenzfunktion. Sie schaffen Transparenz über die von ihnen verantworteten Prozesse, sie leiten Prozessoptimierungsteams und koordinieren bereichsübergreifend die Maßnahmenrealisierung. Beim Erreichen seiner Prozess-Performance-Ziele kann der Prozessmanager nicht auf die Mitwirkung der Bereichsmanager verzichten, da er zwar oft über ein Projektbudget für die Umsetzung von Prozessoptimierungsprojekten verfügt, aber kein disziplinarisches Weisungsrecht in Bezug auf die im Prozess tätigen Mitarbeiter hat.

- **Hierarchisches Backing**
  Das Ungleichgewicht in der Verantwortung und den Aufgaben zwischen Bereichs- und Prozessmanager kann nur durch eine angemessene hierarchische Unterstützung abgefedert werden. Der Prozessmanager braucht einen Paten bzw. einen Sponsor auf einer höheren Managementebene als die der Bereichsleiter, in deren Prozesse er hineinwirkt. Ziel ist nicht ein permanentes Eskalieren von Konflikten auf höherer Ebene, sondern dass durch die Positionierung des Prozessmanagers und der Projekte in der Hierarchie und die Kenntnis des Eskalationsweges eine Zusammenarbeit zwischen Bereichsmanager und Prozessmanager »auf gleicher Augenhöhe« möglich wird.

- **Prozesszielorientierte Incentive-Struktur**
  Das über die oben beschriebene hierarchische Positionierung des Prozessmanagers hergestellte Gleichgewicht zwischen Prozess- und Bereichsverantwortung muss unterstützt werden durch eine geeignete Incentive-Struktur. Der Bereichsmanager wird sich nur dann in seinem täglichen Handeln für die Optimierung übergreifender Prozesse einsetzen, wenn dies Teil seines Zielsystems ist. Neben dem Gesamtunternehmensziel und den Bereichszielen müssen signifikante Anteile des variablen Gehalts an das Erreichen übergreifender Prozessziele gekoppelt sein.

Auch wenn die Steuerung der Prozess-Matrixorganisation komplex ist und hohe Anforderungen an die gesamte Organisation stellt, ist diese Organisationsform aus der Praxis nicht mehr wegzudenken.

Ein wesentlicher Erfolgsfaktor in der Prozess-Matrixorganisation ist die Leistung des Prozessmanagers. Die fachlichen und organisatorischen Voraussetzungen, die in diesem Zusammenhang erfüllt sein müssen, werden am folgenden Praxisbeispiel illustriert.

Ein Versicherungsunternehmen wollte den Kundenbetreuungsprozess optimieren. Der Grund dafür war, dass zu viele Altkunden die Vertrage kündigten und die Cross-Selling-Quote im Vergleich zu den Wettbewerbern zu gering war. Aufgabe war es, das Zusammenspiel zwischen dem Außendienst und einem Service Center bzw. der Fachabteilung neu zu definieren, die Prozesse aufzusetzen und deren dauerhafte Performance sicherzustellen.

Die Neukonzeption des Kundenbetreuungsprozesses wurde im Rahmen eines Prozessoptimierungsprojekts realisiert. Der Leiter des Prozessoptimierungsteams war ein

Bezirksleiter der Außendienstorganisation. Die Teammitglieder kamen aus allen von der Kundenbetreuung berührten Bereichen: angestellter und freier Außendienst, Makler, Marketing, Fachabteilungen, Service Center, Schadenabteilung und Inkasso.

Das Ergebnis der Arbeit war ein komplett neu aufgesetzter Kundenbetreuungsprozess mit neuen Zuständigkeiten und einem neuen Service Center-Konzept. Das Service Center sollte eine aktivere Rolle einnehmen, was Konsequenzen auf das Tätigkeitsspektrum, die Qualifikation und die Systemzugriffe der Mitarbeiter hatte.

Klar war, dass dieses neue Konzept der Kundenbetreuung, das die Einbindung vieler Unternehmensbereiche erforderte, nur erfolgreich gelingen konnte, wenn ein erfahrener Prozessmanager sich vollständig um die Realisierung kümmerte. Hierzu wurde der Leiter des Prozessoptimierungsteams bestellt, ein Bezirksleiter der Außendienstorganisation, ein gelernter Versicherungskaufmann, der früher in der Fachabteilung tätig war, dann im Außendienst viele Jahre »an der Kundenfront« gearbeitet hatte und sowohl die Organisation als auch die Kundenprobleme sehr gut kannte. Als Leiter des Prozessoptimierungsteams hatte er auch drei Monate lang den Prozess im Detail kennen gelernt und die Optimierungsmaßnahmen mit erarbeitet.

Die Aufgabe war so herausfordernd, dass sie nicht neben einer anderen Tätigkeit ausgeübt werden konnte. Außerdem ist die »organisatorische Unabhängigkeit« wichtig für die Akzeptanz bei den verschiedenen Abteilungen mit unterschiedlichen Bereichsinteressen. Um dem Leiter des Prozessoptimierungsteams ein organisatorisches »Rückgrat« zu geben, wurde er direkt dem Vertriebsvorstand zugeordnet, so dass er auch ohne Abteilungs- und Personalverantwortung mit den entsprechenden Kompetenzen und Einflussmöglichkeiten ausgestattet war, um diese Umgestaltung zu managen. Zusätzlich übernahm er für eine Übergangszeit die Leitung des Service Centers, um diesen Bereich neu zu positionieren und die Prozesse in Gang zu setzen.

Dem Prozessmanager wurde die Verantwortung für alle Maßnahmenbudgets übertragen, die sich aus dem Optimierungsprojekt abgeleitet hatten (IT, Kommunikationstechnik, Qualifizierung etc.). Des Weiteren übernahm er den Aufbau eines »Process-Performance-Monitoring-System«, das auch die Messung und das Reporting von Teilzielen je Abteilung beinhaltete. Sein variabler Gehaltsanteil wurde an die Prozess-Performance gekoppelt, d. h. an Zielsetzungen, die am Output des Prozesses gemessen wurden, wie z. B. die Cross-Selling-Quote oder die Kundenbindung.

Seine Arbeit konnte nur in der unmittelbaren Zusammenarbeit mit dem Außendienst und den Fachabteilungen gelingen. Hierzu nahm er regelmäßig zu bestimmten Tagesordnungspunkten an Abteilungssitzungen der betroffenen Bereiche teil, besprach die Abteilung betreffende Prozesskennzahlen und die sich daraus ergebenden Maßnahmen und berichtete den Fortschritt dem Vorstand.

Das Konzept hat sich soweit bewährt, dass die zunächst für eine Übergangszeit definierte Aufgabe nun zu einer dauerhaften Organisationsform wurde.

6 Fazit

Trotz hoher Ergebnispotenziale eines Process Performance Management-Konzepts, gilt es Augenmaß zu bewahren und sich zu konzentrieren: Welches sind die erfolgskritischen Prozesse, bei denen ein Unternehmen besonders kreativ, schnell und flexibel sein muss. Und wo ist höchste Effizienz oberstes Gebot? Process Performance Management ist somit immer Teil der Strategieumsetzung und geht ohne klare Strategieformulierung ins Leere.

Die Zielsetzung an die Prozessperformance gibt meist der Markt vor: Wie schnell, wie gut und effizient sind Wettbewerber oder Vergleichsunternehmen. Prozessbenchmarking dient aber nicht nur der Zielfindung, sondern gibt vielfältige Anregungen zur Prozessgestaltung. Die Optionen zur Neu- oder Umgestaltung von Prozessen (Prozesstransformation) reichen von der Geschäftsprozessoptimierung bis zur radikalen Reorganisation, die mit Zentralisierung und Outsourcing einhergehen kann. Die IT (insbesondere das e-Business) ist heute wesentlicher Enabler neuer Organisationskonzepte. Dabei ist die IT selbst wiederum Gegenstand von Reorganisation und Outsourcingprojekten. Auf die dargestellten Erfolgsfaktoren solcher Transformationsprojekte ist besonderes Augenmerk zu legen!

Nachhaltige Prozessperformance wird allein durch die Umsetzung einer Best-Practice-Prozess-Architektur noch nicht erzielt. Dazu bedarf es eines Steuerungssystems (Process Performance Management System). Für die erfolgskritischen Prozesse sind die aus Markt- oder Kundenanforderungen bzw. Benchmarks abgeleiteten Prozessziele mit der tatsächlichen Performance zu vergleichen und die Ergebnisse sind zu monitoren. Ein Monitoring allein zeigt noch keinen Steuerungseffekt. Dazu bedarf es eines klaren Planungs- und Steuerungskonzepts, definierter Prozessverantwortung (und Prozessverantwortliche) und einer Anbindung an das Incentivesystem. Prozessverantwortung muss sich auch in aufbauorganisatorischen Konsequenzen niederschlagen. Hierfür zeichnen sich die beschriebenen Lösungen ab.

Process Performance Management setzt Prozesstransparenz voraus. Dies heißt nicht, dass alle Prozesse eines Unternehmens (im Detail) zu modellieren sind. Auch die Prozesskostenrechnung ist kein Selbstzweck und sollte für die dargestellten Anwendungen dann eingesetzt werden, wenn eine deutlich positive Aufwand/Nutzen-Relation gegeben ist.

Für alle Prozessbereiche stellt sich heute die Frage, welche (Teil-)Prozesse in Eigenregie und welche durch Partner durchgeführt werden sollen. Als erfolgskritisch hat sich dabei erwiesen, genügend Steuerungskompetenz zu behalten, die Schnittstellen klar zu definieren, das Performancelevel und die Konditionen zu spezifizieren und die vereinbarten Performancegrößen tatsächlich messen zu können.

Process Performance Management, in dem von uns verstandenen Sinn, ist kein eigenständiges, isoliert aufzubauendes Managementsystem, sondern die dargestellten Elemente sollen in einem verstärkt prozessorientiert ausgerichtetem Planungs-, Steuerungs- und Managementkonzept Eingang finden.

Literatur

Horváth & Partners (Hrsg., 2005), Prozessmanagement umsetzen, Stuttgart 2005

Mayer, R./Weich, M. (2005), Steuerung der Kunden- und Produktprofitabilität, in: *Horváth & Partners* (Hrsg.), Prozessmanagement umsetzen, Stuttgart 2005, S. 141–158

Horváth, P./Mayer, R. (1993), Prozesskostenrechnung – Konzeption und Entwicklungen, in: krp, 1993, Sonderheft 3, S. 15–28

Currle, M./Schwertner, K. (2005), Ausrichtung der Prozesse an der Unternehmensstrategie, in: *Horváth & Partners* (Hrsg.), Prozessmanagement umsetzen, Stuttgart 2005, S. 29–46

Renner, A. (2005), Potenzialermittlung durch Benchmarking, in: *Horváth & Partners* (Hrsg.), Prozessmanagement umsetzen, Stuttgart 2005, S. 69–86

Grönke, K. (2005), Prozesstransformation durch Restrukturierung, in: *Horváth & Partners* (Hrsg.), Prozessmanagement umsetzen, Stuttgart 2005, S. 87–105

Becker, R./Schmidt, H. (2005), Teamorientierte Geschäftsprozessoptimierung, in: *Horváth & Partners* (Hrsg.), Prozessmanagement umsetzen, Stuttgart 2005, S. 107–122

Mayer, R. (1998), Prozesskostenrechnung – State of the Art, in: *Horváth & Partner* (Hrsg.), Prozesskostenmanagement, 2. Auflage, München 1998, S. 249–272

Mayer, R./Coners, A./von der Hardt, G. (2005), Anwendungsfelder und Aufbau einer Prozesskostenrechnung, in: *Horváth & Partners* (Hrsg.), Prozessmanagement umsetzen, Stuttgart 2005, S. 123–140

Mayer, R. (2004), Kundenwert-Management – Erfahrungen aus drei Realisierungsbeispielen, in: *Péter Horváth* (Hrsg.), Werte schaffen – Werte managen, Bonn 2004, S. 233–249

Brenner, M./Mayer, R. (2005), Aufbau eines permanenten Prozesscontrolling, in: *Horváth & Partners* (Hrsg.), Prozessmanagement umsetzen, Stuttgart 2005, S. 139–179

Heinzelmann, M./Paulus, J. (2005), Messung der Prozessperformance durch IT-Systeme, in: *Horváth & Partners* (Hrsg.), Prozessmanagement umsetzen, Stuttgart 2005, S. 181–190

Vereinheitlichung der Finance & Accounting-Prozesse bei Henkel

Dr. Harald Köster*

* Dr. Harald Köster, Vice President, Henkel KGaA, Financial Services Branch Germany, Düsseldorf.

1 Henkel in Kürze

Henkel ist ein globaler Anbieter von Marken und Technologien. Auf fünf Kontinenten in 125 Ländern mit 50.000 Mitarbeitern entsteht Qualität weltweit. *Henkel* verfügt über Kompetenz in drei Geschäftsfeldern: Wasch-/Reinigungsmittel, Kosmetik/Körperpflege sowie Klebstoffe, Dichtstoffe und Oberflächentechnik.

Abb. 1: Geschäftsfelder und Unternehmensbereiche von *Henkel*

Bei Wasch- und Reinigungsmitteln ist *Henkel* weltweit die Nummer drei, bei Kosmetik/Körperpflege unter den Top Ten. Die Unternehmensbereiche Klebstoffe für Konsumenten und Handwerker sowie *Henkel Technologies* – diese umfassen Industrie- und Strukturklebstoffe, Dichtstoffe und die Oberflächentechnik – sind jeweils Weltmarktführer. Der Umsatz in Höhe von 10,6 Mrd. Euro und das betriebliche Ergebnis (EBIT) in Höhe von 800 Mio. Euro im Jahre 2004 verteilen sich auf die Unternehmensbereiche wie folgt:

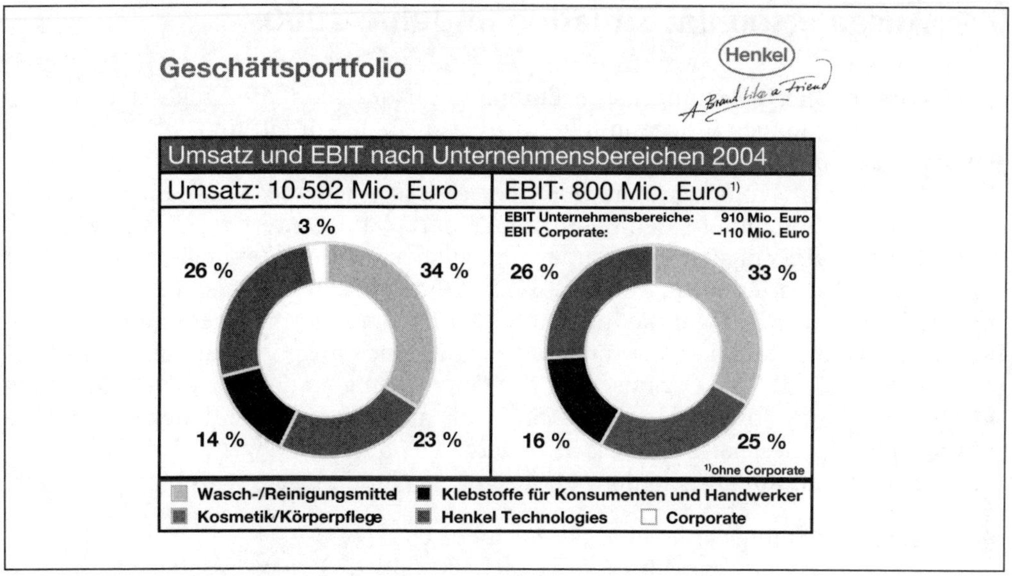

Abb. 2: Umsatz und EBIT nach Unternehmensbereichen 2004

Regionale Schwerpunkte bei der Verteilung von Umsatz und EBIT sind Europa und Nordamerika:

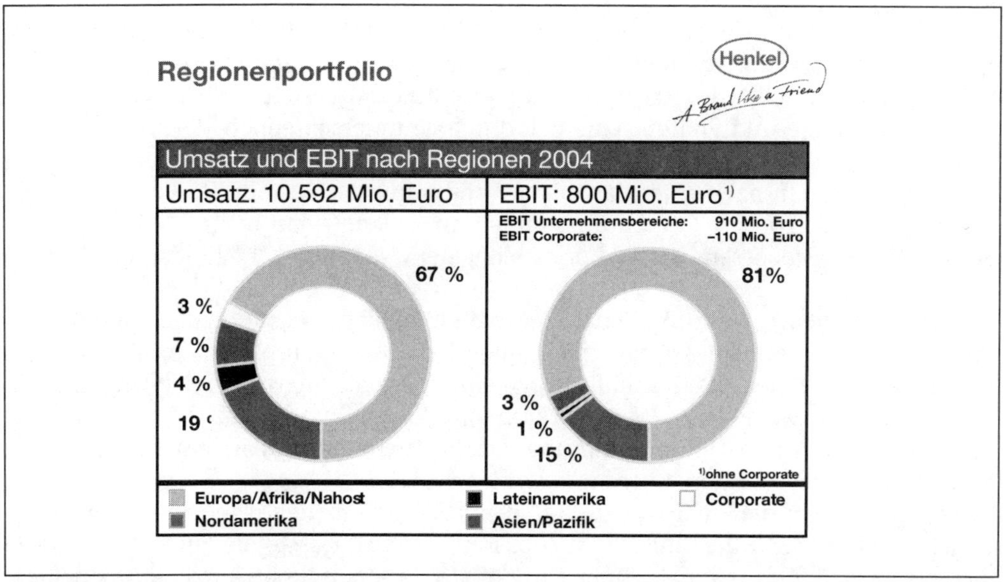

Abb. 3: Umsatz und EBIT nach Regionen 2004

2 Ausgangspunkt: Situation im Jahre 2000

Die derzeit bei *Henkel* – zunächst in Europa und Nordamerika – umgesetzte Vereinheitlichung der Finance & Accounting-Prozesse entstand vor gut fünf Jahren aus dem Befund, dass ein einheitlicher europäischer Markt – hier erwirtschaftete *Henkel* ca. 70 % des Geschäftsvolumens und der Überschüsse – entsprechende Strukturen erforderte. Die Vision lautete, den Bedürfnissen der – häufig internationalen – Kunden in der jeweils wirksamsten und schnellstmöglichen Weise zu entsprechen. Dies erforderte eine Neuorientierung der bis dahin länderweisen Organisationsstruktur in der *Henkel-Gruppe:* Ziel war die Integration der Länderorganisationen mit selbständiger Geschäfts- und funktionaler Verantwortung in eine einzige, substanziell harmonisierte und quasi nahtlose Organisation. Die Orientierung an den Kundenbedürfnissen wurde zur Maxime sowohl für die Geschäfte als auch für die Funktionen, denn diese erbringen für die Geschäfte Services in Feldern wie Finanzen, Logistik/Einkauf, Personal, Recht, IT und Kommunikation. Kernelemente sind in dieser Hinsicht:

- ein stärker harmonisiertes Produkt-Portfolio,
- europäische Arbeitsteams für jedes Geschäft und jede Funktion sowie
- Aufbauorganisationen und Berichtslinien, die wie bisher den lokalen, stärker indes den internationalen Bezug verkörpern.

Vorteile dieses Ansatzes, der die Harmonisierung, die Standardisierung und das Networking betont, liegen zum einen in der Vermeidung duplizierter Anstrengungen in den Ländern und Geschäften und zum anderen in der Möglichkeit, durch stärkere Vereinheitlichung und internationale Abstimmung die operativen Kosten zu reduzieren.

In einem westeuropäischen Scope von 16 Ländern, 85 verbundenen Unternehmen, 87 Produktionsstandorten sowie 37 Verwaltungsstandorten war die Hypothese, diese Komplexität deutlich reduzieren zu können und zu müssen. Auf Ebene der Prozesse wurden die *Henkel*-Aktivitäten seinerzeit durch 26 unterschiedliche IT-Systeme unterstützt, von denen 16 SAP- und 10 Legacy-Systeme waren – eine überaus heterogene Struktur. Setzt man nach einer damaligen Validierung die Zahl der funktionalen Subprozesse mit ca. 400 pro Verwaltungseinheit an, gelangt man rechnerisch zu 15.000 verschiedenen Prozessen, deren Komplexität dem genannten Leitbild offensichtlich widersprach.

Henkel hat die Organisation in den Geschäften folglich von nationalen auf internationale oder sogar globale Berichtslinien umgestellt. Für die funktionalen Bereiche bei *Henkel* bedeutete dies, die Geschäfte durch eine adäquate Shared Service-Organisation zu unterstützen. Mit anderen Worten waren funktionale Prozesse durch Vereinfachung, Vereinheitlichung und Optimierung über Business Units und Ländergrenzen hinweg als Shared Services zu konzipieren.

Folgerichtig war die Finanzfunktion in den lokalen Einheiten resp. verbundenen Unternehmen in mehrfacher Hinsicht anzupassen. Erstens musste die Funktion direkt an die entsprechende funktionale Einheit in der *Henkel*-Zentrale in Düsseldorf berichten. Zweitens hatte die Finanzfunktion enger abgestimmt mit der Corporate-Finanzfunktion in Düsseldorf zusammenzuarbeiten. Drittens wurden speziell die Rechnungswesen-Einheiten Teil einer Shared Service-Organisation in jenen Regionen, in denen die Systeme und Rahmenbedingungen eine solche Struktur zuließen. Oder, anders gesagt: wenn nicht, waren die Systeme und Rahmenbedingungen entsprechend anzupassen.

Henkel hat in Europa Anfang 2000 im Ressort Finanzen/Controlling ein Projekt »Shared Service-Organisation« etabliert, das durch ein Kernteam von ca. 10 Managern – die Leiter der Rechnungswesen-Einheiten in den relevanten Ländern – gesteuert wurde. 20 % der Team Targets – eine Ebene der bei *Henkel* definierten Incentivierung von Zielsetzung und -erreichung – waren abhängig vom Erreichen eines europäischen Ziels. Eine Machbarkeitsstudie mit einem externen Berater wurde aufgesetzt, die vor allem das Baselining, die Analyse und standardisierte Betrachtung und das Benchmarking von Prozessen umfasste. Ferner galt es einen Implementierungsplan für die Best Practices und für die Zusammenarbeit mit den lokalen Finanzeinheiten auf der Grundlage eines Implementierungsplans aufzustellen.

Die Implementierung wurde, ausgehend von einem detaillierten Plan, zeitlich mit ca. 18 Monaten veranschlagt. Tatsächlich ist sie heute noch nicht abgeschlossen. Indes sind die Finance-Projekte inzwischen in das weltweite Global System Program (GSP) bei *Henkel* eingebettet, das den Roll-out sowohl einheitlicher Business- als auch Financial Services-Prozesse umfasst. Dieser Scope ist also von vornherein mehrfach umfangreicher als in der damaligen Betrachtung (siehe Punkt 5).

3 Die Vision für Henkel Financial Services

Was bezeichnen wir als *Henkel Financial Services*? Es sind im Wesentlichen die Rechnungswesenfunktionen. Ein Shared Service-Ansatz setzt voraus, dass die Services, die »shared«, also übergreifend genutzt werden, definiert sind. In der Anfangsphase des genannten Projekts »Shared Service-Organisation« haben wir die Kernfunktionen des Rechnungswesens einheitlich festgelegt:

- *Order-to-cash (OTC)*: Dies ist die Debitorenbuchhaltung einschließlich des Mahnwesens und des Forderungsmanagements.
- *Purchase-to-pay (PTP)*: Hierunter verstehen wir die Lieferantenbuchhaltung einschl. der Rechnungsprüfung, die Kreditorenbuchhaltung und die Zahlungsausgangskontrolle.
- *General Accounting (GA)*: Dieser Prozess umfasst die Definition und Pflege des einheitlichen Kontenplans, die Abschlussprozesse und die Anlagenbuchhaltung. Aus rein organisatorischen Gründen zählen wir hierzu auch die Intercompany-Prozesse, also die OTC- und PTP-Prozesse mit verbundenen Unternehmen.
- *Financial Controlling (CO)*: Hierzu zählen wir die Kostenträgerrechnung/Product costing, die Kostenstellenrechnung und das monatliche Management Reporting nach Profit Centern, hingegen nicht die eingehende betriebswirtschaftliche Analyse und Entscheidungsvorbereitung; diese Aktivitäten werden eigens durch Controllingstellen in den Business Units und (anderen) Funktionen wahrgenommen.

- *Other (OTHER)*: Es handelt sich um übrige transaktionale Subprozesse, die Rechnungswesen-Einheiten faktisch ausführen, wie Zahlungsverkehrs-Management, Reisekosten-Services, lokales Steuermanagement und lokale Treasury-Prozesse.

Die europäischen Rechnungswesen-Abteilungen bei *Henkel* nennen sich seit Herbst 2002 einheitlich *Henkel Financial Services (HFS)*, mit dem Zusatz »Branch« für das jeweilige Land, also zum Beispiel Branch Germany. Dies ist ein Signal gewesen, um die Ideen der Shared Service-Organisation auch kommunikativ zu transportieren und die Standardisierung nach innen und außen zu dokumentieren.

Die Idee, oder Vision, für die *Henkel Financial Services* beschreibt den Ausgangspunkt für unsere Strategie und die Umsetzung unserer Ziele bis zum Jahr 2007. Wir sehen sieben Voraussetzungen, die erfüllt sein müssen, um die Ziele erreichen zu können:

- Es muss sich um standardisierte Prozesse handeln.
- Rollen und Verantwortlichkeiten müssen den Beteiligten klar sein.
- Die standardisierten Prozesse müssen in gleicher Weise verstanden und interpretiert werden.
- Informationen, z. B. über Kostenverrechnungen an die internen Kunden, oder auch Kennzahlen über die Effizienz in den Prozessen, müssen transparent sein.
- Die Services müssen unabhängig vom Standort der Leistung zu erbringen sein.
- Informationen sind ohne Zeitverlust verfügbar.
- Geschäftsbereiche profitieren von den Effizienzgewinnen durch niedrigere Allokationen der Servicekosten.

Wir sind davon überzeugt, dass ein internes Prozess-Controlling keinen Selbstzweck darstellt, sondern dass ein solcher Kompass benötigt wird, um zunehmend kostengünstigere Financial Services bei gleichbleibender, mit den internen Kunden vereinbarter Qualität erbringen zu können oder alternativ bessere Services bei konstanten Kosten.

Das amerikanische Beratungsunternehmen *HACKETT* ist in diesem Sinne weltweit tätig, um Best practices in den Bereichen Finance/Accounting/Controlling empirisch zu ermitteln und Benchmarking mit (größeren) Unternehmen aller Branchen durchzuführen. Die Finanzfunktion bei *Henkel* hat sich dieser aufschlussreichen Übung weltweit im Jahre 2003 unterzogen, wobei sowohl qualitative als auch quantitative Merkmale erhoben werden. Das Benchmarking mit *HACKETT* hat uns bestärkt, den Shared Service-Ansatz voranzutreiben, da manches Verbesserungspotenzial deutlich wurde. Bestätigend wirkte der generelle Befund von *HACKETT*, dass bei Unternehmen *mit* Shared Services, deren Relation zwischen den Kosten der Finanzfunktion und dem Geschäftsvolumen (net total sales) besonders günstig ist – das heißt diese Unternehmen befinden sich im obersten Quartil der Grundgesamtheit aller untersuchten Unternehmen – um 20 % bei den Kosten für Finance und Accounting günstiger liegen.

Die Eckpunkte der HFS-Vision hat der Unternehmensbereich Finanzen von *Henkel* im Jahre 2002 verabschiedet und in ein *OGSAM*-Schema eingepasst:

- **O**bjective: WORLDCLASS! Finance and Accounting-Services
- **G**oal: 1st quartile in cost at agreed upon services and quality

- Strategy: *Henkel Financial Services* for Finance and Accounting worldwide
- Action: Clearly communicated actions
- Measure: Save over 20 % on transactional Finance and Accounting cost

Diese Eckpunkte sind im Kern nach wie vor gültig und gelten für die Rechnungswesen-Funktion bei *Henkel* weltweit.

4 Wie wir zu greifbaren Ergebnissen gelangen

4.1 Überblick

Seit 2002 sind wir vor allem in Europa wesentliche Schritte vorangekommen. Hier lag auch der Schwerpunkt des Shared Service-Projekts. Die Maßnahmen erstrecken sich auf die Implementierung einheitlicher Prozesse und IT-Systeme, die intensivere und zielgerichtete Zusammenarbeit mit den Business Units und die Bündelung von Prozessen. Ziele sind erstens, bis Ende 2007 die vorher 26 unterschiedlichen ERP-Systeme auf eine einzige einheitliche Systemplattform zu bringen, und zweitens bis Ende 2006 die dezentralen (im Jahre 2000 noch 37) Rechnungswesen-Einheiten zu acht sog. Lead Administrations zu bündeln, die als Shared Service-Center für das Rechnungswesen in den jeweiligen Ländern bzw. Regionen – Deutschland/Schweiz, Großbritannien/Irland, Benelux, Frankreich, Italien, Spanien/Portugal, Norden (i. e. Skandinavien und Dänemark) und Griechenland – arbeiten.

4.2 Abgrenzung der Prozesse

Die Prozesse, hier speziell Order-to-cash und Purchase-to-pay, sind ihrer Natur nach End-to-end-Prozesse, indes fallen nur Teile dieser Gesamtprozesse unter die Verantwortlichkeit von *Henkel Financial Services*.

Zum Beispiel nehmen die Vertriebseinheiten der Unternehmensbereiche im Order-to-cash-Prozess die Bearbeitung von Kundenaufträgen und die Fakturierung wahr. Financial Services bearbeiten die debitorischen offenen Posten mit den Kunden, bearbeiten die Zahlungseingänge von Kunden und nehmen das Forderungsmanagement wahr. Diese Arbeitsteilung liegt auch in der Vielfalt der Konsumenten- und Industriegeschäfte begründet, zu deren Kunden so heterogene Gruppen wie der Einzelhandel, Automobilhersteller, Handwerker und Friseure zählen. Sowohl die Implementierung einheitlicher Prozesse und Systeme als auch die intensivierte Zusammenarbeit mit den internen Kunden, den Business Units, setzen somit zunächst eine klare Abgrenzung des Arbeitsfelds voraus, die sich an den Rollen und Verantwortlichkeiten im Unternehmen orientiert.

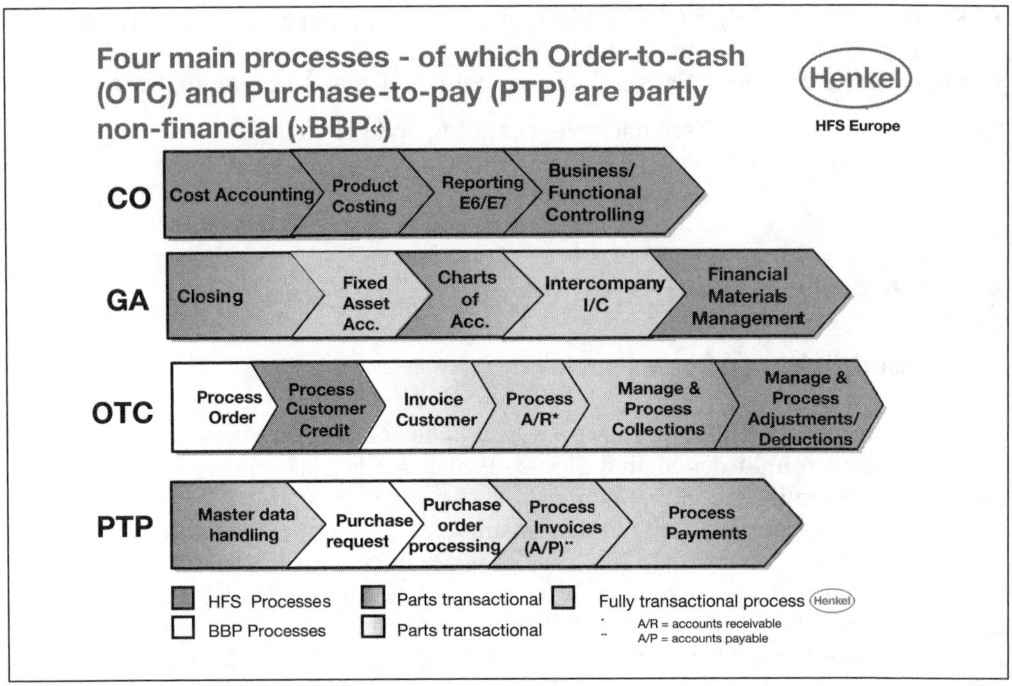

Abb. 4: Die Elemente der Hauptprozesse

4.3 Migration der HFS-Prozesse

Die Arbeit an einheitlichen Prozessen mit möglichst hohem Automatisierungsgrad verkörpert ein erhebliches Kostensenkungspotenzial. Für jeden der vier *HFS*-Prozesse OTC, PTP, GA und CO wurde in der Anfangsphase des Projekts »Shared Service-Organisation« ein Process Owner bestimmt, der die Definition und Implementierung einheitlicher Standardprozesse in den Ländern verantwortet und steuert. Im Jahr 2003 hat *HFS Europe* entschieden, dass die Process Owner auch die volle Verantwortung für ihren Prozess innehaben sollten, einschließlich der Personalverantwortung und der Verantwortung für das Tagesgeschäft. Diese Komponenten haben in der Vergangenheit die Finanz- bzw. Verwaltungsleiter in den jeweiligen Ländern wahrgenommen. *HFS Europe* hat sich klar für eine länderübergreifende Prozessorganisation entschieden und die Verantwortung für den Prozess auf die Process Owner (jetzt: Heads of Processes) übertragen; diesen berichten aus den einzelnen Ländern direkt die lokalen Heads of Processes.

Der Zeitplan dieser Migration von einer Länder- in eine Prozessorganisation ist an den Rollout der einheitlichen Prozesse angelehnt und wird zum 01.01.2006 abgeschlossen sein. Die lokal weiterhin notwendige Koordination zwischen den Prozessen und die Bearbeitung von prozessübergreifenden Aufgaben wird von den sog. Finance Speakers wahrgenommen, die quasi als »Primus inter pares« der lokalen Heads of Proces-

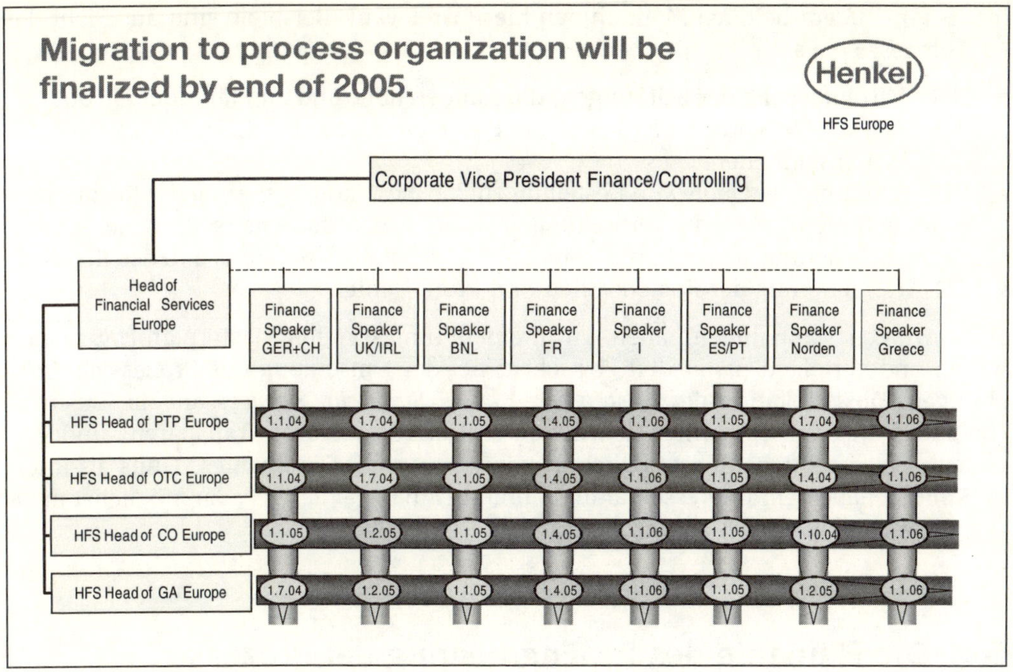

Abb. 5: Migration in die Prozessorganisation

ses gelten. Zu ihren Aufgaben gehört auch die Vertretung für die Funktion Finance & Accounting im Executive Committee des jeweiligen Landes.

4.4 Zusammenarbeit von HFS mit den Business Units

HFS hat im Herbst 2003 ein sog. WORK-OUT!-Programm gestartet, das im Kern die Vereinfachung von Prozessen bedeutet. Es stellt neben der Standardisierung der IT-Plattform, dem Process-Reengineering und der Bündelung von Accounting-Prozessen in Shared Service-Centern den vierten Hebel für das WorldClass!-Ziel von *HFS* dar. Im WORK-OUT!-Programm haben zunächst die europäischen *HFS*-Teams in speziellen Workshop-Sessions insgesamt 138 Maßnahmen identifiziert, mit deren Umsetzung die Kosten der Financial Services gesenkt werden können. Schlichte Einschnitte in die Kostenstruktur mit der einhergehenden Verdichtung der Prozessmengen pro Zeiteinheit oder pro Mitarbeiter erschienen uns nicht effektiv genug, um das WorldClass!-Ziel zu erreichen. Produktivitätsverbesserungen im Accounting sind zwar aus eigener Kraft bis zu einem gewissen Grad möglich, doch werden die Kostensenkungspotenziale nur in der Zusammenarbeit mit den Business Units und den Einheiten Einkauf und Logistik ausgeschöpft. Die Produktivitätswirkung dieser cross-funktionalen Maßnahmen haben wir auf 48 % des gesamten Potenzials evaluiert, hingegen sind nur 12 % der insgesamt 138 erarbeiteten Maßnahmen hierfür relevant. Beispiele sind aus Sicht der *HFS*-Prozesse etwa:

- OTC: Verminderung der Kürzungen, die Kunden aufgrund zu klärender Dispute an den Rechnungen vornehmen sowie die Beschleunigung der Klärungsprozesse mit den Vertriebseinheiten.
- PTP: Erhöhung der Quote von Bestellungen, die die Automatisierung der Rechnungsprüfung fördern sowie die Verbreitung des Gutschriftverfahrens (self-invoicing).
- GA: Verminderung der Rechtseinheiten, für die separate Abschlüsse aufzustellen sind.
- CO: Verminderung der Kostenstellen und Profit Center.

Die einzelnen Maßnahmen haben wir in einem umfassenden Masterplan *HFS* festgehalten und verfolgen damit den Fortschritt bei der Umsetzung der Prozessvereinfachungen. Die Allokation der Kosten der *Henkel Financial Services* auf die Business Units folgt weltweit einheitlich definierten cost drivers, so dass Transparenz und Verursachungsgerechtigkeit bestmöglich gewährleistet sind. Die Business Units als interne Kunden haben ein Interesse daran, definierte Financial Services zu möglichst niedrigen Kostenallokationen zu beziehen.

5 Die Elemente des Re-Engineering der Prozesse

Die im Zuge des Projekts »Shared Service-Organisation« eingeleitete Standardisierung der Prozesse geht von der Validierung und Implementierung sog. Best practice-Prozesse aus. Diese insgesamt ca. 400 Sub-Prozesse wurden von den Process Owners OTC, PTP, GA und CO mit ihren Teams erarbeitet, spezifiziert und anhand der damaligen Ist-Prozesse validiert. Die Soll-Prozesse sind in Datenbanken dokumentiert und für den Roll-out im Rahmen der einheitlichen SAP-Plattform verbindlich. Abweichungen oder im Einzelfall zusätzlich erforderliche Prozesse, insbesondere aufgrund nationaler oder steuerlicher Regelungen, sind über einen change request formell anzumelden und zu begründen. Dies kommt zum Beispiel bei dem gruppeneinheitlichen Kontenplan in Betracht, wenn zusätzliche Konten benötigt werden und der Informationsbedarf nicht durch andere Auswertungen – über Kostenstellen oder Innenaufträge – effizient gedeckt werden kann. In ähnlicher Weise wird bei der zentralisierten Stammdatenpflege für Lieferanten, Kunden, Konten, Kostenstellen und Profit Centers verfahren.

Die (zunächst europäische) Zielarchitektur umfasst zum einen die Geschäftssysteme und zum anderen das zentrale FI/CO-System, letzteres unter der Verantwortung der *Henkel Financial Services*.

Die unterschiedlichen Geschäftssysteme tragen den jeweiligen Anforderungen und Eigenarten der Business Units Wasch- und Reinigungsmittel, Kosmetik sowie Klebstoffe/ Technologies Rechnung. Die Geschäftssysteme umfassen die logistischen und operativen Anwendungen wie die Module SD (Sales and Distribution), MM (Materials Management), PP (Production Planning) und auch das Business Controlling (CO-PA), das die Steuerung auf Artikel und Kundenebene bis zum Deckungsbeitrag ermöglicht. Die Geschäftssysteme sind über Schnittstellen mit dem zentralen FI/CO-System verbunden.

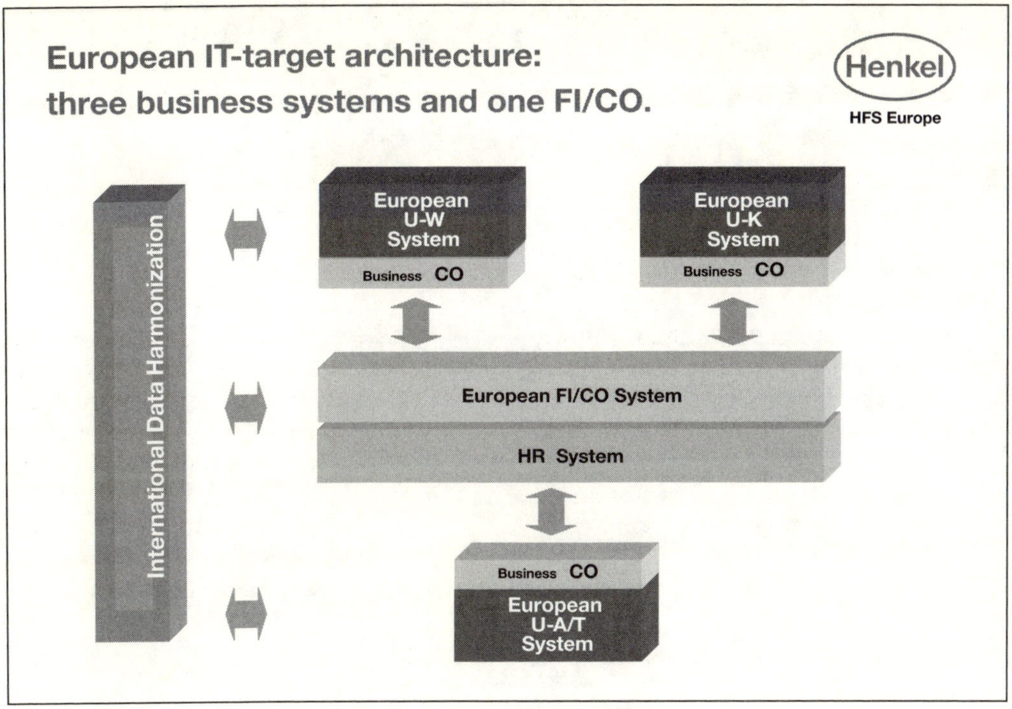

Abb. 6: Die Zielarchitektur der IT-Systeme bei *Henkel*

Die Konsolidierung der IT-Systeme ist ein umfangreiches Programm, das seitens *HFS*, der *Henkel*-IT und der Businesses gründlich und zeitnah gemanagt werden muss. Sie hat 2002 begonnen und wird bis Ende 2007 in Europa und in den USA abgeschlossen sein. Diese Roll-out-Projekte werden länderweise, zum Teil auch für einzelne Rechtseinheiten durchgeführt, und zwar überwiegend mit *Henkel*-eigenen Ressourcen. Ein detailliertes Projektmanagement hat dazu beigetragen, dass die bereits abgeschlossenen Projekte erfolgreich waren.

Das Beispiel für einen Unterprozess aus dem General Accounting/Closing, nämlich der monatliche Abschluss des Moduls MM (Material Management), illustriert, dass die Definition und Implementierung eines Prozesses teilweise komplex ist und nur in Zusammenarbeit mit anderen Stellen im Unternehmen, hier dem Produktionscontrolling, der Kostenstellenrechnung und dem Einkauf, umgesetzt werden kann. Es galt, bestimmte Anforderungen gleichzeitig zu erfüllen, um den Prozess in das monatliche fast closing integrieren zu können:

- Rechtzeitige Erfassung des Materialverbrauchs durch die Produktion;
- Lückenlose und unbeanstandete Abrechnung von Konsignationslägern und Erteilung von Gutschriften an die entsprechenden Lieferanten;
- Rechtzeitige Abrechnung von Produktionskostenstellen und Produktionsaufträgen.

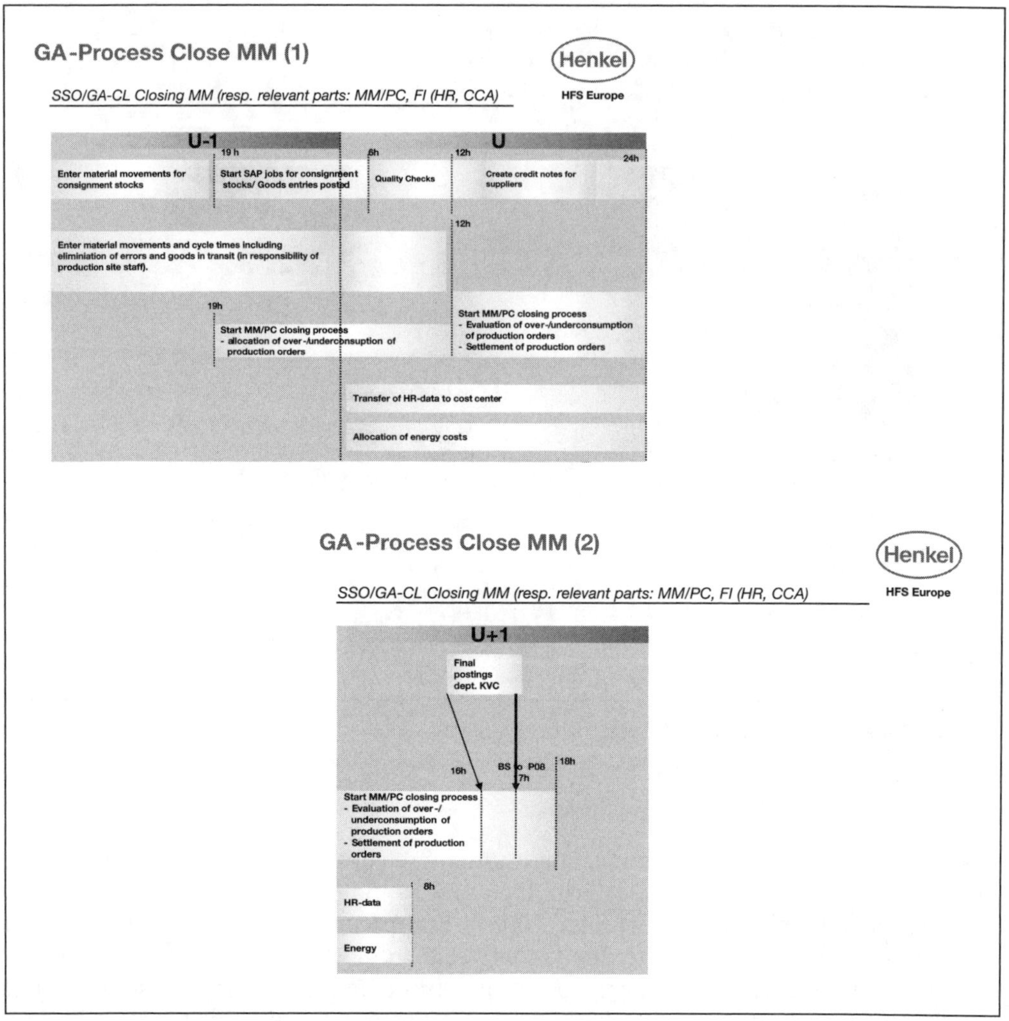

Abb. 7: Abschlussprozess MM

6 Fortschritte und Ausblick

Bis Ende 2007 werden wir die Komplexität unserer Prozesse im Finanz- und Rechnungswesen deutlich reduziert haben. Aus 37 Verwaltungseinheiten werden acht sog. Lead Administrations geworden sein, in denen die Prozesse länderweise gebündelt sein werden. Ein einheitliches FI-CO-System wird an die Stelle von 26 Systemen getreten sein. Der laufende IT-Betrieb sowie die Wartung und Erweiterung der IT-Plattform beziehen sich damit auf ein einheitliches System, was Kostenvorteile schafft. In Zusammenarbeit mit den Business Units sind auch die Schnittstellen zu den ebenfalls vereinheitlichen Geschäftssystemen und die Supply Chain effektiver zu bearbeiten und zu optimieren. Dadurch können etwa Intercompany-Transaktionen in einem europäischen Center mit einem hohen Automatisierungsgrad bearbeitet werden.

Die Standardisierung der Accounting-Prozesse unterstützt damit die anspruchsvollen Ziele unserer Finanzorganisation, die sich für diesen Zeithorizont wie folgt umschreiben lassen:

- Verminderung der Eingangsrechnungen ohne Bestellbezug um 50 %;
- automatisierte Schnittstellen (EDI – electronic data interchange, ERS – evaluated receipt settlement) zu Kunden und Lieferanten: Steigerung des Anteils von 2 % auf 10 %;
- Verminderung der Rechnungskürzungen durch Kunden um 50 % und/oder deren Automatisierung;
- weitere Automatisierung transaktionaler Prozesse, zum Beispiel beim Matching von Kundeneinzahlungen zu offenen Posten;
- Begrenzung zusätzlicher ad-hoc-Reports an die Geschäftseinheiten;
- zeitnahe und standardisierte Unterstützung von Entscheidungen;
- Verminderung der Zahl der Profit Center und Kostenstellen um 50 %;
- Automatisierung der Fakturierung und Zahlung sowie simultane Gegenbuchungen im Buchungskreis des Intercompany-Partners;
- einheitliche Plattform für die Budgetierung und Planung für das nächste Jahr;
- vollständige konsolidierte Bilanz, Gewinn- und Verlustrechnung und Kapitalflussrechnung monatlich;
- gleichzeitige externe (financial accounting) und interne (management reporting) Abschlüsse;
- Erstellung des testierten Konzernabschlusses innerhalb von 15 Arbeitstagen nach dem Jahresabschlussstichtag.

Um deutliche Kostenvorteile erzielen zu können, sind die skizzierten Maßnahmen in ihrer Gesamtheit ein wirksamer Weg. Nachhaltig werden diese Kostenvorteile nur dann, wenn sie auch Verhaltensänderungen der Beteiligten in den Financial Services und bei den internen Kunden – den Business Units – einschließen. Eine offene und transparente Kommunikation, Veränderungsbereitschaft und die Gestaltung von Anreizen sind deshalb eine notwendige Voraussetzung. Wir sind bei *Henkel* zuversichtlich, mit diesem ganzheitlichen Ansatz das Ziel *WORLDCLASS! Finance and Accounting Services* erreichen zu können.

Supply Chain Controlling – Performance Messung und benchmarkgestützte Optimierungsansätze

Dr. Andreas Renner*

* Dr. Andreas Renner, Geschäftsführer, Horváth & Partner GmbH, Stuttgart.

1 Der Ausgangspunkt: Die Supply Chain Strategie

Das Supply Chain Management (SCM) ist heute für best-in-class-Unternehmen ein wichtiger Bestandteil Ihrer Operational Excellence Strategie. Das Supply Chain Management verfolgt das Ziel, bessere unternehmens- und wertschöpfungsübergreifende Zusammenarbeiten zu organisieren und durch die Integration aller Akteure die Effektivität und Effizienz der industriellen Wertschöpfungsketten zu steigern.

Moderne Supply Chains verbinden heute globale Märkte, erzeugen neue Formen der partnerschaftlichen Zusammenarbeit mit gegenseitigem wirtschaftlichem Nutzen und ermöglichen einen weltweiten Kundenservice.

Der Begriff »SCM« bezeichnet die Gestaltung, Steuerung und Optimierung der gesamten Wertschöpfungskette von Lieferanten, Logistikdienstleistern und Produzenten bis zum (End-) Konsumenten.

Der Aufbau einer Supply Chain Strategie ist dabei kein Selbstzweck, sondern muss immer aus der Gesamtstrategie des Unternehmens und den Markterfordernissen abgeleitet werden (vgl. Abb. 1). Anschließend erfolgt die konkrete Organisations- und Prozessgestaltung, der Aufbau eines Prozessmanagement & Supply Chain Controllings sowie die Einführung geeigneter Tools und Systeme.

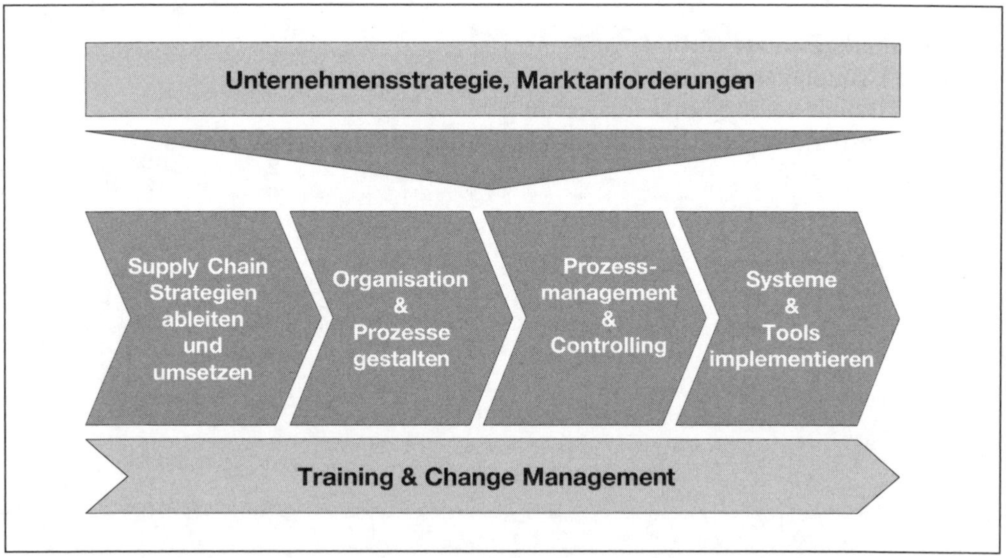

Abb. 1: Ableitung einer Supply Chain Strategie aus der Unternehmensstrategie

Zur Visualisierung und Kommunikation der Supply Chain Strategie im Unternehmen und über Unternehmensgrenzen hinweg eignet sich ausgezeichnet die Verwendung einer gemeinsamen Strategy Map und der Balanced Scorecard.

Die Strategy Map muss vier Perspektiven (Finanzen, Kunden und Märkte, Prozesse sowie Potenziale) darstellen und deren Ursache-Wirkungs-Zusammenhänge verdeutlichen.

In der Strategy Map sind nun diejenigen strategischen Ziele abgebildet, bei denen aus strategischer Sicht ein konkreter Veränderungs- und Handlungsbedarf besteht. Hierin liegt der wesentliche Unterschied zu den klassischen Kennzahlensystemen, die weiterhin als unterstützende, diagnostische Systeme verwendet werden können. Die Aufmerksamkeit des Managements soll visuell bei Abweichungen vom definierten Zielzustand erreicht werden (Ampelfunktionen); ein laufendes »Schönwetterreporting« mit einer Vielzahl von Kennzahlen ist nicht sinnvoll.

In Abbildung 2 ist die Strategy Map des Supply Chain Managements eines Chemiekonzerns dargestellt. Dieser Bereich soll einen aktiven Beitrag zur Steigerung der Kapitalrendite und Wertschöpfung des Gesamtkonzerns leisten. Einen wesentlichen Treiber stellt hierzu innerhalb der Kundenperspektive das Ziel »Kundenzufriedenheit schaffen« dar. Durch eine aktive Lieferantenbearbeitung und eine kostengünstigere Bereitstellung vergleichbarer Leistungen innerhalb der Prozessperspektive sowie eine Steigerung der Mitarbeiterqualifikation als Ziel in der Potenzialperspektive soll eine nachhaltige Kundenzufriedenheit erreicht werden. Aus der Strategy Map lassen sich die Handlungserfordernisse unmittelbar ableiten. Aus dem Ziel »Kundenzufriedenheit schaffen« und der Zielgröße des »Anteils von Belieferungen innerhalb von 24 Stunden nach Auftragseingang«, lassen sich die Anforderungen an die Supply Chain bzw. Logistik ableiten.

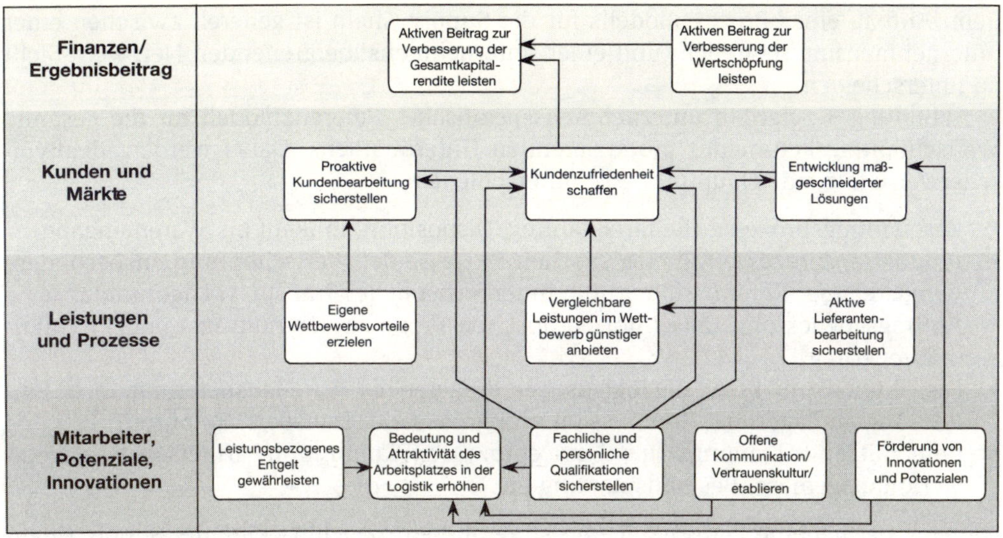

Abb. 2: Beispiel einer Strategy Map für das Supply Chain Management

Um die gemeinsam definierte Strategie umzusetzen, müssen die festgelegten Ziele bei den einzelnen Akteuren und über die Unternehmensgrenzen hinweg kontinuierlich gemessen und entsprechende Korrekturmaßnahmen rechtzeitig eingeleitet werden. Hierzu wird die Balanced Scorecard eingesetzt. In der Balanced Scorecard werden die strategischen Ziele beschrieben, Key Performance Indicators zur Messung der Ziele definiert, Zielwerte vorgegeben und konkrete Aktionen zum Erreichen der Ziele abgestimmt.

2 Bausteine eines modernen Supply Chain Controllings

Gefordert wird heute ein ganzheitlicher, netzwerkorientierter Controlling-Ansatz, der sowohl eine strategie- und zielorientierte Gestaltung der Supply Chain Prozesse als auch deren wirkungsvolle Steuerung und Überwachung ermöglicht.

Das Supply Chain Controlling umfasst drei Erfolgsfaktoren:

- das Verständnis und die Modellierung von wichtigen Supply Chain Prozessen:
- die Schaffung eines ganzheitlichen Steuerungssystems und ggf. die Anpassung und Weiterentwicklung der Informationstechnologien;
- die laufende Performancemessung mit geeigneten Kennzahlen und Steuerungsgrößen.

2.1 Aufbau eines Prozessmodells für die Supply Chain

Beim Aufbau eines Prozessmodells für die Supply Chain ist generell zwischen einer unternehmensinternen Sicht und einer unternehmensübergreifenden Netzwerk-Sicht zu unterscheiden.

Abbildung 3 zeigt ein unternehmensspezifisches Referenzmodell für die gesamte Wertschöpfungskette eines produzierenden Unternehmens. Dabei werden idealtypischerweise folgende Hauptprozesse unterschieden:

- Beschaffungsprozesse (Bedarfsplanung/Disposition, Einkauf bis Wareneingang);
- Produktionsprozesse (alle logistischen Prozesse der Wertschöpfung, insbesondere Bereitstellung, Kommissionierung, innerbetrieblicher Transport, Lagerung);
- Auftragsabwicklung (alle informatorischen Prozesse der Auftrags- und Produktionssteuerung);
- Distributionsprozesse (alle logistischen Prozesse der Warenauslieferung, insbesondere Versandlagerung, Kommissionierung, Versand/Transport, Retouren);
- unterstützende Planungs- und Serviceprozesse (Planung von Partnerschaften, Netzwerkmanagement, Bestandsplanung etc.).

Um eine permanente Performancemessung und ein Benchmarking der Supply Chain Prozesse zu ermöglichen, ist eine klare End-to-End-Definition der Prozesse (Beginn/Ende des Prozesses, alle im Prozess enthaltenen Arbeitsschritte, beteiligte Funktionsbereiche etc.) sowie die Festlegung geeigneter Kennzahlen erforderlich.

Angesichts der unüberschaubaren Vielzahl möglicher Kennzahlen und Prozessdefinitionen und zur Sicherstellung einer unternehmensweiten Vergleichbarkeit empfiehlt es sich, auf standardisierte Kennzahlen zurückzugreifen, wie sie u. a. vom Supply Chain Council bereitgestellt werden.

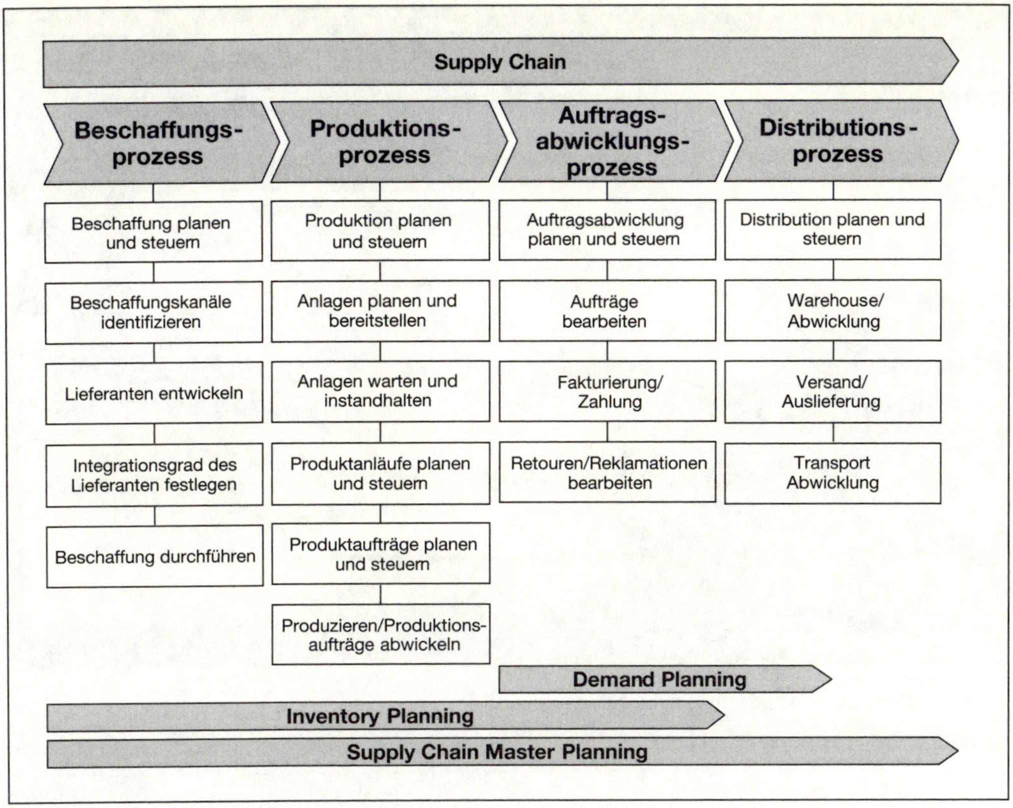

Abb. 3: Unternehmensspezifisches Prozessmodell des Supply Chain Controllings

2.2 Ganzheitliches Steuerungssystem

Der Aufbau eines durchgängigen, unternehmensübergreifenden Supply Chain Management bedingt im Unternehmen einen organisatorischen Wandel mit umfassenden Veränderungsprozessen. Die Herausforderung besteht darin, die definierten Supply Chain Prozesse zwischen mehreren Partnern in einer Versorgungskette so zu gestalten und zu optimieren, dass die Gesamtkosten gesenkt und gleichzeitig das definierte Serviceniveau gehalten oder verbessert wird.

Kernelemente des Steuerungskonzepts sind dabei

- flexible Instrumente zur Planung und Steuerung der Supply Chain,
- klare Steuerungsgrößen zur Performancemessung (Kosten, Zeit und Qualität) der Supply Chain Prozesse sowie
- aussagekräftige Berichte zur Überprüfung der Gesamtperformance und Zielerreichung.

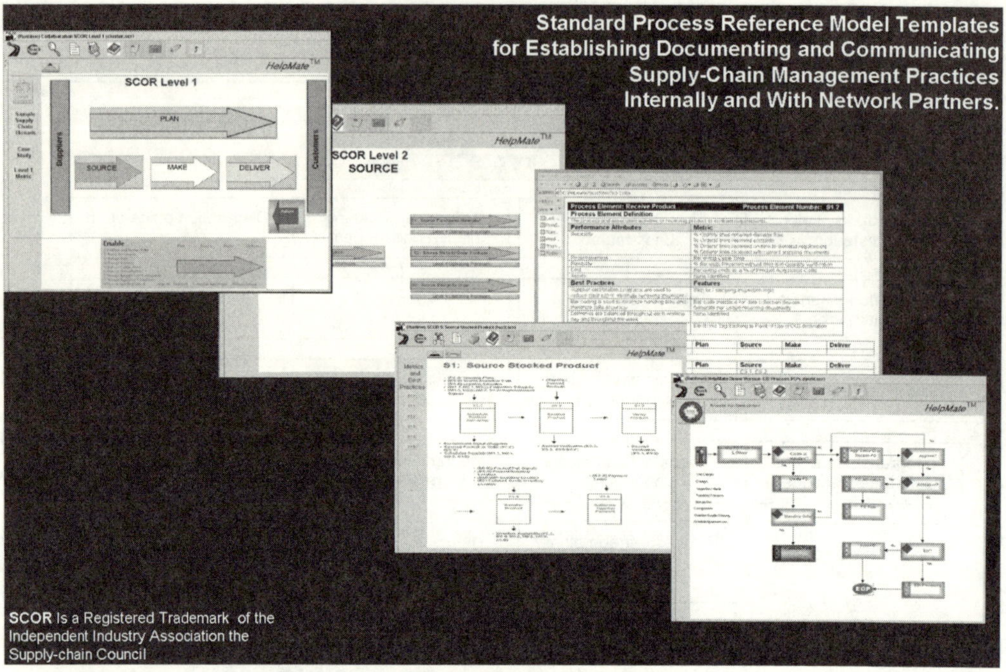

Abb. 4: Standard Prozessreferenzmodell nach SCOR

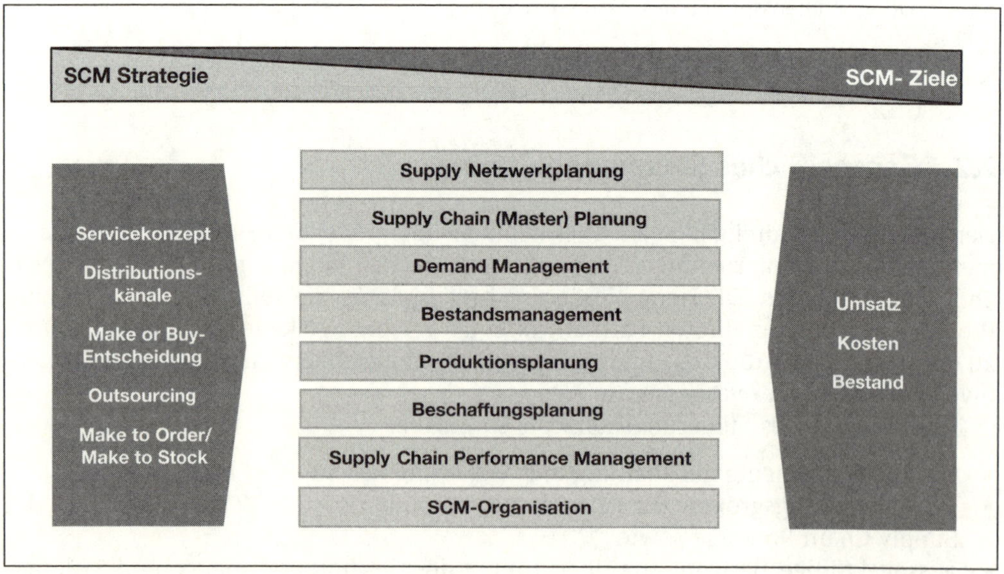

Abb. 5: Kernelemente eines Steuerungskonzepts für das SCM

- **Planungsprozesse in der Supply Chain**
  Der wesentliche strategische Planungsprozess ist das Strategic Network Planning. Hierbei werden die Netzwerkpartner bestimmt und das Volumen und die Art aller Lagerstandorte festgelegt, die erforderlich sind, um den Kunden kosteneffizient einen bestimmten Servicegrad zu bieten. Dabei wird auch die Grundstruktur des Anlage- und Umlaufvermögens in der Supply Chain vorbestimmt.
  Das Supply Chain Master Planning, das Demand Planning und das Inventory Planning zählen zu den wichtigen taktischen Planungsprozessen. Sie besitzen ausgeprägte Schnittstellen zu den operativen Planungsprozessen, zu denen u. a. die Produktions- und Beschaffungsplanung zählen. Eine Verzahnung dieser Prozesse ist eine Grundvoraussetzung zur Erzielung einer Supply Chain Performance auf hohem Niveau.
  Bestandsoptimierungen, die sehr oft im Zuge von Working-Capital-Projekten durchgeführt werden, sind meist nur dann nachhaltig erfolgswirksam, wenn es gelingt, die Planungsprozesse Demand und Inventory Planning mit dem Sales & Operations Planning zu verzahnen.

- **Ausführende Prozesse in der Supply Chain**
  Der Auftragsabwicklungsprozess umfasst »Aufträge erfassen und bearbeiten« sowie die Verfügbarkeitsprüfung von Fertigwaren. Die Lieferscheinerstellung ist der Auslöser des Distributionsprozesses.
  Im Produktionsplanungsprozess werden die vertriebsseitigen Nettobedarfe in Produktionsaufträge umgesetzt, anschließend erfolgt die Sekundärbedarfsermittlung für Materialwirtschaft und Beschaffung.
  Der Beschaffungsprozess bildet die Schnittstelle zu den vorgelagerten Unternehmen und ist gleichzeitig die Basis zur unternehmensübergreifenden Zusammenarbeit auf Beschaffungsseite. Aufgaben wie die Identifizierung von Beschaffungskanälen, die Entwicklung von Lieferantenbeziehungen und das Sicherstellen des Qualitätsniveaus sowie das Durchführen der operativen Beschaffung sind hier angesiedelt.

- **IT-Unterstützung**
  Sehr oft wird die Bedeutung der Prozessqualität unterschätzt und die Wichtigkeit von IT-Supporttools bzw. -systemen für das Supply Chain Management überschätzt. Die Verwendung von integrierten IT-Systemen ist heute Voraussetzung für eine funktionierende Supply Chain Steuerung. Allerdings ist der Nutzen derartiger Werkzeuge und Tools (z. B. Advanced Planning Systems (APS)) ohne eine vorherige Optimierung der zugrunde liegenden Prozesse eher als gering einzuschätzen.

2.3 Performancemessung entlang der Supply Chain

Vordringlichste Aufgabe eines guten Supply Chain Controllings ist es, die Performance zu definieren, zu messen und so in der Informationsbasis abzulegen, dass Entscheidungsträger darauf zugreifen können. Dieses Grundprinzip wurde schon vor 50 Jahren von *Simon* erkannt und als »Scorecard Keeping« bezeichnet (vgl. Simon 1976).

Um die Performance jedes Akteurs in der Supply Chain messen und bewerten zu können, ist ein einheitliches Kennzahlensystem zugrunde zu legen. Dabei hat sich das von SCOR entwickelte Kennzahlensystem in der Praxis bewährt, welches nachfolgend exemplarisch dargestellt ist. Es hat den Vorteil, dass es mehrere Dimensionen berücksichtigt und die Vergleichbarkeit unterschiedlicher Unternehmen und somit ein Benchmarking der Prozesse wesentlich erleichtert.

Bei der Messung und Bewertung der Performance operativer Supply Chain Prozesse spielt die Dimension »Kosten« eine wichtige Rolle. Anders als bei den Kosten der Produktion können Prozesse im Gemeinkostenbereich (Einkauf, Logistik, etc.) nur mit Hilfe einer Prozesskostenrechnung transparent gemacht werden.

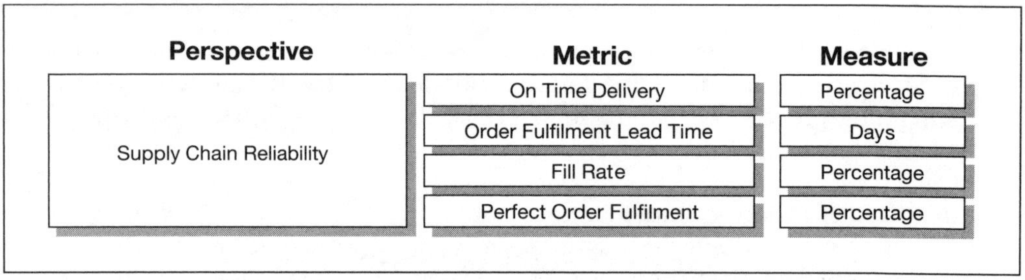

Abb. 6: Kennzahlensystem basierend auf dem SCOR-Modell (Auszug)

Die Prozessdefinition im Prozessreferenzmodell liefert bereits wichtige Inputs für die Prozesskostenrechnung: Die wesentlichen operativen Supply Chain Prozesse, ihre benötigten Ressourcen sowie die wesentlichen Kostentreiber sind darin definiert. Für die Prozesskostenrechnung muss der Ressourcenbedarf der Prozesse noch mit Kosten bewertet werden. Diese Kosten können aus der Kostenstellenrechnung entnommen werden. Um sie eindeutig Prozessen zuordnen zu können, muss im Rahmen einer Tätigkeitsanalyse je Prozess festgelegt werden, welche Mitarbeiterkapazitäten und sonstige Ressourcen in Anspruch genommen werden. Im nachstehenden Beispiel wurden dem Prozess »Waren vereinnahmen« 48 Mitarbeiter und Kosten von 3 Mio. Euro für den Betrachtungszeitraum zugeordnet (vgl. Abb. 7). Durch Division dieser Kosten mit der Cost-Driver-Menge des Prozesses können die Kosten der einmaligen Prozessdurchführung identifiziert werden. Alternativ wäre die Ermittlung »bottom up« über Zeitstandards bewertet mit den in Anspruch genommenen Ressourcen möglich.

Der Cost Driver ist die Messgröße für die Anzahl der Prozessausführungen. Im nachstehenden Beispiel der Warenvereinnahmung ist z. B. die Anzahl der Positionen der wesentliche Einflussfaktor für die Gesamtkosten im Prozess »Waren vereinnahmen«.

Die ermittelten Prozesskosten können zunächst in einer separaten IT-Lösung, wie beispielsweise dem von *Horváth & Partners* speziell für diese Anwendung entwickelten »Prozessmanager«, abgebildet werden und nach Bedarf später an ERP-Systeme angebunden werden. Der Prozessmanager liefert über individuelle Berichte die für die Steuerung der Performance notwendigen Informationen bzw. Prozesskostensätze.

Hauptprozess	Kapazität (MJ)	Prozesskosten (€)	Cost Driver	Menge	Stückkosten (€)
01 Waren annehmen	10	645.000	Anzahl Sendungen	25.000	26
02 Waren vereinnahmen	48	3.000.000	Anzahl Positionen	300.000	10
03 Rechnungsprüfung/Fakturierung durchführen	3	200.000	Anzahl Rechnungen	5.000	40

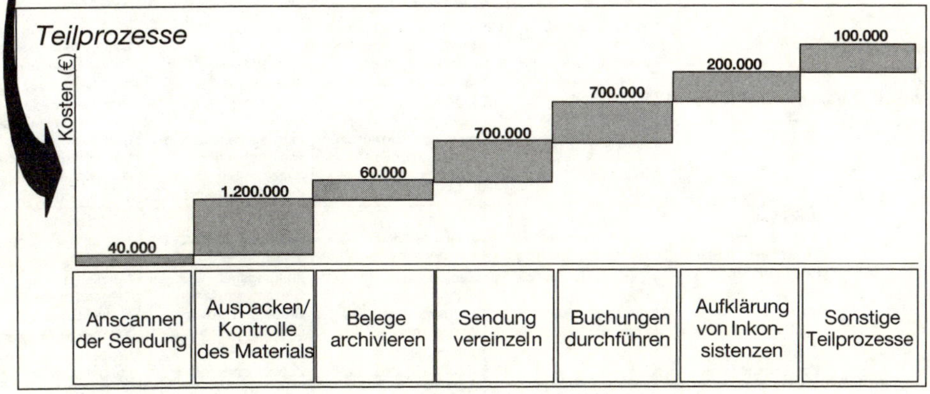

Abb. 7: Kostentransparenz durch Prozesskostenrechnung am Beispiel der Warenvereinnahmung

3 Reifegradmessung der Supply Chain Prozesse und Organisationen

Ergänzend zu der Betrachtung von Prozesskosten und Steuerungskennzahlen kann auch der Reifegrad von Supply Chain Prozessen oder Supply Chain Organisationen gemessen werden.

Das Instrument der Reifegradmessung basiert auf sog. Reifegradprofilen, die eine qualitative Bewertung des Status quo von Bereichen der Supply Chain des zu bewertenden Unternehmens ermöglichen. Im Zuge der Bewertung wird die Deckungsgleichheit zu den Charakteristika des Reifegradprofils auf einer der fünf möglichen Reifegradebenen festgestellt. Die folgende Tabelle umfasst ein Reifegradprofil für die Einschätzung der Beschaffungsabwicklung:

Horváth & Partners hat detaillierte Reifegradprofile für alle Bereiche der Supply Chain entwickelt und die oben beschriebene Methode in vier Haupteinsatzgebieten in zahlreichen Projekten erfolgreich eingesetzt:

- zur Schwachstellenanalyse und somit zur Identifizierung von Verbesserungspotenzial;
- als strukturierter Leitfaden für die Prozessanalyse, um Transparenz der Supply Chain Prozesses zu schaffen;

Beschaffungsabwicklung					
Messbereich	**Reifegrad 1: Unwissenheit**	**Reifegrad 2: Kenntnis**	**Reifegrad 3: Verständnis**	**Reifegrad 4: Kompetenz**	**Reifegrad 5: Exzellenz**
Klar definierte Einkaufs-Kontroll-Mechanismen	Keine oder nur begrenzte Kontroll-Mechanismen werden angewandt	Feste Wertgrenzen bestehen für den Genehmigungsprozess Manuelle Durchführung des Genehmigungsprozesses	Genehmigungsprozess ist in die Arbeitsanweisungen integriert Geringe elektronische Unterstützung des Genehmigungsprozesses	Elektronische Abwicklung des Genehmigungsprozesses Hauptaugenmerk auf Freigabemechanismen für Kontraktabrufe	Einheitliche Prozesse existieren mit Lieferanten unternehmensweit Automatische Unterstützung für die Überwachung der Liefertreue
Abstimmung des Einkaufsprozesses auf die Produkte	Es existiert eine einheitliche Vorgehensweise für den Einkauf aller Produkte	Es existiert die Erkenntnisse, dass multiple Einkaufsprozesse benötigt werden Geringe Nutzung von alternativen Prozessen	Spezieller Prozess ist etabliert für den geringwertigen Einkauf Geringe Nutzung von anwenderspezifischen Kontraktabrufen	Technologisch unterstützte Abwicklung des geringwertigen Einkaufs Verbreitete Nutzung von anwenderspezifischen Kontraktabrufen	Definierte Strategie für die Beschaffungsprozesse Prozessstandardisierung mit Variation gemäß bereichsspezifischen Anforderungen
Zahlungsabwicklung	Zahlungen inkonsistent mit den besten verhandelten Bedingungen Überwiegend ein manueller Prozess Kein speziell definierter Zahlungsprozess	Geringer automatisierte Rechnungsprüfung Geringer Überblick über den Verbindlichkeitsspiegel	Reguläre Zahlungszyklen eingerichtet Zahlungen auf die Cashflow Anforderungen abgestimmt Automatisierte Rechnungsprüfung	Konsistente Zahlungsbedingungen unternehmensweit Zahlungsbedingungen wettbewerbsfähig im Branchenvergleich Überwiegend elektronischer Zahlungsprozess	Abschaffung der Notwendigkeit von Rechnungen Konsistente Zahlungsbedingungen für alle Lieferanten Alle Zahlungsziele bestmöglich ausgenutzt
Erstellung von Bestellungen	Kein formaler Prozess für die Erstellung von Bestellungen Vorwiegend ein manueller Prozess	Bestellanforderungen werden manuell an den Einkauf übermittelt Geringe Automatisierung bei der Erstellung einer Bestellung	Definierter Erstellungsprozess von Bestellungen unternehmensweit Definierte Liste von genehmigten Lieferanten verfügbar	Vorwiegende Verwendung von Einkaufsvereinbarungen Wo anwendbar direkter Abruf gegen Rahmenverträge Konsistenter Prozess unternehmensweit	Konsistente Schnittstelle zwischen Anforderer und Lieferant Einbindung des Einkaufs in den Bestellprozess limitiert für einmalige Bestellungen
Management von Kontrakten	Kein oder vager Prozess für Kontrakte	Kontrakte für Hauptlieferanten entwickelt Inkonsistenter Prozess	Konsistenter Prozess werksweit Standardkontrakte als Formulare entworfen Kontraktmanager festgelegt durch den Einkauf	Konsistenter Prozess unternehmensweit Zentrales Kontraktmanagement für gewöhnliche Lieferanten	Kontraktmanagement für strategische Lieferanten zentralisiert Integraler Bestandteil des Lieferantenmanagements
Verhandlungen	Wenig dokumentierte Verhandlungspraktiken Priorität auf dem geringsten Preis	Geringe Verhandlungsvorbereitung Inkonsistente Entwicklung von Verhandlungsplänen in Verhandlungsmodell	Wettbewerbsfähige Angebotsanfrage Verhandlungsstrategie definiert und dokumentiert Einkauf ist Treiber in Verhandlungen	Verhandlungen von Teams durchgeführt Verhandlungsstrategie dokumentiert Lieferanten und Marktanalyse für kritische Lieferanten/Produkte	Verhandlungsstrategie unterstützt durch Lieferanten- und Marktanalyse Implementierung von multiplen Verhandlungsmodellen
Einkaufsbedingungen	Keine Einkaufsbedingungen definiert Lieferant diktiert Bedingungen	Keine standardisierte Einkaufsbedingungen	Standardisierte Einkaufsbedingungen Geringe Abweichungen aufgrund der Gruppierungen von Produkten	Standardisierte Einkaufsbedingungen unterstützen multiple Kontraktarten Definierter Prozess für die Ausnahmehandhabung	Standardisierte Einkaufsbedingungen für gewöhnliche Produkte Flexibler Prozess für strategische Allianzen

Abb. 8: Kriterien für eine Reifegradmessung im Einkauf

- als 360° Positionierung, indem eine unternehmensinterne Einschätzung gegenübergestellt wird zu der Bewertung durch Dritte;
- als Benchmarking des Reifegrades gegenüber der Best Practice.

Das aggregierte Ergebnis eines solchen Reifegradprofils und weiterer zu bewertenden Aspekte innerhalb der Supply Chain ergab dann das folgende Übersichtsbild, welches die wesentlichen Verbesserungspotenziale im Bereich des Supply Chain Management verdeutlicht.

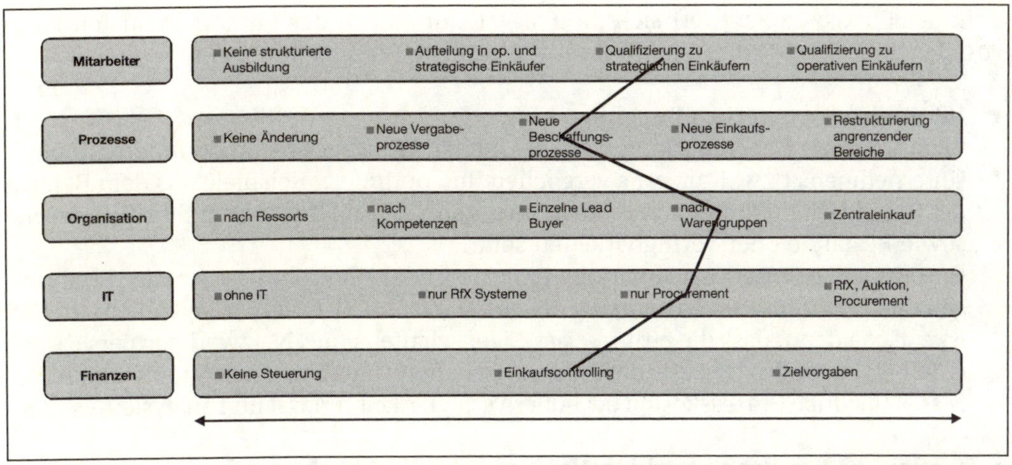

Abb. 9: Reifegradmessung im Einkauf (Projektbeispiel)

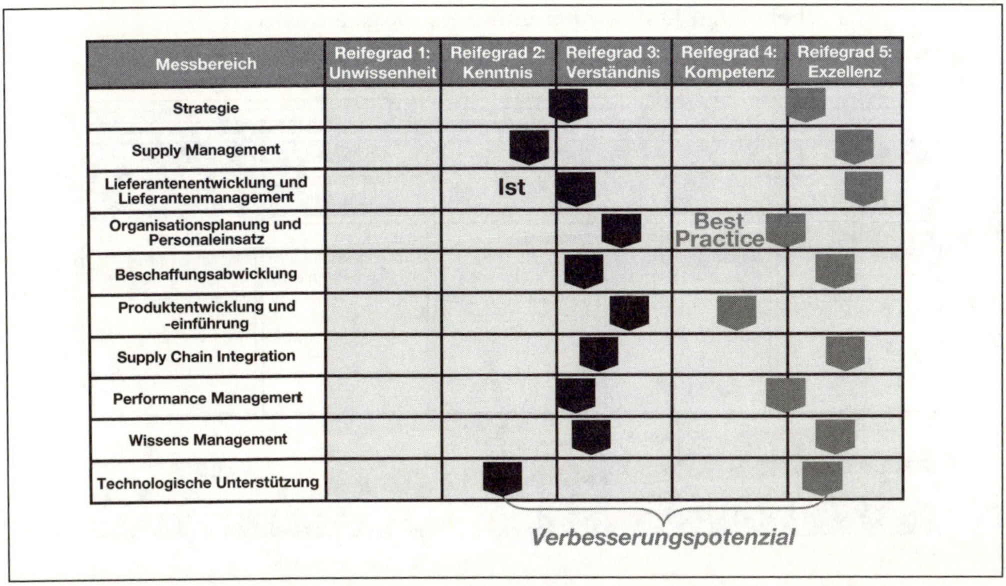

Abb. 10: Reifegradmessung in der Supply Chain (Zusammenfassung)

4 Bechmarkgestützte Optimierungsansätze

4.1 Grundlagen

Der Wunsch nach einem Messwerkzeug für die Performance sowie das Erreichen von Best Practice Werten verleit Benchmarking einen festen Platz im Performance Management. Benchmarking ist im Gegensatz zu anderen Verfahren eine sehr wirtschaftliche Methode, realistische Potenziale und Optimierungsideen zu generieren.

In der Praxis konzentriert sich die Fragestellung nach der nutzbringendsten Form von Benchmarking-Projekten auf zwei wesentliche Fragestellungen:

- **Internes oder externes Benchmarking**
  Beim internen Benchmarking werden Untersuchungsgegenstände innerhalb eines Unternehmens bzw. Konzerns verglichen und optimiert. Beispiele aus dem Bereich der Supply Chain können z. B. Lagerorte, zentrale und dezentrale Einkaufbereiche sowie Bestände oder Verfügbarkeiten sein.
  Gegenstand externer Benchmarking-Projekte ist der Wunsch, Best Practice Erfahrungen und Performancewerte entlang der gesamten Supply Chain zu gewinnen. Hierbei ist entscheidend, dass die best-in-class-Eigenschaften eines Netzwerkpartners (bspw. C-Teile-Lieferant) oder best-in-class-Eigenschaften eines einzelnen Supply Chain Prozesses (niedrige Prozesskosten bei hoher Verfügbarkeit) erfasst und analysiert werden.

- **Festlegung der Benchmarking-Umfangs und der Analysetiefe**
  Die Erwartungen des Managements nach maximalem Nutzen bei minimalem Aufwand erfordern eine klare Festlegung des Benchmarking-Umfangs sowie der zusätzlich zu erhebenden Kennzahlen und Erklärungsfaktoren.

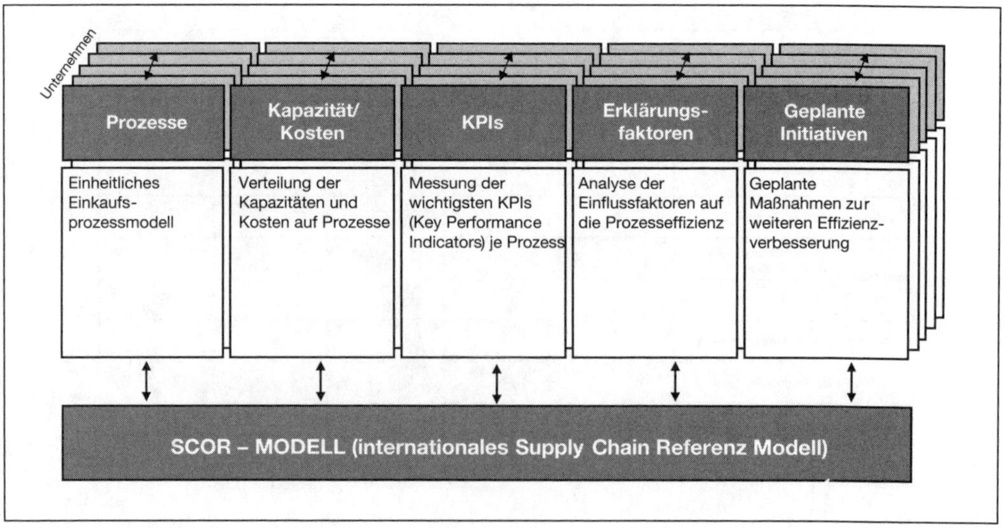

Abb. 11: Benchmarking: Mehrdimensionaler Vergleich der Einkaufs-Performance

Während sich das kennzahlen- oder funktionsorientierte Benchmarking auf größtenteils vorhandene Daten und Definitionen beziehen, verlangt ein Prozessbenchmarking die detaillierte Analyse der Unternehmensstrukturen und -abläufe.

Die entscheidenden Erfolgsfaktoren eines Benchmarkings zur Potenzialermittlung,

- Sicherstellung der Vergleichbarkeit (keine »Äpfel mit Birnen« vergleichen);
- positive Nutzen-/Aufwandsrelationen bei der Durchführung des Benchmarking;
- Gewährleistung der Nachhaltigkeit (dauerhafte Performance-Steuerung).

4.2 Datenerhebung und Auswertung

Die Datenerhebung muss unter Kosten-/Nutzen-Gesichtspunkten optimiert werden. Während bei Datenerhebungen mit klar definierten Fragebögen ein einfacher Mail-Versand ausreichend ist, empfiehlt sich bei komplexen Fragestellungen die Durchführung von teilstrukturierten Interviews. Darin können alle erforderlichen Informationen und Erklärungsfaktoren im Dialog erhoben werden und erste Schwachstellen oder Optimierungsvorschläge erfragt werden.

Entscheidend in der Erhebungsphase ist ein mehrstufiger Qualitätssicherungsprozess. So müssen während der Erhebung Hotline-Funktionen zur Verfügung gestellt werden, die alle auftretenden Fragen einheitlich beantworten. Die Plausibilität der Eingaben muss im Idealfall online, d. h. anhand von programmierten Plausibilitätskontrollen überprüft werden, um schlichte Eingabefehler zu vermeiden.

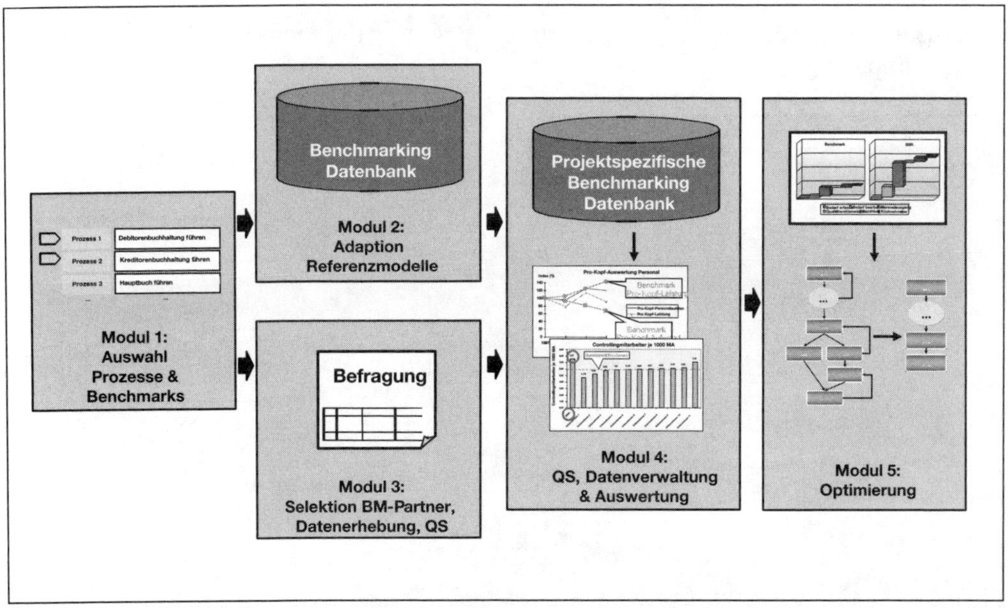

Abb. 12: Vorgehensschritte und Datenmodell bei Benchmarking-Projekten

Je nach Komplexität und Umfang der Aufgabenstellung kommen hier verschiedene Techniken zum Einsatz:

- *Excel*-basierte Modelle (einmalig < 50 Fragen/Kennzahlen in max. 10 Unternehmen);
- *ACCESS*- oder sog. OLAP-Datenbank-Lösungen (mehrdimensionalen Auswertungsmöglichkeiten z. B. nach Prozessschritt, Produkt, Artikelgruppe, Zeit etc.);
- Internetbasierte Lösungen mit komfortablen Eingabe- und individuellen Ausgabefunktionalitäten (> 50 Unternehmen oder > 100 Kennzahlen; jährlich wiederkehrende Untersuchungen).

4.3 Festlegung und Umsetzung von Optimierungsmaßnahmen

Der größte Irrglaube bei Benchmarking-Projekten besteht darin, dass mit der Übergabe der Erhebungsergebnisse das Projekt bereits abgeschlossen ist.

Richtig ist, dass ein Benchmarking-Projekt erst dann erfolgreich abgeschlossen ist, wenn das jeweilige Unternehmen einen »best-in-class«-Standard erreicht hat und die im Benchmarking erhobenen Daten eine exzellente Gesamtperformance dokumentieren.

Benchmarking-Ergebnisse liefern vielfältige Anhaltspunkte für punktuelle oder strukturelle Verbesserungsmöglichkeiten. Auf Basis der zusätzlichen Erklärungsfaktoren (z. B. Sortimentsbreite, Bevorratungsstrategie, IT-Nutzungsgrad etc.) und unter Berücksichtigung der oben beschriebenen Reifegrade können konkrete Handlungsfelder für Optimierungsmaßnahmen identifiziert werden.

Die Optimierungspotenziale haben dabei mehrere Dimensionen:

- umsatzsteigernde Effekte (z. B. durch Verbesserung der Lieferfähigkeit und des Servicegrades);

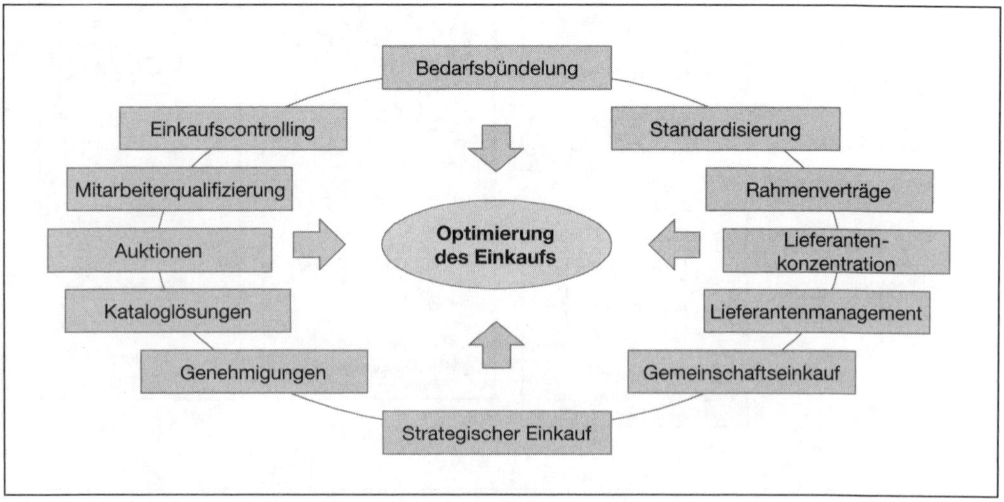

Abb. 13: Benchmark-gestützte Optimierungsansätze am Bsp. des Einkaufs

- kostensenkende Effekte (z. B. durch Prozessoptimierung oder Outsourcing von Logistikprozessen);
- Reduzierung der Kapitalbindung (z. B. durch bessere Dispositionssysteme und Sortimentsbereinigung).

5 Fazit

Die Entwicklungen der letzten Jahre haben einerseits die Optimierung der internen Supply Chain vorangetrieben und anderseits die Bildung und Weiterentwicklung firmenübergreifender Supply Chains weiter verstärkt. Basis hierfür muss eine klare Supply Chain Strategie sein, die wesentliche Ziele definiert und messbar macht.

Die Steuerung dieser Ketten muss durch ein wirksames Controlling unterstützt werden. Kritische Erfolgsfaktoren sind dabei die Neugestaltung der unternehmensübergreifenden Planungs- und Steuerungsprozesse, die Schaffung von Kostentransparenz mit Hilfe der Prozesskostenrechnung sowie die Festlegung geeigneter Steuerungsgrößen zur laufenden Performancemessung.

Hierzu bietet sich der Einsatz spezifischer Tools, wie beispielsweise des Softwaretools »Prozessmanager«, zur Ermittlung von Prozesskosten sowie zur Messung der Prozessperformance an.

Als wichtige Werkzeuge zur Beurteilung der Leistungsfähigkeit der Supply Chain Organisationen haben sich die Instrumente der Reifegradmessung und des Benchmarkings bestens bewährt.

Sie liefern wichtige Anhaltspunkte für konkrete Optimierungspotenziale innerhalb der gesamten Supply Chain, und leisten damit einen wichtigen Beitrag zur Verbesserung der Wettbewerbsposition.

Literatur

Bacher, A./Groll, M. (2003), Prozesskostenrechnung. Zusammen die Kosten im Griff – In der Supply Chain ist eine effektive Kostenoptimierung nur möglich, wenn die gesamte Kette betrachtet wird, in: Logistik Heute, 25, 2003, 3, S. 36-37

Göpfert, I./Neher, A. (2002), Supply Chain Controlling. Wissenschaftliche Konzeptionen und praktische Umsetzungen, in: Logistik Management, 4, 2002, 3, S. 34-44

Hieber, R. (2001), Supply Chain Management – A Collaborative Performance Measurement Approach, Zürich 2001

Hieber, R./Nienhaus, J. (2002), Supply Chain Controlling – Logistiksteuerung der Zukunft?, in: Supply Chain Management, 2, 2002, 4, S. 27-33

Horváth, P. (2002), Controlling – von der Kostenkontrolle zur strategischen Steuerung, in: *Gaugler, E./Köhler, R.* (Hrsg., 2002), Entwicklung der Betriebswirtschaftslehre, Stuttgart 2002, S. 325–354

Horváth, P. (2003), Controlling, 9. Auflage, Stuttgart 2003

Jehle, E./Stüllenberg, F./Schulze im Hofe, A. (2002), Netzwerk-Balanced-Scorecard als Instrument des Supply Chain Controlling, in: Supply Chain Management, 2, 2002, 4, S. 19-25

Otto, A. (2002), Management und Controlling von Supply Chains, Wiesbaden 2002
Renner, A. (1991), Kostenorientierte Produktionssteuerung, Stuttgart 1991
Schneider, C. (2003), Controlling von Working Capital bei Logistikdienstleistern, in: CM Controller Magazin, 27, 2002, 6, S. 540-546
Simon, H. u. a. (1954), Centralisation vs. Decentralisation, the Controller´s Department, New York Controllership Foundation, Pittsburgh 1954
Stölzle, W./Otto, A. (Hrsg., 2003), Supply Chain Controlling in Theorie und Praxis, Wiesbaden 2003
Stölzle, W. (2002), Supply Chain Controlling und Performance Management – Konzeptionelle Herausforderungen für das Supply Chain Management, in: Logistik Management, 4, 2002, 3, S. 10-21
Webert, J./Bacher, A./Groll, M. (2002), Konzeption einer Balanced Scorecard für das Controlling von unternehmensübergreifenden Supply Chains, in: krp, 46, 2002, 3, S. 133-141

Einkaufscontrolling – Gestaltung der Supply Chain bei Miele

Dr.-Ing. Günther R. Reinelt*

* Dr.-Ing. Günther R. Reinelt, Leiter Zentralbereich Einkauf, Miele & Cie. KG, Gütersloh.

1 Ausgangssituation

1.1 Der Hausgerätemarkt und die Marke Miele

Die Hausgeräteindustrie unterliegt einem dynamischen Wandel ihrer Randbedingungen, der sich mit zunehmender Geschwindigkeit sowohl in den Produktlebenszyklen als auch in den Strukturen der Absatz- und Beschaffungsmärkte widerspiegelt. Der deutsche Markt ist derzeit in besonderer Weise durch die Schnäppchenmentalität und eine Konsumflaute mit dem damit verbundenen Druck auf die Endverkaufspreise gekennzeichnet. Gleichzeitig bewirkt die von den deutschen Herstellern als Ausgleich betriebene Erschließung der internationalen Märkte eine zunehmende Variantenvielfalt mit der damit verbundenen Komplexitätsproblematik. Weiterhin wird der Verbraucher durch die Entwicklung im Bereich der technischen Konsumgüter wie Mobiltelefone, Computer, Audio- und Videogeräte an eine Verkürzung der Produktlebenszyklen gewöhnt, die er in seiner Erwartungshaltung auch auf die langlebigen Hausgeräte wie z. B. Waschmaschine, Geschirrspüler oder Herd überträgt. Dies führt zu einem deutlich schnelleren Verbrauch der Produktinnovationen in der Wahrnehmung der Endverbraucher, obwohl die Alleinstellung durch den Patentschutz wie z. B. bei der Besteckschublade für Geschirrspüler oder der Schontrommel bei Waschmaschinen für *Miele* auf Jahre hinaus gegeben ist.

Die Konsolidierung der Marktteilnehmer auf der Anbieterseite (2003: USA: 4 Firmen halten 93 % Marktanteil, Europa: 5 Firmen halten 68 % Marktanteil) schreitet stetig voran und neue Anbieter (Arcelik/Türkei, Haier/China, Samsung und LG/Südkorea) werben neben den etablierten Marken um die Kunden. Eine zusätzliche Dynamik für das Marktgeschehen bringt das Vordringen beratungsarmer und preisdominierter Absatzkanäle wie Lebensmitteldiscounter und Großflächenanbieter, verbunden mit einem stetigen Rückgang der kleinen Elektrofachhändler. Der Markt teilt sich besonders in Mitteleuropa in das preisorientierte Einstiegsegment und die leistungsorientierten Premiummarken. *Miele* ist als Anbieter langlebiger, qualitätsorientierter Produkte ausschließlich im Premiumsegment vertreten und muss seine Kunden durch ein attraktives Preis-Leistungs-Verhältnis verbunden mit ergänzenden Dienstleistungen überzeugen. Dies gelingt im Ausland in überzeugender Weise und auch im Inland konnte der Umsatz nach einem vorübergehenden Rückgang in 2003 (-3,8 %) wieder gesteigert werden.

Der Umsatz der *Miele-Gruppe* ist im Kalenderjahr 2004 weltweit um 2,5 % auf rund 2,2 Mrd. Euro gewachsen; dabei erreichte der Auslandsanteil rund 70 %. Der Geschäftbereich Haus- und Einbaugeräte erwirtschaftete einen Umsatz von 1,7 Mrd. Euro, die gewerblichen Reinigungsgeräte von 232 Mio. Euro, die Einbauküchen von 33 Mio. Euro und die Marke Imperial von 33 Mio. Euro. Bei einem Gesamtvolumen der zugekauften Lieferungen und Leistungen in Höhe von 1,1 Mrd. Euro stellen die Haus- und Einbaugeräte an den Einkauf die typischen Herausforderungen einer Großserienproduktion von Katalogware mit Tagesstückzahlen bis über 7.000 Einheiten – in den Strukturen vergleichbar mit der Automobilindustrie. Die gewerblichen Reinigungsgeräte repräsentieren eine Klein- bis Mittelserienfertigung, vergleichbar dem Maschinenbau mit teilweise kundenspezifischer Ausprägung im Objektgeschäft, wie

z. B. Krankenhaus- oder Hotelwäschereien. Die Herstellung von hochwertigen Einbauküchen wird bei *Miele* als reine Kundenauftragsfertigung durchgeführt, d. h. die Küchen werden in Küchenstudios oder Möbelhäusern vom Kunden konfiguriert und nach Abklärung aller Randbedingungen mit höchster Priorität auf Qualität und Termintreue produziert.

1.2 Die Rolle des Einkaufs in der Supply Chain bei Miele

Die veränderten Rahmenbedingungen der Absatzmärkte und insbesondere der damit verbundene stetig steigende Kostendruck, verschaffen dem Einkauf eine in der Vergangenheit nie gekannte Aufmerksamkeit der Geschäftsleitungen und auch der Analysten der Banken. Durch die zunehmende Konzentration der Firmen auf ihr Kerngeschäft hat der Anteil der fremdbezogenen Lieferungen und Leistungen bereits Werte von 50 bis über 70 Prozent erreicht.

Abb.1: Die Supply Chain von den Lieferanten bis zum Handel

Abbildung 1 zeigt die Supply Chain von den Lieferanten bis zum Handel, wobei sich der Schwerpunkt der Einkaufsaktivitäten auf den Bereich des Lieferantennetzwerkes konzentriert. Für den Abschnitt der Supply Chain von den Endmontagewerken über das Warenverteilzentrum bis zum Handel ist in der *Miele-Gruppe* primär die Funktion Distributionslogistik verantwortlich, die bei der Beschaffung der Transportleistungen vom Einkauf bei Bedarf beratend unterstützt wird. Für den Einkauf stellt sich die logistische Herausforderung, wie in Abbildung 2 dargestellt, im Bereich des Lieferantennetzwerkes.

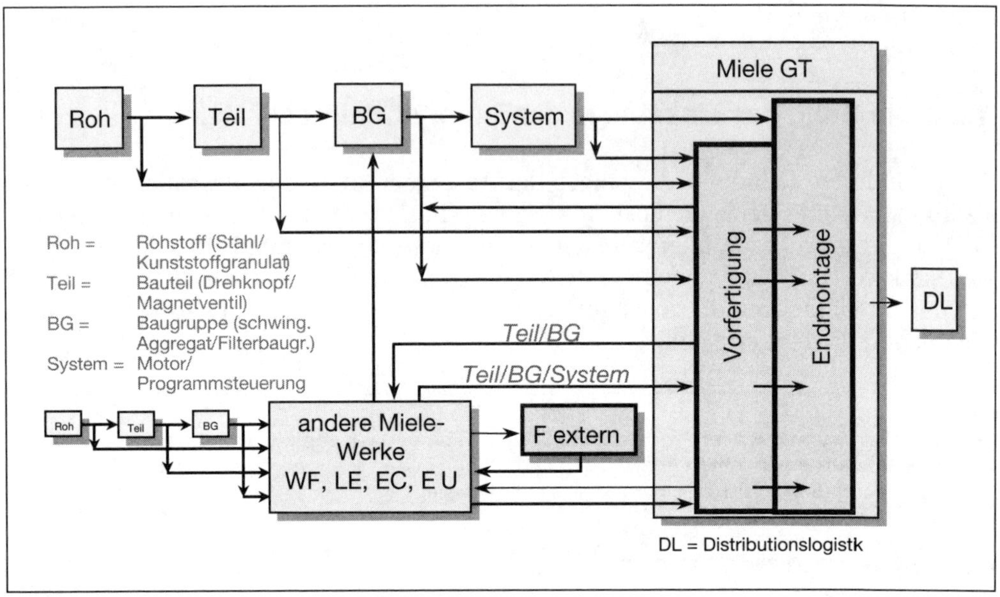

Abb. 2: Integriertes Supply Network für Fertigungsmaterial

Für den Gesamtprozess der Leistungserstellung lassen sich die drei Hauptelemente Entwicklung, Herstellung und Vermarktung der Produkte und Dienstleistungen nach Abbildung 3 abgrenzen. Je nach unternehmerischer Entscheidung über die eigene Fertigungstiefe übernimmt der Einkauf die Aufgabe, für die jeweilige Bedarfsituation die leistungsfähigsten Lieferanten des weltweiten Beschaffungsmarktes zu finden und bestmöglich in den Prozess der Leistungserstellung unter Einhaltung der festgelegten Ziele einzubinden (vgl. *Wagner* 2004).

Die Produktentwicklung beginnt mit der strategischen Produktplanung und führt über die Bedarfspezifikation zur Festlegung der externen Leistungsumfänge. Nach der Lieferantenrecherche, Lieferantenbewertung und Lieferantenauswahl geht es in die Bemusterung bis die Einhaltung aller Anforderungen nachgewiesen ist und die Serienlieferung erfolgen kann.

In die Serienproduktion übernimmt der Einkauf die Verantwortung für Versorgungssicherheit zu günstigsten Gesamtkosten unter Gewährleistung aller qualitativen Anforderungen. Mit den ausgewählten Lieferanten sind die entsprechenden Konzepte für die jeweilige Beschaffungslogistik zu erarbeiten und durch Einbindung geeigneter Logistikdienstleister auch über große Entfernungen just-in-time oder just-in-sequenz Anlieferungen einzurichten.

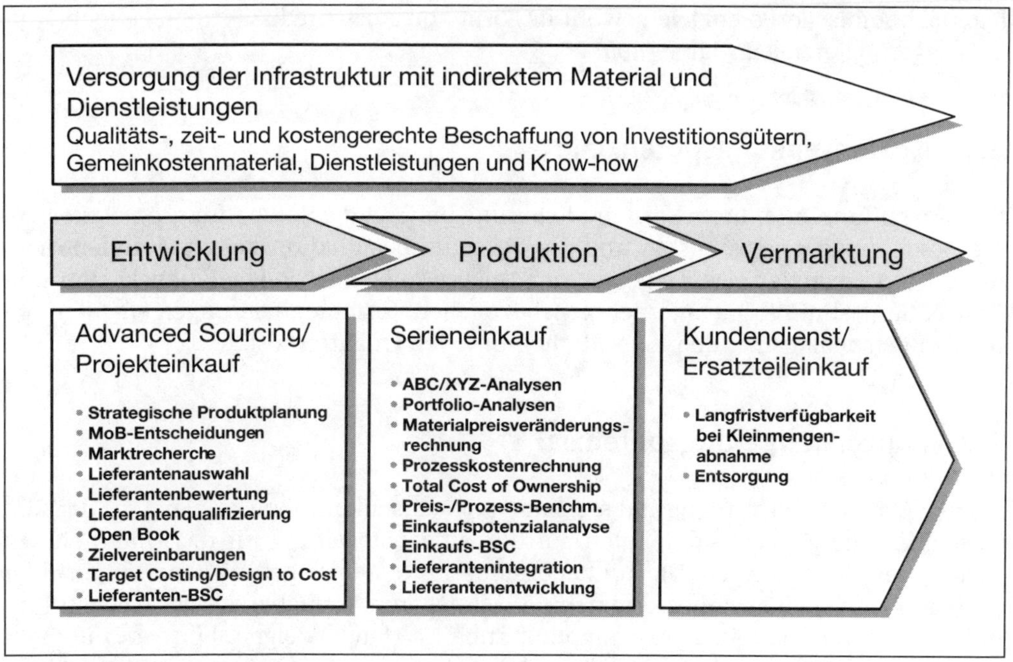

Abb. 3: Die Rollen des Einkaufs in der Supply Chain

Neben der Produktentwicklung und -herstellung unterstützt der Einkauf die Vermarktung der Produkte und Dienstleistungen durch geeignete Aktivitäten im Bereich von Marketing, Vertrieb und Distributionslogistik. Nicht zu unterschätzen ist dabei die langfristige Absicherung der Verfügbarkeit von Ersatzteilen für die Wartung und Reparatur der verkauften Produkte unter Berücksichtigung des raschen technologischen Wandels.

Zusätzlich wird der gesamte Bedarf an Lieferungen und Leistungen für die Infrastruktur des Unternehmens, d. h. Investitionsgüter, Gemeinkostenmaterialien, Dienstleistungen und Know-how einkäuferisch von der Bedarfsfeststellung bis zur Abwicklung des Zahlungsverkehrs betreut.

2 Die Erfolgspotenziale des Einkaufs

Mit der zunehmenden Bedeutung des Einkaufs für den Unternehmenserfolg stellt sich naturgemäß die Frage, was das Unternehmen für die in den Einkauf investierten Ressourcen erhält. Die Implementierung eines effizienten Mess- und Regelungssystems zur Identifikation und effektiven Ausschöpfung der Potenziale ist eine zwingende Notwendigkeit. Der Einkauf kann durch die Integration der richtigen Lieferanten wesentliche ökonomische Potenziale sowohl in Form von Kostenreduzierung als auch Nutzensteigerung erzielen (vgl. *Arnold* 2005).

2.1 Kostensenkungspotenziale

Die beschaffungsorientierte Kostenreduzierung umfasst die Beschaffungsobjektkosten, die Beschaffungsprozesskosten und die Beschaffungsfunktionskosten. Kundenorientierte Kostenreduzierungen ergeben sich aus vermiedenen Reklamationskosten und Konventionalstrafen. Die unternehmensbezogenen Kostenreduzierungen ergeben sich bei den Personalkosten, den Investitionen und den Qualitätskosten.

2.2 Nutzensteigerungspotenzial

Neben den meist im Vordergrund stehenden Kostensenkungspotenzialen darf der Einfluss effizienter Einkaufsaktivitäten auf die Nutzensteigerung für das Unternehmen nicht unterschätzt werden. Die kundenorientierte Nutzensteigerung kann sich in einer preisstabilen Qualitätsverbesserung, einer schnelleren Verfügbarkeit der eigenen Produkte im Markt oder einer Margenoptimierung im Handel zeigen. Für das Unternehmen ergibt sich durch die Erschließung leistungsfähiger Lieferanten die Möglichkeit, sich auf das Kerngeschäft zu konzentrieren und mit den freigesetzten Ressourcen Zusatzgeschäfte zu starten. Zusätzlich erhält das Unternehmen noch Zugang zu lieferanteneigenen Innovationen und erzielt dadurch einen nicht unwesentlichen Gewinn an Know-how. Für die Beschaffung lassen sich aus der intensiven Zusammenarbeit mit den Lieferanten eine hilfreiche Kostentransparenz, eine Reduzierung des Beschaffungsrisikos und eine Steigerung der Versorgungssicherheit erzielen.

2.3 Der Wertbeitrag des Einkaufs

Die Bearbeitung der Potenzialfelder lassen sich in die fünf Handlungsfelder Produkt, Menge, Markt, Preis und Vertrag in Form eines Werthebelbaumes wie in Abbildung 4 dargestellt strukturieren.

Dabei wird durch die Maßnahmenkaskade Verhandeln, Verlagern, Verändern in sequenzieller oder paralleler Anwendung sowohl das Beschaffungsobjekt als auch der Beschaffungsprozess auf die zuvor definierten Zielwerte hin entwickelt.

Vielfach wird der Wertbeitrag des Einkaufs nur durch die einfach zu bestimmende ausgabenwirksame Reduzierung von Einkaufspreisen dargestellt. Abbildung 5 zeigt in vereinfachter Form, an wie vielen Stellen im Unternehmen der Einkauf einen Wertbeitrag leisten kann und wie er sich auf den Unternehmenswert abbilden lässt (vgl. *Germer* 2005).

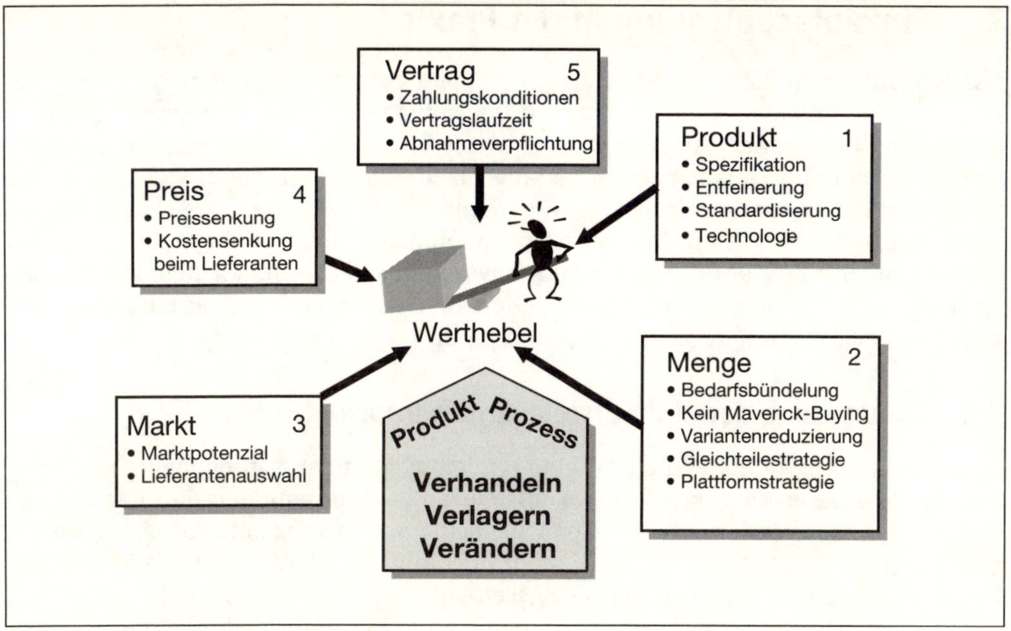

Abb. 4: Werthebelbaum des Einkaufs

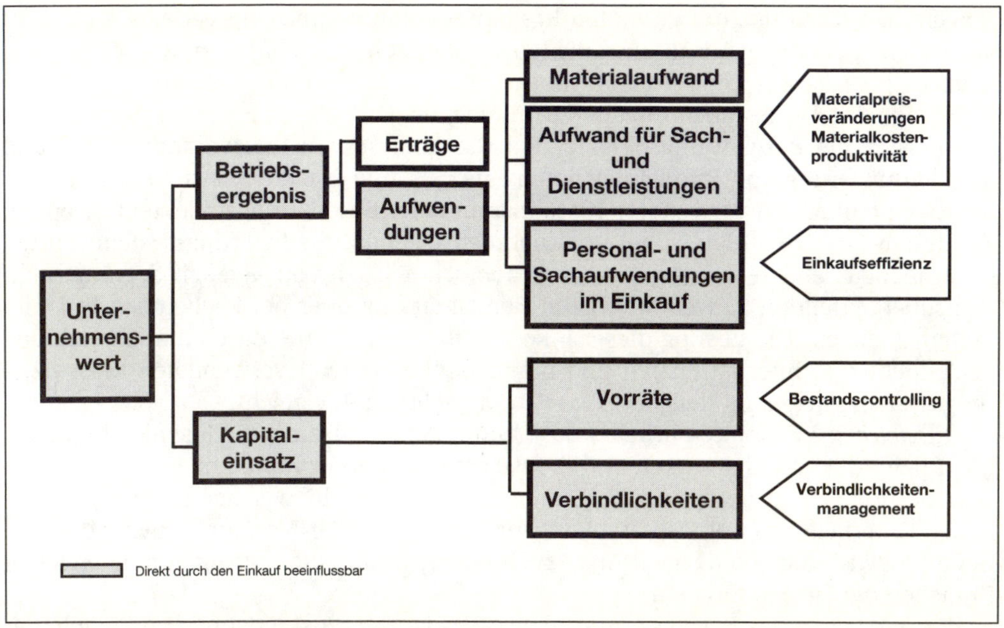

Abb. 5: Wertbeitrag des Einkaufs

3 Einkaufscontrolling in der Praxis

Das Einkaufscontrolling als effizientes Instrument zur Messung, Steuerung und Präsentation der Einkaufsleistung hat sich in Deutschland in den vergangenen 15 Jahren zunächst in den großen Konzernen schrittweise entwickelt. Gerade die Unübersichtlichkeit dezentraler Organisationen verlangt nach einem Werkzeug, welches ermöglicht, mehr Informationen als nur die ABC-Analysen über die Kreditoren und die Sachnummern zu liefern. Erst die Verfügbarkeit zunehmend leistungsfähiger IT-Systeme im Verbund mit Strukturierungshilfen und Analysewerkzeugen ermöglichen dem Einkäufer heute die Konzentration seiner Aktivitäten auf die Erschließung der Einkaufspotenziale aus Bedarfsbündelung, Standardisierung und Marktbearbeitung.

3.1 Transparenz der einkaufsrelevanten Informationen

Eine wesentliche Voraussetzung für eine erfolgreiche Einkaufsarbeit stellt die Verfügbarkeit belastbarer und aktueller einkaufsrelevanter Informationen dar. Für strategische Controllingzwecke reicht in vielen Fällen eine Auswertung auf Wochen-, Monats-, Quartals- oder Jahresbasis. Spezielle, mehr operationale Informationen, wie Wechselkurse oder Reklamationsmeldungen, müssen tagesaktuell verfügbar sein.

Die sechs *W-Fragen* beschreiben anschaulich die Kerninformationen, die als Basis für ein gezieltes Einkaufscontrolling möglichst systemgestützt, kurzfristig und »by tip of your finger« verfügbar sein müssen.

Wer sind die Bedarfsträger und *wie groß* ist ihr spezifisches Einkaufsvolumen? Wie groß ist das vom Einkauf bearbeitete Volumen an zugekauften Lieferungen und Leistungen im Verhältnis zum gesamten Kreditorenvolumen und wie verteilt es sich auf die verschiedenen Organisationseinheiten wie Konzern, Geschäftsbereich, Werk, Kostenstelle etc.? Ist das vom Einkauf unbearbeitete Zukaufvolumen deutlich größer als 10 %, signalisiert dies noch ungenutzte Potenziale.

Was sind die Beschaffungsobjekte? Für die Analyse von Preisveränderungen und die Identifizierung von Bündelungspotenzialen ist eine klar definierte und unternehmensweit einheitlich verwendete Klassifizierung der Beschaffungsobjekte notwendig. Zu diesem Zweck wurden früher unternehmenseigene Klassifizierungssysteme entwickelt, jedoch zeigten sich deren Schwächen schnell bei dem Versuch der unternehmensübergreifenden Anwendung beim Benchmarking oder bei Recherchen in Lieferantenkatalogen. Die Lösung dieser Inkompatibilitäten wurde durch die Entwicklung der zunehmend internationalen und branchenübergreifend verwendeten Klassifizierungssysteme, wie zum Beispiel *eClass* (www.eclass.de), erreicht.

Mit *welchen* Lieferanten arbeitet das Unternehmen zusammen? Für die eindeutige Identifizierung von Lieferanten und die Beschreibung ihrer Konzernzugehörigkeit hat sich die DUNS-Nummer (www.dbgermany.dnb.com) für inzwischen mehr als 90 Millionen Unternehmen weltweit etabliert. Als Zusatz zur DUNS-Nummer bietet der SIC-Code (www.siccode.com) nach Absatzvolumen geordnet die Information, in welchen Branchen die Firmen tätig sind.

Wie viel kostet das Beschaffungsobjekt? Was ist der Einstandspreis und wie hat er sich gegenüber der Vorperiode verändert? Was kostet das Beschaffungsobjekt frei

Bedarfsort auf der Basis einer Gesamtkostenbetrachtung (Total Cost of Ownership)?

Wie wird eingekauft? Wie hoch ist der Anteil von Normalbestellungen, Rahmenverträgen, Wertkontrakten und Abrufaufträgen und wie hoch ist der Anteil der elektronischen Beschaffung über katalogbasiertes eProcurement und portalgetriebenes eSourcing? Wann fanden die Einkaufsaktivitäten statt? Es muss die Möglichkeit der freien Auswahl der Berichtsperiode wie Monat, Quartal, Kalenderjahr oder Geschäftsjahr bestehen, um für Prognosen oder Marktvergleiche den jeweiligen Betrachtungszeitraum wählen zu können.

Liegen die angesprochenen Informationen in aktuell gepflegter Form vollständig und zeitnah vor, dann bestehen beste Voraussetzungen für ein effektives Einkaufscontrolling (vgl. *Schild* 2005).

3.2 Integriertes Einkaufscontrolling

Durch das integrierte Einkaufscontrolling werden unternehmensinterne und marktbezogene Daten zur Ableitung von Handlungsempfehlungen für die Einkaufsentscheider herangezogen (vgl. *Eßig/Präuer* 2004). Das interne Einkaufscontrolling liefert mit Hilfe der Werkzeuge wie ABC/XYZ-Analyse, Produkt-, Lieferanten- und Marktmachtportfolio (vgl. *Kaufmann* u. a. 2005) die Grundlage für die Entwicklung warengruppenspezifischer Beschaffungsstrategien (vgl. *Muschinski* 2005). Die Nutzung von Bündelungspotenzialen liefert neben der Kostenreduzierung durch Skaleneffekte die Möglichkeit zum Abbau von administrativen Kosten durch die Reduzierung der Anzahl der zu betreuenden Lieferanten. Gleichteilekonzepte verstärken den Grad der Standardisierung und helfen Investitionen in Werkzeuge zu vermeiden. Mit Hilfe der Prozesskostenrechnung werden bei der Veränderung komplexer Beschaffungsprozesse die Potenziale der Reduzierung von Personal-, Lager-, Transport- und Kapitalbindungskosten sowie von Verschrottungsrisiken ermittelt und ihre erfolgreiche Umsetzung begleitet. Ein Paradebeispiel hierfür ist der Abbau von Gemeinkostenlager durch die Einführung eines katalogbasierten eProcurement mit integriertem Gutschriftverfahren wie in Abbildung 6 dargestellt.

Durch das marktbezogene Einkaufscontrolling werden alle Ergebnisse der Einkaufsaktivitäten mit Lieferantenbezug erfasst. Dabei wird zwischen dem Einkaufsergebnis, d. h. einer ausgabewirksamen Preissenkung gegenüber der Vorperiode, und der Einkaufsleistung, wie zum Beispiel angewehrte Preiserhöhung oder preisneutrale Kompensation von Volumenschwankungen, jedoch nicht zwangsläufig mit Preissenkung gegenüber der Vorperiode, unterschieden.

Alle im integrierten Einkaufscontrolling entwickelten Kennzahlen werden in einem strukturierten Kennzahlensystem nach Abbildung 7 zusammengefasst und in einem Kennzahlen-Leitstand dargestellt. Dabei beschreiben die Rahmen- und Strukturkennzahlen das interne und externe unternehmerische Umfeld und die Leistungskennzahlen die Ergebnisse der Einkaufsaktivitäten.

Die Erweiterung des Kennzahlensystems zur Balanced Scorecard P-BSC für den Einkauf (vgl. *Germer* 2005, *Hug* 2005) nach Abbildung 9 erlaubt die Verknüpfung der strategischen Ziele mit den konkreten Einkaufsmaßnahmen aus der Sicht der vier Perspektiven Finanzen, interne Kunden, Einkaufsprozesse und Mitarbeiter.

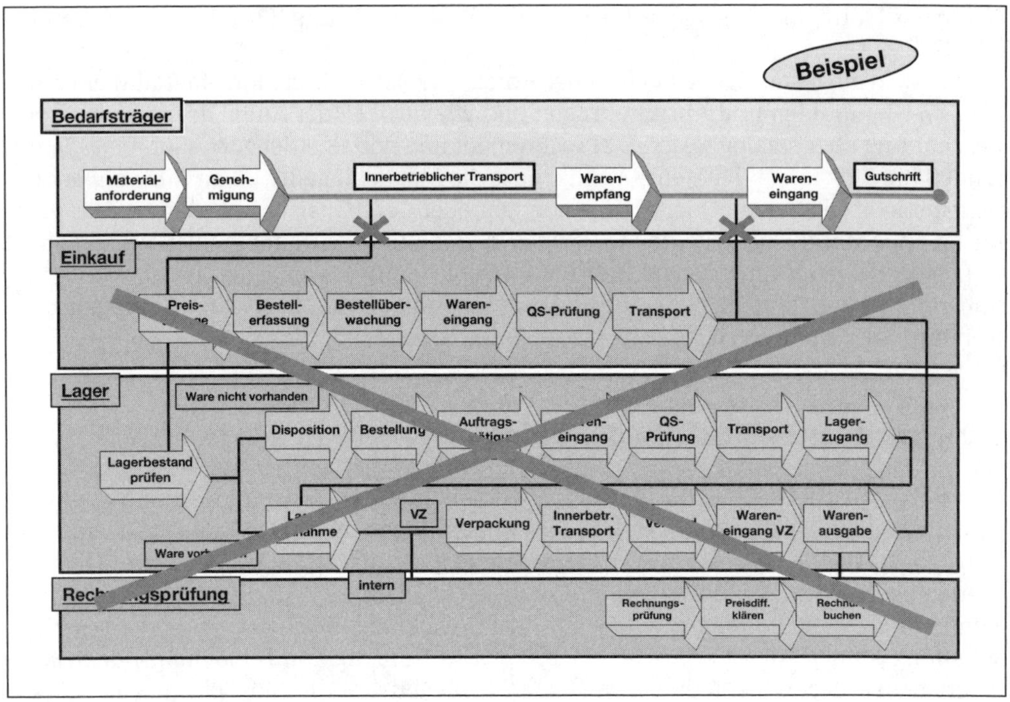

Abb. 6: Einführung von eProcurement für MRO-Artikel

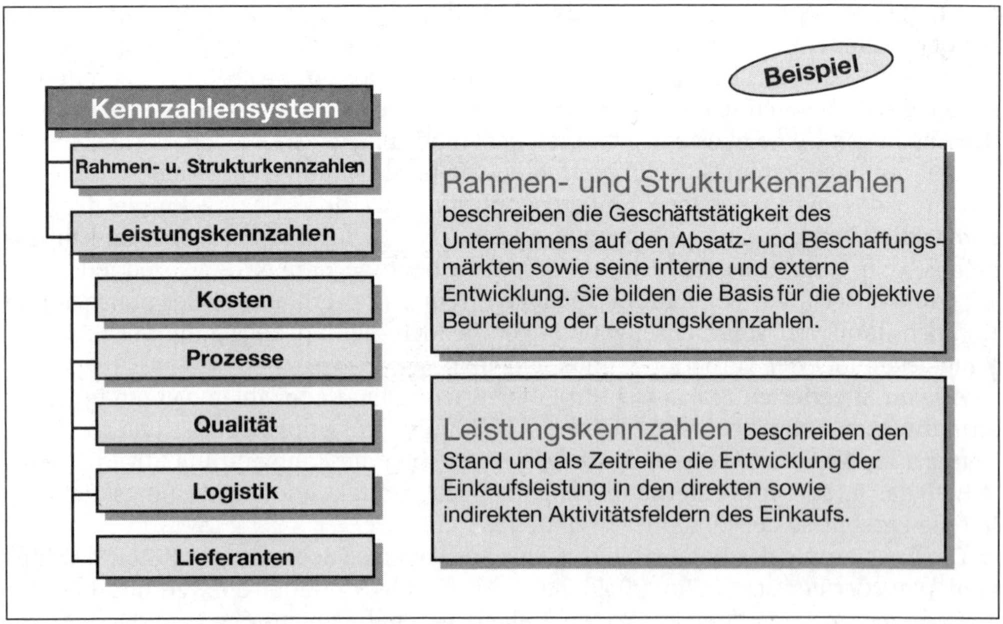

Abb. 7: Kennzahlensystem

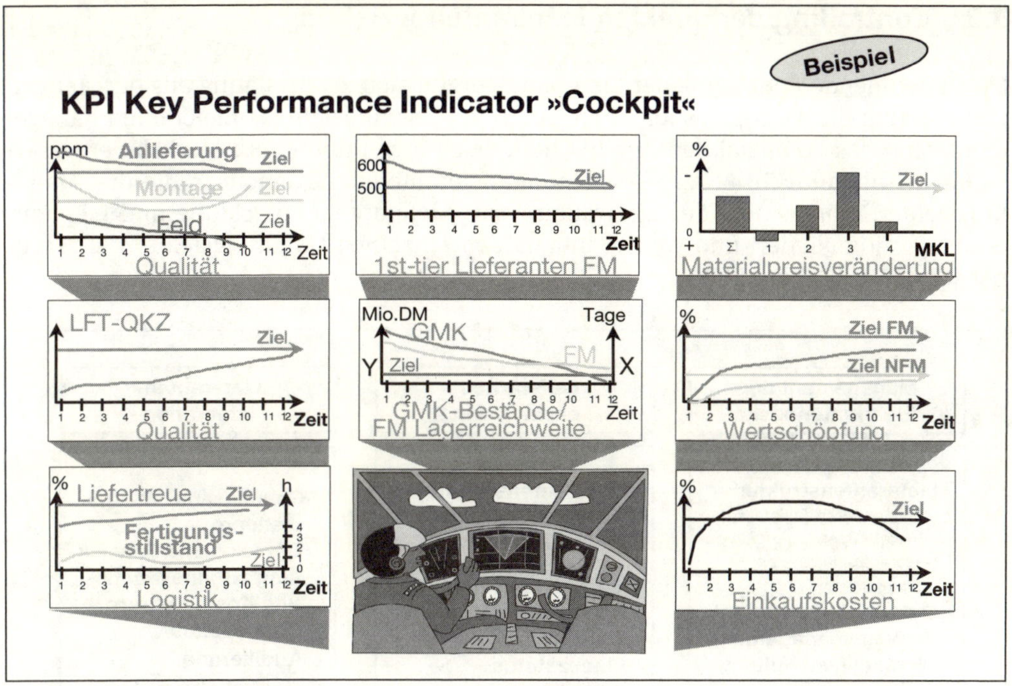

Abb. 8: Kennzahlen-Leitstand

Beispiel

	Strategische Ziele	Messgröße	Soll	Ist
Finanzen	Materialkosten	Materialpreisveränderung MPV	-3 % p.a	- 2,5 % p.a.
	Bestandskosten	% Anteil am Materialvolumen	2,0 %	1,9 %
	Prozesskosten	Prozesskosten C-Material/Bestellung	45 Euro	55 Euro
	Einkaufseffizienz	EK-Kosten/EKV in %	0,8 %	0,9 %
interne Kunden	Lieferzuverlässigkeit	Liefertreue % rechtzeitig	98 %.	90 %
	Kundenzufriedenheit	Kundenbefragung, Index 1-100%	85 %	75 %
	Kundenservice	Reaktionszeit auf Reklamation	24 h	36 h
	Entwicklungsprojekte	Teilnahme Projekteinkäufer	100 %	95 %
Einkaufs-prozesse	Maverick-Buying	Abdeckung EKV durch EK	90 %.	85 %
	Rahmenverträge	Abdeckungsrate/Nutzung	80 %	81 %
	Global Sourcing	Ausschöpfung LCC Potenzial	80 %	60 %
	eProcurement	Anteil EKV	20 %	22 %
Mitar-beiter	Qualifikation	Bildungsniveau	40 % Uni	35 %
	Weiterbildung	Seminartage p. a.	4 Tage p. a.	5
	Innovation	Verbesserungsvorschläge p. a.	2 p. a/p. MA	3
	Fremdsprachen	Englisch, weitere Fremdsprachen	90 % / 20%	80 % / 10 %

Abb. 9: Balanced Scorecard P-BSC für den Einkauf

3.3 Controlling der direkten Lieferantenbeziehung

Die zunehmende Bedeutung der Lieferanten ergibt sich zwangsläufig aus der stetigen Reduzierung der Fertigungstiefe. Nur durch ein leistungsfähiges Lieferantenmanagement kann das Potenzial der Supply Chain erschlossen und kontinuierlich verbessert werden. Abbildung 10 zeigt, wie sich das Lieferantenmanagement in die drei Handlungsfelder Management der Lieferantenbasis, Lieferantenentwicklung und Lieferantenintegration gliedert und welche Inhalte den einzelnen Handlungsfeldern zugeordnet werden (vgl. *Rinn* 2004).

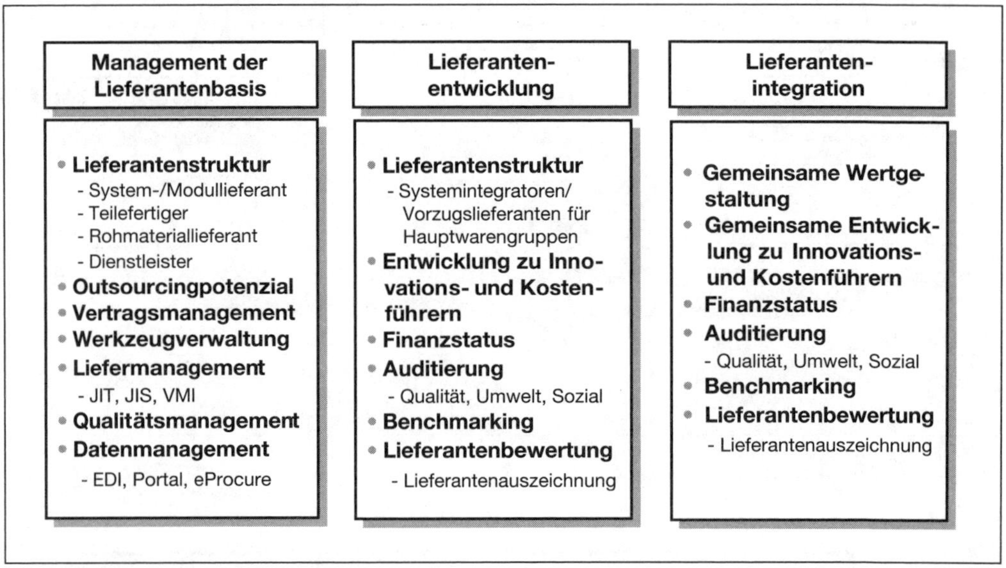

Abb. 10: Handlungsfelder des Lieferantenmanagements (Supplier Relationship Management)

Zur Steuerung der Lieferantenbeziehung wird eine Lieferantenbewertung mit den Hauptkriterien Qualität, Logistik, Kosten, Technik und Umwelt eingesetzt, die für Serienlieferungen sicherstellt, dass die Lieferantenleistung objektiv gemessen wird. Abweichungen von den Sollwerten werden zeitnah erkannt und durch geeignete Korrekturmaßnahmen nachhaltig abgestellt. Ergänzend zur Lieferantenbewertung wird zunehmend die Lieferantenscorecard X-BSC wie beispielhaft in Abbildung 11 dargestellt, eingesetzt. In Analogie zur klassischen BSC beinhaltet sie ebenfalls die Kriterien Finanzen, Kunden, Prozesse und Mitarbeiter, ergänzt um die Perspektive Management und Management System des Lieferanten. Damit wird die Kompatibilität des Lieferanten mit der eigenen Unternehmenskultur bewertet (vgl. *Hug* 2003, *Hug* 2005).

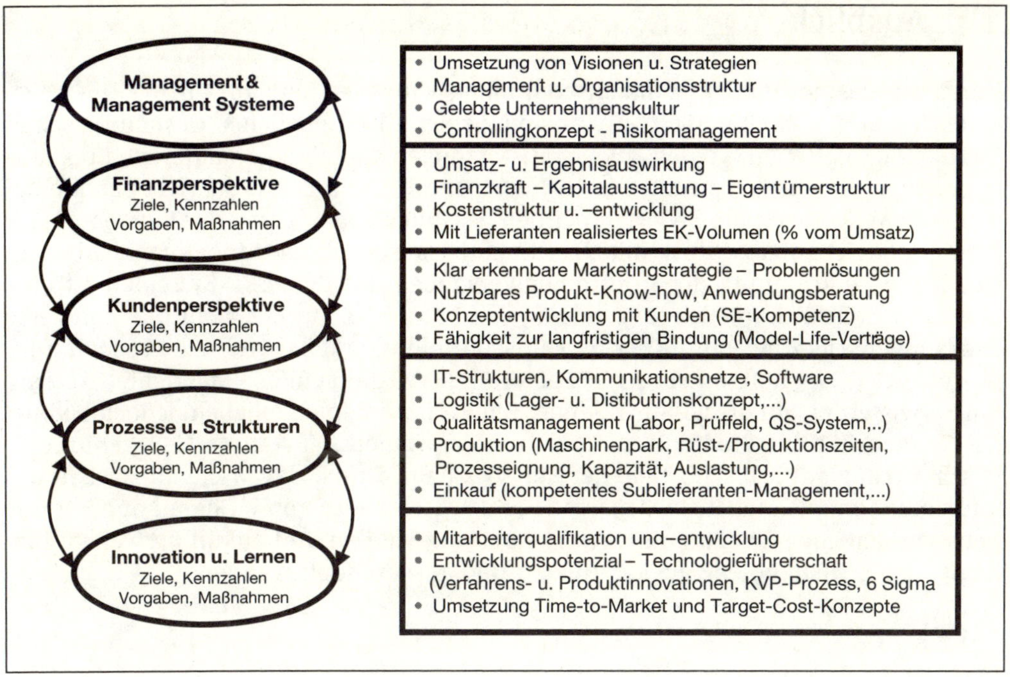

Abb. 11: Lieferantenscorecard X-BSC

3.4 Controlling der Supply Chain

Die Einbeziehung nur der Lieferanten der ersten Stufe, d. h. derjenigen die direkten logistischen Kontakt zum Endgerätehersteller pflegen, reicht jedoch nicht mehr aus, um die vom Markt geforderten Leistungsstandards zu erreichen. Trotz der gegebenen Komplexität erfordern strategische Zielgrößen wie Durchlaufzeiten, vertikale und horizontale Entwicklungskooperationen oder auch die Sicherstellung der Rohstoffversorgung die fallweise Einbeziehung größerer Bereiche des Lieferantennetzwerkes in den Controllingumfang. Durch die zusätzliche Anbindung der Lieferanten der zweiten und fallweise weiterer Stufen an das Unternehmensportal des Endgeräteherstellers wird ein bedarfsgerechter Informationsaustausch gewährleistet. Zur Unterstützung des Controllings der erweiterten Supply Chain wurden Ansätze untersucht, die unter Verwendung der Strukturen einer Balanced Scorecard die Perspektiven Finanzen, Kooperationsprozesse, Kooperationsintensität und Kooperationsqualität bewerten (vgl. *Weber* u. a. 2003). Durch Zusammensetzung mehrerer bilateraler Scorecards lassen sich größere Bereiche des Netzwerkes abbilden und dadurch Risiken und Potenziale bewerten. Die Praxistauglichkeit dieser Ansätze konnte durch eigene Untersuchungen im größeren Maßstab jedoch noch nicht überprüft werden.

4 Ausblick

Durch ein leistungsfähiges Einkaufscontrolling kann der Einkauf auf die Unternehmensziele ausgerichtet und effektiv und effizient zur bestmöglichen Gestaltung seines Wertbeitrags gesteuert werden. Die Voraussetzungen dafür sind qualifizierte Einkaufsmitarbeiter, die mit den strukturierten Informationen und den beschriebenen Methoden und Werkzeugen die Bedarfe über den gesamten Prozess von der Entstehung bis zum erfolgreichen Abschluss mit dem Zahlungsausgleich wertorientiert bearbeiten. Durch die Verknüpfung der Controllingwerkzeuge mit den ERP-Systemen ist eine möglichst hohe Automatisierung und Systemunterstützung der Controllingprozesse anzustreben. Die Anwendung des Einkaufscontrollings auf die internen Beschaffungsprozesse und die Lieferanten der ersten Stufe kann problemlos eingerichtet werden. Eine Erweiterung auf die gesamte Supply Chain ist prinzipiell möglich, jedoch bedingt die Komplexität der Produkte und Wertschöpfungsnetze für große Hausgeräte eine Beschränkung auf kritische Teile der Supply Chain. Durch den weiteren Ausbau des internetbasierten Datenaustauschs entlang der gesamten Supply Chain können diese noch vorhandenen Defizite mittelfristig abgebaut werden und zukünftig weitere Einkaufs- und Logistikpotenziale identifiziert und ausgeschöpft werden.

Literatur

Arnold, U. (2005), Performance Management im Einkauf, in: Beschaffung Aktuell, 61, 2005, 3, S. 72

Eßig, M./Präuer, A. (2004), Integriertes Beschaffungs- und Supply Chain Controlling, in: Supply Chain Management 2004, 4, S. 7–14

Germer, T. (2004), Balanced Scorecard (BSC): Die Wertbeiträge des Einkaufs sichtbar machen, in: Handout zu BME Forum Essen, 07.04.2005

Hug, W. (2003), Controlling unternehmensübergreifender Wertschöpfungsprozesse – Lieferantenbewertung, in: Management Forum Starnberg, Handout zu Konferenz Kennzahlen und Controlling im Einkauf, Frankfurt, 03.–04.02.2003

Hug, W. (2005), Advanced Purchasing Controlling – Controlling des Strategischen Einkaufs, in: Handout zu Management Circle Procurement World, Frankfurt, 14.02.2005

Kaufmann, L./Thiel, C./Becker, A. (2005), Beschaffungscontrolling, in: *Schäffer, U./Weber, J.* (Hrsg.), Bereichscontrolling, Stuttgart, erscheint Ende 2005

Muschinski, W. (2005), Materialgruppenstrategien systematisch entwickeln, in: Handout zu Management Circle Procurement World, Frankfurt, 14.02.2005

Rinn, T. (2004), Supplier Relationship Management – Neubestimmung von »Win-win«, in: Handout zu Roland Berger Landsberger Gesprächen – SRM Studie, Essen, 13.05.2004

Schild, D. (2005), Der Einkaufscontroller – Freund und Helfer des strategischen Managements, in: Beschaffung Aktuell, 2005, 1, S.24–26

Wagner, S. (2004), Vom Einkaufs- zum Supplier-Relationship-Controlling, in: vwd: einkäufer im markt, 2004, 5, S. 6–7

Weber, J./Bacher, A./Groll, M. (2003), Balanced Scorecard – Eignung des Ansatzes für das Supply Chain Management, in: *Bogaschewsky, R./Götze, U.* (Hrsg.): Management und Controlling von Einkauf und Logistik, Gernsbach 2003, S. 307–329

Performance Management-Architektur als Steuerungsgrundlage einer bereichsübergreifenden Prozessoptimierung

David Schwerbrock*

* David Schwerbrock, Vice President Finance, SAS International, Heidelberg.

1 Der CFO als strategischer Berater

1.1 Neue Anforderungen an die Finanzverantwortlichen

Die Zeiten, in denen dem Chief Financial Officer das Image des »Erbsenzählers« anhaftete, sind unwiederbringlich vorbei. Bestand sein Leistungsnachweis als Verwalter von »Soll« und »Haben« früher aus retrospektiven Finanzreports an den Vorstand, so drängt ihn nicht zuletzt die turbulente Entwicklung auf dem Kapitalmarkt heute in eine aktivere Rolle. Im Kampf um die Kapitalanleger ist die langfristige Verbesserung des Firmenwerts Voraussetzung für den nachhaltigen Unternehmenserfolg – und rückt damit in den Fokus der Entscheidungsträger. Wenn Kapitalmarkterwartungen in die Steuerung der Geschäftseinheiten einbezogen werden sollen, wird eine Bewertung der strategischen Ausrichtung des Unternehmens aus Finanzsicht benötigt. Diese Veränderung in der Rolle des CFO erhält eine weitere Beschleunigung, da ihm zunehmend auch operative Verantwortung obliegt. Das zeigt eine Umfrage des »National Bureau of Economic Research« unter 300 börsennotierten US-Firmen. Danach haben 20 Prozent der befragten Unternehmen den Posten des Chief Operating Officer (COO) zwischen 1986 und 1999 abgeschafft. Ein Großteil der COO-Verantwortung wurde dabei den CFOs übertragen (vgl. *Couto* u. a. 2005).

Zugleich stehen die Unternehmensführungen im Fadenkreuz der Gesetzgeber, die nach den Bilanz- und Börsenskandalen um *Enron* und *Worldcom* längst überfällige Regelungen und Kontrollen auf den Weg gebracht haben, zum Beispiel den Sarbanes-Oxley-Act in den Vereinigten Staaten, in Deutschland das Bilanzkontrollgesetz (BilKoG). Für eine einheitliche Berichterstattung sorgen darüber hinaus das Gesetz zur Kontrolle und Transparenz in Unternehmen (KonTraG), der »Deutsche Corporate Governance Kodex« und die International Finance Reporting Standards (IFRS). Die Umstellung der Buchhaltungsprozesse, die mit diesen Vorgaben verbunden ist, stellt die Finanzverantwortlichen vor eine echte Herausforderung; denn große Datenmengen sind aus sämtlichen Unternehmenszweigen einheitlich zusammenzuführen, aufzubereiten und den Vorschriften entsprechend in Reports zu übertragen. Dabei trägt der CFO Verantwortung dafür, dass alle bestehenden und neu zu definierenden Prozesse die gesetzlichen Vorgaben erfüllen. Hier entsteht ein erheblicher Zeitdruck; denn die stetigen und schnellen Änderungen des regulatorischen Belangens und der Markterwartungen erfordern, dass die notwendigen Informationen und Reports unmittelbar und präzise vorliegen. Gleichzeitig stehen die Finanzabteilungen selbst ebenfalls unter Sparzwang, da zeit- und ressourcenintensive Abläufe vereinheitlicht, automatisiert und optimiert werden sollen.

Durch die neue Rolle und das erweiterte Aufgabenspektrum haben sich die Erwartungen der Unternehmensvorstände und des Top-Managements an ihre CFOs gewandelt: Den Finanzmanagern werden klare Statements dazu abgefordert, wie man aus ihrer Sicht die Wertschöpfung des Unternehmens maximieren kann. Der CFO rückt somit weg von seinem Dasein als oberster Buchhalter; er wird zum strategischen Berater, der Verantwortung für die Gesamtperformance des Unternehmens trägt. Die Finanzverantwortlichen sind gefordert, unternehmensweite Strategien mitzugestalten, neue Handlungsfelder zu erschließen und die Wertschöpfung ihrer Firma nachhaltig zu steigern. So werden sie konfrontiert mit neuen, komplexen Fragestellungen:

- »Wie kann ich Kosten reduzieren, ohne dass sich die Kapazität des Unternehmens reduziert?«
- »Wie kann mein Unternehmen Änderungen in seinem Geschäft und im Markt prognostizieren und erwidern?«
- »Wie muss ich meine Investitionen in Personal oder Infrastruktur steuern, um Marktchancen optimal nutzen zu können?«
- »Wie kann ich dabei die Risiken minimieren?«

Die zentrale Herausforderung in der strategischen Unternehmenssteuerung lautet: »Wie lassen sich Tagesgeschäft, Strategie und langfristige Planung vereinen?« Antworten auf diese Fragen liefern strategisch-analytische Lösungen für die Planung und die Optimierung der Wertschöpfungskette im Unternehmen, z. B. bei der Entscheidung, in welche Märkte investiert und welche Partnerschaften geschlossen werden sollen, welcher Personalbedarf besteht, und wo versteckte Einsparpotenziale schlummern.

Zwischen den Erwartungen an den CFO des 21. Jahrhunderts und seiner realen Arbeitssituation klafft indes eine tiefe Lücke. Zunächst sind zusätzliche Talente gefordert als die rein buchhalterischen, z. B. strategisches Denken oder die nötigen kommunikativen Fähigkeiten. Eine weitere Ursache für die Kluft zwischen Anspruch und Realität nennt eine Studie von *BetterManagement.com* und *SAS*, durchgeführt im September 2004 unter 300 Führungskräften. Hiernach definierten zwar 81 % der Befragten den CFO als strategischen Berater der Unternehmensführung (vgl. *http://www.bettermanagement.com/Library/Library.aspx?LibraryID = 10891* 2004). Gleichzeitig stellten die Studienteilnehmer jedoch fest, dass viele CFOs dieser Rolle bisher nicht gerecht werden können. Der Grund liegt darin, dass veraltete Business Intelligence (BI)-Lösungen zugrunde liegen. So kritisierten 75 % der Umfrageteilnehmer, dass sie mit den hausinternen BI-Systemen nicht in der Lage seien, Umsatzpotenziale zu erschließen und Optimierungschancen in ihren Prozessen zu erkennen. Die Führungskräfte benennen klar, welche Funktionen eine Business Intelligence-Lösung für das Finanzmanagement haben muss. Demnach stufen 88 % der Teilnehmer Verfahren als wichtig oder sehr wichtig ein, mit denen sich Prognosemodelle erstellen und durchspielen lassen. Die gleiche Anzahl der Manager bemängelte zugleich, dass ihre derzeitigen IT-Hilfsmittel keine Möglichkeit für die zukunftsgerichtete Planung vorsehen.

1.2 Das Versagen traditioneller Bilanzierungs- und Finanzmanagement-Instrumente

Warum genügen die traditionellen Bilanzierungs- und Finanzmanagement-Instrumente den Anforderungen moderner CFOs nicht? Zum einen liegt der Grund darin, dass es sich um isolierte Systeme (Insel-Lösungen) handelt. Die Finanz- und Geschäftsinformationen werden abteilungsweise zusammengeführt und abgelegt. Es entsteht also keine unternehmensweit standardisierte und kontrollierte Datenbasis mit entsprechenden Metadaten. Die Daten können weder zu abteilungsübergreifenden Analysen herangezogen, noch zu unternehmensweiten Reports zusammengestellt werden. Probleme bereiten hier insbesondere die Integration der verschiedenen IT-Systeme in den Fachabteilungen, die Konsolidierung sowie das Datenmanagement. Zum anderen stützen sich viele der herkömmlichen Lösungen ausschließlich auf ERP-Systeme. Die Daten aus diesen operativen Systemen allein reichen für die strategische Steuerung jedoch nicht aus. Sie geben nur rückblickend Auskunft über Investitionen und Umsatzentwicklungen der Vergangenheit, ermöglichen aber nicht den analytischen Blick in laufende Vorgänge und noch weniger Prognosen über zukünftige Entwicklungen.

Trotz ihrer begrenzten Funktionalitäten vertrauen viele Entscheidungsträger ihren ERP-Systemen blind – nur selten mit dem erhofften Erfolg. So gehen 50 % der von der Zeitschrift *Computer World* aufgestellten Top Ten der IT-Versagen von ERP-Systemen aus. Kein Wunder also, dass *David Hebert*, Senior Business Advisor bei der Unternehmensberatung *The Hackett Group*, das tatsächliche Wertschöpfungspotenzial durch ERP-Systeme für sehr gering hält: »Nach unseren Informationen konnte nur eine begrenzte Auswahl von Firmen ihren Unternehmenswert durch ERP-Anwendungen steigern – und dabei handelte es sich um weltweit führende Unternehmen. Der Nutzen für das Durchschnittsunternehmen liegt noch in weiter Ferne.« (*Millman* 2004)

Eine weitere Fehlerquelle ist einer Studie von *Price Waterhouse Coopers (PWC)* zufolge der Gebrauch von Excel- oder Lotustabellen, diese sind in vielen Unternehmen die Hauptarbeitsmittel zum Erstellen der Finanzreports und auch Informationsgrundlage für strategische Entscheidungen (vgl. *Price Waterhouse Coopers* 2004). Fehler unterlaufen bereits bei der Dateneingabe und unsachgemäßer Formelerstellung, oder sie sind die Folge von Übertragungsschwierigkeiten von Daten aus anderen Systemen. Insbesondere, wenn Tabellen für komplexe Kalkulationen, Bewertungen und für die Erstellung von Modellen eingesetzt werden, steigt ihre Komplexität sprunghaft und mit ihr das Risiko unentdeckter Fehlkalkulationen. Laut *Raymond R. Panko*, Professor an der *University of Hawaii*, ergaben aktuelle Untersuchungen, dass 49 von 54 Kalkulationstabellen fehlerhaft waren, das sind 91 % (vgl. *Price Waterhouse Coopers* 2004).

2 Automatisierung, Transparenz und Nachvollziehbarkeit – die Tugenden einer integrierten Finanzmanagement-Lösung

2.1 Relevanz, Zuverlässigkeit und Vergleichbarkeit der Informationen

Wie die Studie von *BetterManagement.com* zeigt, soll eine Business Intelligence-Lösung für das Finanzmanagement vielfältige Erwartungen erfüllen; denn sie muss nicht nur Unmengen von den für eine rechtlich einwandfreie Bilanz nötigen Daten aus allen Unternehmensbereichen zusammentragen und die Prozesse der Rechnungslegung transparent machen. Diese Aufgaben erfüllen einzelne BI-Tools für das Berichtswesen, allerdings nur rudimentär und mit erheblichem Aufwand. Sollen CFOs aber die strategische Ausrichtung des Unternehmens aus ihrer Perspektive bewerten, reicht ein solches herkömmliches System keineswegs aus. In ihrer neuen Rolle als Business-Verantwortliche brauchen sie strategisch-analytische Lösungen, die ihnen ohne Umwege eine unternehmensweite, konsistente Gesamtsicht auf alle Vorgänge liefern, die ihren Aufgabenbereich berühren. Dies sind zuverlässige Analyseinstrumente zur Bewertung der aktuellen Unternehmensleistung aus verschiedenen Blickwinkeln; intelligente Prognoseinstrumente, mit deren Hilfe sich künftige Geschäftsentwicklungen und ökonomische Trends vorhersagen und in der Planung berücksichtigen lassen; leistungsstarke Performance Management-Systeme, die die vielfältigen Wechselwirkungen zwischen den verschiedenen Unternehmensbereichen deutlich machen.

Nur so kann der Finanzmanager sämtliche für den Unternehmenserfolg relevanten Aspekte, angefangen bei der Finanzstrategie über die Kundenbetreuung und Lieferantenbeziehungen bis hin zur Personalplanung, transparent machen, in seine Planung und Budgetierung einbinden und die Finanzleistung optimal auf die strategischen Ziele des Unternehmens ausrichten. Relevanz, Zuverlässigkeit und Vergleichbarkeit (siehe auch *FASB Conceptual Framework for Financial Accounting and Reporting* 1976) sind dabei die Anforderungen an die Informationen, die ein Finanzverantwortlicher für seine Entscheidungen nutzt. Die Informationen müssen eine strategische Bedeutung haben und den CFO in die Lage versetzen, auch künftige Entwicklungen bei seinen Entscheidungen zu berücksichtigen. Sie müssen die finanzielle Leistung eindeutig, neutral und verifizierbar wiedergeben, sodass sich die Anwender jederzeit darauf verlassen können, in den Daten ein hundertprozentig korrektes Abbild der Unternehmensperformance vorzufinden. Die Daten müssen den Finanzverantwortlichen ermöglichen, Ähnlichkeiten und Unterschiede in verschiedenen Entitäten über einen gleichen Zeitraum und in den gleichen Entitäten über verschiedene Zeiträume zu untersuchen, also vielfältige Vergleiche der finanziellen Parameter erlauben.

2.2 Strategisch-analytische Lösungen für das Finanzmanagement

Zusammengefasst: Ein CFO braucht unternehmensübergreifende, zukunftsgerichtete, strategisch relevante Informationen, wenn er seinen Beitrag zur Steigerung des Unternehmenswerts leisten will. Innovative Business Intelligence-Lösungssuites wie »SAS Financial Intelligence« zeichnen sich daher unter anderem durch ihre besondere Integrations-, Analyse- und Prognosefähigkeiten aus. Die BI-Lösungen verwenden eine einheitliche Datenbasis und greifen automatisiert über vorgefertigte Schnittstellen auf die Informationen aus dem operativen Geschäft aller Unternehmenseinheiten zu, und zwar auf Daten aus ERP- und Finanzbuchhaltungs-Systemen genauso wie aus Fachanwendungen oder auch aus externen Quellen. Ausgefeilte Verfahren für die Sicherung der Datenqualität unterstützen dabei, die Daten von Fehlern, Inkonsistenzen und Doppelungen zu bereinigen und tragen so dazu bei, eine korrekte und verlässliche Informationsgrundlage zu schaffen.

Diese Finanzmanagement-Anwendungen verbinden die bestehenden Altsysteme und Einzellösungen mit umfassenden strategisch-analytischen Anwendungen für Planung, Prognose, Reporting und Kostenmanagement. Dabei gehen sie weit über zweidimensionale Kalkulationstabellen, proprietäre Anwendungen und buchungsorientierte Rechnungslegungssysteme hinaus. So wird ein unternehmensweiter Ansatz für das Finanzmanagement geschaffen: Finanzverantwortliche können mit der Lösungssuite Transparenz in den unternehmensweiten Finanz- und Performance-Daten schaffen, die Finanzstrategie des Unternehmens planen sowie Analyse- und Planungsergebnisse einfach und übersichtlich in Reports konsolidieren. Mit Hilfe fortgeschrittener Analyseverfahren ist es möglich, kosten- und bedarfsorientierte Prognosen zu erstellen und diese mit alternativen Szenarien zu vergleichen. Damit werden CFOs in die Lage versetzt, eine integrierte, zukunftsgerichtete Unternehmensplanung und Budgetierung vorzunehmen. Das automatische Erstellen der für Planung und Budgetierung notwendigen Vorlagen und Formulare beschleunigt dabei diese Prozesse erheblich.

Eine Lösungskomponente für Corporate Compliance gibt Unternehmen zudem die Möglichkeit, den Aufbau eines internen Kontrollsystems zu begleiten, in dem kritische Prozesse sofort überprüfbar werden. Auf diese Weise lassen sich alle für das Einhalten von Sarbanes-Oxley und anderen gesetzlichen Vorschriften notwendigen Finanzdaten und -prozesse über ein so genanntes Compliance Dashboard archivieren, ermitteln, verwalten, überwachen und berichten. Das kommt insbesondere Wirtschaftsprüfern und Controllern zugute: Sie stehen zunehmend vor der Herausforderung, große Datenmengen in komplexen Organisationsstrukturen auf Betrugs- und Fälschungsversuche hin zu untersuchen. Dabei können solche Betrugsdelikte grundsätzlich in drei Kategorien unterteilt werden: Unterschlagung von Vermögenswerten, korruptes Verhalten und Fälschungen von externen Finanzberichten.

Um Betrugsfällen vorzubeugen, bedarf es einer IT-Architekur, mit der nicht nur große Datenmengen geladen und konsolidiert werden können; sie muss auch eine Alarmfunktion enthalten, die Unregelmäßigkeiten in allen Finanzprozessen aufdeckt. Eine Buchung fällt beispielsweise sofort durch das zuvor definierte Raster, wenn sie von einer Person auf einem Konto vorgenommen wird, die normalerweise nicht auf dieses Konto bucht oder wenn die Buchung an einem Wochenende vorgenommen wird. Dieses »Real Time Auditing« genannte Vorgehen basiert auf der Analyse vorliegender Daten: Sämtliche Transaktionsdaten werden gesammelt, konsolidiert und mit Data Mining-Verfahren auf Ungereimtheiten hin untersucht. So kann zum Beispiel ein Scoring für das Verbuchungsverhalten eines bestimmten berechtigten Buchhalters erstellt werden. Davon abweichendes Verhalten wird unmittelbar aufgezeigt. Außerdem ist es möglich, unabhängige Auswertungen zu erstellen, um Verdachtsfälle zu prüfen und das Regelsystem kontinuierlich zu verbessern. Sämtliche Erkenntnisse aus der analytischen Detektivarbeit werden in einer Knowledgebase gesammelt. Hier sind sie sowohl für externe Prüfer als auch für die internen Entwickler der Modelle jederzeit verfügbar.

Darüber hinaus schafft die Lösungssuite eine große Flexibilität im Rechnungswesen: Ob HGB, IAS oder US GAAP. Unternehmen können damit nach den unterschiedlichen gesetzlichen oder internen Vorgaben bilanzieren, und zwar parallel in einem System. Jede Abteilung oder Tochtergesellschaft kann dabei ihre eigenen Berichtsstandards anwenden. Grundlage hierfür ist die Automatisierung aller Kernprozesse im Finanzwesen, wie zum Beispiel die Zwischengewinn-Eliminierung, die Kapitalkonsolidierung oder die Währungsumrechnung.

2.3 Beyond Budgeting

Bisher waren Unternehmensplanung und Budgetierung fast untrennbar miteinander verknüpft. Die Budgetierung galt dabei seit langem als zentrales, wenn nicht gar als das Controlling-Instrument schlechthin. Neue Strategien und Wettbewerbssituationen machen aber in zunehmendem Maße eine Unternehmensplanung jenseits der Budgetierung notwendig, und damit verbunden auch neue Controlling-Systeme. Der Wandel der unternehmerischen Rahmenbedingungen geht so rasant vonstatten, dass das traditionelle Controlling vor Herausforderungen steht, denen es nicht mehr gewachsen ist. So liegt es nahe, dass Unternehmen mit der Anpassung ihrer Führungsmodelle an das neue Unternehmensumfeld auch adäquate Steuerungssysteme einführen. Beyond Budgeting versteht sich vor diesem Hintergrund als ein integriertes Managementmodell, um diesen Herausforderungen gerecht werden zu können (vgl. *Lingnau* u. a. 2004).

Die grundsätzlichen Ziele bei der Umgestaltung des Steuerungssystems im Sinne des Beyond Budgeting sind auf Dynamisierung und Wachstum ausgerichtet: eine stärkere Orientierung des gesamten Unternehmens am Markt und an den Kunden, eine umfassende Übertragung von Entscheidungskompetenzen und Leistungsverantwortung an operative Teams sowie eine höhere Flexibilität der Steuerung selbst. Die Unternehmensführung markiert Ziele nicht mehr auf Basis jährlich verhandelter Vorgaben, sondern definiert sie relativ, auf der Grundlage des kurz- und langfristigen Leistungspotenzials. Der Grund: Eine Jahresprognose ist für Unternehmen, die in einem dynamischen Wettbewerbsumfeld agieren, nicht zu realisieren, ebenso wenig wie starre Zielvorgaben, die die Veränderungen des Marktes nicht berücksichtigen. Das unternehmerische Handeln muss sich also an den aktuellen Gegebenheiten des Marktes orientieren und nicht an zu Jahresbeginn fixierten Budgets (vgl. *Hope/Fraser* 1999).

Auch die Strategieplanung soll adaptiv auf das Unternehmensumfeld reagieren können. Möglich ist dies durch eine umfassende und kontinuierliche Maßnahmenplanung. Außerdem wird die Leistungsverantwortung weitgehend auf die operativ zuständigen Teams übertragen. Zu diesem Zweck muss den verantwortlichen Teamleitern ein direkter Zugang zu den operativen und finanziellen Ressourcen zur Verfügung stehen. Die jährliche Definition von Strategien ersetzt man durch wenige zentrale Vorgaben, zentral festgelegte Herausforderungen und einen umfassenden Support durch die Geschäftsleitung.

Leistungsmessung und -kontrolle erfolgen über ein effektives Steuerungssystem sowie relative Leistungsindikatoren, die so genannten Key Performance Indicators (KPIs). Mit ihnen ist die Leistung des Einzelnen, der operativen Gruppen, der verschiedenen Unternehmenseinheiten und des Gesamtunternehmens nachzuvollziehen, indem sie in einem Benchmarking innerhalb des Unternehmens und mit den Werten der Konkurrenten oder »Best in Class«-Unternehmen vergleichbar gemacht werden. Eine Trendbetrachtung gegenüber Vorperioden und eine Prognose mittels rollierender Vorhersagen soll eine »Kultur der Leistungsverbesserung« im Unternehmen etablieren (vgl. *Lingnau* u. a. 2004).

Mit seinen Analyse- und Prognosefähigkeiten unterstützen die *SAS* Lösungen diesen Ansatz, indem die Planung näher an das tägliche Geschäft und seine Prozesse rückt. Der »Business«-Wert einer Planung wird somit sichtbar. Die Business Targets in den Zielvereinbarungen werden von den Budgetwerten losgelöst und getrennt betrachtet. Außerdem ersetzt ein aktionsorientieres Trendreporting das vergangenheitsbezogene Reporting. Hieraus ergibt sich fast zwangsläufig der Gedanke eines rollierenden Forecast-Modells. Nicht mehr das Geschäftsjahr ist Bezugsperiode für die einmalige Erstellung von Budgets und Forecasts, sondern eine fest definierte Zeiteinheit, zum Beispiel fünf oder sechs Quartale. Darüber hinaus stützt sich die Planung systematisch auf Marktsicht und Potenziale des Gesamtunternehmens. Wichtigste Größe bei dieser Gesamtsicht sind die KPIs: Es werden so genannte »Treiber« definiert, die die relevanten Geschäftsprozesse abbilden. Zusätzlich werden strategiebezogene Scorecards erstellt. Als Kennzahlen dienen dabei beispielsweise die Dealgröße, die Anzahl neuer Kunden oder das Verhältnis von Standard- zu Spezialvertrag. Sie bekommen eine entsprechende Gewichtung.

3 Performance Management-Architektur – rechtzeitiges Handeln durch übergreifendes Prozessmonitoring

3.1 Prozesse messen und bewerten

Die Wertschöpfung steigern, Kostentreiber identifizieren, neue Potenziale erschließen, das sind die zentralen Herausforderungen, mit denen CFOs in ihrer neuen Rolle als strategischer Berater konfrontiert sind. Diese Aufgaben sind natürlich nicht vom Finanzverantwortlichen allein zu stemmen, weisen sie doch auf ein Tätigkeitsfeld hin, in dem sich Manager und Experten aus allen Bereichen eines Unternehmens bewegen; Sie alle sind gefordert, am Entwickeln und Umsetzen nachhaltig erfolgreicher Strategien mitzuwirken. Ein zentraler Ansatzpunkt ist das prozessorientierte Performance Management, in dem durch permanentes Messen, Bewerten und Visualisieren die Leistungsfähigkeit sämtlicher Unternehmensabläufe aus strategischer Sicht optimiert wird. Von entscheidender Bedeutung ist hier die Kommunikation der Monitoring-Ergebnisse. Das Bewusstsein für die strategische Bedeutung der einzelnen Vorgänge wird bei allen Prozessbeteiligten schärfer, wenn ihnen jederzeit die für ihre Aufgaben relevanten Leistungsdaten zur Verfügung stehen. Zugleich lässt sich auf diese Weise sicherstellen, dass die Mitarbeiter rechtzeitig gegensteuern können, wenn sich eine Entwicklung abzeichnet, die nicht im Einklang mit der Unternehmensstrategie steht.

Ein solches prozessbezogenes Performance Management setzt voraus, dass ein Unternehmen in der Lage ist, seine Prozesse über die einzelnen Aufgabenfelder und Abteilungen hinweg zu analysieren. Nur so entsteht ein zuverlässiges, konsistentes und umfassendes Bild von der eigenen Leistungsfähigkeit. Dies ist die Voraussetzung für eine nachhaltig erfolgreiche strategische Steuerung. Technologische Basis der einzelnen Prozesse sind heterogene operative Systeme, die allein jedoch nicht in der Lage sind, Informationen über die Prozess-Performance zu liefern, denn schließlich müssen Daten aus den verschiedenen Unternehmensbereichen verknüpft, konsolidiert, analysiert und aufbereitet werden.

3.2 Eine Enterprise Intelligence Plattform

Gefordert ist stattdessen eine unternehmensübergreifende durchgängige Plattform, die sämtliche Systeme, Prozesse, Steuerungs- und Reportingaufgaben zusammenführt. *SAS* hat mit »SAS9« hier einen Standard gesetzt. In dieser Architektur sind alle Schritte zur »Wissensproduktion« integriert, und zwar von der Datenextraktion und Sicherung der Datenqualität über das Warehousing, die Analyse und Prognose bis hin zu Reporting, Visualisierung und zur Informationsverteilung. Die Plattform schafft somit eine korrekte, kohärente und gesicherte Informationsbasis, auf deren Grundlage das Management und die Entscheider in den Fachabteilungen die Performance der eigenen Geschäftsprozesse messen sowie Strategien entwickeln und umsetzen können. Ein unternehmensweit standardisiertes Metadatenmanagement und einheitlich definierte Kennzahlen stellen dabei sicher, dass im gesamten Unternehmen mit einer identischen Informationsbasis gearbeitet wird. Falsche Entscheidungen aufgrund nicht korrekter oder widersprüchlicher Daten sind somit ausgeschlossen.

Eine solche Performance Management-Plattform adressiert die wesentlichen Herausforderungen, vor denen Unternehmen beim Performance Management und der strategischen Steuerung heute stehen; denn das Dickicht der operativen Systeme wird immer dichter, die Datenmengen nehmen exponentiell zu; zur gleichen Zeit steigt der Wissensbedarf, die Fragestellungen werden zunehmend komplexer und vielfältiger, die Zahl der Anwender, die Informationen benötigen, immer größer. »BI für alle« lautet die zentrale Forderung: Es geht darum, Anwender mit unterschiedlichen Anforderungen und Kenntnissen in die Lage zu versetzen, schnell und einfach die für ihre Aufgaben nötigen Informationen zu generieren. Intuitiv bedienbare und genau auf die Anforderungen der verschiedenen Nutzergruppen zugeschnittene Oberflächen stellen sicher, dass auch Fachanwender selbsttätig Reports, Analysen und Prognosen erstellen können. Dabei profitieren sie unter anderem von Komponenten, die eine Einbindung in *Microsoft* Office ermöglichen: Damit lässt sich zum Beispiel Excel als Front-End nutzen, sodass die Fachanwender aus ihrer gewohnten Umgebung heraus mit *SAS* Reports erstellen, Simulationen und Prognosen durchführen und Datenanalysen vornehmen können. So sind die Mitarbeiter aus den Fachabteilungen in der Lage, schneller und effizienter auf aktuelle Entwicklungen zu reagieren; zugleich werden die Experten aus der IT-Abteilung von zeitraubenden Routinetätigkeiten entlastet.

Wie Unternehmen eine solche Architektur in der Praxis einsetzen, zeigt das Beispiel des Flughafenbetreibers *Fraport*: Die Airport-Manager können mit SAS9 strategische Informationen zu jedem Aspekt des Frankfurter Flughafens gewinnen und zugleich die Komplexität der bestehenden Business Intelligence-Landschaft reduzieren. So gelingt es *Fraport*, die Reporting-Zyklen zu beschleunigen, die Informationsbedürfnisse der Entscheider besser zu erfüllen und die IT- und Reporting-Kosten deutlich zu senken. Mit einer solchen Architektur hat *Fraport* die Basis für alle strategischen Aufgaben geschaffen, für Performance Management genauso wie für Finanzplanung, Controlling, Customer Relationship Management (CRM), Einkaufs- und Personalmanagement.

3.3 Steuerung in Echtzeit

Wenn es um die Umsetzung von Strategien geht, klafft in den meisten Unternehmen ein schwarzes Loch zwischen der Vergangenheit und der Zukunft: Sie nutzen historische Daten, wie z. B. Quartalsabschlüsse, Kunden- und Produktionszahlen, Web-Logs oder Informationen zur IT-Auslastung und erstellen auf Grundlage dieser Informationen Forecasts, um beispielsweise ihre Prozess- oder Finanz-Performance zu überwachen und zu steuern. Die Gegenwart dagegen, sprich die aktuell generierten Daten, zum Beispiel aus den Interaktionen mit den Kunden, den Fertigungsprozessen oder dem Einkauf, berücksichtigt kaum ein Unternehmen im Tagesgeschäft.

Die Mitarbeiter können die Unternehmensstrategien jedoch nur dann erfolgreich umsetzen, wenn sie jederzeit wissen, wie es aktuell um die Leistungsfähigkeit der eigenen Organisation sowie die Rahmenbedingungen im Markt bestellt ist, ähnlich wie beim Autofahren: Bei der Entscheidung, vor der Ampel aufs Gas zu drücken, um gerade noch die Grünphase nutzen zu können, muss der Fahrer in Sekundenbruchteilen eine Vielzahl von sich ständig wandelnden Informationen, wie etwa Verkehrsdichte, eingelegter Gang und Sichtverhältnisse beachten. »Echtzeit-Monitoring« heißt das Schlüsselwort: Nur mit dem lückenlosen Wissen über alle laufenden Prozesse sind die Verantwortlichen aus den Fachabteilungen in der Lage, die Unternehmensleistung ohne Zeitverzögerung zu kontrollieren, proaktiv zu handeln, Verbesserungspotenziale zu erkennen und so Verluste oder Fehlentwicklungen zu verhindern. Risiken lassen sich schon in dem Augenblick minimieren, in dem sie entstehen. Die Kosten, die durch ein verspätetes Eingreifen verursacht werden, sind nicht zu vernachlässigen: Ein Lebensmittelhersteller zum Beispiel, der mit nur einer Stunde Verzögerung erfährt, dass sein Hauptabnehmer die Bestellungen um die Hälfte reduziert hat, produziert schnell verderbliche Überschüsse, füllt ungeplant sein Lager und bindet Rohstoffe und Mitarbeiter, die für ein anderes Produkt profitabler hätten eingesetzt werden können. Um kontrollierend und korrigierend eingreifen zu können, brauchen die Experten in den Fachabteilungen also bereits in dem Moment Zugriff auf die Informationen, in dem sie in den operativen Systemen generiert werden.

Die Unternehmen sparen mit einem Performance Management in Echtzeit nicht nur erhebliche Kosten: So können sie die Zufriedenheit der Kunden steigern, wenn Call-Center-Mitarbeiter schon im Moment der Bestellung wissen, bei welchen der gewünschten Produkte Lieferverzögerungen auftreten könnten. Auch Fertigungsprozesse lassen sich genauer planen, wenn die zuständigen Mitarbeiter möglichst zeitnahe Informationen über die Verfügbarkeit der zu verarbeitenden Materialien einerseits und über die Kundennachfrage andererseits haben. Der australische Energieproduzent *Stanwell Corp.* beispielsweise nutzt eine Echtzeit-Analyse-Lösung, um auf Grundlage aktueller Daten zur Stromproduktion in den einzelnen Kraftwerken sowie zum Stromverbrauch zu kalkulieren, wie sich die Einkaufspreise für Strom kurzfristig entwickeln werden. Mit diesem Wissen gewinnt *Stanwell Corp.* einen wertvollen Wettbewerbsvorteil beim Stromhandel.

Ein solches Echtzeit-Monitoring ist besonders dann unverzichtbar, wenn es um einmalig zu fällende Entscheidungen geht, da die benötigten Informationen hier ohne Zeitverzögerung zuverlässig zur Verfügung stehen müssen. Die Mitarbeiter können ihre Entscheidungen auf einer gesicherten Wissensbasis fällen, in der auch die jeweils laufenden Prozesse berücksichtigt sind. Doch auch bei regelmäßig wiederkehrenden Entscheidungen, die sich weitgehend automatisiert mithilfe definierter »Wenn-dann«-Routinen und KPIs treffen lassen, profitieren Unternehmen davon, Echtzeit-Informationen heranziehen zu können. Ein Beispiel hierfür ist CoBaCash, eine strategisch-analytische Lösung der *Commerzbank* zur Optimierung der Geldmengen in Automaten: Die Bank prognostiziert den optimalen Geldbestand im Automaten für einen Zeitraum von zwei bis drei Wochen. Das System ermittelt die optimale Füllmenge jedes einzelnen Automaten sowie den idealen Kassenbestand jeder Filiale, indem es die Transportkosten gegen den Vorhaltezins aufwiegt und mit dem Bedarf abstimmt. Sobald ein kritischer Wert unterschritten wird, liefert CoBaCash dem Werttransportunternehmen den Auftrag, Geldscheine bei der Landeszentralbank abzuholen und die Geldkassetten des Automaten sowie die Filialkassen wieder zu bestücken. So stellt die *Commerzbank* sicher, dass immer ausreichend Bargeld vorhanden ist, ohne dass zu viele Scheine sozusagen unproduktiv im Automaten oder im Tresor lagern.

4 Fazit/Zusammenfassung

Den CFO des 21. Jahrhunderts erwarten spannende Aufgaben als Berater bei der strategischen Ausrichtung des Unternehmens. In dieser Rolle liegt großes Potenzial. Voraussetzung ist, der Finanzverantwortliche kann sich auf das notwendige Wissen stützen, das für die neuen komplexen Aufgabenbereiche nötig ist, dann hat er den Überblick über alle Unternehmensaktivitäten. Die zunehmende Automatisierung von Konsolidierung und Bilanzierung schafft neues strategisches Wissen und effizientere Prozesse. Dies sind die besten Voraussetzungen für eine Steigerung des Unternehmenswerts. Zugleich werden die Finanzverantwortlichen in die Lage versetzt, mit möglichst geringem Aufwand die gesetzlichen Forderungen nach mehr Transparenz in der Bilanzierung zu erfüllen. Finanzmanager gewinnen dadurch den nötigen zeitlichen Spielraum, um neue Wege für das Unternehmen zu bereiten, etwa durch einen anderen Ressourceneinsatz: Einsparungen zum Beispiel müssen dann nicht mehr zwangsläufig durch Einsatz des rigorosen Rotstifts erfolgen. Der gewünschte Unternehmensertrag ist möglicherweise durch eine bessere Planung der Ausgaben effektiver zu erreichen.

In hoch dynamischen Wettbewerbsumfeldern setzt sich darüber hinaus zunehmend das Beyond Budgeting als Controlling-Ansatz durch: Hochgradig flexible, adaptive Managementprozesse, die markt- und kundenorientiertes Agieren gestatten, lösen die fixen Zielvereinbarungen und Jahresplanungen der Budgetierung ab und begünstigen laufende Anpassungen an Umfeldbedingungen und Kundenanforderungen. Durch die Übertragung von Leistungsverantwortung auf die operativen Teams tragen letztlich die Manager und Experten aus allen Unternehmensbereichen Verantwortung für den optimalen Ressourceneinsatz sowie die Entwicklung und Umsetzung nachhaltiger Strategien. Daher müssen Unternehmen Sorge dafür tragen, dass ihren Entscheidungsträgern eine unternehmensübergreifende durchgängige Informationsplattform zur Verfügung steht, die sämtliche Systeme, Prozesse, Steuerungs- und Reportingaufgaben zusammenführt. Denn nur dann, wenn die Fachabteilungen in dem Moment Zugriff auf die Informationen haben, in dem diese generiert werden, können die Verantwortlichen Risiken und Fehlentwicklungen zeitgleich minimieren und sie entwickeln ein Bewusstsein für die strategische Bedeutung der einzelnen Vorgänge. Business Intelligence-Architekturen wie die von *SAS* integrieren hier alle Schritte zur Enterprise Intelligence, Datenextraktion, Qualitätssicherung und Warehousing der Daten, Analyse, Prognose, Reporting, Visualisierung und Informationsverteilung. Anwender mit unterschiedlichen Anforderungen und Kenntnissen sind damit in der Lage, schnell und einfach die für ihre Aufgaben nötigen Informationen zu generieren. Bei der Umsetzung der Unternehmensstrategien hilft ein Echtzeit-Monitoring auf Bereichs- und Detailebene. Verantwortliche Bereichsleiter können damit die Ziele der Unternehmensstrategie auf ihrer Ebene durchsetzen, indem sie Abläufe automatisieren, überwachen und Verbesserungspotenziale herausarbeiten.

Literatur

Couto, V./Heinz, I./Moran, M. J. (2005), Not Your Father's CFO, in: *Norton, R.* (Hrsg.), CFO Thought Leaders: Advancing the Frontiers of Finance, 2005, S. 1–10

Financial Accounting Standards Board (1976), Conceptual Framework for Financial Accounting and Reporting: Elements of Financial Statements and Their Measurement, Financial Accounting Standards Board, o. O., 1976

Hope, J./Fraser, R. (1999), Beyond Budgeting – Building a new management model for the information age, in: Management Accounting, 77, 1999, 1, S. 16–21

Lingnau, V./Mayer, A./Schönbohm, A. (2004), Beyond Budgeting – Notwendige Kulturrevolution für Unternehmer und Controller?, *Lingnau, V.* (Hrsg.), Beiträge zur Controlling-Forschung, URL: http://www.controlling-forschung.de, Abruf am 09.05.2005

Millman, G.J. (2004), What Did You Get From ERP, and What Can You Get?, in: Financial Executive Magazine, 2004, 3

o. A. (2004), Survey: CFOs Need New Technology to Inspire Confidence in Numbers, URL: http://www.bettermanagement.com/Library/Library.aspx?LibraryID = 10891, Abruf am 20.10.2004

Price Waterhouse Coopers (2004), The Use of Spreadsheets: Considerations for Section 404 of the Sarbanes-Oxley Act, Juli 2004, URL: http://www.pwcglobal.com/extweb/service.nsf/8b9d788097dff3c9852565e00073c0ba/cd287e403c0aeb7185256f08007f8caa/$FILE/PwCwp Spreadsheet404Sarbox.pdf, Abruf am 11.05.2005

Prozessoptimierung durch das Outsourcing von Industrieservices – Ein Beitrag zur Effizienzsteigerung am Standort Deutschland

Stefan Klebert/Dr. Michael Currle*

* Stefan Klebert, Vorsitzender der Geschäftsführung, ThyssenKrupp Industrieservice Holding GmbH, Düsseldorf;
Dr. Michael Currle, Senior Project Manager, Horváth & Partner GmbH, Stuttgart.

1 Probleme am Standort Deutschland und Konsequenzen

In Deutschland wird seit Beginn des 21. Jahrhunderts vermehrt eine Diskussion um die wirtschaftliche Leistungsfähigkeit des Standorts im Wettbewerb und die damit verbundenen sozial- und arbeitsmarktpolitischen Folgen geführt. Die Debatte wird aktuell zugespitzt, wobei sich Politik und Tarifvertragsparteien wechselseitig in der Verantwortung sehen.

Die Probleme am Standort Deutschland und deren Konsequenzen sollen im Folgenden auf vier wesentliche Sachverhalte konzentriert werden:

- Die *Personalzusatzkosten* machen in der verarbeitenden Industrie rund 78 % des Direktentgeltes aus. Dies entspricht gleichzeitig 43 % der Arbeitskosten, die im Durchschnitt 25,98 Euro betragen. Damit liegt Deutschland international an der Spitze der Personalzusatzkosten (*IDW* 2004).
- Bei der *tariflichen Arbeitszeit* zählt Deutschland international zu den Schlusslichtern, während in Bezug auf Jahresurlaub und Anzahl der Feiertage eine Spitzenposition zu verzeichnen ist (*vbw* 2005).
- Die Zahl der *Unternehmensinsolvenzen* nimmt dramatische Ausmaße an und betrug in den Jahren 2002 und 2003 jeweils knapp unter 40.000 pro Jahr (*Statistisches Bundesamt* 2004).
- Eine Verlagerung von *Wertschöpfung ins Ausland* nimmt deutlich zu. Während laut *DIHK* im Jahr 2003 noch jedes vierte Unternehmen eine Verlagerung plante, waren es 2004 nach Daten des *Fraunhofer Instituts* bereits 46 % aller befragten Unternehmen (*DIHK* 2003; *Fraunhofer IPT* 2004).

Insbesondere der zuletzt genannte Schritt ist dabei keineswegs der einzig mögliche Weg für Unternehmen, der Situation zu begegnen. Die Herausforderung besteht darin, am Standort Deutschland für bestimmte Teile der Wertschöpfung geeignete Bedingungen zu schaffen, so dass eine volkswirtschaftlich schädliche Abwanderung ins Ausland vermieden werden kann. Hierbei können *Industrieservice-Dienstleister* eine wichtige Rolle übernehmen, insbesondere in Bezug auf die Übernahme und effiziente Durchführung von personalintensiven Nebenprozessen der Industrieunternehmen.

2 Kostensenkung durch Einsatz von Industrieservice-Dienstleistern

2.1 Effiziente Dienstleistungskompetenz für Nicht-Kernprozesse

Im Management von Industrieunternehmen spielt die Frage einer optimierten eigenen Wertschöpfungstiefe und -breite eine besondere Rolle. Hierbei sind unterschiedliche strategische Ausrichtungen denkbar. Die *PUMA AG* beispielsweise konzentriert sich zwischenzeitlich vollständig auf Entwicklung, Design und Vermarktung ihrer Sport-/ Lifestyleartikel, die von fremden Dritten produziert werden. Demgegenüber stellt die

Daniel Swarovski Corp. nicht nur die berühmten Kristallartikel, sondern auch die zu ihrer Herstellung notwendigen Maschinen und Werkzeuge selbst her. Es ist stets die Frage zu beantworten, welche Schritte innerhalb der Wertschöpfungskette aus Gründen der besonderen Kompetenz, Effizienz oder des Wettbewerbsschutzes am besten selbst wahrgenommen werden oder welche fremd vergeben werden können. Auch erfolgskritische Prozesse können über Outsourcing erbracht werden, wenn der übernehmende Dienstleister eine besondere - in der Regel deutlich höhere - Kompetenz für diesen Prozess besitzt.

Die im Weiteren diskutierten industriellen Dienstleistungen für personalintensive Nicht-Kernprozesse setzen typischerweise an den Wertschöpfungsstufen *Beschaffung, Produktion* und *Logistik/Distribution* an. Kennzeichnend ist, dass sie *quer zur Wertschöpfungskette* der Industrieunternehmen verlaufen und damit nicht die Tiefe, sondern die Breite der Wertschöpfung dieser Unternehmen prägen. Abbildung 1 zeigt diese Dienstleistungen im Überblick.

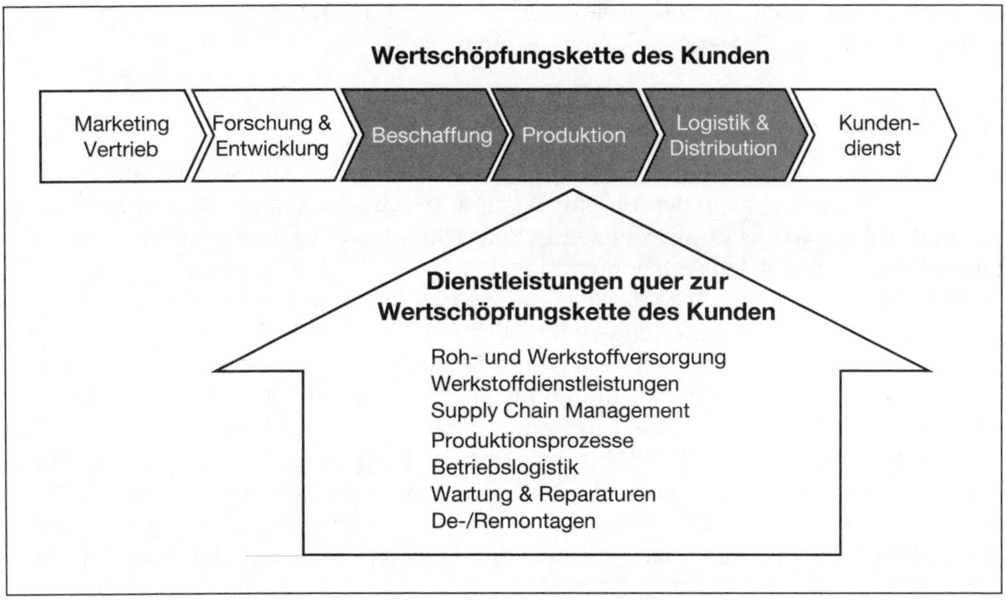

Abb. 1: Dienstleistungskompetenz für Nicht-Kernprozesse

Ein Zugewinn an Effizienz und damit eine nachhaltige Kostensenkung durch Vergabe dieser Dienstleistungen an einen spezialisierten Anbieter ergibt sich jedoch nur, wenn dieser Vorteile aufweist, die dem klassischen Industrieunternehmen nicht zur Verfügung stehen. Drei wesentliche Vorteile sollen nachfolgend näher beleuchtet werden:

- Ausschöpfung von *Synergien durch Spezialisierung* und konsequente Bündelung von Ressourcen;

- *Prozesskompetenz durch Fokussierung* auf bestimmte Nicht-Kernprozesse und Nutzung *branchenübergreifender Erfahrungskurveneffekte;*
- Herausragende Beherrschung des *Personalmanagements als Kernkompetenz* und Differenzierungsmerkmal.

Es ist davon auszugehen, dass einige dieser Vorteile auch innerhalb der Wertschöpfungskette eines Industrieunternehmens prinzipiell erreichbar sind. Der Aufwand zu ihrer Realisierung wird aber angesichts anderer – kostenmäßig wesentlicherer – Stellhebel vielfach gescheut.

2.2 Dienstleister schöpfen Synergien konsequent aus

In Bezug auf die Ausschöpfung von Synergien lassen sich drei Themenfelder unterscheiden. Synergien durch Spezialwissen innerhalb einer Branche, Synergien durch regionale Präsenz und flexiblen Mitarbeitereinsatz sowie Kundensynergien durch Bearbeitung mehrerer Gewerke bei einem Kunden.

2.2.1 Branchen-Synergien

Branchen-Synergien werden von einem spezialisierten Industrieservice-Dienstleister durch hohes Know-how in den für eine bestimmte Branche charakteristischen Prozessen und Anlagen realisiert. Das bedeutet zum einen hohe Qualität und Prozessstabilität und zum anderen sehr effizienten Einsatz personeller Ressourcen.

Betrachten wir als *Branchenbeispiel die Automobilindustrie* und hier alle *Logistikprozesse* innerhalb sowie an den Grenzen des Betriebs. Die typischen Anforderungen der Produktionsversorgung mit Teilen und Systemkomponenten sind branchenweit ähnlich. Entsprechendes gilt für die Betriebslogistik mit fertigen Fahrzeugen bei großen OEMs. Hier eignen sich die Prozesse der Fahrzeugübernahme, das Polieren und lieferfertig Zurichten, die Durchführung von Fahrzeugbewegungen auf dem Gelände sowie die Verladung ideal für die Übernahme seitens eines Dienstleisters. Diese »Wertschöpfungskette« lässt sich nach vorne auch gezielt erweitern, zum Beispiel durch Übernahme der Rädermontage und der Sichtkontrolle am Ende der Montage. Eine Kompetenz in diesem Thema ist natürlich nicht nur für PKWs anwendbar, sie kann auch jederzeit von qualifizierten Dienstleistern auf Transporter oder Nutzfahrzeuge übertragen werden.

Im Leistungsangebot *Instandhaltung und Anlagentechnik* sind entsprechende Spezialisierungen auf Branchen üblich, bei denen Projektleiter und Meister/Techniker in hohem Maße Anlagenkenntnis aus ähnlichen Aufträgen mitbringen und damit zum Teil qualifizierter agieren können als eigene Mitarbeiter ihrer Kunden. Als Beispiele sind hier große Pressen, Druckmaschinen bzw. Anlagen der Stahlerzeugung und -verarbeitung zu nennen.

2.2.2 Regionale Synergien

Regionale Synergien liegen vor allem in der *hohen Flexibilität des Mitarbeitereinsatzes*. So kann der Dienstleister bei stark schwankendem Arbeitsanfall die Mitarbeiter bei unterschiedlichen Kunden einsetzen. Eine regional orientierte Organisationsstruktur erleichtert es dabei dem Dienstleister, diese Flexibilität im Interesse seiner Kunden auch tatsächlich zu erreichen. Kurzfristig können so Bedarfsspitzen beim Kunden ausgeglichen werden. Generell und langfristig kann der Dienstleister für seine Mitarbeiter eine durchschnittlich höhere Auslastung realisieren, womit er im Vergleich zu seinen industriellen Kunden eine deutliche Fixkostendegression zu verzeichnen hat.

Als Beispiel ist hier die *Produktionsunterstützung* für einen Druckmaschinenhersteller im Wege eines Komplettoutsourcing zu sehen. Dieses umfasst logistische und produktionsvorbereitende Leistungen wie Lagerhaltung, Anarbeitung von Flach- und Rundstählen für die Produktion (einschließlich entgraten, fettfrei waschen und konservieren) sowie eine tägliche Just-in-time Anlieferung.

2.2.3 Kunden-Synergien

Kunden-Synergien lassen sich für den Dienstleister – und damit wirtschaftlich auch für seinen Kunden – insbesondere dann heben, wenn möglichst viele unterschiedliche Gewerke bei ein und demselben Kunden erbracht werden. Der besondere *Kundennutzen liegt in der zum Teil langjährigen Orts- und Prozesskenntnis* speziell der Führungskräfte des Dienstleisters im Projekt. So wird wirkungsvoll das viel zitierte *»one face to the customer«* realisiert. In den einzelnen Gewerken werden Mitarbeiter ganz unterschiedlicher Qualifikationsstufen eingesetzt. Dies reicht von angelernten Kräften in der technischen Reinigung und Gebäude-/Grünflächenpflege über klassische Fachhand-

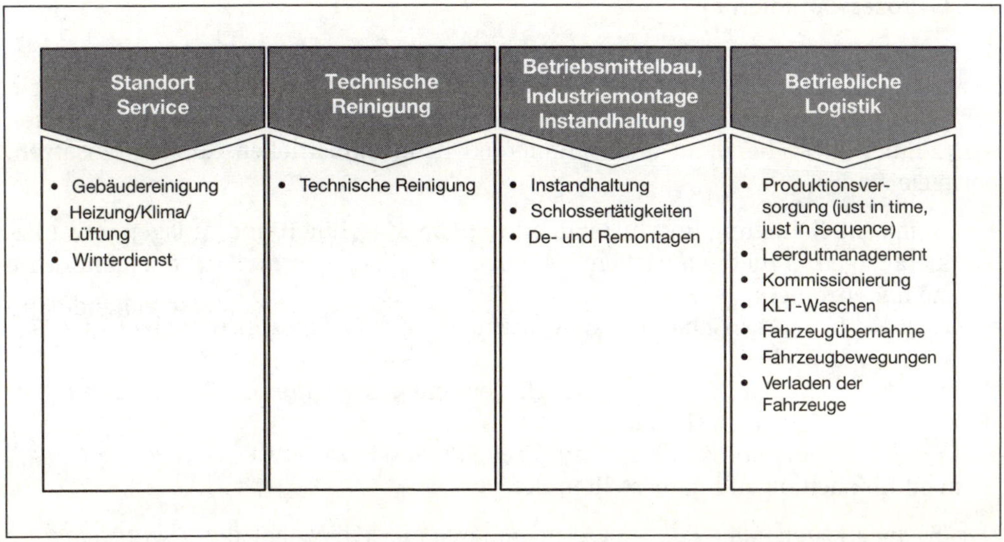

Abb. 2: Kunden-Synergien am Beispiel eines großen deutschen Automobilwerkes

werker in der Instandhaltung (Schlosser, Elektriker etc.), bis hin zu Spezialisten für die De- und Remontage komplexer Anlagen (z. B. fördertechnische Systeme) und Experten im Umgang mit Gefahrstoffen.

Der höchste Kundennutzen entsteht dadurch, dass der Dienstleister ohnehin permanent vor Ort verfügbar ist. So wird es im Zweifel *»auf Zuruf«* möglich bei einer ungeplanten Abstellung nachts oder am Wochenende ad hoc Wartungsarbeiten durchzuführen. Aufgrund der *tariflichen Arbeitszeit und weiterer Restriktionen* ist dem Industrieunternehmen mit eigenem Personal ein solch flexibles Reagieren oft gar nicht möglich. In Abbildung 2 sind beispielhaft die Dienstleistungen quer zur Wertschöpfungskette eines großen deutschen Automobilwerkes skizziert.

2.3 Prozesskompetenz branchenübergreifend nutzen

Es ist naheliegend, dass Unternehmen die Hauptanstrengungen der Prozessoptimierung im Bereich der Kernprozesse vornehmen. Dort ist häufig das größte Know-how bei eigenen Mitarbeitern vorhanden und die relative Bedeutung – sowohl für Kosten als auch für die qualitativen Arbeitsergebnisse – wird dort am stärksten gesehen. Dementsprechend liegt auf der *Verbesserung von Nebenprozessen in der Regel ein geringeres Augenmerk*, oft auch einfach deshalb, da die Ressourcen zu einer Auseinandersetzung mit diesen Themenfeldern fehlen.

In diese Lücke stößt der Industrieservice-Dienstleister mit seiner Kompetenz und bietet einen hohen Kundennutzen bei der Prozessverbesserung. Dieser prägt sich im Wesentlichen in vier Feldern aus: Prozessoptimierung, Zeitoptimierung, Kostenoptimierung und Know-how Transfer aus anderen Branchen.

2.3.1 Prozessoptimierung

Speziell qualifizierte Serviceteams bringen hohe Kompetenz bezüglich bestimmter Prozesse bzw. Maschinen und Anlagen oder einzusetzender Vorrichtungen mit. Sie besitzen praktische Erfahrung aus einer Vielzahl von ähnlich gelagerten Kundenprojekten und können diese beratend und optimierend beim industriellen Kunden einsetzen. Beispiele sind:

- Technische Reinigung und Instandhaltung von Maschinen und Anlagen, etwa Lackieranlagen, fördertechnischen Systemen, Abfüllanlagen in der Brauereiindustrie und anderes mehr;
- Optimal effizientes Gebäudemanagement/Standortservices in Betrieben und Verwaltungsgebäuden;
- Industriemontagen von neuen oder Umsetzung gebrauchter Großanlagen wie Aufzügen oder Druckmaschinen;
- Produktionsunterstützende und logistische Prozesse, wie etwa das Materialmanagement im nachfolgend dargestellten Beispiel.

Der Triebwerkshersteller *Rolls-Royce* in Indianapolis (USA) hat die *Zulaufsteuerung von Endmontagekits* an *ThyssenKrupp Services* als Industrieservice-Dienstleister ausgelagert. Das Handling für 2.500 Komponenten von rund 230 Lieferanten wurde übernommen. Im Einzelnen umfasst das Outsourcing die Planung und Steuerung der Materialströme, Wareneingang, Inspektion, Einlagerung, Lagerhaltung und die Abwicklung von Mängelrügen gegenüber den Lieferanten. Auf dieser Basis werden bedarfsgenaue Montagekits zusammengestellt und jeweils »just in time« bei *Rolls-Royce* zur Endmontage im Werk bereitgestellt. Abbildung 3 verdeutlicht die Prozessstruktur vor und nach der Optimierung.

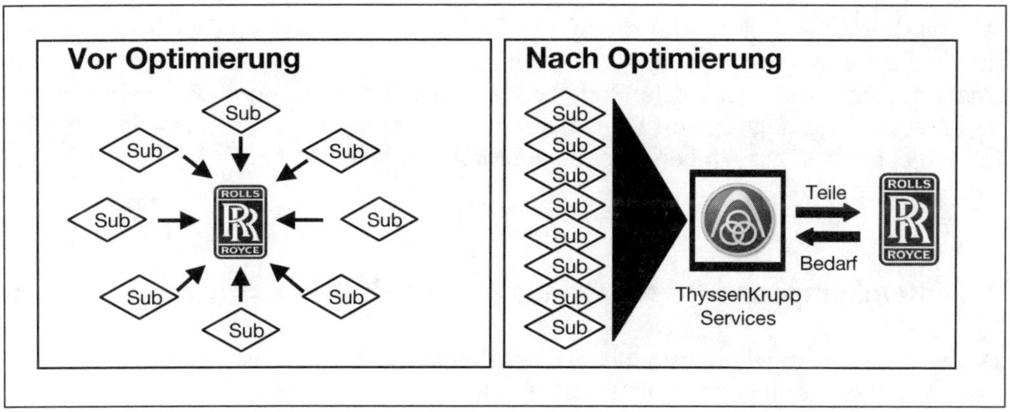

Abb. 3: Optimiertes Materialmanagement bei *Rolls-Royce*

2.3.2 Zeitoptimierung

Die beim Dienstleister vorhandene Prozesskompetenz führt auch zu einem minimalen Zeitaufwand bei der effizienten Durchführung der Aufgaben. Die *hohe zeitliche Flexibilität des Dienstleisters* trägt zusätzlich zur Optimierung bei und macht häufig eine sinnvolle Gestaltung von Reinigungs-, Instandhaltungs- oder De-/Remontage-Aufgaben erst möglich. Diese müssen im Regelfall in der betriebsfreien Zeit erfolgen, gelegentlich auch ohne lange Vorausplanung am Wochenende oder an Feiertagen. Mit eigenem Personal ist eine solche zeitliche Flexibilität für Industrieunternehmen zumeist nicht darstellbar.

2.3.3 Kostenoptimierung

Der Aspekt der Kostenoptimierung ist für viele Unternehmen der zentrale Beweggrund zur Vergabe von Leistungen an Industrieservice-Dienstleister. Die bereits geschilderte prozessuale und zeitliche Optimierung hilft selbstverständlich bei der Kostenoptimierung. Entscheidend ist die Möglichkeit zu einer *Variabilisierung ansonsten fixer Kosten* durch das Outsourcing, sowie die niedrigeren Arbeitskosten der Dienstleister. Durch andere *Tarifstrukturen* und ein intelligentes Mix von hochqualifizierten Projektmanagern, Meistern und Facharbeitern für die unterschiedlichen Gewerke und nur temporär unter Vertrag stehenden Nebenbeschäftigten gelingt eine deutliche Senkung der durchschnittlichen Arbeitskosten.

Hinzu kommt aufgrund der Spezialisierung und relativ hoher Bedarfe an gewerkespezifischen Arbeitsmitteln eine optimale, *kostengünstige Beschaffung* derselben. So kann auch die Investition in z. B. Hebezeuge, Arbeitsbühnen, Fahrzeuge und Reinigungsmaschinen zu deutlich günstigeren Bedingungen erfolgen, als das einem einzelnen Industriebetrieb mit seinem fallweisen Bedarf gelingen könnte.

2.3.4 Know-how Transfer aus anderen Branchen

Während in Abschnitt 2.2 auf die Synergien innerhalb einer Branche bezug genommen wurde, spielt andererseits die *Übertragung von Prozesswissen aus unterschiedlichen Branchen* eine wesentliche Rolle bei der Kostenoptimierung. Praktisches Beispiel dafür ist die Übertragung von Logistikkonzepten aus der Luftfahrtindustrie (vgl. obiges Projekt *Rolls-Royce*) in den klassischen Maschinenbau bei der Fertigung von Werkzeugmaschinen.

2.4 Kernkompetenz Personalmanagement als Differenzierungsmerkmal

Das zentrale Differenzierungsmerkmal eines Industrieservice-Dienstleisters – und gleichzeitig auch eine zwingend erforderliche Kompetenz – ist ein herausragendes Personalmanagement. Dieses muss einerseits in der Lage sein, *Schlüsselpersonen langfristig zu binden* und andererseits eine große Zahl revolvierenden Personals über *Ein- und Austritte zu managen*.

Neben der bereits im Rahmen der Kostenoptimierung angesprochenen Tarifstrukturen gehört das Management von Betriebsübergängen nach § 613a BGB und zumeist auch die organisatorischen Voraussetzungen für eine *Arbeitnehmerüberlassung* an Kunden dazu.

Aufgrund des oft nur kurzfristig planbaren Arbeitsanfalls in Serviceaufträgen bei Kunden muss es beispielsweise möglich sein, in den Werksferien im Sommer eines großen Automobilherstellers 250 Mitarbeiter für lediglich vier Wochen zu rekrutieren. Für *ThyssenKrupp Industrieservice* bedeutet dies, dass ca. 3.500 Ein- und Austritte p. a. zur Zufriedenheit aller Beteiligten gemanagt werden müssen. Damit das Personalmanagement tatsächlich die erforderliche Kernkompetenz darstellt, muss der Industrieservice-Dienstleister natürlich selbst seine Prozesse, insbesondere in diesem Bereich, permanent optimieren. Auf diesen Aspekt wird in Kapitel 4 eingegangen.

3 ThyssenKrupp Industrial Services im Überblick

Nachdem in der bisherigen Darstellung auf die Herausforderungen am Standort Deutschland und die Leistungsfähigkeit von Industrieservice-Dienstleistern generell eingegangen wurde, wird im Folgenden die *ThyssenKrupp Industrial Services Gruppe* als einer der wesentlichen Anbieter im zentraleuropäischen Markt näher vorgestellt.

Der *ThyssenKrupp Konzern* beschäftigte im Geschäftsjahr 2003/04 rund 184.000 Mitarbeiterinnen und Mitarbeiter, der Umsatz betrug knapp 40 Mrd. Euro. Das Geschäft gliedert sich in das traditionelle Kernsegment Steel, sowie die Segmente Automotive, Elevator, Technologies und das Segment Services (Abb. 4).

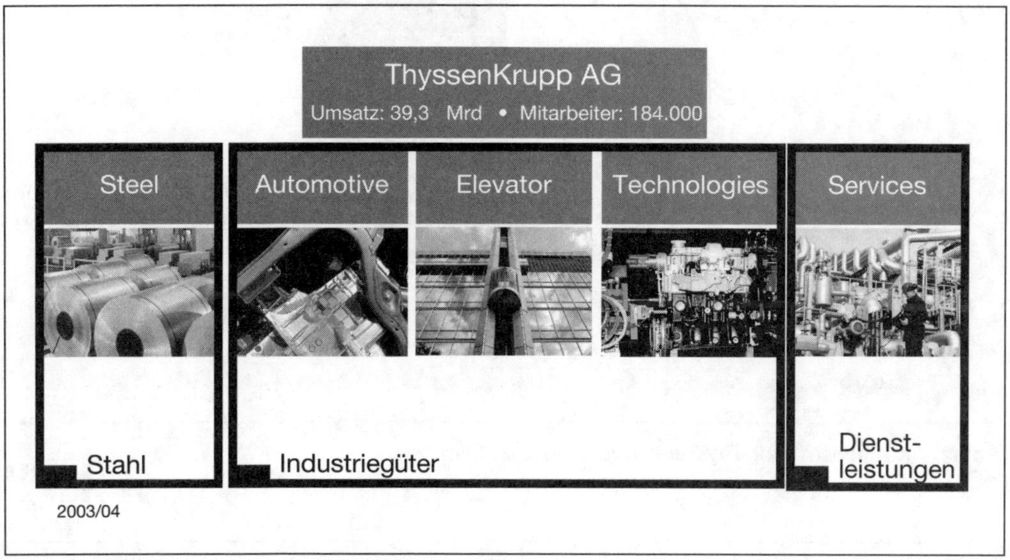

Abb. 4: Segmentstruktur *ThyssenKrupp Konzern*

Das *Segment Services*, zu dem die Geschäftseinheit *Industrial Services* gehört, vereinigt dabei 30 % des Konzernumsatzes auf sich und beschäftigt in rund 30 wesentlichen Gesellschaften über 33.000 Mitarbeiter. Leitgesellschaften innerhalb des Industrieservicegeschäftes sind die *ThyssenKrupp Industrieservice GmbH* und die *Peiniger RöRo GmbH*. Abbildung 5 gibt einen Überblick über die Kundenstruktur der Geschäftseinheit.

Die Gruppe konzentriert sich in ihrem Leistungsangebot auf die *personalintensiven Nebenprozesse industrieller Kunden* mit dem Ziel, diese effizienter zu managen als die Kunden dies selbst bewerkstelligen können. Damit wird der Dienstleister dem zentralen Anliegen einer Kostenoptimierung und Effizienzsteigerung der Wirtschaft am Standort Deutschland gerecht. Das Leistungsangebot »aus einer Hand« umfasst *sechs Geschäftsfelder* (Abb. 6).

Im folgenden Kapitel wird erläutert, was die *ThyssenKrupp Industrieservice GmbH (TKIN)* als eine der beispielhaften Führungsgesellschaften in Bezug auf die eigene strategische Ausrichtung und Prozessoptimierung leistet, um die Bedürfnisse ihrer Kunden optimal erfüllen zu können.

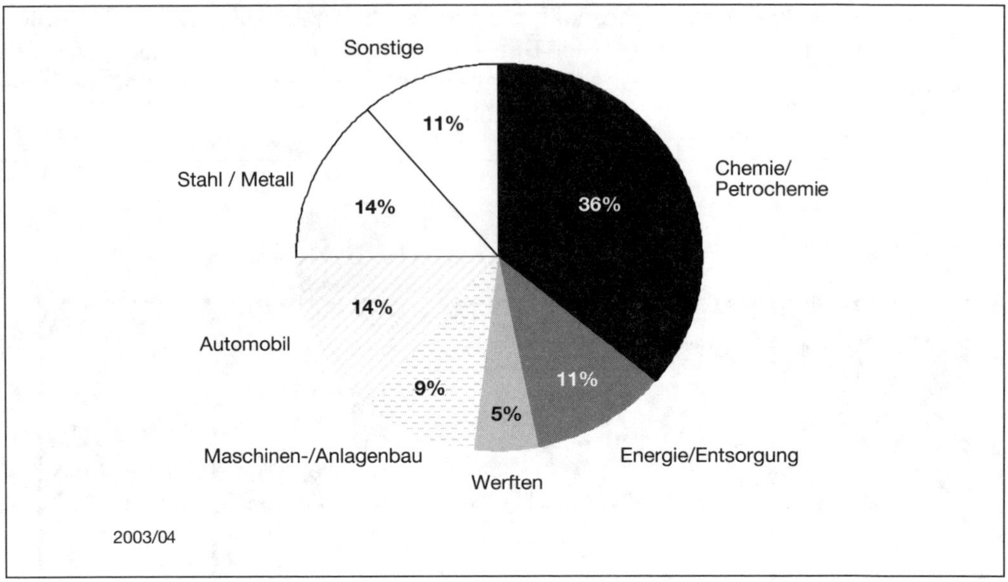

Abb. 5: Kundenstruktur *ThyssenKrupp Industrial Services*

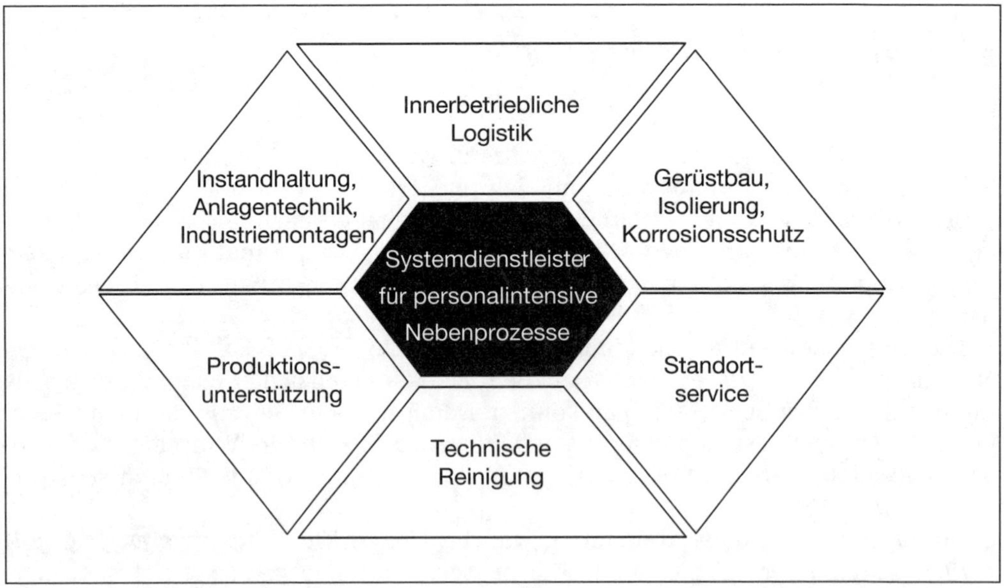

Abb. 6: Geschäftsfelder der *ThyssenKrupp Industrial Services Gruppe*

4 Strategische Ausrichtung und Prozessoptimierung als Outsourcingpartner

4.1 Die Strategie von ThyssenKrupp Industrieservice

Wie die Ausführungen zur Standortproblematik unterstrichen haben, lässt der Markt für Industrieservice-Dienstleistungen noch ein deutliches Wachstumspotenzial vermuten. Die Strategie von *ThyssenKrupp Industrieservice* ist daher klar auf Wachstum ausgerichtet.

Im Jahr 2004 hat das Topmanagement von *ThyssenKrupp Industrieservice* auf Basis von Markt- und Wettbewerbsanalysen sowie Stärken/Schwächen/Chancen/Risiken-Profilen die Strategie weiterentwickelt. Als Werkzeug zur Unterstützung dieses Prozesses dienten strukturierte Workshops und das Instrument der *»Strategy Map«* mit den Konkretisierungen von Zielen, Messgrößen und Maßnahmen im Rahmen einer *Balanced Scorecard*.

Mit *profitablem Wachstum* und einer Verbesserung der Auftragsergebnisse richtet sich die Strategie auf den Unternehmenserfolg innerhalb des *ThyssenKrupp Konzerns* aus.

In der Kundenperspektive steht die *Bindung bestehender Kunden* in- und außerhalb des Konzerns und die Geschäftsentwicklung bei neuen Kundengruppen/Zielbranchen im Fokus. Besonderes Augenmerk gilt der *Kundendurchdringung*. Getreu dem Motto »Dienstleistungen aus einer Hand« gilt es, mehrere Geschäftsfelder bei einem Kunden zu besetzen. Dadurch können die in Abschnitt 2.2 beschriebenen Synergien im Interesse unserer Kunden optimal ausgeschöpft werden.

Die Prozesslandschaft lässt sich mit ihren Zielen in zwei große Felder unterteilen. Einerseits sind dies strategische Prozessziele, die sich auf die *Optimierung der Kundenbeziehung* richten – etwa die Vertriebsprozesse. Die Weiterentwicklung des bereits hohen Standards im Qualitätsmanagement zielt dabei schwerpunktmäßig auf die hohen Anforderungen unserer automobilen Kunden. Die zweite Säule der Prozessziele unterstützt konsequent die *Optimierung der Kostenstruktur*, etwa durch einheitliche administrative Prozesse oder eine Verbesserung des Einkaufs. Hier ist die – bereits in Abschnitt 2.4 beschriebene – Kernkompetenz im Personalmanagement weiter zu stärken.

Schließlich bildet die Mitarbeiterperspektive in einem personalintensiven Geschäft die entscheidende Basis für den Erfolg. *Mitarbeiterzufriedenheit* – auch bei den Nebenbeschäftigten – sowie das zielgerichtete Vorantreiben von *Fach- und Projektmanagementqualifikationen* leisten hier einen wichtigen Beitrag. Mit der weiteren Intensivierung des *Know-how Transfers* wird die – in Abschnitt 2.3 dargestellte – branchenübergreifende Prozesskompetenz gestärkt.

Der Strategieprozess auf der Gesamtunternehmensebene wurde weiter *kaskadiert und detailliert* mit den Managementteams der *Regionalorganisation* sowie den *Zentralabteilungen* der Hauptverwaltung. Nachfolgend sollen – bezugnehmend auf das Oberthema Prozessoptimierung – einige Optimierungsschwerpunkte aus dem Unternehmen skizziert werden.

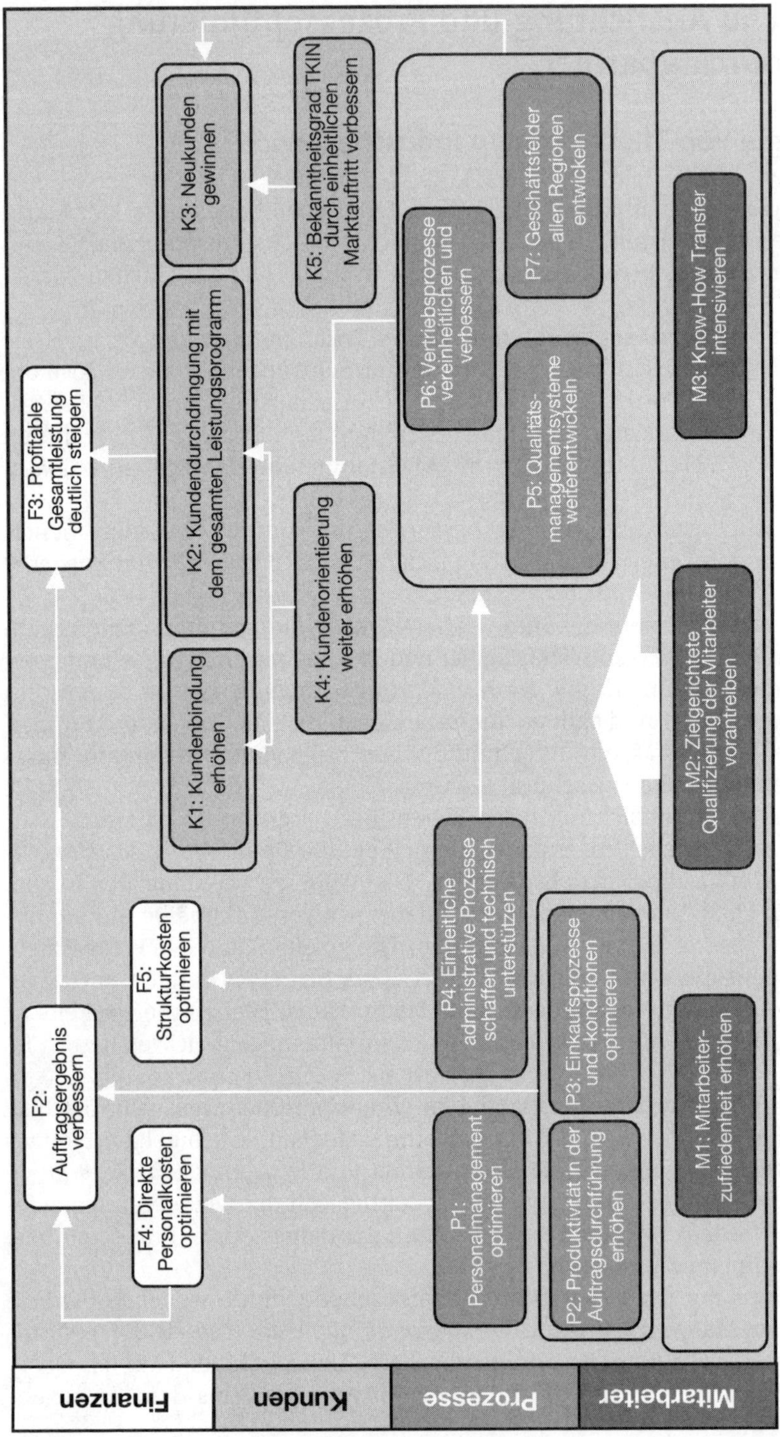

Abb. 7: Strategy Map von ThyssenKrupp Industrieservice

4.2 Schwerpunkte eigener Prozessoptimierung

4.2.1 Optimierung des Qualitätsmanagements

Übernimmt ein Industrieservice-Dienstleister in Teilen die Wertschöpfungskette des Kunden, zum Beispiel in der Produktionsunterstützung oder innerbetrieblichen Logistik, so müssen auch für diesen die hohen Anforderungen an *Qualitätsmanagementsysteme und Auditierung* gelten. Insbesondere für Kunden in der Automobilbranche gelten hier traditionell sehr hohe Standards. *ThyssenKrupp Industrieservice* ist nach DIN/ISO 9001 zertifiziert und arbeitet in weiten Teilen bereits nach der *Norm VDA 6.2*, die höchsten Ansprüchen gerecht wird. Das Qualitätsmanagementsystem wird permanent verbessert, so dass kurzfristig alle Niederlassungen auf den Standard VDA 6.2 ausgerichtet werden. *Kundenaudits in Projekten und interne Audits* werden systematisch verstärkt. Beispielhaft sollen hier zwei konkrete Maßnahmen angeführt werden:

- Bei Dienstleistungen ist die objektiv nachweisbare Qualitätsmessung oft schwierig, der subjektiv wahrgenommenen Kundenzufriedenheit kommt damit eine besonders hohe Bedeutung in der Qualitätsmessung zu. Als Teil des umfassenden Qualitätsmanagements werden die *Kundenzufriedenheitsbefragungen* der *TKIN* kontinuierlich und strukturiert durchgeführt und ausgewertet. Ihre Inhalte werden regelmäßig auf sich verändernde Geschäftsstrukturen angepasst.
- Etablierung eines permanenten *Prozessbenchmarking*, um zunächst intern die best practices optimal zu kommunizieren. Über Key Performance Indicators (KPI) werden wesentliche Qualitätsmerkmale der operativen und administrativen Prozesse verglichen und die Referenzprozesse der besten Einheiten flächendeckend umgesetzt.

4.2.2 Zielgerichtetes Personalmanagement

Das Personalmanagement umfasst die Beschaffung, Einstellung, Disposition und Führung der Mitarbeiter. Hinzu kommt die immer wieder erforderliche flexible Anpassung der Anzahl von Nebenbeschäftigten. Im Personalmanagement auf der Auftragsdurchführungsebene ist die *qualifikationsadäquate Personaldisposition* ein entscheidender Erfolgsfaktor. Durch den Aufbau von stellenbezogenen Qualifikationsmatrizen wird das *Soll- und Ist-Profil der Mitarbeiter* abgeglichen. Wo erforderlich werden gezielt und bedarfsorientiert Schulungsmaßnahmen und »on the job«-Qualifizierung durch Rotation auf Projekten eingeleitet und einer Erfolgskontrolle unterzogen.

Bezüglich der Führungskräfte kommt insbesondere der *Nachwuchskräfteentwicklung* eine besondere Bedeutung zu. Die Rekrutierung und Schulung von Führungsnachwuchs zur Übernahme leitender Aufgaben in der regionalen Kundenbetreuung steht dabei im Vordergrund. Auf diesem Wege wird sichergestellt, dass bei neu zu besetzenden Führungspositionen ein reibungsloser Übergang im Sinne vom Kunden wahrgenommener Qualität gewährleistet ist.

Die *Ausrichtung der Anreizsysteme* für Führungskräfte auf die in der Balanced Scorecard niedergelegten *strategischen Ziele* bildet einen weiteren wichtigen Schritt zur Strategieerreichung. Parallel zum bestehenden Vergütungssystem werden für eine Übergangsphase neue, aus den strategischen Zielen abgeleitete, Performancemaßstäbe ermittelt. Durch die vergleichende Betrachtung von altem und neuem Vergütungssystem können die Vorteile der Integration von nicht-finanziellen Zielsetzungen für die Führungskräfte transparent gemacht werden. Schrittweise wird die variable Vergütung dann umgestellt.

Diese Maßnahme stellt – zusammen mit weiteren – eine klare Orientierung an der Gesamtstrategie sicher und fördert so die *erfolgreiche Umsetzung* des in der Strategy Map dargestellten Zielsystems.

5 Fazit

Die vordergründig vorhandenen Kostennachteile des Standorts Deutschland erfordern nicht nur eine konsequente Effizienzsteigerung in den Kernprozessen der Industrieunternehmen. Es lohnt sich, auch bei personalintensiven Nebenprozessen nach Optimierungspotenzialen zu suchen. Restriktionen bei der unternehmensinternen Optimierung führen zu einem vermehrten Outsourcing von personalintensiven Nebenprozessen an spezialisierte Dienstleister.

Industrieservice-Dienstleister leisten mit ihren besonderen Kompetenzen für die von ihnen übernommenen Prozesse einen wesentlichen Beitrag zur Effizienzsteigerung in der deutschen Wirtschaft. Flexibler Personaleinsatz in unterschiedlichen Branchen und über das ganze Land verteilten Standorten, führt für die Kunden zu Synergien, welche sie innerhalb der eigenen Organisation schwerlich haben können. Dem Dienstleister kommt vor diesem Hintergrund auch eine beratende Rolle in der Prozessoptimierung zu, die er mit der entsprechenden Erfahrung ausfüllen kann.

Wirtschaftlich für den Dienstleister und ergebnisoptimal für seine Kunden sind die Prozesse aber nur dann, wenn die strategische Ausrichtung und die permanente operative Optimierung beim Industrieservice-Dienstleister mit den Marktherausforderungen in Einklang gebracht wird. Mit diesem Beitrag wurden anhand der *ThyssenKrupp Industrieservice GmbH* geeignete Beispiele aufgezeigt, wie der gemeinsame Erfolg erreicht werden kann.

Literatur

Bullinger, H.-J./Scheer, A. W. (Hrsg., 2003), Service Engineering, Berlin u. a. 2003

Currle, M./Schwertner, K. (2005), Ausrichtung der Prozesse an der Unternehmensstrategie, in: *Horváth & Partners* (Hrsg., 2005), Prozessmanagement umsetzen, Stuttgart 2005

DIHK (2003), Good-bye Germany – Immer mehr Unternehmen planen Produktionsverlagerungen ins Ausland, *IHK*-Wirtschaftsforum, *DIHK*, Berlin 2003

Fraunhofer IPT (2004), Produktionsstudie 2004 – Ist der Produktionsstandort Deutschland noch zu retten?, Aachen/Düsseldorf 2004

Horváth & Partners (Hrsg., 2004), Balanced Scorecard umsetzen, 3. Auflage, Stuttgart 2004

IDW (2004), Personalzusatzkosten in der deutschen Wirtschaft, Institut der deutschen Wirtschaft, in: iw-trends, 31, 2004, 2, S. 59–65

Statistisches Bundesamt (2004), Insolvenzstatistik, in: handwerk magazin, http://www.handwerk-magazin.de/artikel/insolvenzstatistik-fast-viele-pleiten-vorjahr.html (Stand: 7.12.2004)

vbw (2005), Arbeitszeiten und arbeitsfreie Tage im europäischen Vergleich, Vereinigung der Bayerischen Wirtschaft e.V., in: Argumenter, 2005, 2

Rolle des Controllings im Spannungsfeld internes und externes Reporting

Werner Fleischer*

* Werner Fleischer, Bereichsleiter Konzern-Controlling, Verbundgesellschaft, Wien.

1 Problemstellung

Die Diskussion über eine Harmonisierung des externen und internen Rechnungswesens hat in den vergangenen zehn Jahren im deutschsprachigen Raum zunehmend an Bedeutung gewonnen. Gründe dafür waren u. a.

- die stärkere Internationalisierung mit der Notwendigkeit der Integration von Unternehmen mit unterschiedlichen Rechnungslegungsstandards,
- die zunehmende Finanzmarktorientierung,
- das Bedürfnis des Managements nach homogener Information und
- der Trend zum Value Based Management.

Die Verordnung (EG) Nr. 1606/2002 des Europäischen Parlaments und des Rates vom 19. Juli 2002, betreffend die zwingende Anwendung der International Financial Reporting Standards (IFRS) für die Konzernabschlüsse aller börsennotierten Unternehmen in der EU für Geschäftsjahre ab dem 01.01.2005, hat dieser Diskussion eine zusätzliche Dynamik verliehen.

Ziel dieses Beitrages ist es, den *Rollenwandel des Controllings in diesem Spannungsfeld von externem und internem Reporting* näher zu beleuchten und dabei auch jüngere Entwicklungen aus der Unternehmenspraxis zu demonstrieren. Als Grundlage für das externe Reporting werden dabei die in den International Financial Reporting Standards festgelegten Rechnungslegungsgrundsätze herangezogen, wiewohl die Aussagen generell auch bei einer Bilanzierung nach US GAAP gültig sind.

Nicht behandelt wird die Harmonisierung von externen internationalen und nationalen Rechnungslegungsvorschriften, da sie ein Tätigwerden der Gesetzgeber erfordert, das von den Verantwortlichen für das Controlling nur bedingt beeinflusst werden kann.

2 Gründe für die Harmonisierung des externen und internen Rechnungswesens

2.1 Internationalisierung

In den vergangenen Jahren war ein zunehmender Trend zur Ausweitung von Unternehmensaktivitäten in Länder außerhalb der EU-15 zu beobachten. Die EU-Erweiterung auf 25 Mitgliedsländer, aber auch die 2007 bevorstehende Erweiterung wird zu weiteren Unternehmensgründungen und Akquisitionen in Mittel-, Ost- und Südosteuropa führen.

Die Tätigkeit in Ländern mit unterschiedlichen Rechnungslegungsstandards erfordert einerseits konzernweit einheitliche Reportingstandards, andererseits müssen aus den o. a. Gründen ohnehin Daten für die Erstellung des Konzernabschlusses nach IFRS bereitgestellt werden. Darüber hinaus wird die Kommunikation zwischen Konzernunternehmen in verschiedenen Ländern durch die Anwendung gleicher Rechnungslegungsstandards beträchtlich erleichtert.

Ein weiterer Grund für die Harmonisierung liegt darin, dass die deutliche Trennung in externes und internes Rechnungswesen außerhalb des deutschsprachigen Raums kaum verbreitet ist.

Außerdem ist damit zu rechnen, dass in absehbarer Zeit mehrere Länder die in der Verordnung (EG) Nr. 1606/2002 des Europäischen Parlaments und des Rates vom 19. Juli 2002 eingeräumte Option nutzen werden, auch den Einzelabschluss nach IFRS-Grundsätzen zu erstellen.

2.2 Finanzmarktorientierung

Das auf die Steuerung des Unternehmens ausgerichtete interne Rechnungswesen muss auf Grund der zunehmenden Finanzmarktorientierung an die Erfordernisse der Kapitalmärkte angepasst werden. Die Adressaten der Finanzinformation erwarten dabei, dass die börsennotierten Unternehmen ihre Informationen nach möglichst international einheitlichen und somit leicht vergleichbaren Standards (IFRS bzw. US GAAP) bereitstellen.

Die Erwartungshaltungen der Finanzmärkte müssen als Steuerimpulse auch an das interne Rechnungswesen weitergegeben werden. Damit wird gewährleistet, dass das Unternehmen nach einheitlichen Gesichtspunkten im Hinblick auf das auf Basis internationaler Rechnungslegungsstandards formulierte Oberziel gesteuert werden kann.

2.3 Homogenität der Information

In der deutschsprachigen betriebswirtschaftlichen Forschung und Praxis hat sich seit vielen Jahren eine Trennung in externe (pagatorische) und interne (kalkulatorische) Ergebnisrechnung herausgebildet. Diese führt jedoch beim Management zunehmend zu Interpretationsschwierigkeiten bzw. zu Zielkonflikten zwischen dem den Finanzmärkten kommunizierten externen und dem nach kalkulatorischen Grundsätzen erstellten internen Ergebnis. Weiter werden dadurch Doppelarbeiten und Überleitungsrechnungen verursacht, die unter dem Gesichtspunkt von auch im Controlling notwendigen Einsparungsmaßnahmen immer öfter kritisiert werden.

Die Steuerung des Unternehmens auf Basis homogener, auf den Grundsätzen des externen Rechnungswesens nach IFRS basierender Daten trägt diesen Einwänden Rechnung und gewährleistet, dass im Unternehmen alle Entscheidungsträger hinsichtlich wirtschaftlicher Sachverhalte mit einer »einheitlichen Sprache« sprechen.

2.4 Value Based Management

Die Konzepte des Value Based Management finden – ausgehend von den USA – seit einiger Zeit auch bei europäischen Unternehmen verstärkt Anwendung. Diese Value Based Management-Systeme – seien sie Cashflow-orientiert (DCF, CVA, CFROI) oder ergebnisorientiert (EVA, ROIC, ROCE) – verwenden für die Unternehmenssteuerung Daten des externen Rechnungswesens.

Da diese Zielgrößen häufig auch extern kommuniziert werden, muss die Konsistenz interner Steuerungsgrößen mit den aus geprüften Abschlüssen abgeleiteten externen Informationen gewährleistet werden.

2.5 Segmentberichterstattung

Die nach IFRS vorgeschriebene Segmentberichterstattung muss nach internen Steuerungsgesichtpunkten aufgestellt werden (»Management Approach«). Die Wahl von Segmenten muss sich damit über die rechtlichen Einheiten hinaus an Kategorien des internen Rechnungswesens (z. B. Business Units) orientieren. Dies führt dazu, dass interne Steuerungsaspekte auch Auswirkungen auf die externe Rechnungslegung haben.

2.6 Synergieeffekte zwischen Controlling und Rechnungswesen

Durch die Harmonisierung von externem und internem Rechnungswesen können Synergien in den folgenden Bereichen erzielt werden:

- Zusammenfassung von Controlling und Rechnungswesen in personeller Hinsicht;
- Vereinfachung der Informationssysteme;
- Reduktion des Reportingaufwandes;
- Einheitliche Berichtswege an das Top Management und damit verbunden eine Reduktion des Überleitungs- und Erklärungsaufwandes.

Die Erzielung von Synergien setzt somit eine weitgehende organisatorische Zusammenfassung der Bereiche Controlling und Rechnungswesen voraus. Die Synergieeffekte werden jedoch – zumindest teilweise – durch die zunehmende Komplexität der internationalen Rechnungslegungsstandards kompensiert (siehe 4.1).

2.7 Fair Value-Orientierung der IFRS

Die zunehmende Fair Value-Orientierung der IFRS (IFRS 3, IAS 36, IAS 39) setzt eine stärkere Harmonisierung von Controlling und Rechnungswesen voraus. Das Rechnungswesen nach IFRS benötigt für die Ermittlung von »Fair Values« daher immer häufiger Informationen aus den mittel- und langfristigen Planungen, die im Controlling erstellt werden. Business Planning und Unternehmensbewertung werden damit zu einem integralen Bestandteil der Bilanzierung nach IFRS. Eine korrekte Bilanzierung nach IFRS ist daher bereits heute ohne Controllinginformationen unmöglich.

Kritisch sei an dieser Stelle allerdings angemerkt, dass der IFRS-Abschluss trotz zunehmender Fair Value-Orientierung nach wie vor sowohl von amortisationsrechnerischen als auch von kapitaltheoretischen Einflüssen geprägt ist, was dessen Interpretation erschwert (siehe 4.2).

Um die Harmonisierung von externem und internem Rechnungswesen erfolgreich implementieren zu können, bedarf es nach den Erfahrungen des Verfassers der Erfüllung der im Folgenden behandelten Voraussetzungen.

3 Voraussetzungen für die Harmonisierung von externem und internem Rechnungswesen

3.1 Organisatorische Voraussetzungen

Als wichtigste Voraussetzung sei hier die Zusammenführung von Controlling, Rechnungswesen und Unternehmensbewertung unter einheitlicher Leitung genannt. Dies gewährleistet die erfolgreiche Harmonisierung von externem und internem Rechnungswesen in der Phase des Einführungsprojektes wie auch deren straffe Steuerung nach der Einführung.

Als Beispiel dafür sei folgende Organisation des Controllings der *Österreichischen Elektrizitätswirtschafts-AG* (*Verbundgesellschaft*, Sitz in Wien, Umsatz 3 Mrd. €, 2.500 Mitarbeiter (2004)) gezeigt:

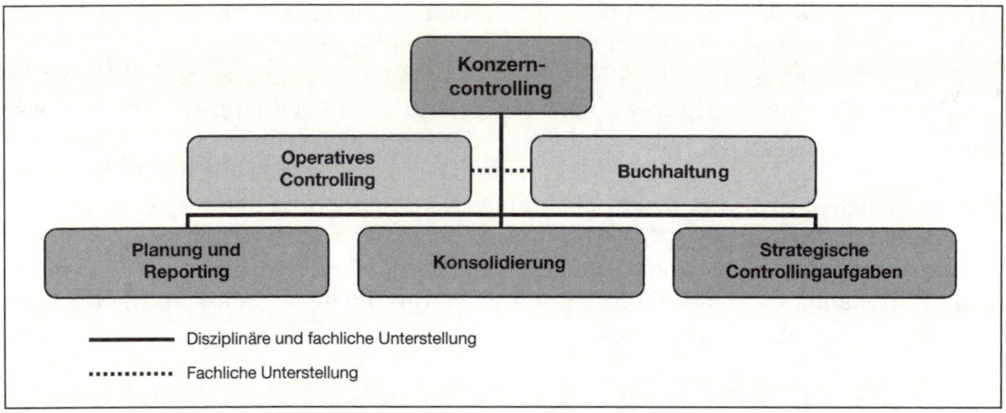

Abb. 1: Organisation des Controllings der *Österreichischen Elektrizitätswirtschafts-AG*

Die o. a. Funktionseinheiten sind mit folgenden, in diesem Kontext wesentlichen Aufgaben betraut:

- Planung und Reporting: Mittelfristplanung, Budgetierung, Quartals- und Monatsreporting;
- Konsolidierung: Erstellung des Konzern-Istabschlusses (Monat, Quartal, Jahr);
- Strategische Controllingaufgaben: Unternehmensbewertung inkl. Ermittlung von Fair Values nach IFRS 3 und IAS 36;

- Operatives Controlling: Steuerung der operativen Gesellschaften;
- Buchhaltung (als Shared Service Center organisiert): Führung der Buchhaltung nach öHGB und IFRS (bis HB II) für alle Gesellschaften des Konzerns.

Durch diese Organisationsstruktur wird – trotz Spezialisierung und unterschiedlicher Aufgabenschwerpunkte – ein direkter Informations- und Erfahrungsaustausch zwischen allen Funktionsträgern in einem Controllingsystem gewährleistet, in dem das interne und externe Reporting vollständig auf Basis von IFRS-Standards harmonisiert sind.

Die o. a. Controllingorganisation setzt allerdings entsprechend ausgebildete Mitarbeiter voraus, was im folgenden Punkt näher ausgeführt werden soll.

3.2 Know-how-Voraussetzungen

Das Controlling hat sich im deutschsprachigen Raum in den vergangenen Jahren stark auf die Steuerung interner Prozesse fokussiert. Die Darstellung der finanziellen Lage des Unternehmens nach außen blieb vielfach eigenen Rechnungswesen- und Konsolidierungsabteilungen sowie – vor allem bei börsennotierten Unternehmen – dem Investor Relations Management vorbehalten.

In der frühen Phase der IAS (nunmehr IFRS) wurde die Spezialisierung im Rechnungswesen und damit die Distanz zum Controlling sogar noch verstärkt. Erst in jüngerer Zeit ist aus den unter Punkt 2 genannten Gründen wieder eine Annäherung zwischen internem und externem Reporting notwendig geworden.

Der Harmonisierungstrend bedingt jedoch – je nach Ausbildungs- und Erfahrungshintergrund der Funktionsträger – eine Verbesserung der Rechnungswesenkenntnisse der Controller (insbesondere auf dem Gebiet der IFRS) bzw. der Controllingkenntnisse der im Rechnungswesen tätigen Mitarbeiter. Dies kann jedoch oft nicht kurzfristig bewerkstelligt werden und bedarf auch einer Neuorientierung der Studiengänge und der Karrierewege.

Kritisch ist auch anzumerken, dass die ständige Weiterentwicklung im Controlling und die Dynamik der IFRS die Erhaltung eines Up-to-date-Wissensstandes auf allen Gebieten immer schwieriger machen.

3.3 Systemtechnische Voraussetzungen

Die Harmonisierung von externem und internem Reporting setzt eine systemtechnische Integration der Buchhaltungs-, Planungs- und Konsolidierungssoftware voraus. Die in vielen Unternehmen verwendeten getrennten transaktionalen Systeme (in SAP-Plattformen insbesondere die Module FI, CO, PCA und EC-CS) werden diesem Anspruch nicht mehr gerecht. Es ist daher unabdingbar, die Daten dieser transaktionalen Systeme aus Buchhaltung (FI) und Planung (CO, PCA) in Data Warehouses (z. B. SAP BW) zu übertragen, um alle Ansprüche der internen Sichtweise (insbesondere periodische Soll-Ist-Vergleiche) und der externen Sichtweise (insbesondere periodische Ist-Ist-Vergleiche) in isolierter und konsolidierter Form erfüllen zu können.

Neben der systemtechnischen Abbildung ist für die Harmonisierung von externem und internem Reporting auch eine Zusammenführung der Kontierungsobjekte aus Buchhaltung und Controlling – zumindest auf Ebene der Periodenerfolgsrechnung – notwendig.

Die gleichzeitige Abbildung der Ist- und der Planwerte in Business Warehouses macht es jedoch auch erforderlich, die Ist-Daten möglichst zeitnah auch unterjährig zur Verfügung zu stellen, um den Reportinganforderungen des Managements gerecht werden zu können. Dies wird im Folgenden noch näher ausgeführt.

3.4 Prozessorientierte Voraussetzungen

Bei einer Harmonisierung von internem und externem Rechnungswesen müssen die Prozesse in der Buchhaltung und der Konsolidierung neu gestaltet und deutlich beschleunigt werden, um auch die für die interne Steuerung verwendeten Ist-Informationen kurzfristig zur Verfügung stellen zu können. Die Abschlusszeiten müssen daher soweit verkürzt werden, dass (konsolidierte) Ist-Abschlüsse nach IFRS bereits kurz nach Monatsende – etwa in einem Zeitrahmen von vier Tagen – zur Verfügung stehen (»Fast Close«). Diese Ist-Daten bilden die Grundlage für aktualisierte Year-end Forecasts für das Management sowie für Informationen an externe Adressaten. Die unter Punkt 3.1 behandelte Zusammenführung von Controlling und Rechnungswesen unter einheitlicher Leitung erleichtert nach Erfahrung des Verfassers die Steuerung dieser harmonisierten Controlling- und Rechnungswesenprozesse beträchtlich.

Nach der Behandlung der Gründe und Voraussetzungen für die Harmonisierung von externem und internem Reporting soll in weiterer Folge auch auf eventuell vorhandene negative Aspekte und Hindernisse für eine solche Zusammenführung eingegangen werden.

4 Hindernisse für die Harmonisierung

4.1 Entwicklung der IFRS als Hindernis

Die Steuerungszwecke des internen Rechnungswesens setzen über längere Zeit konsistente Abrechnungsprinzipien voraus. Die Entwicklung der IFRS verläuft jedoch – speziell in jüngerer Zeit – mit einer Dynamik, die diese Konsistenz über längere Zeiträume längst nicht mehr gewährleistet. Darüber hinaus werden die controllingrelevanten Steuerungsinstrumente durch Festlegungen Externer (des IASB) beeinflusst, deren Zielsetzungen sich primär an der Außensicht der Kapitalmärkte und nicht an der Steuerung von Unternehmen durch adäquate Controllinginstrumente orientieren.

Neben diesem Zielkonflikt führt die laufende Änderung und Detaillierung der IFRS auch dazu, dass das IFRS-Know-how der Controller laufend aktualisiert werden muss, was die o. a. Synergieeffekte schmälert, wenn nicht sogar überkompensiert. Insbesondere

Controller mittelständischer Unternehmen können – nicht zuletzt aus Ressourcenknappheit – durch diesen Zwang zur laufenden Aneignung von IFRS-Spezialwissen überfordert werden.

Darüber hinaus gefährdet ein weiterer Trend der IFRS das Harmonisierungsziel: Buchungen direkt in das Eigenkapital unter Umgehung der Gewinn- und Verlustrechnung. Dadurch wird das in der betriebswirtschaftlichen Wissenschaft und Praxis seit Jahrzehnten gültige »Kongruenzprinzip«, das gewährleistet, dass die Summe der Periodenerfolge der Gewinn- und Verlustrechnung in der Totalperiode der Summe der Cashflows entspricht, durchbrochen. Dies erschwert einerseits die Interpretation der an externe Adressaten gerichteten Erfolgsrechnung nach IFRS und macht dafür zusätzliche Anhangangaben notwendig. Andererseits wird dadurch auch die Eignung von auf den IFRS basierenden Rechenwerken für interne Steuerungszwecke beträchtlich eingeschränkt, da die Periodenerfolgsrechnung nicht mehr ein vollständiges Abbild aller erfolgswirksamen Eigenkapitaländerungen einer Periode darstellt.

Es sei dahingestellt, ob dieser Trend nicht dem durch die Harmonisierung des internen und externen Reporting angestrebten Zweck einer besseren Verständlichkeit der Steuerungsinformationen für das Management sehr zuwiderläuft.

4.2 Volatilität der Ergebnisse als Hindernis

Eines der Hauptziele der Kostenrechnung als wesentliches Controllinginstrument war immer auch die »Normalisierung«, d. h. die Glättung aperiodischer und zufälliger Ergebniselemente. Die zunehmende Fair Value-Orientierung der IFRS – erkennbar insbesondere in IFRS 3, IAS 36 und IAS 39 – steht diesem Normalisierungsziel jedoch aus folgenden Gründen diametral entgegen:

- Die Ermittlung von Fair Values basiert auf der Diskontierung künftiger Zahlungsströme.
- Schon geringe Änderungen der Berechnungsparameter können daher zu starken Auswirkungen auf das Ergebnis der laufenden Periode führen.
- Die Periodenergebnisse werden aus diesen Gründen zwangsläufig volatiler.

Falls hingegen bewertungsbedingte Ergebniseinflüsse aus der Gewinn- und Verlustrechnung ausgeklammert und direkt im Eigenkapital erfasst werden, wird damit zwar dem Normalisierungsziel Rechnung getragen, jedoch das Kongruenzprinzip verletzt (siehe 4.1).

Einschränkend zu dieser Kritik ist jedoch anzumerken, dass die meisten bewertungsbedingten Effekte das laufende operative Geschäft nicht betreffen und daher aus der Zurechnung von Erfolgskomponenten auf Verantwortungsbereiche ohnehin ausgespart bleiben.

Abschließend ist hervorzuheben, dass die Abschlüsse nach IFRS derzeit ein Hybrid – man könnte auch sagen: eine »bunte Mischung« – aus anschaffungswertorientierter Amortisationsrechnung und kapitaltheoretischer Fair Value-Rechnung darstellen, denen immer noch eine konsistente bilanztheoretische Fundierung fehlt. Ob die Entwicklung in Richtung marktwertbasierter kapitaltheoretischer Bilanzierung in den IFRS ihre Fortsetzung findet und wie praktikabel diese ist, bleibt jedoch abzuwarten.

4.3 Pflichtabschluss nach HGB als Hindernis

Einer vollständigen Harmonisierung des internen und des externen Reporting – auch auf Ebene des Einzelabschlusses – stehen die derzeit noch gültigen Regelungen des HGB/öHGB entgegen. Im HGB/öHGB dominieren nach wie vor die Zahlungsbemessungsfunktion und das dem Gläubigerschutz dienende Vorsichtsprinzip und nicht wie in den IFRS primär die Information der Aktionäre und die periodengerechte Erfolgsermittlung im Sinne eines »True and Fair View«.

Dennoch ermöglicht eine weitgehende Nutzung von Wahlrechten im öHGB bereits heute eine Harmonisierung von HGB- und IFRS-Abschlüssen, insbesondere

- bei außerplanmäßigen Abschreibungen (Impairment of Assets),
- bei der Bewertung mit Fair Values (allerdings gemäß § 237a öHGB nur als Anhangangabe) und
- bei Abfertigungs- und Pensionsrückstellungen.

In weiterer Folge soll geklärt werden, inwieweit eine – wiewohl auch kritisch beleuchtete – Harmonisierung von internem und externem Reporting Auswirkungen auf das Rollenverständnis des Controllers hat.

5 Rollenwandel des Controllers als Folge der Harmonisierung des internen und externen Reporting

Die bisherigen Ausführungen lassen erkennen, dass eine Harmonisierung des internen und externen Reporting einen Rollenwandel des Controllers impliziert. Dies bedingt einerseits eine Ausweitung der Aufgabenschwerpunkte in Richtung der externen Rechnungslegung nach IFRS, aber auch zusätzliche Aufgaben für die Informationsbereitstellung an interne Adressaten.

Da das klassische Controllingverständnis im deutschsprachigen Raum noch immer stark auf die interne Steuerung güterwirtschaftlicher Prozesse fokussiert ist und daher Controlling und Rechnungswesen häufig noch immer institutionell getrennt sind, bedarf es bei einer Harmonisierung des internen und externen Reporting folgender Änderungen des Rollenverständnisses und Aufgabenprofils der Controller:

- Aneignung bzw. Vertiefung und ständige Aktualisierung von IFRS-Wissen;
- Übernahme der (Mit-)Verantwortung für die externe Rechnungslegung nach IFRS; im Idealfall Zusammenführung von Controlling und Rechnungswesen unter einheitlicher Leitung;
- Umstellung aller für die Unternehmenssteuerung relevanten internen Informationen auf IFRS-Standards;

- Zusammenführung von Plan- und Ist-Daten in Data Warehouses;
- Prozessänderungen im Rechnungswesen, um monatlich zeitnah Ist-Daten zur Verfügung stellen zu können (»Fast Close«);
- Bereitstellung von Daten der Mittel- und Langfristplanung sowie aus Unternehmensbewertungen für die Fair Value-Ermittlung in der externen Rechnungslegung.

Daneben sind selbstverständlich nach wie vor die »klassischen« Controllingaufgaben, wie Planung, Ergebnissteuerung, Berichtswesen und Managementberatung, weiter zu erfüllen.

Der bisherige »Leiter Controlling« bzw. »Leiter Rechnungswesen« wird daher in Zukunft vom international bereits üblichen »Finance Manager« abgelöst werden. Ob durch die vielfältigen Anforderungen beider Berufsbilder der Ruf nach einem »Financial Super-Hero« erfüllt werden kann, bleibt abzuwarten.

6 Harmonisierung des internen und externen Reporting im Verbund-Konzern

Im Verbund-Konzern, dem größten Elektrizitätsunternehmen Österreichs, wurden bereits ab dem Jahr 1996 eine Reihe von Maßnahmen im Controlling und Rechnungswesen gesetzt, die eine gänzliche Harmonisierung von internem und externem Reporting zum Ziel hatten. Im Einzelnen umfasste dies folgende Schritte:

- Einführung der IAS (nunmehr IFRS) für den Konzernabschluss (1996/97);
- Zusammenführung von Controlling und Rechnungswesen im Konzern unter einheitlicher Leitung (1999; siehe 3.1);
- Verwendung von IFRS-Daten als Standard im Konzernreporting (1999);
- Einführung von Monatsabschlüssen (1999);
- »Fast Close« mit signifikanter Verkürzung des Zeitraums für die Erstellung des geprüften Jahresabschlusses von rund 5 Monaten auf derzeit 21 Tage (1999 und 2000);
- Zusammenführung von Ist- und Plandaten nach den gleichen Grundsätzen in SAP BW (2003/04).

Die bisherigen Erfahrungen mit der Harmonisierung des internen und externen Reporting im Verbund-Konzern sind durchweg positiv. Neben Synergieeffekten im Controlling und Rechnungswesen sind als Folge der Harmonisierung vor allem die deutliche Verkürzung der Fristen für das Reporting, die Akzeptanz beim Top Management sowie die Festlegung auf eine »einheitliche Reportingsprache« hervorzuheben.

Es soll jedoch nicht unerwähnt bleiben, dass die jüngsten Entwicklungen der IFRS, insbesondere im Bereich der Bilanzierung von Fair Values und der Erfassung von Bewertungseffekten direkt im Eigenkapital, sowie die wachsende Detailliertheit und Komplexität der Standards die bisher durch die Harmonisierung erzielten Effekte teilweise wieder gefährden. Eine entsprechende Einflussnahme der betroffenen Unternehmen beim IASB zur Erhöhung der Praktikabilität der Regelungen erscheint daher dringend geboten.

7 Zusammenfassung

Ziel des vorliegenden Beitrags war es, den Rollenwandel des Controllings im Spannungsfeld von externem und internem Reporting näher zu beleuchten und dabei auch jüngere Entwicklungen aus der Unternehmenspraxis zu demonstrieren.

Dabei wurden die wesentlichen Gründe für eine Harmonisierung des externen und internen Rechnungswesens, wie insbesondere die Internationalisierung, die Finanzmarktorientierung und die Erzielung von Synergieeffekten zwischen Controlling und Rechnungswesen, behandelt.

In weiterer Folge wurden die Voraussetzungen für eine Harmonisierung von externem und internem Rechnungswesen näher beleuchtet. Dies betraf organisatorische, Know-how-, systemtechnische und prozessorientierte Voraussetzungen.

Im Anschluss daran wurden auch die Hindernisse für die Harmonisierung von externem und internem Reporting kritisch analysiert. Hervorzuheben sind dabei insbesondere die dynamische Entwicklung der IFRS und die zunehmende Volatilität der Ergebnisse, die der im internen Reporting angestrebten Normalisierung zuwiderläuft. Auch die fehlende bilanztheoretische Fundierung der IFRS wurde als wesentlicher negativer Aspekt hervorgehoben.

Aus diesen Ausführungen wurde abgeleitet, dass eine Harmonisierung des internen und externen Reporting einen Rollenwandel des Controllers impliziert. Dieser Rollenwandel bedingt einerseits eine Ausweitung der Aufgabenschwerpunkte in Richtung der externen Rechnungslegung nach IFRS, aber auch zusätzliche Aufgaben für die Informationsbereitstellung an interne Adressaten.

Abschließend wurde als Erfahrungsbericht aus der Unternehmenspraxis kurz die Harmonisierung des internen und externen Reporting im Verbund-Konzern, dem größten Elektrizitätsunternehmen Österreichs, dargestellt. Die Erfahrungen mit der Harmonisierung sind bisher zwar durchwegs positiv, die angeführten negativen Aspekte, insbesondere die zunehmende Dynamik und Komplexität der IFRS, können jedoch die erzielten Effekte wieder gefährden.

Weiterführende Literatur

Bruns, H.-G. (1999), Harmonisierung des externen und internen Rechnungswesens auf Basis internationaler Rechnungslegungsvorschriften, in: *Küting, K./Langenbucher, G.* (Hrsg. 1999), Internationale Rechnungslegung, Festschrift für *Professor Dr. Claus-Peter Weber* zum 60. Geburtstag, Stuttgart 1999, S. 585–603

Janschek, O. (1999), Führt die Orientierung an internationalen Rechnungslegungsstandards zu einer Harmonisierung von internem und externem Rechnungswesen, in: Jahrbuch für Controlling und Rechnungswesen 99, Wien 1999, S. 93–128

Küpper, H.-U. (1999), Zweckmäßigkeit, Grenzen und Ansatzpunkte einer Integration der Unternehmensrechnung, in: Kostenrechnungs-Praxis, 43, 1999, Sonderheft 3, S. 5–11

Küting, K./Lorson, P. (1999), Harmonisierung des Rechnungswesens aus Sicht der externen Rechnungslegung, in: Kostenrechnungs-Praxis, 43, 1999, Sonderheft 3, S. 47–57

Lingnau, V./Jonen, A. (2004), Konvergenz von internem und externem Rechnungswesen – Betriebswirtschaftliche Überlegungen und Umsetzung in der Praxis, in: *Lingnau, V.* (Hrsg. 2004), Beiträge zur Controlling-Forschung, Nr. 5, Kaiserslautern 2004

Weissenberger, B. E. (2004), IFRS und Controlling, in: Zeitschrift für Controlling und Management, 48, 2004, Sonderheft 2

Rolle und Rollenwandel des Controllers am Beispiel der Lufthansa

Karl-Heinz Steinke*

* Karl-Heinz Steinke, Leiter Konzerncontrolling, Deutsche Lufthansa AG, Flughafen-Bereich West, Frankfurt am Main.

1 Einführung

Controlling ist heute als eigenständiger Funktionsbereich in deutschen Unternehmen nicht mehr wegzudenken. Ebenso hat sich das Berufsbild des Controllers in der Praxis etabliert. Als Reaktion darauf ist Controlling auch Gegenstand von Forschung und Lehre an deutschsprachigen Hochschulen.

Das alles legt die Vermutung nahe, dass es hinsichtlich der Funktion des Controllings und der Rolle des Controllers in den Unternehmen ein gemeinsames Verständnis gibt. Tatsächlich existieren allerdings eine Vielzahl unterschiedlicher Auffassungen und Ansichten zur Rolle des Controllers und zu den von ihm wahrzunehmenden Aufgaben. Die Bandbreite reicht vom »Erbsenzähler« über »Hofberichterstatter« bis zum »internen Investmentbanker«.

Der folgende Beitrag zeigt mögliche Einflüsse auf die Rolle und den Rollenwandel des Controllers an Hand der Entwicklung des Controllings bei der *Deutschen Lufthansa AG* von 1969 bis heute. Auf eine Einordnung der im *Lufthansa Konzern* beobachteten Rolle des Controllers in die von der Wissenschaft angebotenen Erklärungsmodelle (vgl. *Wall* 2002, S. 68–70) wird aus Gründen mangelnder Repräsentativität verzichtet.

Im Folgenden sollen zunächst, um ein einheitliches Verständnis herzustellen, die Begriffe Controlling, Controller und Controllership in Anlehnung an *Weber* definiert werden. Anschließend wird das Controlling aus funktionaler Sicht betrachtet und in den Kontext der Entwicklung der Führungsorganisation gestellt. Es soll gezeigt werden, wie die Rolle des Controllers im Hause *Lufthansa* durch Anpassungen der Führungsorganisation geprägt wurde und wird. Im Weiteren werden Aspekte der Gestaltung der Controllingaufgabe unter einer akteursbezogenen und institutionellen Sicht beleuchtet. Es soll geklärt werden, inwieweit aus dem Verhältnis des Managers zum Controller weitere Einflussfaktoren auf die Rolle des Controllers erkennbar sind. Der Beitrag schließt mit einem Resümee und einem Ausblick auf eine mögliche Entwicklung des Controllings bei der *Lufthansa*.

2 Begriffe und Definitionen

Eine zweckmäßige Unterscheidung zwischen den Begriffen Controlling, Controller, Controllership bietet *Weber* (vgl. *Weber* 2004). Demnach ist unter Controlling eine spezielle Führungs- und Managementfunktion zu verstehen, die von Controllern, aber auch von anderen Aufgabenträgern wahrgenommen wird. Mit Controllership wird demgegenüber das gesamte Aufgabenbündel, das von Controllern wahrgenommen wird, bezeichnet. Unter einem Controller wird der Inhaber einer Controllingstelle verstanden, der bestimmte Aufgaben für Manager wahrnimmt.

Der Vorteil dieses Ansatzes liegt in der differenzierten Sichtweise und eindeutigen Definition der Begriffe. So wird Controlling einmal aus funktionaler Sicht betrachtet, die Controllership und der Controller jedoch ergänzend auch unter einer institutionellen bzw. »akteursbezogenen« Perspektive der Interaktion zwischen Manager und Controller sieht.

3 Einflussfaktoren auf die Rollenbestimmung des Controllers

3.1 Der Einfluss der Führungsorganisation

3.1.1 Controllingentwicklung bei Lufthansa

Die Zusammenhänge zwischen der Entwicklung der Führungsorganisation und der Entwicklung der Controllingorganisation sollen im Folgenden anhand der Entwicklung des Controllings bei Lufthansa verdeutlicht werden (vgl. *Prenzler* 2003).

Erstmals wurde 1969 ein Controlling unter dem Namen »Betriebswirtschaft« im Ressort des Vorstandsvorsitzenden als Hauptabteilung innerhalb der kaufmännischen Direktion bei *Lufthansa* eingerichtet (siehe Abb. 1) (aufgrund der Verwechslungsgefahr der Begriffe Controlling und Kontrolle hatte sich der Name »Betriebswirtschaft« für die Funktion des Controllings durchgesetzt; vgl. hierzu *Prenzler* 2003, S. 8). Ziel dieser organisatorischen Maßnahme war es, die infolge eines stürmischen Unternehmenswachstums verstreuten betriebswirtschaftlichen Aufgaben zusammenzufassen, um eine einheitliche und koordinierte wirtschaftliche Führung im Unternehmen wieder sicherzustellen. Hauptinstrumente waren eine zentrale Budgetplanung und -kontrolle (Erlöse und Aufwand), eine Plan/-Streckenergebnisrechnung und Projekt- und Investitionsrechnungen nach der Kapitalwertmethode.

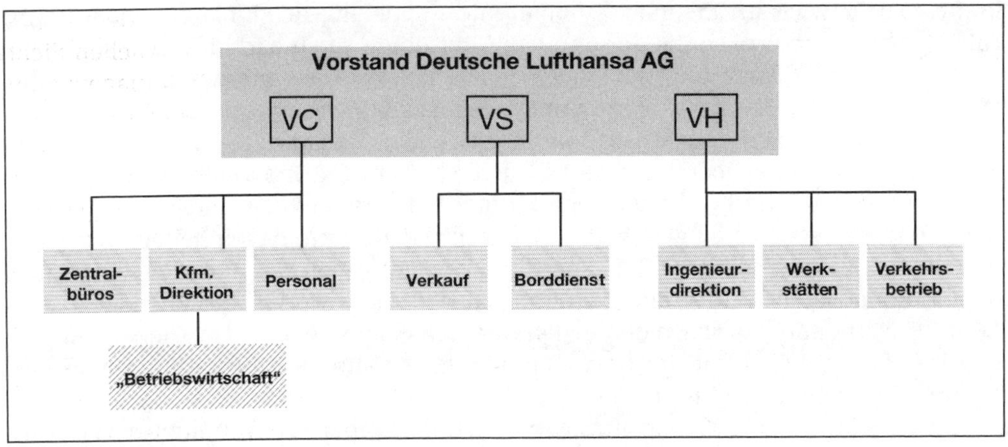

Abb. 1: Organisation der *Lufthansa* 1969

Unter dem Druck erhöhter Wettbewerbsintensität und fortschreitender Liberalisierung der Märkte im weltweiten Luftverkehr reagierte das Unternehmen im Rahmen mehrerer Anpassungsschritte mit einer zunehmenden Dezentralisierung der operativen Führungsverantwortung. Beobachtbar ist, dass jeweils zeitgleich das Controlling der neuen Führungsorganisation angepasst wurde. In einem ersten Schritt wurden dezentrale

Controllingeinheiten eingerichtet, die zunächst noch dem Zentralcontrolling disziplinarisch unterstellt waren. In einem weiteren Schritt wurden die dezentralen Controller disziplinarisch den Funktionsbereichen unterstellt. Die Größe des Zentralcontrollings wurde reduziert. Gleichzeitig erfolgte eine Organisationseinordnung von der kaufmännischen Direktion unmittelbar zum Vorstand. Während die dezentralen Einheiten die operativen Controllingaufgaben wahrnahmen, verblieben dem Zentralcontrolling die Rahmensetzung und Methodenkompetenz sowie die Aufgabe der übergeordneten Koordination der zugehörigen Verfahren und Prozesse.

Eine weitere Veränderung der organisatorischen Einbindung des Controllings in die Führungsorganisation war die Folge einer grundlegenden Neuausrichtung des *Lufthansa Konzerns* nach der Unternehmenskrise im Jahr 1991 (drohende Illiquidität infolge der Golfkrise). Die Führungsorganisation wurde gestrafft und unter die Leitung eines führungsstarken Vorstandsvorsitzenden gestellt. Das Zentralcontrolling wurde als Stabsfunktion unmittelbar dem neuen Vorstandsvorsitzenden unterstellt und mit der Aufgabe betraut, das beschlossene Sanierungsprogramm federführend umzusetzen. Infolge eines besonderen Vertrauensverhältnisses zwischen dem Vorstandsvorsitzenden und dem ebenfalls neuen Leiter des Zentralcontrollings, wurden dem Controlling zusätzliche Weisungs- und Eingriffsrechte zugestanden und seine Stellung deutlich gestärkt.

Als Reaktion auf die Situation auf den Absatzmärkten wurde das Kostenmanagement zu einer zentralen Aufgabe des Controllings. Als Basis hierfür galt es, rationale und stark top-down geprägte Zielsysteme und Zielvereinbarungen mit den Führungskräften zu entwickeln. Erstmals erfolgte eine Koppelung der Einkommen der Führungskräfte an die Erreichung der mit dem Controlling vereinbarten Ziele.

Der operativen Sanierung folgte 1994 nach Teilprivatisierung des Unternehmens (Staatsanteil unter 50%) die »strukturelle« Sanierung. Diese führte zur heutigen geschäftsfeldorientierten Konzernstruktur. Die Bereiche Technik, Cargo und IT wurden als Teilbetriebe ausgegliedert und rechtlich verselbständigt. Innerhalb der verbleibenden *Lufthansa AG* wurde eine »Passage Airline« unter der Leitung eines neu eingesetzten Bereichsvorstandes eingerichtet. Die dezentralen Controllingeinheiten wurden in die neuen Geschäftsfeldeinheiten überführt. Die Aufgaben des Konzerncontrollings blieben grundsätzlich unverändert. Aufgrund des nach wie vor bestehenden hohen Leistungsverbundes zwischen den neuen Geschäftsfeldern wurde das Konzerncontrolling jedoch zusätzlich mit der Entwicklung von Verfahren zur Ermittlung marktorientierter Verrechnungspreise beauftragt.

In 2003 wurde das Konzerncontrolling im Rahmen einer Neuordnung der Vorstandressorts vom Ressort des Vorstandsvorsitzenden in das Finanzressort verlagert. Damit wurde die derzeit bestehende und in Abbildung 2 dargestellte Führungs- und Controllingstruktur geschaffen.

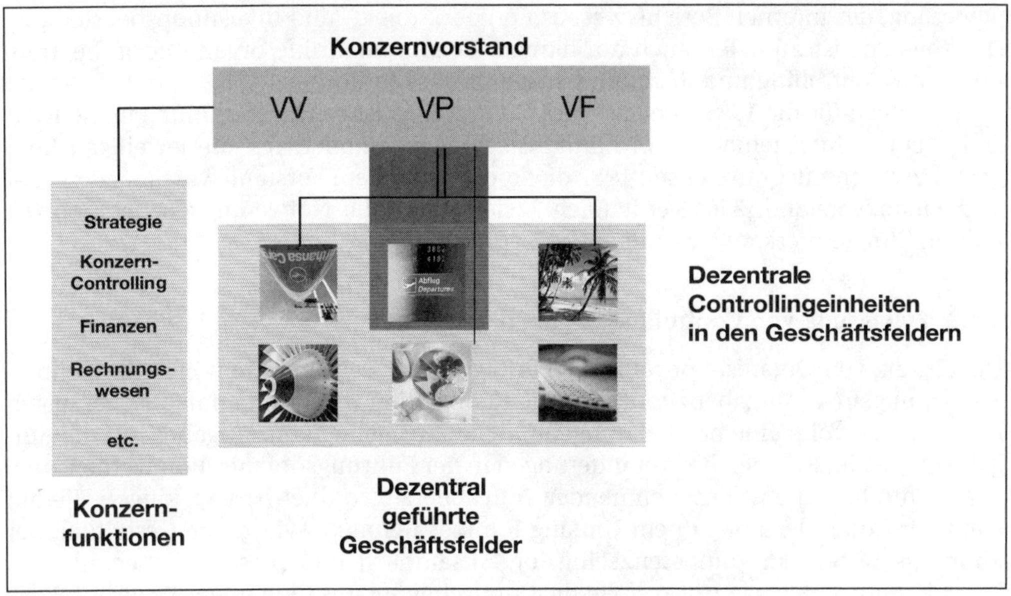

Abb. 2: Führungs- und Organisationsstruktur des *Lufthansa Konzerns* 2005

3.1.2 Determinanten der Controllingorganisation bei Lufthansa

Mit Bezug zu den drei wesentlichen Instrumenten organisatorischer Gestaltung:

- Aufgabenzuordnung,
- hierarchische Einordnung und
- Vergabe von Weisungs- und Eingriffsrechten

lassen sich zur Entwicklung der heutigen Controllingorganisation bei *Lufthansa* die folgenden Aussagen treffen.

In allen Phasen der Unternehmensentwicklung des *Lufthansa Konzerns* führten Veränderungen in der Führungsorganisation auch zu Anpassungen in der Controllingorganisation. Die stärksten Auswirkungen auf die Rolle des Controllings im Konzern gingen hierbei vom Übergang zum Prinzip einer dezentralen Unternehmens- bzw. Konzernführung aus. Durchgesetzt hat sich eine liberale Führung nach dem Prinzip eines »Management by Objectives«. Hierdurch änderte sich auch die Aufgabenverteilung zwischen Konzern- bzw. Zentralcontrolling und Bereichscontrolling. Dem Konzerncontrolling wurden zunehmend Aufgaben der Zielbestimmung und Koordination sowie eine umfassende Methodenkompetenz mit entsprechenden Weisungsrechten zugeordnet. Inhaltlich wurden die Aufgaben im Kontext der jeweiligen Unternehmenssituation angereichert (z. B. Kostenmanagement und Verrechnungspreise). Die dezentralen Controllingeinheiten sind demgegenüber im Schwerpunkt auf das Operative Controlling ausgerichtet.

Im Gegensatz zu den organisatorischen Änderungen blieben die Kernaufgaben des Controllings weitestgehend konstant. Hierzu gehören die Aufgaben der Planung und

Steuerung, des internen Berichtswesens und der Projekt- und Investitionsbeurteilung. Die Konstanz ist zum Teil auch auf die von Beginn an strikte organisatorische Trennung von Controlling und Rechnungswesen zurückzuführen.

Wesentlich für die Wirksamkeit eines Controllings ist seine Einordnung in die Hierarchie eines Unternehmens. Im *Lufthansa Konzern* unterstehen die jeweiligen Konzern- bzw. Zentralcontroller seit 1982 direkt entweder dem Vorstandsvorsitzenden oder dem Finanzvorstand. Dies verdeutlicht, wie schnell die Notwendigkeit des Controllings im Konzern erkannt wurde.

3.1.3 Zuweisung von Controllingaufgaben

Die Lösung von Organisationsaufgaben erfolgt in der Regel mit dem Ziel, durch überschneidungsfreie Aufgabenzuordnung die Kooperation im Unternehmen sicherzustellen; d. h. es erfolgt eine personenungebundene Zuweisung von Aufgaben auf die Aufgabenträger. Im Rahmen der Veränderungen in der Führungsorganisation werden auch dem Controlling die wahrzunehmenden Aufgaben zugeordnet (»role taking«). Hierauf kann der Controller nur in dem Umfang Einfluss nehmen, wie er die Gestaltung der Führungskonzeption kompetenzseitig, organisatorisch und persönlich beeinflussen kann. Vereinfacht ausgedrückt, folgt die Controllingorganisation in der Regel auf Basis etablierter Aufgabenstellungen der Führungsorganisation.

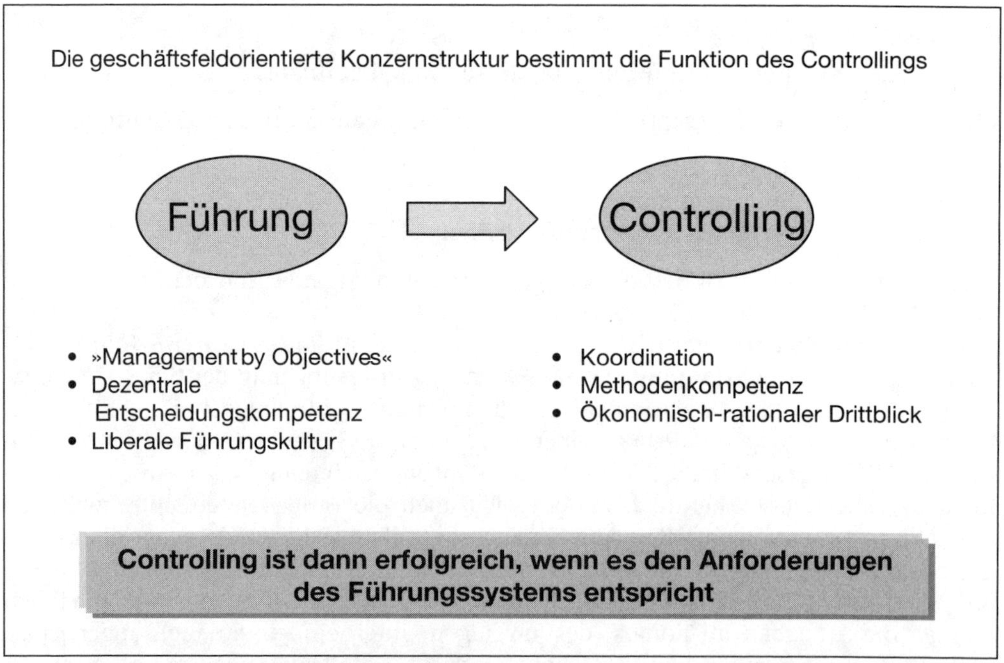

Abb. 3: Controlling folgt Führungsstruktur

3.2 Die Beziehung zwischen Controller und Manager

3.2.1 Der Controller als Führungsdienstleister

Unter Führung wird hier vereinfachend der Prozess der Willensbildung, Willensdurchsetzung und der Kontrolle von Entscheidungsträgern verstanden (vgl. *Weber* 2004, S. 64ff.). Wie im obigen Abschnitt erläutert, können Controller der Funktion nach als Führungsdienstleister für das Management mit fest vorgegebenem Aufgabenbündel verstanden werden. Die Rolle des Controllers kann aber auch aus institutioneller Sicht aus dem Verhältnis von Manager und Controller entwickelt werden. Die vom *ICV* (*Internationaler Controller Verein e. V.*) entwickelte Abbildung verdeutlicht die im Vergleich zur funktionalen Betrachtung veränderte Sichtweise.

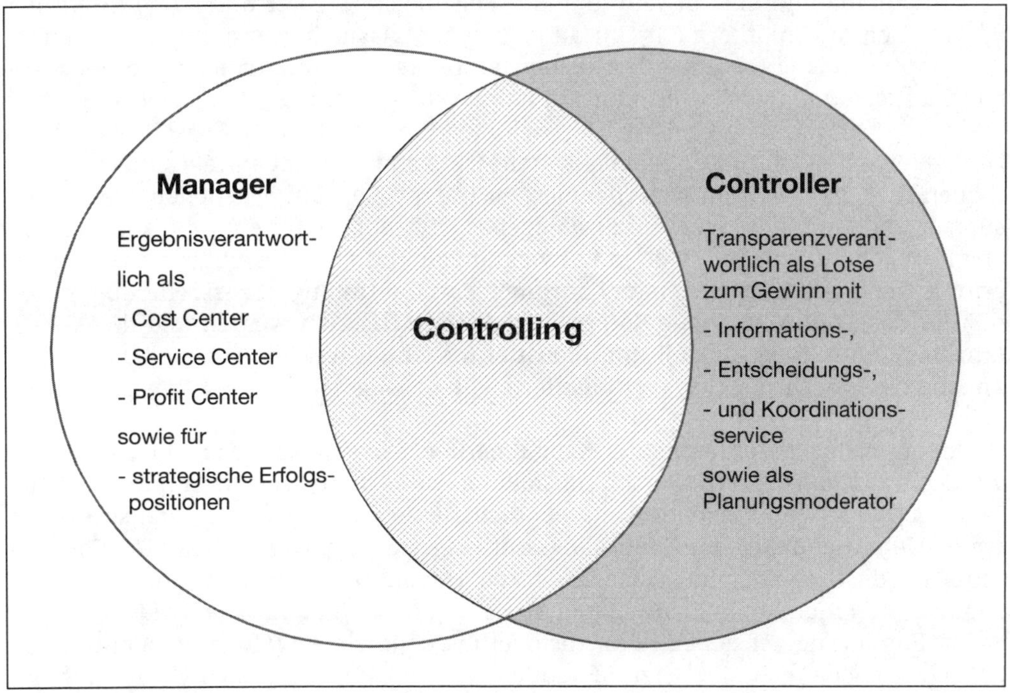

Abb. 4: Manager und Controller im Team

Mit Bezug zur Rolle und Rollenentwicklung des Controllers stellt sich die Frage, ob sich aus dieser Sicht eine veränderte oder ggf. erweiterte und eigenständig definierte Rollenfestlegung für das Controlling ableiten lässt (»role making«), ohne dass die zugewiesenen Aufgaben (»role taking«) grundsätzlich in Frage gestellt werden. Darüber hinaus ist es von Interesse zu untersuchen, welche internen und externen Faktoren auf die Interaktion von Controller und Manager einwirken.

Es ist anzunehmen, dass Manager führungsunterstützende Dienstleistungen von Controllern dann in Anspruch nehmen, wenn sie dadurch ihre Führungsaufgabe effizienter erfüllen können. Dabei ist, wie *Bauer* feststellte, die individuelle Einstellung der Führungsinstanz gegenüber den Grundprinzipien des Controllings von Bedeutung (vgl. *Bauer* 2002). Dies ist auch in der Praxis zu beobachten. Manager, welche die Wahrnehmung einer Aufgabe durch das Controlling nicht wünschen oder brauchen, nehmen das entsprechende Leistungsangebot nicht in Anspruch. Darüber hinaus ist der Manager frei in der Entscheidung, welche anderen Organisationseinheiten außer dem Controlling er mit Unterstützungsaufgaben betrauen möchte. Diese Wahlmöglichkeit besteht jedoch nur in dem Maße, indem nicht eine höhere Managementinstanz bereits eine Aufgabenzuordnung an das Controlling vorgenommen hat (z. B. obligatorische Stellungnahmen des Controllings zu geplanten Investitionen).

Ansatzpunkte für eine Erweiterung des Leistungsangebotes durch den Controller können sich sowohl intern (Organisationsdefizite) als auch extern durch zunehmende Komplexität und Dynamik des Wettbewerbes ergeben. Internationalisierung, Globalisierung, Kommodisierung und Kapitalmarktorientierung (IFRS, wertorientierte Steuerung) sind nur einige der z. Zt. wichtigen Einflussfaktoren. Diese Veränderungen bieten dem Controlling Möglichkeiten, frühzeitig die etablierten Konzepte, Methoden und Verfahren im Unternehmen zu überprüfen und gegebenenfalls Anpassungen und Veränderungen vorzuschlagen. Notwendig dafür sind die kontinuierliche Beobachtung aller relevanten Entwicklungen und die frühzeitige Initiierung der erforderlichen Veränderungen im Führungs- und Controllingprozess. Hierdurch können für das Controlling neue Kompetenzfelder erschlossen werden und die Akzeptanz des Controllings als Führungsdienstleister erhöht werden. Beispielhaft sei dies anhand der Einführung der wertorientierten Steuerung im *Lufthansa Konzern* aufgezeigt.

Um der neuen Anforderung des Kapitalmarktes nach Transparenz zu entsprechen, wurde im *Lufthansa Konzern* nach Umstellung der Rechnungslegung auf IAS/IFRS im Jahr 2000 eine wertorientierte Unternehmenssteuerung eingeführt. Vorausgegangen waren Untersuchungen des Controllings zur Fragestellung, wie hoch der Gewinn sein muss, um die Gesamtkapitalkosten zu decken. Hieraus resultierte der Auftrag, ein Konzept zur wertorientierten Planung und Steuerung für *Lufthansa* zu entwickeln.

Mit Einführung der neuen Konzernsteuerung konnte der Einfluss des Controllings auf die wirtschaftliche Zielsetzung deutlich verstärkt werden. Nach Umsetzung des Konzeptes in die strategische und operative Konzernplanung und das Konzernreporting wurde in weiteren Entwicklungsschritten die Einbeziehung der wertorientierten Spitzenkennzahl (CVA - Cash Value Added) als Beurteilungsgröße in den Entlohnungssystemen des Managements realisiert (vgl. *Beißel/Steinke* 2004).

3.2.2 Der Controller im unternehmensinternen Wettbewerb

Einerseits bestehen offensichtlich in einer dynamischen Umwelt einige Möglichkeiten für eine ergänzende oder fokussierende Gestaltung der Controllership. Anderseits steht das Controlling mit seinen Aufgaben auch in einem internen Wettbewerb mit anderen Unternehmenseinheiten (siehe Abb. 5).

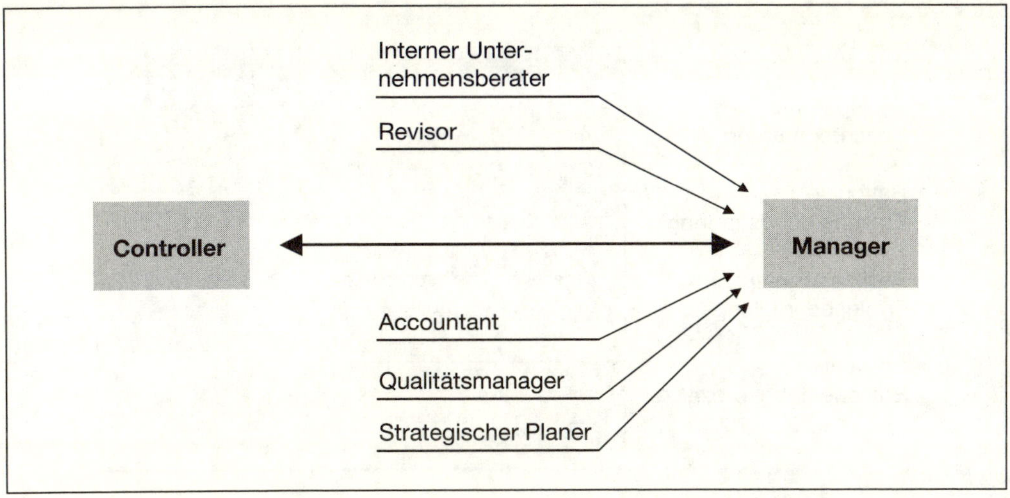

Abb. 5: Wichtige interne Wettbewerber der Controller (*Weber* 2004, S. 545)

Am markantesten ist dies am Beispiel der Konvergenz der externen und internen Rechnungslegung und Berichterstattung ablesbar. Durch die Umstellung des Rechnungswesens auf IAS/IFRS wurde die Stellung des externen Rechnungswesens bezüglich der Berichterstattung deutlich gestärkt. Umfassende Kenntnisse der Prinzipien und Standards der Rechnungslegung nach IFRS sowie der Geschäftsvorfälle sind Voraussetzung für die Erläuterung der Ergebnisse und Forecasts.

Folgt man dem Gedanken des Marktes, dann stehen Controller im Wettbewerb mit anderen Leistungsanbietern um Aufgaben, Projekte und Zuständigkeiten (vgl. *Weber* 2000, S. K4). Die Grundlagen für den Erfolg im internen Wettbewerb um die »Gunst« des Managers sind, analog zu den externen Märkten, ein klares Kompetenz- und Leistungsprofil (Produkte und Leistungen), die Orientierung an den Bedürfnissen des Managements (Marktanalyse) und die Analyse der Unternehmensumwelt als Voraussetzung für eine erfolgreiche Positionierung und Rollenentwicklung des Controllings im Konzern.

Einige wesentliche Randbedingungen begrenzen allerdings die uneingeschränkte Anwendung des Marktprinzips und damit die Selbstbestimmung der Rolle im Konzern. So sollte die Orientierung des Controllers an den Bedürfnissen des Kunden »Manager« nicht so weit gehen, dass die erforderliche unabhängige Meinungsbildung des Controllers oder die Kooperationsfähigkeit der Unternehmenseinheiten untereinander gefährdet wird. Für das Selbstverständnis des Controllings bei *Lufthansa* gilt darüber hinaus, dass die Führungsunterstützung des Controllings sich auf die Steuerung des bestehenden Geschäftsmodells bezieht und sich nicht primär auf strategische Aspekte bezieht (siehe Abb. 6).

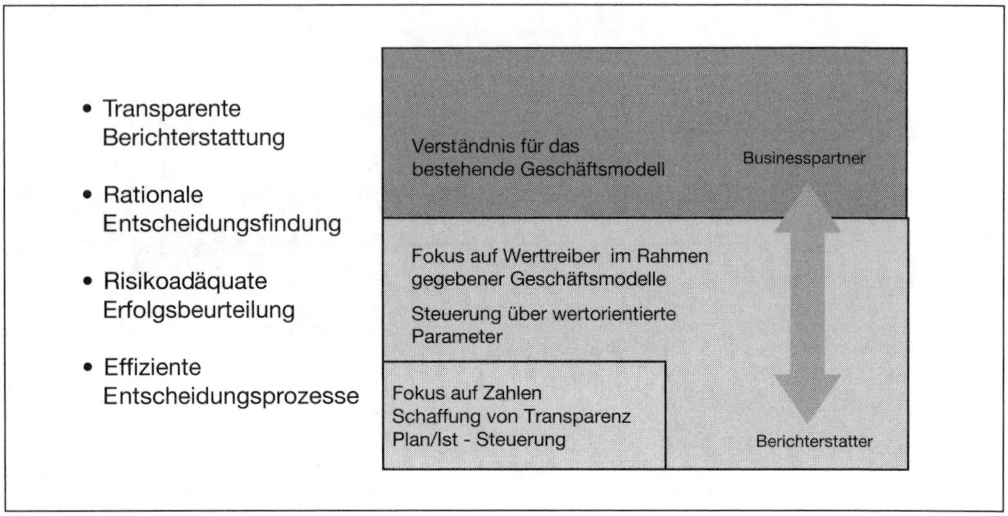

Abb. 6: Selbstverständnis des Controllings im *Lufthansa Konzern*

4 Resümee

Das Controlling hat sich bei *Lufthansa* seit 1969 als spezifische führungsunterstützende Aufgabe mit definierten Kernaufgaben etabliert. Die Funktion des Controllings wurde dabei im Zeitablauf jeweils den Veränderungen in der Führungsorganisation und des Unternehmens angepasst. Insbesondere folgte die Controllingorganisation der Dezentralisierung der Führung des Unternehmens. Hauptfunktion des Controllings im Rahmen der Rollenzuweisung ist nach wie vor die Koordination der dezentralen Bereiche hinsichtlich Planung und Steuerung sowie Reporting. Eine unternehmensindividuelle Ergänzung der Controllingaufgaben erfolgte im Rahmen der Krisenbewältigung mit der Durchsetzung top-down geprägter Ziele durch das Controlling.

Zukünftig wird die Rolle des Controllers vor allem aufgrund der Dynamik der Entwicklungen in den Unternehmen und im Unternehmensumfeld darauf gerichtet sein müssen, relevante Veränderungen früh zu erkennen und die erforderlichen Anpassungen der Konzepte, Methoden und Verfahren der Unternehmenssteuerung voranzutreiben. Großer Einfluss geht von den veränderten Anforderungen des Kapitalmarktes an die Transparenz und die Steuerung der Unternehmen aus. Durch die zunehmende Konvergenz zwischen internem und externem Rechnungswesen steht der Controller im Wettbewerb zu anderen Führungsdienstleistern und muss durch Kompetenz und Leistung überzeugen.

Literatur

Beißel, J./Steinke, K. H. (2004), Der CVA als wertorientierte Spitzenkennzahl im Lufthansa Konzern, in: *Weber, J./Bramsemann, U./Hirsch, B.* (Hrsg.), Wertorientierte Unternehmenssteuerung: Konzepte, Implementierung, Praxisstatements, Wiesbaden 2004, S. 117–130

Bauer, M. (2002), Controllership in Deutschland: Zur erfolgreichen Zusammenarbeit von Controllern und Managern, Wiesbaden 2002

Prenzler, C. (2003), Entwicklung der Controllingaufgaben bei Deutsche Lufthansa AG, Vallendar 2003

Wall, F. (2002), Das Instrumentarium zur Koordination als Abgrenzungsmerkmal des Controllings, in: *Weber, J./Hirsch, B.* (Hrsg.), Controlling als akademische Disziplin. Eine Bestandsaufnahme, Wiesbaden 2002, S. 67–90

Weber, J. (2000), Anspruch und Wirklichkeit, in: Handelsblatt Wochenendausgabe 4.8.2000, S. K4

Weber, J. (2004), Einführung in das Controlling, Stuttgart 2004

Die Spielregeln des Erfolgs – Erfolgsprinzipien in Spitzensport und Management

Willi Lemke*

* Willi Lemke, Senator für Bildung und Wissenschaft, Hansestadt Bremen.

1 Einleitung

Überdurchschnittliche Leistungen entstehen aus Talent, Qualifizierung und Motivation, aber sie sind auch das Ergebnis von guter Teamarbeit.

Das gilt gleichermaßen für Bundesligamannschaften, Schulsysteme und Wirtschaftsunternehmen. Erfolg ist aber auch etwas, das man sich erarbeiten und verdienen muss. Dazu gibt es ein paar Spielregeln die man einhalten kann, um die Wahrscheinlichkeit des Erfolgs zu erhöhen.

2 Ziele setzen

Management und Sport unterscheiden sich gar nicht so sehr von einander. In beiden Bereichen können Höchstleistungen nur unter bestimmten Voraussetzungen erbracht werden. Eine solche Voraussetzung ist das Setzen von Zielen. Wenn man vor Aufgaben steht, ohne eine Vision bzw. ohne konkret definierte, erreichbare Ziele zu haben, hat man in der Regel schon eine schlechte Ausgangsposition. Denn überall dort, wo im Team gearbeitet wird – sei es am Fußballplatz oder im beruflichen Alltag – muss allen Teammitgliedern möglichst klar sein, was gemeinsam erreicht werden soll. Das war nicht nur in meiner Funktion bei *Werder Bremen*, sondern auch in meiner jetzigen Position als Senator für Bildung und Wissenschaft der *Hansestadt Bremen* ein wesentlicher Erfolgsfaktor. Im Fußball ist das Setzen von Zielen natürlich relativ leicht, da heißt es beispielsweise: »Wir wollen in den drei Wettbewerben, für die wir uns in der letzten Saison qualifiziert haben, wieder ganz vorne dabei sein.« Auch in der Bildungspolitik sind konkrete Ziele von großer Bedeutung. So ist es natürlich ganz klar, dass wir – vor allem nach den schlechten Ergebnissen der *PISA-Studie* – im internationalen Vergleich deutlich besser werden wollen.

Zielsetzungen sind also unerlässlich, aber es wäre Unsinn, die Messlatten viel zu hoch zu setzen. Das ist genauso falsch, wie die Erwartungen an die Mitarbeiter deutlich zu gering anzusetzen. Die Kunst ist es, realistische Einschätzungen zu treffen.

3 Innere und äußere Erwartungen

Zu beachten ist in diesem Zusammenhang die Unterscheidung zwischen interner Erwartungshaltung und jener Erwartungshaltung, die nach außen transportiert wird. Vor allem im deutschen Fußball ist das ganz besonders wichtig, das haben mich die 18 Jahre bei *Werder Bremen* gelehrt. Die interne Erwartungshaltung war immer deutlich höher und druckvoller als die, die wir nach außen gespiegelt haben. Denn übersteigerte Ziele können gerade im deutschen Fußball, wo die Auseinandersetzung mit den Medien eine wichtige Rolle spielt, problematisch werden. Wenn der Manager eines Fußballvereins beispielsweise öffentlich den Anspruch erhebt, mit seinem Team Deutscher Meister werden zu wollen, gleichzeitig aber weiß, dass die finanziellen Mittel gerade mal ausreichen, um eine mittelprächtige Mannschaft aufstellen zu können, und das Ziel dann tatsächlich nicht erreicht werden kann, wird er schnell als Großmaul abgestempelt und gnadenlos fertig gemacht. Erwartungsmanagement durch eine gezielt nach außen gespiegelte Erwartungshaltung ist also sehr wichtig. Intern, also quasi innerhalb der Kabine, sieht das jedoch ganz anders aus: Hier werden auch sehr ambitioniertere Ziele ausgerufen.

Im Fußball wie auch im Management ist es notwendig, Meilensteine auf dem Weg zum Erfolg zu definieren. Die fußballbegeisterten Leser werden das kennen: Nach dem Spiel ist vor dem Spiel. Kein Manager eines Fußballvereins wird schon am ersten Spieltag der 34 Meisterschaftsrunden seiner Mannschaft sagen, dass es im kommenden Spiel um die Meisterschaft geht. Viel eher wird er seinem Team sagen: »Wir haben ein ganz schweres Spiel vor uns, die nächsten 90 Minuten gilt unsere ganze Konzentration diesem Spiel. Im Moment denken wir noch nicht an die Meisterschaft, zunächst gilt unsere Aufmerksamkeit nur der Aufgabe, vor der wir stehen.« Indem also kleine Teilziele mit aller Kraft verfolgt und erreicht werden, nähert man sich auch dem eigentlichen, endgültigen Ziel und gewährt die Umsetzung der Planung.

Wer die Ziele setzt, darf sich und anderen bei der Durchsetzung seiner Zielsetzung, keine Fehler erlauben. Wenn man wirklich zu Top-Leistungen kommen will, muss alles – gerade auch im internationalen Fußball – perfekt organisiert sein, von A bis Z. Dies zu gewährleisten ist Aufgabe des Managements.

4 Im Team mehr erreichen

Ein ganz wesentlicher Erfolgsfaktor ist das Team, also die Menschen. Erfolg gelingt durch das perfekte Ineinandergreifen unterschiedlich großer Räder. Da gibt es einerseits ganz große Räder, wie den Cheftrainer eines Vereins, vielleicht auch einen Senator oder den CEO eines Unternehmens, andererseits aber auch kleine Räder, wie die Waschfrau, die zweimal täglich die Trikots der Spieler wäscht und in der Kabine bekannt und anerkannt ist, oder den einfachen Sachbearbeiter. Unabhängig von der Größe der jeweiligen Räder muss gewährleistet sein, dass sie alle ineinander greifen. Wenn nur ein Rädchen ausfällt, und sei es noch so klein, stottert oder steht der ganze Motor!

Alle Teammitglieder – ob Spieler eines Fußballvereins oder die Belegschaft im Unternehmen – müssen das Gefühl haben, einer Einheit, einem großen Ganzen, anzugehören. Bei *Werder Bremen* legen wir beispielsweise seit Jahrzehnten ganz großen Wert darauf, dass das Gefühl, zu einer großen Familie zu gehören, gepflegt wird. Das zeigt sich unter anderem darin, dass die Arbeit jedes Einzelnen anerkannt und gewürdigt wird. So werden Prämien nach Möglichkeit nicht nur den jeweiligen Torschützenkönigen ausgeschüttet, sondern an dem großen Erfolg des Ganzen partizipiert – in unterschiedlicher Form natürlich – jeder einzelne Mitarbeiter.

5 Die Mischung macht's

Ebenso bedeutsam ist es, ein ausgewogenes Team zu haben. Natürlich kann eine Firma nicht optimal sein, in der nur im Schnitt 55-jährige Mitarbeiter beschäftigt sind. Das Entscheidende ist die Mischung, die Zusammensetzung zwischen Indianern und Häuptlingen, zwischen Jung und Alt, zwischen Kreativen und denjenigen, die aus Ihrer Erfahrung arbeiten können. Sie brauchen Einzelkönner, aber viel wichtiger ist: das Teamspiel. Ein kleines Beispiel aus dem Fußball: Zwei Stürmer laufen nach vorne, beide sind im Kampf um die Torschützenkrone. Derjenige, der im Augenblick den Ball führt, hat den Torwart direkt vor sich, ein anderer ist mitgelaufen, nicht im Abseits, steht in einer viel besseren Position, um ein Tor zu erzielen. Derjenige, der jetzt den Ball führt, schießt und erzielt das Tor und erhält nach dem Spiel trotzdem eine scharfe Kritik des Trainers. Warum: Weil er ein großes Risiko eingegangen ist, weil er nämlich beinahe den Sieg verspielt hätte, indem er nicht den Ball uneigennützig an den besser Postierten abgegeben hat. Oft ist es also von Bedeutung, sich selbst zurück zu nehmen und dem besser Postierten die Möglichkeit zum Torschuss zu geben. Für einen Manager heißt das, solche Rahmenbedingungen zu schaffen, die Bereichsegoismen verhindern helfen. Für die Teammitglieder muss der Erfolg des Ganzen über den individuellen Zielen stehen. Wenn wir bei *Werder Bremen* Spieler hatten, die den Eindruck vermittelten, dass sie sich nicht so stark mit den Zielen des Vereins identifizierten und mit Gedanken schon bei einem anderen Verein waren, ließen wir sie ziehen. Denn auf den Einzelnen kann man in der Regel gut verzichten, der wirklich entscheidende Punkt ist die Zusammensetzung des Teams. Ich schätze *Rudi Völler*, den ich seit gut 20 Jahren kenne und seinerzeit in die Erste Bundesliga geholt habe, außerordentlich. Und wenn ich mir heute ansehe, wie er sich entwickelt hat, ist das sensationell. Aber damals, als er noch bei *Werder Bremen* spielte, sind wir jahrelang nicht Deutscher Meister geworden. Just in der Saison, nachdem wir *Völler* an den *AS Roma* abgegeben hatten, hat es bei uns mit dem Meistertitel geklappt. Natürlich nicht, weil *Völler* gegangen war. Aber dies soll als Beweis dienen, dass man, selbst wenn man ganz führungsstarke Persönlichkeiten austauschen muss, nicht automatisch in eine Schräglage kommen muss. Es gilt, das Rad so auszuwechseln, dass der Motor weiter vernünftig läuft.

6 Personalentwicklung und Talentpflege

Auf dem Weg zu Höchstleistungen ist die Personalentwicklung also ein ganz entscheidender Punkt, im Fußball genauso wie in der Privatwirtschaft. Bei *Werder Bremen* haben wir ein System der weltweiten Talentsuche installiert. Wenn sich irgendwo in Peru oder in Neuseeland ein Talent entwickelt, so sollte uns das nicht entgehen. Ein hervorragendes Scouting ist ausgesprochen wichtig, deshalb haben wir unsere Späher überall auf der Welt, die in den Trainingslagern der U 14 oder U 16 Nationalmannschaften Ausschau nach besonderen Talenten halten. Ein ähnliches Scoutsystem der Privatwirtschaft habe ich bei einem Besuch an der *European Business School*, die in der Nähe von Wiesbaden liegt, kennen gelernt. Auf einem großen schwarzen Brett am Campus dieser hervorragenden Privatschule, die besonders gut ausgebildete Absolventen hervorbringt, bieten US-amerikanische Unternehmen jenen Studenten, die ihr Vordiplom bereits erreicht haben, sechsmonatige Praktika an. Wenn sich der Student im Rahmen des Praktikums bewährt, erhält er einen Vorvertrag für die Zeit nach dem Abschluss. Damit schöpfen die Unternehmen schon frühzeitig die Creme der Studentenschaft ab.

Zuletzt sei auch noch auf die Bedeutung der Personal- bzw. Mitarbeiterführung verwiesen. Die Mitarbeiter müssen sich auf ihren Chef verlassen können. Wenn jemand einen Fehler macht, soll er nicht gleich fürchten müssen, dass dieser Fehler ihn anschließend den Kopf kostet, und schon gar nicht darf er »öffentlich« fertig gemacht werden. Höchste Loyalität erhalten Führungskräfte, die dem Mitarbeiter in jeder Situation das Gefühl geben, ihn nicht fallen zu lassen. Auf der anderen Seite sollen Mitarbeiter, die eine tolle Arbeit leisten, auch positive Rückmeldungen erhalten. Im Fußball ist das leicht, da können die Spieler am Tag nach dem Match in der Zeitung nachlesen, wie ihre Leistung beurteilt wurde. Im Unternehmen gibt es das nicht, hier liegt es am Chef, durch positives Feedback für persönliche Erfolgserlebnisse und Motivation zu sorgen.

7 Führung durch Vorbild

Chefs und Vorgesetzte prägen als Vorbilder die Unternehmenskultur. Wenn Sie sich als Chef beispielsweise »First Class« bewegen, Ihren Sachbearbeitern gleichzeitig jedoch das Weihnachtsgeld kürzen, dann wird das innerhalb Ihrer Firma nicht zu Begeisterungsstürmen führen. Wenn die Führung aber vorlebt, was sie predigt, ist der Umgang miteinander im Unternehmen wesentlich einfacher. Bei *Werder Bremen* beispielsweise haben wir fast 20 Jahre lang den Spielern gegenüber immer wieder betont, dass wir ein kleiner und feiner, aber armer Verein sind. Den Spielern war immer klar, dass sie bei uns nicht das ganz große Geld verdienen können. Da dies aber für alle gleichermaßen galt, vom Clubmanager bis zum Zeugwart, kam so etwas wie das oben erwähnte »Familiengefühl« zustande und die Spieler blieben deshalb. Viele »*Werderaner*«, denen Sie heute in Bremen begegnen, werden bestätigen, dass dies ein wahres Erfolgskonzept ist.

8 Fazit

Nach meinen Erfahrungen unterscheiden sich die Erfolgsprinzipien im Spitzensport kaum von jenen im Berufsleben. In diesem Sinne ist der Manager des Unternehmens also Cheftrainer, der durch Talentsuche und -förderung, Motivation, Training und den Glauben an die Leistung des Teams den Weg zum Erfolg ebnet. Wie im Sport gilt es auch in der Privatwirtschaft, Niederlagen wegzustecken und aus Fehlern zu lernen.

IT Governance meets IT Supply

Klaus H. Mühleck/Axel Knobe*

* Klaus H. Mühleck, Konzern CIO, Volkswagen AG, Wolfsburg;
Axel Knobe, Vorsitzender des Vorstandes, gedas AG, Berlin.

1 Strategischer Handlungsbedarf zwischen Innovations- und Kostendruck

Die Automobilindustrie befindet sich in einer Phase des Übergangs. Anfang der neunziger Jahre wurde im Zusammenhang mit dem Ansatz des Lean Manufacturing von der zweiten Revolution in der Automobilindustrie gesprochen. Werden die gegenwärtigen Umwälzungen in der Automobilindustrie betrachtet, kann man mit Fug und Recht behaupten, dass wir uns inmitten der dritten Revolution befinden.

Die Ausbildung weiterer Marktnischen, verschärfte Gesetze in Bezug auf Umweltschutz und Sicherheit sowie die ständige Weiterentwicklung der Kundenbedürfnisse sind nur einige der Einflussfaktoren, die zu einer ständigen technischen Weiterentwicklung der Fahrzeuge und damit einem erheblichen Innovationsdruck führen. Zugleich führt die hohe Wettbewerbsintensität in den gesättigten Märkten Europas und Nordamerikas sowie den asiatischen Wachstumsmärkten gleichermaßen zu einem deutlichen Kostendruck.

Die Automobilindustrie reagiert auf dieses Spannungsfeld nicht nur durch Kostensenkungsprogramme. Vielmehr ist ein Aufbrechen der traditionellen Branchenstrukturen zu beobachten, da die Fortsetzung der alten Problemlösungsstrategien keine adäquaten Antworten mehr bietet. Nicht nur die Organisationsstrukturen und Geschäftsprozesse der Automobilunternehmen sondern auch die Zusammenarbeitsmodelle zwischen Herstellern und Zuliefern wandeln sich dadurch.

Diese Situation stellt das IT-Management vor Herausforderungen. Wie auch in anderen Unternehmensbereichen wurden die IT-Budgets in den vergangenen Jahren auf den Prüfstand gestellt. Der erste logische Schritt besteht in einer Prüfung von Kostensenkungsmöglichkeiten. Service Level Agreements werden an den tatsächlichen Bedarf angepasst, IT-Services zu Shared Services gebündelt, Projekte in Frage gestellt. Kurz, das IT-Management stellt sich den veränderten Bedingungen.

Unsere Überzeugung ist, dass die alleinige Perfektionierung der Fähigkeiten zur Kostensenkung nicht dazu beitragen kann, das scheinbare Dilemma von Kosten- und Innovationsdruck aufzulösen. Wie auch vorangehend für das Kerngeschäft, den Automobilbau beschrieben, besteht die Herausforderung für die IT in der Automobilindustrie im »intelligenten anders machen«.

Änderungen der Unternehmensstrategien bleiben damit nicht ohne Auswirkungen auf die IT-Strategie. Als Querschnittsfunktion muss auch die IT auf die gewandelten Anforderungen reagieren. Die Folge ist ein Wandel des Selbstverständnisses der IT (vgl. *Mühleck/Stroh* 2005, S. 30). Der Blick richtet sich dabei von der Bereitstellung optimierter technischer Lösungen hin zu einer Mitgestaltungsrolle des Wandels. Im *Volkswagen Konzern* entwickeln wir daher die Informationstechnologie konsequent zur Integrationstechnologie weiter, die neben einer technischen Kompetenz gleichermaßen Fähigkeiten auf prozessualer und organisationaler Ebene erfordert.

2 IT als Business Enabler im Volkswagen-Konzern

Im *Volkswagen Konzern* verstehen wir IT als eine Kernkompetenz, die nicht mehr trennbar mit dem Kerngeschäft des Unternehmens verwoben ist. Unterstützt wird zum einen das Automobilgeschäft der Markengruppen unter der Führung von *Audi* und *Volkswagen*, der Geschäftsbereich Nutzfahrzeuge zum anderen sowie der Finanzdienstleistungsbereich. Um das erfolgreiche Zusammenwirken von Funktionsbereichen, Marken, Regionen, Einzelgesellschaften und deren Beziehungen zu Geschäftspartnern zu gewährleisten, ist die konsequente Integration der Geschäftsprozesse notwendig (vgl. *Mühleck/Stroh* 2005, S. 30 f.). Die IT gestaltet diesen Wandel mit und ist dabei gleichzeitig selbst Gegenstand des Wandels, indem sie von der Informations- zur Integrationstechnologie transformiert wird.

In diesem Anforderungsgeflecht ist die Steigerung des Unternehmenswertes und die reibungslose Integration der Geschäftspartner eine Kernaufgabe der IT. Dies kann nur gelingen, wenn die Marken, Regionen und Gesellschaften des Konzerns intensiv zusammenarbeiten und stark miteinander vernetzt sind. Eine Antwort auf diese Herausforderungen ist eine konsequente Prozessorientierung. Im Zentrum des Geschäftsprozessmodells, an dem sich die automobilen Konzern-Marken orientieren, stehen Produktprozess, Kundenauftragsprozess und der Serviceprozess vor Kunde. Steuerungs- und unterstützende Aktivitäten flankieren diese Kernprozesse. Innerhalb dieser Kernprozesse geht es um die Bündelung der wertschöpfenden Prozesse von der Fahrzeugentwicklung, über die Beschaffung, den Produktionsprozessen und der Logistik bis hin zur Vermarktung der Produkte.

Um in dieser Situation den sich ständig wandelnden Anforderungen des Marktes gerecht zu werden, ist die konsequente Weiterentwicklung der Geschäftsprozesse und Systeme erforderlich. IT stellt in diesem Zusammenhang nicht nur Systeme und Technologien zur Verfügung, sondern nimmt bewusst eine gestaltende Rolle wahr, bei der sie zugleich Treiber, Moderator oder Integrator ist.

Die Umgestaltung der *Volkswagen* IT-Organisation wird von einer technik- und betriebsorientierten Struktur in Richtung einer vernetzten Organisation weiterentwickelt. Um der Komplexität des Geschäfts gerecht zu werden, wird das integrative Informationsmanagement in einer Matrixorganisation abgebildet. Den Kern bilden die Marken und Regionen des *Volkswagen Konzerns*. Diese werden durch eine Reihe von Kompetenzfeldern ergänzt, mit denen die strategischen Themen der IT-Organisation abgedeckt werden. Verantwortungsbereiche werden um die Kern-Geschäftsprozesse und IT-Kernkompetenzen, Architekturmanagement, Anwendungsentwicklung, Anwendungsmanagement und Operations gebildet.

Das hier beschriebene Organisationsmodell stellt für uns einen weiteren Schritt in Richtung der Professionalisierung unserer eigenen Leistungen dar. Den Kern bilden dabei die Process Integration Officer, der Chief Technology Officer sowie der Leiter IT-Services.

Bei den Process Integration Officers werden die prozessbezogenen Fähigkeiten gebündelt. Die Mitarbeiter in den Fachkompetenzfeldern arbeiten eng in den Projekten mit den internen Kunden zusammen. Hier werden die fachlichen Anforderungen aufgenommen, analysiert und in den Projekten zur Anwendungsentwicklung umgesetzt.

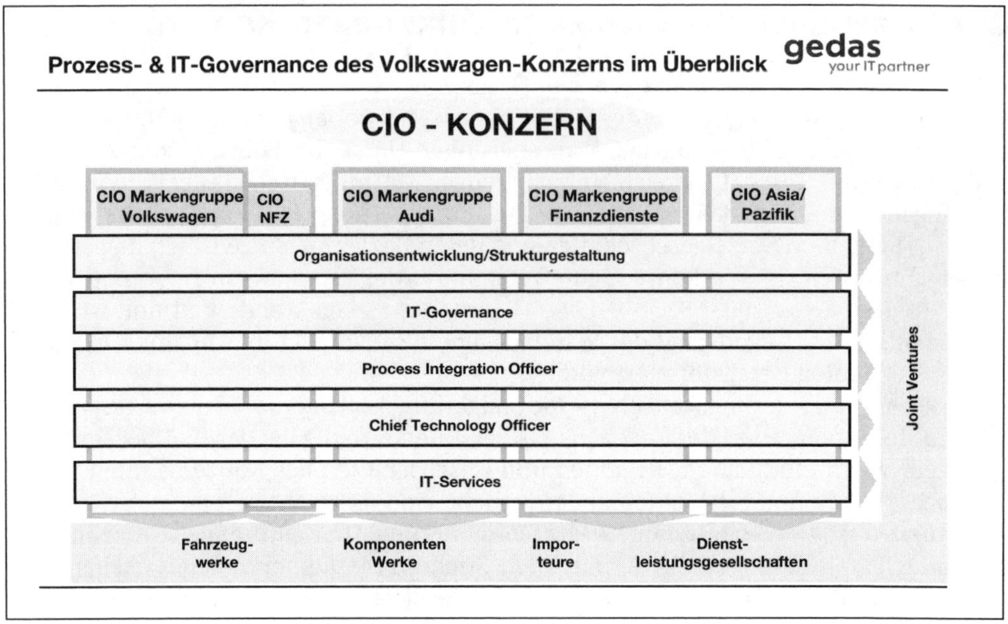

Abb. 1: IT-Organisation im Volkswagen-Konzern

In der Organisation des Chief Technology Officers werden die technologischen Kompetenzen zusammengefasst. Dessen Aufgabenspektrum reicht von der Festlegung technischer Standards bis hin zur Mitarbeit in den Projekten. Hierdurch wird sichergestellt, dass die Entscheidungen zur IT-Architektur nicht nur aus einer Projektperspektive heraus gefällt werden, sondern dass auch die strategischen Entscheidungen des Konzerns in angemessener Weise berücksichtigt werden.

Neben Projekten zur Anwendungsentwicklung ist auch der laufende Systembetrieb sicherzustellen. IT-Services bündelt innerhalb unserer Organisation all die Aufgaben, die für den reibungslosen und effizienten Systembetrieb erforderlich sind. Dabei ist es unerheblich, ob es sich um Desktops, Serversysteme oder Großrechner handelt.

Mit diesem Organisationskonzept ist sichergestellt, dass *Volkswagen* über die Auftraggeberkompetenzen in allen IT-Projekten verfügt – und damit nach einem weiten Begriffsverständnis die IT-Governance ausübt. Darüber hinaus haben wir eine Abteilung IT-Governance etabliert. Im Rahmen dieser Querschnittsfunktion wird sichergestellt, dass die strategischen Vorgaben für die Steuerung der IT-Aufgaben entwickelt und umgesetzt werden. Das Aufgabengebiet der Organisationsentwicklung begleitet den Transformationsprozess.

3 gedas – ein globaler IT-Service Provider mit Fokus auf die Automobilindustrie

In der hart umkämpften Automobilindustrie wird die Veränderung und Optimierung der Geschäftsprozesse über die Unternehmensgrenzen hinweg zum entscheidenden Wettbewerbsfaktor. *gedas* als global aufgestelltem IT-Serviceprovider mit über 20-jähriger Erfahrung in der Automotive Industrie kommt dabei strategische Bedeutung zu. Reden wir über das Automobilgeschäft, so reden wir nicht nur von dem OEM, sondern von allen an der Value Chain beteiligten Unternehmen, insbesondere Zulieferer, Händler, Importeure und Logistik-Dienstleister. Ein weiterer Fokusmarkt ist aufgrund vieler Parallelen zu den Prozessen der Automotive Industrie die Fertigungsindustrie.

gedas legt dabei den Schwerpunkt nicht nur auf Informations- und Integrationstechnologie, sondern auf Transformation. Daher steht »IT« bei *gedas* für »Intelligente Transformation«. Der Erfolg von technologischen Systemeinführungen in Verbindung mit Prozessveränderungen ist untrennbar mit der Akzeptanz dieser durch die beteiligten Menschen von der Unternehmensführung bis zu dem einzelnen Mitarbeiter verbunden. Im Zentrum der Intelligenten Transformation – dem *gedas* Consulting-Ansatz – steht daher die ganzheitliche Betrachtung der Verbindung von Technologie, Prozessen und Menschen.

Beim Product Lifecycle Management zum Beispiel geht es primär darum, das Wissen der Mitarbeiter dem Unternehmen fachbereichs- und länderübergreifend nutzbar zu machen. Das geht sehr weit über die klassische Informationstechnologie und das Prozessmanagement hinaus und wird ausschließlich durch die Bereitschaft der Menschen, in solchen virtuellen Netzwerken zu agieren, geprägt. *gedas* versteht diese Human Prozesse, da wir die Entwicklung vom Systemintegrator zum BITP durchlaufen haben. BITP bezeichnet spätestens seit einer neuen *Lünendonk*-Erhebung »Business Innovation and Transformation Partner« und bedeutet, dass diese Firmen ihre Kunden mit allen relevanten Services aus einer Hand bedienen.

Dies spiegelt die Darstellung unseres Geschäftsmodells als Pyramide wider. Von der Spitze bis zur Basis bieten wir Consulting, Prozessmanagement, Implementierung und das Betreiben von komplexen IT-Systemen und Anwendungen. Das ist unser End-to-End-Konzept. Die Kunden formulieren ihre strategischen Ziele. Wir unterstützen unsere Kunden bei der Umsetzung ihrer Strategie, d. h. bei der Erreichung ihrer strategischen Ziele. Die Generierung von Leistungs- und Wettbewerbsvorteilen wie die Steigerung der Effektivität und Effizienz steht bei *gedas* im Vordergrund.

gedas orientiert sich in der Zusammenarbeit mit dem *VW-Konzern* – wie bei allen anderen Kunden auch – an der Richtlinienkompetenz von IT P&O, der die IT-Governance und die IT-Strategie des VW-Konzerns obliegt. Ziel ist, die durch IT avisierten Einspar- und Optimierungspotenziale für den Konzern zu entfalten. Mit dem Portfolio von *gedas* unterstützen wir alle Aufgabenstellungen des IT-Managements des *VW-Konzerns*. Darüber hinaus unterstützen wir das IT-Management von *VW* über den Extended Enterprise Ansatz, d. h. grob zusammengefasst über die Annäherung der notwendigen Prozess- und Systemschnittstellen aller an der Automotiven Wertschöpfungskette beteiligten Unternehmen. Um die Schnittstelle zwischen IT-Governance und

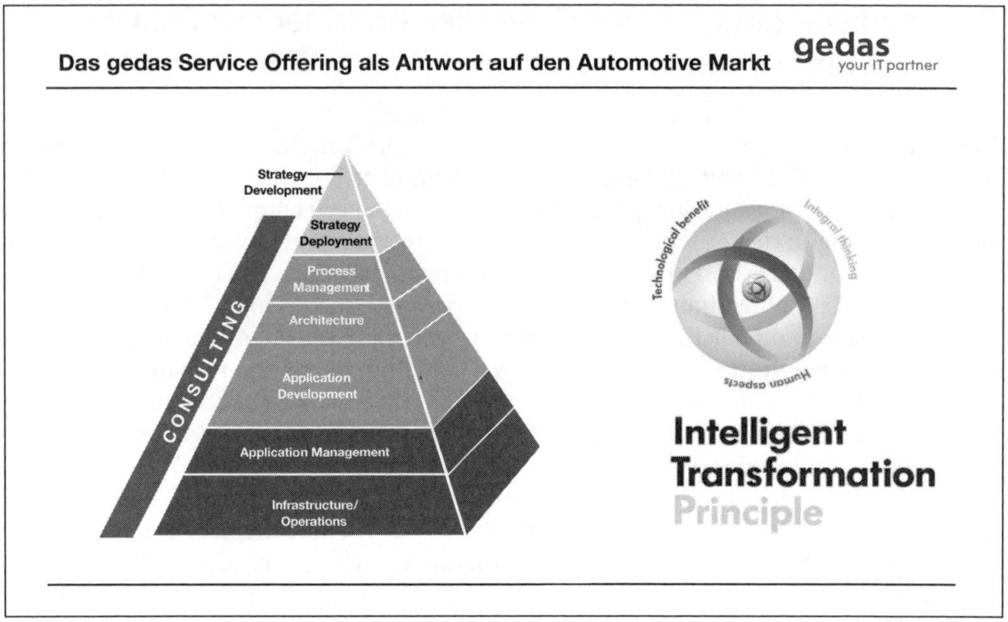

Abb. 2: gedas – ein Full-Service Provider

IT-Supply zu optimieren, ist es ganz wichtig, dass sich diese nicht nur auf Governance und Prozessschnittstellen bezieht, sondern auch der ganzheitliche Transformationsprozess im Fokus steht.

4 Extended Enterprise: Das Zusammenarbeitsmodell zwischen IT P&O – Volkswagen und IT Supply – gedas

Die Verschiebungen der Branchenstrukturen in der Automobilindustrie führen zu neuen Formen der Zusammenarbeit zwischen dem Hersteller und den Zulieferern auf der einen und den Handelspartnern auf der anderen Seite. Damit werden die Unternehmensgrenzen neu definiert, neue Schnittstellen sind zu etablieren und die Formen und Spielregeln der unternehmensübergreifenden Zusammenarbeit anzupassen.

Der Integrationstechnologie kommt in diesem Zusammenhang die Schlüsselrolle des Business Enablers zu. Informationen sind in Echtzeit über Unternehmensgrenzen hinweg den Stakeholdern und Entscheidern zur Verfügung zu stellen. Prozesse werden integriert, was zur Folge hat, dass Systembrüche zu vermeiden sind und wo sie existieren, beseitigt werden müssen. Kurz, das organisatorische Netzwerk, durch das die Wertschöpfungspartner miteinander verbunden sind, muss zum einen durch intelligente technologische Lösungen gestützt werden. Doch die reine Technologiesicht greift in solch komplexen Zusammenhängen zu kurz. Es gilt ebenfalls Entscheidungen zu treffen, welches Wissen wie zur Verfügung gestellt werden muss. D. h. die Berücksichtigung der zuvor angesprochenen Trias von Technologie, Prozessgestaltung und menschlicher Veränderungsakzeptanz wird hier zum Schlüssel der erfolgreichen unternehmensübergreifenden Zusammenarbeit. Doch wie wird diese komplexe Aufgabe im Extended Enterprise des *Volkswagen Konzerns* realisiert? Es stellt sich folglich die Frage, welchen Umfang IT als Kernkompetenz des Unternehmens bei *Volkswagen* hat.

Wenn IT den Anspruch hat, Business Enabler zu sein, stellen geschäftsprozessnahe Tätigkeiten zwangsläufig eine Kernkompetenz dar. Hierzu gehören alle Aufgaben der Mitgestaltung und kontinuierlichen Optimierung der Geschäftsprozesse. Fachbereiche definieren ihre inhaltlichen Anforderungen. Diese Anforderungen gilt es zu koordinieren, zu harmonisieren und vor allen Dingen in einem Prozessmodell des Unternehmens umzusetzen, das auf intelligente Weise durch den Einsatz moderner Integrationstechnologien unterstützt wird. Die Ergebnisse dieser Arbeit schlagen sich in Bebauungsplänen nieder, die wie in einer Landkarte die IT-Systeme erfassen, mit deren Hilfe die Geschäftsprozesse umgesetzt werden. Neben der Bündelung der fachlichen Kompetenzen ist im Unternehmen eine technische Kompetenz vorzuhalten. Nur so können sinnvolle Entscheidungen zu technischen Standards und IT-Architekturen getroffen werden. Ferner handelt es sich auch bei der IT-Governance um eine Aufgabe, die nicht übertragbar ist. Die Definition strategischer Vorgaben ist nicht delegierbar und wird damit im Konzern ausgeübt. Somit liegt die Verantwortung für die Formulierung der strategischen Zielsetzungen, aber auch die Vorgaben für die Maßnahmen zur Umsetzung auf der Konzernebene.

Bei den vorstehend beschriebenen Aufgabenkomplexen handelt es sich um »hoheitliche Aufgaben«, die in einem Unternehmen, das IT zu seinen Kernkompetenzen zählt, nur inhouse erledigt werden können. Auf der anderen Seite besteht im Bereich von Application Development, Application Services und Infrastructure Services ein großes Potenzial extern realisierbarer Aufgaben. Gewachsene Strukturen führten oftmals dazu, dass der Anspruch unternehmensinterner IT nicht nur die Bereitstellung von IT-Lösungen »aus einem Guss« sondern auch »aus einer Hand« war. Somit wurden individuelle Softwarelösungen selber entwickelt, deren Betrieb im eigenen Rechenzentrum sichergestellt usw. Durch ein solches Geschäftsmodell werden weitgehende Effizienzpotenziale verschenkt. Ziel muss es also sein, wo immer es sinnvoll ist, sich auf die eigenen Kernkompetenzen zu konzentrieren und bei der Trennung von intern und extern zu erledigenden Aufgaben konsequent vorzugehen.

Um die durch die beschriebene Arbeitsteilung gewonnenen Vorteile nicht durch eine erhöhte Steuerungskomplexität zu gefährden, bietet sich eine Bündelung der Nachfrage auf eine Reihe strategischer IT-Partner an. Diese Unternehmen sind Teil eines Dienstleisterportfolios, das durch die IT-Governance aufzubauen ist. Im Idealfall bestehen dann nur noch zu einer sehr geringen Zahl von IT-Dienstleistern direkte Beziehungen. Bei Bedarf haben diese weitere Spezialisten hinzuzuziehen. *gedas* kommt, aufgrund seiner tiefgreifenden Kenntnis der Konzerngeschäftsprozesse und seines breiten Portfolios, die Rolle des »Preferred Partners« zu.

Mit der vorstehend beschriebenen Arbeitsteilung werden drei Zielsetzungen verfolgt. Erstens wird die im Unternehmen vorhandene Kenntnis der geschäftlichen Anforderungen und Unternehmensprozesse genutzt, um den Unternehmenswert zu steigern. Zweitens wird durch die Bündelung der Entscheidungskompetenzen zu strategischen Fragestellungen sichergestellt, dass die Ziele der Prozessharmonisierung und -integration sowie der Standardisierung erreicht werden. Und drittens werden Effizenzvorteile erreicht, indem einerseits die knappen Unternehmensressourcen so verwendet werden, dass sie den maximalen Nutzen erreichen können und andererseits die Kostenvorteile von Spezialisten genutzt werden.

Durch die Zusammenarbeit mit *gedas* als global aufgestelltem Business Innovation/Transformation Partner entsteht zusätzlicher Mehrwert für den Konzern. Über die Übernahme der IT-Supply hinaus ist *gedas* in der Lage, bei der Angleichung der Prozesse zwischen OEM, Zulieferern und anderen Stakeholdern umfassend zu beraten und entsprechende Lösungen zu realisieren.

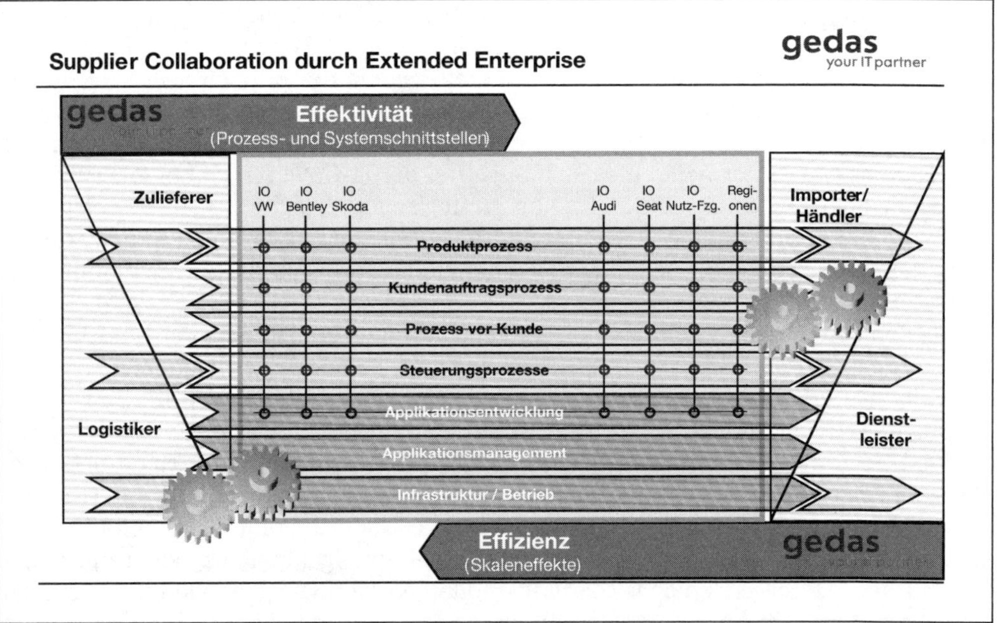

Abb. 3: Das Konzept der Extended Enterprise

Darüber hinaus kommen die im freien Markt gesammelten Erfahrungen *Volkswagen* zugute. *gedas* kann Schnittstellenprobleme antizipieren und alle Beteiligten dafür frühzeitig sensibilisieren. Die Umsetzung ist erst der nächste Schritt. Diesen Mehrwert tragen wir über »best practice« aus dem externen Markt in den Konzern. Daher wird das Wachstum von *gedas* im externen Markt durch den konsequenten globalen Ausbau unserer Kompetenzen, besonders in den Bereichen Consulting und Geschäftsprozesse, auch für den Konzern zum Schlüsselerfolgsfaktor.

5 Die Vorteile des Zusammenarbeitsmodells

Auf die zuvor beschriebene Weise der Konzentration auf die jeweiligen Kernkompetenzen werden interne Ressourcen optimiert. IT im *Volkswagen-Konzern* war und ist einem umfassenden Transformationsprozess unterworfen. Der von uns gewählte Ansatz erlaubt es jedem Partner in der IT-Wertschöpfungskette, seine jeweiligen Stärken zum Tragen zu bringen und sich gut für künftige Herausforderungen zu rüsten. Vor allen Dingen wird der scheinbare Widerspruch zwischen Innovativität auf der einen und Kosteneffizienz auf der anderen Seite aufgelöst. Dies kann aber nur dann erfolgreich geschehen, wenn sichergestellt ist, dass sich die IT auf die Unterstützung der Unternehmensprozesse konzentriert und nicht auf die Optimierung einzelner Funktionen ausrichtet.

Mit der neuen Form der Zusammenarbeit ändern sich auch die Maßstäbe, die an die Zusammenarbeit angelegt werden. Ohne starke Partner sind Wettbewerbsvorteile wohl in keiner Branche mehr zu realisieren. Wesentlich für den Erfolg dieser Zusammenarbeit ist die Verbindung der unterschiedlichen Geschäftsprozesse und der Know-how Transfer durch die Informationstechnologie. Ein ganzheitlicher Serviceprovider, der die Geschäftsprozesse des Kunden bestens versteht, kann dabei weiteren Mehrwert generieren.

Literatur

Mühleck, K. H./Stroh, S. (2005), Wie die IT unternehmensweite Geschäftsprozesse voranbringt, in: CIO 2005, Sonderheft 1, S. 30–33

Innovation in Arbeit und Organisation – Anforderung an das Performance Management

Prof. Dr.-Ing. Dieter Spath*

* Prof. Dr.-Ing. Dieter Spath, Institutsleiter, Fraunhofer-Institut für Arbeitswirtschaft und Organisation, Stuttgart.

1 Innovation in Arbeit und Organisation – Mittel und Ziel der unternehmerischen Innovationsfähigkeit

»Neuer Vorsprung, neue Beschäftigung und neues Wachstum, das wir brauchen, um uns unseren Wohlstand auch in Zukunft noch leisten zu können, entsteht durch Innovation« (*Tombeil* 2004, S. 4). Wir verstehen im Folgenden Innovation als die neue Idee, die neue Erfindung, die sich erfolgreich als bessere Lösung im Einsatz durchsetzt – und somit mehr darstellt als die Invention, die ihre marktliche Durchsetzungskraft erst noch beweisen muss. Der Begriff der Innovation hat in den letzten Monaten größte Aufmerksamkeit erfahren, gefördert auch durch bundesweite Initiativen wie die »Partner für Innovation«, die, vom Bundeskanzleramt initiiert, als ein Zusammenschluss von Wirtschaft und Forschung Innovationen in den verschiedensten Bereichen fördern und in den öffentlichen Diskurs bringen möchte: Technologische Innovationen als Grundlage neuer Produkte und Dienstleistungen, Struktur- und Prozessinnovationen zur Schaffung von kreativitätsförderlichen Arbeits-, Lern- und Lebenswelten, Innovationen in Gesellschaft und Politik. Die unternehmerische Perspektive auf dieses Thema ist evident: Innovationsfähigkeit ist die Fähigkeit eines Unternehmens, neue Produkte oder Verfahren zu entwickeln und erfolgreich am Markt zu platzieren. Nach einer Studie von *Arthur D. Little* ist Innovationsfähigkeit branchenübergreifend der wichtigste Hebel zur Profitabilitäts- und Wachstumssteigerung (vgl. *Arthur D. Little* 2004).

Der vorliegende Beitrag konzentriert sich auf den Fokus von Unternehmen und die Frage, wie Innovation in Arbeit und Organisation bzw. technologische Innovation durch die Schaffung innovationsförderlicher Arbeits- und Organisationsstrukturen aus Managementsicht gesteuert werden kann.

Denn es besteht weitgehend Einigkeit darüber, dass Innovationen, die etwas Unvorhersehbares, in der Zukunft Liegendes darstellen, nicht auf dem Reißbrett von einer spezifischen Abteilung »auf Anordnung« geplant werden können. Noch mehr: Viele Innovationen sind zu Beginn noch nicht einmal konsensfähig, sondern müssen gegen bestehende Strukturen oder Beteiligte durchgesetzt werden (vgl. *Klotz* 2005). Offensichtlich ist es damit vor allem wesentlich, geeignete Rahmenbedingungen in Form von Prozessen, Qualifikation bzw. Kompetenz, Kommunikations- und Kooperationskultur aufzubauen, die insgesamt eine innovationsförderliche Umgebung schaffen. Diese Rahmenbedingungen und ihre gesamthafte Steuerung im Sinne eines umfassenden Performance Management-Ansatzes stehen damit im Folgenden im Vordergrund.

2 Zum Zusammenhang zwischen Arbeit, Wissen und Innovation

Spätestens seit *Peter Druckers* grundlegenden Publikationen über den Begriff des »Wissensarbeiters« ist klar, dass die tayloristische Form der Arbeitsorganisation mit der strikten Trennung von planerischen und möglichst einfachen ausführenden Tätigkeiten nicht mehr den heutigen Anforderungen in Produktions- und Dienstleistungsunternehmen entspricht. »Sobald sie ihre Ausbildungszeit hinter sich haben, müssen die Wissensarbeiter mehr über ihre Tätigkeit wissen als ihr Vorgesetzter, da sie ansonsten kaum von Nutzen sind. Tatsächlich ist es Bestandteil der Definition des Wissensarbeiters, dass er mehr über seine Tätigkeit weiß als jeder andere in der Organisation« (vgl. *Drucker* 1993, zitiert in *Klotz* 2005, S. 42). Versteht man in Anlehnung an *Klotz* Innovation als die Anwendung von Wissen auf die Erzeugung neuen Wissens, so wird klar, dass Innovationen dann auch rasch eine explosive Wirkung auf bestehende Unternehmens- und damit Machtstrukturen ausüben können bzw. aufgrund dieser dann eben auch verhindert werden können – absichtlich oder unabsichtlich (vgl. *Klotz* 2005). Wissen ist Macht, und neues Wissen kann damit bestehende Machtverhältnisse bedrohen. Neben dieser strukturellen bzw. machtbezogenen Komponente steht das Management dieses Wissens zur Unterstützung von Innovation auch vor weiteren klassischen Problemen heutigen Wissensmanagements: Wissen ist hochgradig individualisiert, implizit und damit »in den Köpfen« gebunden; es ist zunehmend spezialisiert und damit vor allem in kleineren Unternehmen an wenige Personen gebunden. Die *ISI* Erhebung zur Innovation in der Produktion aus dem Jahr 2003 geht der Frage nach, wer der Träger jeweils relevanten Wissens bzw. Kompetenzen ist, wobei dabei zwischen Produktinnovationskompetenz, Prozessinnovationskompetenz und Reorganisationskompetenz unterschieden wird. Die erschreckende Erkenntnis: In allen drei Kompetenzkategorien sind bei fast drei viertel der befragten Unternehmen nur Einzelpersonen oder sehr wenige Personen Träger dieses Wissens. Dabei hat die Größe der Unternehmen erwartungsgemäß einen erheblichen Einfluss: Je weniger Mitarbeiter der Betrieb hat, desto eher sind Kompetenzen an einzelne wenige Personen gebunden. Und:

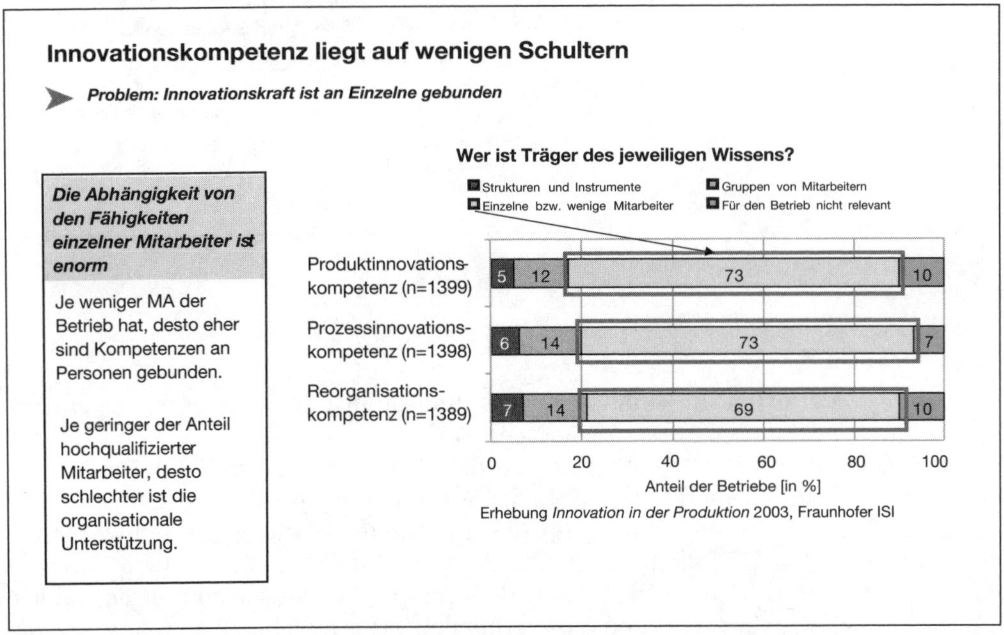

Abb. 1: Träger innovationsrelevanter Kompetenz in produzierenden Unternehmen

Je geringer der Anteil hochqualifizierter Mitarbeiter ist, desto schlechter ist die organisationale Unterstützung eines organisationsorientierten Wissensmanagements (vgl. *Armbruster* u. a. 2005).

Eine aktuelle Befragung des *Fraunhofer IAO* bei den Führungskräften in einem innovationsorientierten Technologieunternehmen der Automobilzuliefererindustrie unterstreicht diese Bindung von Wissen an Personen bzw. die zunehmende Bedeutung von Erfahrungswissen. Das als wertvoll eingeschätzte Wissen geht durch den Weggang von Spezialisten verloren; umgekehrt entsteht wertvolles Wissen als Voraussetzung für Innovation durch kooperative Arbeits- und Projektstrukturen (vgl. *Korge/Schubert* 2005).

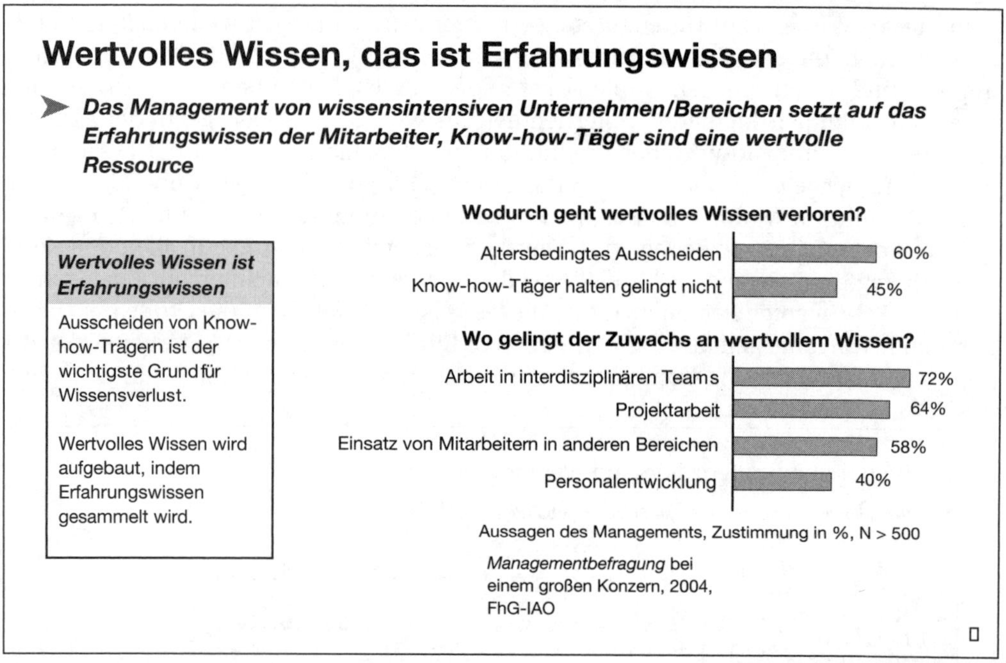

Abb. 2: Entstehungsorte wertvollen Wissens

Die Herausforderungen im Hinblick auf das innovationsorientierte Management lassen sich folgendermaßen zusammenfassen:

Die Quelle jeglicher Innovation ist immer der Mensch (vgl. *Klotz* 2003). Der Innovationsforscher *Staudt* bemerkt hierzu: »In der Vernachlässigung dieser Grundvoraussetzung liegt die wesentliche Ursache für die expandierende Innovationsschwäche am Standort Deutschland« (*Staudt/Kottmann* 2001, S. 33). Menschen bzw. Mitarbeiter müssen können (das erforderliche Wissen, Erfahrung und Kreativität aufbringen), wollen (entsprechend motiviert sein) und dürfen (mit dem erforderlichen Freiraum ausgestattet sein) (vgl. *Klotz* 2003). Dies bedeutet: Innovation ist nicht einseitig »von oben«

planbar. Es kommt darauf an, die wesentlichen Wissensträger mit ihrem Wissen und ihren Kompetenzen in den auf das Unternehmen orientierten Prozess der »In-Wert-Setzung« ihres Wissens hineinzubringen. Dies erfordert zuerst einmal Klarheit darüber, welche Kompetenzen und Wissen im Sinne des Intellectual Capital überhaupt vorhanden sind; im zweiten Schritt erfordert es, Prozesse, Strukturen und eine Kultur aufzubauen und dauerhaft weiterzuentwickeln, die diese Einzelpersonen dazu motiviert und in die Lage versetzt, dieses Wissen im Sinne von Produkt- und Prozessinnovationen anzuwenden, zu teilen und weiterzuentwickeln und es in einer Form zu explizieren, dass auch personelle Fluktuation die organisationale Gesamtkompetenz zur Innovation nur wenig beeinträchtigen kann. Damit sind die Anforderungen an ein ganzheitliches Performance Management für Innovation bereits grob umrissen.

3 Spezielle Anforderungen an das Performance Management in Bezug auf die Innovationsfähigkeit von Unternehmen

Unter Performance Management verstehen wir ein ganzheitliches Managementkonzept zur durchgängigen Steuerung des Unternehmens, das vier Gesamtbereiche beinhaltet: die Business Intelligence, die sowohl das operative als auch strategische Management der unternehmerischen Ziele umfasst, die Competitive Intelligence, die die Informationen über die Wettbewerber und hierauf bezogene unternehmensindividuelle Positionierung herausarbeitet, das Intangible Asset Management, das sich der Messung, Planung und Steuerung des immateriellen Vermögens widmet, sowie die Cultural Transformation, die sich die Gestaltung und Weiterentwicklung der performanceorientierten Gesamtkultur im Sinne von Einstellungen, Werten und Handlungen zur Aufgabe macht (vgl. *Spath* u. a. 2003). Ein Schwerpunkt unserer Arbeit im Bereich der Cultural Transformation liegt bei den Bereichen Innovationskultur und Lernkultur. Um z. B. innovationsförderliche Rahmenbedingungen zu schaffen, müssen die innovationshemmenden bzw. innovationsförderlichen Faktoren in der Organisation dauerhaft beobachtet und gemessen werden, um auf Basis des Status quo gezielte Verbesserungen anzusetzen und deren Erfolg auch nachvollziehbar machen zu können. In Kapitel 5 wird ein Ansatz für eine Messung und Steuerung im Sinne eines Innovationsaudits und einer Innovation Card hierfür ausführlicher dargestellt.

Diese Bereiche spiegeln die typischen Erfordernisse der immer wissensintensiveren Unternehmen wider und werden in ihrer Zusammensetzung von der Erkenntnis getragen, dass zur Erschließung ertragsrelevanter Potenziale eine konsequente Ausrichtung des gesamten Führungs- und Steuerungssystems auf Performance Management notwendig ist. Vor allem mit dem Blick auf die Intangible Assets versteht es sich dabei als der notwendige »nächste« Schritt nach der Erweiterung vorwiegend finanzorientierter Steuerung durch Mehrebenenansätze durch die Balanced Scorecard hin zur Konzentration auf die in Zukunft immer wesentlicher werdenden Erfolgsfaktoren wissensintensiver Unternehmen: ihr intellektuelles Kapital als ein wesentlicher Teil der Intangible Assets.

Warum dieser Schritt wichtig ist, zeigt die gesamte Veränderung durch die zunehmende Dominanz immaterieller Produktfaktoren. Auch in traditionellen Branchen der Fertigungsindustrie hat sich der Anteil an Wissenskapital und damit an Intangible Assets, die in die Entwicklung und den Designprozess neuer Produkte einfließen bzw. die Grundlage für moderne, wettbewerbsfähige Fertigungs- und Supply Chain-Prozesse darstellen, signifikant erhöht. Und immer mehr Unternehmen entstehen in Branchen, die nahezu ausschließlich auf Wissen und intellektuellem Kapital basieren, wie z. B. die Software- und Medienbranche (vgl. *Daum* 2002). Der Anteil der Intangible Assets am Marktwert von Unternehmen hat sich von geschätzten 40 % in den letzten Jahren auf heute über 80 % erhöht (vgl. *Daum* 2002).

Unser ganzheitlicher Ansatz reflektiert, dass hierfür zwar auch immer leistungsfähige IT-Tools zum Einsatz kommen können, wie z. B. wesentlich erweiterte und leistungsfähigere Business Intelligence-Systeme, eine performanzbezogene Gesamtsteuerung aber mehr und mehr auch mit einer Vielzahl bisher eher als »weich« und schwer zu messenden Faktoren umgehen muss.

Welche Anforderungen stellen sich an das Performance Management und die hierfür verwendeten Tools und Methoden in Bezug auf die Innovationsfähigkeit von Unternehmen und die hier zugrunde gelegte Annahme, dass diese maßgeblich durch die Wissensträger Menschen in ihren bestehenden Arbeits- und Kommunikationsstrukturen getragen werden?

- Strategiekonformität, Orientierung an kritischen Erfolgsfaktoren des Unternehmens, die produkt- bzw. branchenseitig spezifisch sind, bei dennoch möglichst großer Anwendbarkeit und Vergleichbarkeit im Sinne von Benchmarking;
- Ansatzpunkt Wissensträger Mensch in seinen Arbeitsbeziehungen bzw. Arbeitsprozessen als primärer Träger von Innovation: Abbildung der Kompetenzen, der erfolgskritischen Prozesse, der gelebten Kommunikations- und Kooperationskultur, die diese Kompetenzen erst »lebendig« machen; damit ist die geforderte Betrachtungsweise eher befähiger- denn outputorientiert;
- Klassische Anforderungen an ein geeignetes Performance Management: Schaffung von Transparenz und Überblick, Veränderungsmonitoring, Skalierbarkeit und Praktikabilität sowie Nachvollziehbarkeit, Möglichkeit der Eigen- und Fremdbewertung.

Im Folgenden sollen zwei vom *Fraunhofer IAO* entwickelte und evaluierte Tools bzw. Vorgehensweisen dargestellt werden, die mögliche Ansätze eines performanceorientierten Managements von innovationsförderlichen Arbeits- und Organisationsstrukturen darstellen.

4 Beispielhafte Ansätze eines performanceorientierten Managements von innovationsförderlichen Arbeits- und Organisationsstrukturen

4.1 Management des intellektuellen Kapitals: Potenziale transparent machen, bilanzieren und nachhaltig steuern

»Intellektuelles Spitzenkapital kann nicht gemanaged werden, sondern es entscheidet über die Zugehörigkeit zu einer Organisation aufgrund deren Attraktivität« (*Sattelberger* 1999, S. 35). Dieses Zitat erscheint nur auf den ersten Blick im Widerspruch zu stehen zum im Folgenden vorgestellten Ansatz des Managements des intellektuellen Kapitals als einem der bedeutendsten Intangible Assets. Denn gerade angesichts der Tatsache, dass bereits heute und zunehmend in der Zukunft talentierte Mitarbeiter und Manager Mangelware sind, wird es immer wichtiger, überhaupt einmal einen Überblick über das vorhandene »Kapital« in Form von Mitarbeitern mit ihren Erfahrungen und Kompetenzen zu haben, um es dann auch dauerhaft »in Wert« zu setzen und dauerhaft zur Generierung von Innovation zu motivieren und zu befähigen. Zudem erfordern neue Rechnungswesenstandards und die angestrebte Senkung von Risikoprämien nach Basel II pragmatische Bewertungsinstrumente für Intangible Assets im Allgemeinen und das Intellectual Capital im Besonderen (vgl. *Lev/Daum* 2003 und *Stoi* 2005).

In Reaktion auf die Tatsache, dass gerade in wissensintensiven Dienstleistungsunternehmen der Anteil des Intellectual Capital an der Wertschöpfung sehr groß ist, wurde in einem vom *BMBF* geförderten Projekt gemeinsam mit einer Reihe von Unternehmenspartnern im Projekt ICM ein Toolset für das Intellectual Capital Management entwickelt (vgl. im Folgenden *Schnabel/Spath* 2005). Es soll Führungskräfte in diesen Unternehmen dabei unterstützen, die Risiken zu erkennen, die sich bei einem Verzicht auf ein wertorientiertes Management der immateriellen Vermögenswerte und insbesondere des Wissens ergeben. Und es soll diese Vermögenswerte erkennbar, bewertbar und steuerbar machen. Damit steht die Bewertung der Fähigkeit zum Management des Intellectual Capital im Vordergrund.

Hierzu wurden bestehende Ansätze zuerst kritisch bewertet, für die Anwendung speziell für Dienstleistungsunternehmen jedoch als unzureichend betrachtet. Zentral für diese Bewertung ist dabei das 7C-Erfolgsfaktorenmodell, das die Spezifika von Dienstleistungsunternehmen aufnimmt und mit einer Vielzahl von Unternehmen evaluiert wurde. Die einzelnen Erfolgsfaktoren decken die typischen immateriellen Werte wissensintensiver Unternehmen ab, stellen ihre spezifische Stärke dar und stellen Aspekte des Umgangs und Aufbaus von Wissen stark heraus. Hierzu gehören:

Culture:	Die Fähigkeit eines Unternehmens, ein einheitliches Wertesystem aufzubauen;
Creativity:	Die Fähigkeit zur Generierung geschäftsrelevanten Wissens und dezentraler Innovation;
Competence:	Die Sicherstellung mitarbeiterbezogener Kompetenzen zur Erbringung von professionellen Dienstleistungen;

Communication:	Die Gewährleistung organisatorischer Rahmenbedingungen und IuK-Systeme zum Informations- und Wissensaustausch;
Customization:	Die Fähigkeit, Leistungen so kundenindividuell wie nötig und so standardisiert wie möglich anzubieten;
Confidence:	Die Fähigkeit des Unternehmens, Vertrauen beim Kunden zu erzeugen und zu halten;
Commercialisation:	Die Fähigkeit des Unternehmens, Wissen in fakturierbare Leistungen umzusetzen (vgl. *Schnabel/Spath* 2005).

Das entwickelte Toolset umfasst folgende Bestandteile:

IC-Value Graph: Er ermöglicht im ersten Schritt eine Positionierung des jeweiligen Unternehmens in Bezug auf die genannten Erfolgsfaktoren, die mit Bewertungsitems, Statements und hierauf bezogenen Spitzenindikatoren operationalisiert wurden. Zielsetzung ist die Ermittlung des individuellen Stärken-Schwächen-Profiles, das über eine sechsstufige Skala abgetragen wird und eine Aussage über den jeweiligen Reifegrad erlaubt. Dieses Tool kann sowohl für die Fremd- als auch über die Selbstbewertung eingesetzt werden.

IC-Monitor: Er basiert auf einem Referenz-Prozessmodell für wissensintensive Dienstleistungsunternehmen, dessen Teilprozesse die typischen Prozesse aus dem Wissensmanagement umfassen, wie z. B. die Identifikation des relevanten Wissens, den Erwerb, die Entwicklung, Verteilung, Nutzung, Bewahrung und Bewertung von Wissen. Es handelt sich um ein hierarchisch aufgebautes Prozessmodell, das Führungs-, Wertschöpfungs- und Unterstützungsprozesse umfasst. Die entwickelten Indikatoren dienen der Messung der Prozesszielerreichung und der Steuerung der Mitarbeiter in diesem Prozess.

IC-Value-Chart: Er umfasst finanzielle Kennzahlen der Vermögens-, Finanz- und Ertragslage und bietet die finanzielle »Gegensicht« zum IC-Monitor. Ihr Ausweis erfolgt über eine Klassifizierung in gute, mittlere und schlechte Messergebnisse, deren Basis empirisch ermittelte, typische Grenzwerte von Dienstleistungsunternehmen sind.

IC-Planner: In diesem Tool werden die IC-Assets, verstanden als verdichtete Projekt- bzw. Themencluster, als zentrale Produkte in ein Portfolio mit den Achsen Marktattraktivität und Kompetenzstärke eingeordnet, wobei sowohl Ist- als auch Sollwerte dargestellt werden. Zur Ermittlung der Kompetenzstärke werden Erfahrungs- und Fachkompetenz, Branchenkompetenz oder die Veröffentlichungsbilanz herangezogen. Zur Bewertung der Marktstärke werden z. B. die Anzahl der potenziellen Kunden, die Homogenität der Kundenstruktur oder die Wiederholungsaufträge herangezogen. In einem letzten Schritt werden finanzielle Kennzahlen (wie der Projekt-Deckungsbeitrag) zugeordnet.

Dieses Toolset ist in einer Reihe von Dienstleistungsunternehmen erfolgreich angewendet worden. Es bietet in seiner Anlage und Ausdifferenziertheit eine Vielzahl an Handlungsstrategien zur Erhöhung des Wertes des Intellectual Capitals durch sein verbessertes Management, identifiziert Ansatzpunkte für Veränderungen und erlaubt deren aktives Monitoring. Es umfasst bewährte Messgrößen und eine adäquate Verbindung von nicht quantifizierbaren Messgrößen mit etablierten Finanzkennzahlen.

In Bezug auf die spezifischen, formulierten Anforderungen zeichnet es sich durch die Abbildung der relevanten Wissensmanagementprozesse, der kulturellen Voraussetzungen und der kommunikations- und informationstechnischen Voraussetzungen als wesentliche Enabler für Innovationsentwicklung aus. Auch wenn dieses Toolset nicht explizit für die hier behandelte Fragestellung entwickelt wurde, bietet es somit dennoch einige sehr wertvolle Ansatzpunkte. Im Vergleich zu den bereits praktizierten Wissensbilanzen (vgl. *Grübel et al.* 2004, *Bornemann/Leitner* 2001) konzentriert es sich weniger auf die Darstellung typischer »Hilfsgrößen« (wie die Anzahl durchgeführter Seminare oder die insgesamte Zahl der Schulungstage) zur Abschätzung des »vorhandenen« intellektuellen Kapitals, sondern auf die strategieorientierte Darstellung wesentlicher Prozesse und deren Reifegrade für das erfolgreiche Management dieses Kapitals.

4.2 Innovation Audit und Innovation Card

Dieses Instrument, das bisher für produzierende Unternehmen aus dem Maschinenbau eingesetzt wurde, hat zum Ziel, die Innovationsfähigkeit von Unternehmen durch ein Innovationsaudit und eine Innovation Card zu stärken. Damit soll, zuerst über eine Standortbestimmung und die Definition von Handlungsschwerpunkten und dann über die Ausarbeitung einer dauerhaft nutzbaren Scorecard, den Unternehmen ein laufend nutzbares Management-Tool zur Verfügung gestellt werden (vgl. im Folgenden *Wagner et al.* 2005). In seiner Ausgestaltung und den Analyseschwerpunkten arbeitet das Instrument mit der Prämisse, dass die Innovationsprozesse in Unternehmen zu wenig systematisch ablaufen und daher ineffizient sind, und deshalb, im Umkehrschluss, die Verbesserung dieser Arbeitsprozesse und -strukturen eine Verbesserung der Innovationsfähigkeit nachhaltig nach sich ziehen kann. Ähnlich der klassischen Auditierung erfolgt beim Innovationsaudit die objektive Untersuchung der betrieblichen Abläufe und innovationsspezifischen Kenngrößen, die auch für ein Benchmarking herangezogen werden können. Im Mittelpunkt stehen dabei die befähigenden Prozesskriterien wie Strategie, Struktur und Kultur und weniger Kennzahlen von Innovationsaktivitäten wie z. B. FuE-Invests oder Anzahl der Produktneueinführungen. Dahinter steht die Erkenntnis, dass die Optimierung der Prozesse und Strukturen nach den Prinzipien des vernetzten Denkens und Handels den größten Beitrag zum Innovationserfolg leisten kann.

Im Mittelpunkt des konzeptionellen Rahmens steht daher der Innovationsprozess, der durch das Dreieck Innovationsstrategie, Innovationsstruktur/-organisation und die Innovationskultur beeinflusst wird. Das Audit selbst wird in seinen Schwerpunkten unternehmensspezifisch ausgestaltet und erfolgt in vier Teilphasen, welche Priorisierung, Interviews und Datenerfassung, Auswertung und Analyse sowie letztlich Präsentation und Diskussion umfassen.

Die Innovation Card umfasst definierte Gestaltungsfelder, für die wiederum kritische Erfolgsfaktoren definiert sind, die diese dann in messbare Indikatoren umsetzt. Beispiele für kritische Erfolgsfaktoren sind »ausreichende Förderung der Kreativität«, »positiver Umgang mit Fehlern«, »gezielte Umsetzung von Kundenwünschen« oder z. B. die »zeitliche Optimierung der Ideenauswahl«. Die Auswahl der Gestaltungsfelder und ihrer kritischen Erfolgsfaktoren erfolgt unternehmensspezifisch, profitiert aber vom

Erfahrungswissen des Instituts aus einer Vielzahl von Projektarbeiten und der Analyse einschlägiger Literatur. In ihrer Differenziertheit bieten sie ebenfalls direkte Anknüpfungspunkte für direkte Aktivitäten. Das Instrument ist so skalierbar, dass eine Anpassung an den unternehmensindividuell gewünschten Detaillierungsgrad möglich ist und auch eine bewusste Beschränkung auf prioritäre Handlungsfelder möglich wird. Die vom *IAO* entwickelte methodische Anleitung unterstützt ein strukturiertes, und rasch umsetzbares Vorgehen.

5 Ausblick

Die dargestellten Ansätze zeigen auf, wie unternehmerische Innovationsfähigkeit auf Basis des performanceorientierten Managements von intellektuellem Kapital und erfolgskritischer Prozesse und Strukturmerkmale gemessen und dauerhaft gesteuert werden können. Sie reflektieren die große Bedeutung der Mitarbeiter als Wissens- und damit potenzielle Innovationsträger, ihrer Kompetenzen und Erfahrungen und die ebenfalls erfolgskritische Bedeutung der organisatorischen Infrastruktur in Form von Geschäftsprozessen, Systemen und kulturellem Umfeld, die es überhaupt erst ermöglichen, das intellektuelle Kapital unternehmens- und innovationsorientiert zu nutzen. Diese organisatorische Infrastruktur ist unternehmensindividuell in der Anlage und damit auch unternehmensindividuell steuer- und optimierbar und damit »schützbarer« als formale Qualifikationen von Mitarbeitern, die in Form von Absolventen oder Qualifikationsmaßnahmen am Markt »eingekauft« oder eben auch abgeworben werden können.

Die beschriebenen Toolsets bieten hierfür eine Auswahl an empirisch identifizierten und operationalisierten Steuerungsgrößen, die unternehmensindividuell angepasst werden können. Damit bieten sie Unternehmen Ansatzmöglichkeiten, ihre Innovationsfähigkeit performanceorientiert zu steuern.

Wesentlichen Forschungsbedarf sehen wir in einer Reihe von Aspekten, die unsere zukünftige Forschungsarbeit beeinflussen wird. Hierzu gehört z. B. der Trend, Innovationen zunehmend in Netzwerken von Unternehmen zu schultern, was die Frage nach der Netzwerkfähigkeit der entwickelten Steuerungsmöglichkeiten bzw. Performance Management-Verfahren aufwirft. »Netzwerkfähigkeit« wird hier verstanden als Veränderung in der Bezugsgröße betriebswirtschaftlicher Modelle und Steuerungsansätze, die bisher auf den klassischen Einzelbetrieb mit klaren Unternehmensgrenzen ausgerichtet waren. Zudem bedeutet das Umfeld »Unternehmensnetzwerk« zusätzliche Gestaltungsparameter bzw. Einflussfaktoren für Innovation, die das Management dieses Prozesses im Sinne größtmöglicher Performance schwieriger machen. Hierzu gehören z. B. die wachsenden Anforderungen an die Wissensintegration aufgrund zunehmend heterogener (Unternehmens-)Kulturen, Fach- und Alltagssprachen, sowie die Integrationsnotwendigkeit unterschiedlicher Anreizsysteme.

Die Fokussierung der Innovationsfähigkeit auf den Beitrag zunehmend spezialisierter und wertvollerer Mitarbeiter lenkt auch automatisch den Blick auf die Frage der Rückdelegation von Entscheidungskompetenzen und Entscheidungsautonomie zu diesen Mitarbeitern. Im Sinne einer adaptiven Unternehmensorganisation, in der Selbstverantwortung und marktorientiertes Handeln auf allen Ebenen in Unternehmen unterstützt werden soll, sind konsequenterweise auch Performance Management-Modelle daraufhin weiterzuentwickeln, dass sie unterschiedlichen Ebenen unterschiedlich aufbereitete Entscheidungsgrundlagen und Steuerungsansätze zur Verfügung stellen.

Literatur

Armbruster, H./Kinkel, S./Kirner, E./Wengel, J. (2005), Innovationskompetenz auf wenigen Schultern. Wie abhängig sind Betriebe vom Wissen und den Fähigkeiten einzelner Mitarbeiter?, Fraunhofer-Institut für System- und Innovationsforschung, Mitteilungen aus der Produktionsinnovationserhebung, Karlsruhe, Februar 2005

Bornemann, M./Leitner, K. (2001), Entwicklung und Realisierung einer Wissensbilanz für eine Forschungsorganisation, in: http://www.akwissensbilanz.org/pdf/Bornemann_Leitner_2001_Entwicklung_Realisierung_Wissensbilanz.pdf, Abruf am 27.05.05

Daum, J. (2002), Beyond Budgeting: Ein Management- und Controlling-Modell für nachhaltigen Unternehmenserfolg, in: Der Controlling Berater, 2002, 7, S. 397–430

Drucker, P. (1993), Die postkapitalistische Gesellschaft, Düsseldorf 1993

Grübel, D./North, K./Szogs, G. (2004), Intellectual Capital Reporting – ein Vergleich von vier Ansätzen, in: zfo, 73, 2004, 1, S. 19–27

Klotz, U. (2005), Innovationen werden von Menschen gemacht. Innovationspotenziale besser nutzen, in: Wissenschaftsnotizen 2005, 22, S. 40–77

Klotz, U. (2003), Die Innovation der Innovationspolitik, Frankfurt/Main 2003

Korge, G./Schubert, J. (2005), Ergebnisse der Führungskräftebefragung in einem deutschen Automobilzulieferer, unveröffentlichter Projektbericht, Stuttgart 2005

Lev, B./Daum, J. (2003), Intangible Assets: Neue Ansätze für Unternehmenssteuerng und Berichtswesen, in: *Horvath, P./Gleich, R.* (Hrsg.): Neugestaltung der Unternehmensplanung, Stuttgart 2003, S. 33–49

Sattelberger, T. (1999), Wissenskapital und Söldnerheer, Wiesbaden 1999

Schnabel, U./Spath, D. (2005), Das Intellectual Capital Management Toolset. Erfolgsfaktoren und Metrics zur Steuerung des intellektuellen Kapitals, in: Personalführung 2005, 4, S. 30–40

Spath, D./Nöstdal, R./Praeg, C./Risch, M./Schäfer, M./Schnabel, U. (2003), Corporate Performance Management. Bausteine, Konzepte, Produkte, Stuttgart 2003

Staudt, E./Kottmann, M. (2001), Deutschland gehen die Innovatoren aus, Frankfurt/Main 2001

Stoi, R. (2004), Controlling von Intangibles. Identifikation und Steuerung der immateriellen Werttreiber, in http://www.4managers.de/01-Themen, Abruf am 27.05.05

Tombeil, A. (2004), Deutschland innovativ: Ein Beitrag der Fraunhofer-Gruppe im Innovationsbüro für die »Partner für Innovation«, Stuttgart 2004

Wagner, C./Rogowski, T./Bannert, M. (2005), Innovationen in Unternehmen ermöglichen – die Innovationsfähigkeit analysieren und bewerten, erscheint in IM, 3, 2005

Controlling im Wandel am Beispiel eines Mobilfunk-Netzbetreibers

Dieter Bernauer*

* Dieter Bernauer, CFO, Swisscom Mobile AG, Bern.

Vorwort

Der Autor möchte anhand einer historischen Entwicklung des Mobilfunkmarktes in der Schweiz die veränderten Anforderungen an das Controlling zur Steuerung der Unternehmensstrukturen, aber auch die Gefahren möglicher Fehlentwicklung hinsichtlich Effizienz und Komplexität der Strukturen und Prozesse beispielhaft aufzeigen. Dabei hat die S-förmige Marktentwicklung und der damit einhergehende Wandel im Controlling durchaus typischen Charakter für andere reifere Industrie- und Dienstleistungszweige, die diesen Prozess historisch früher durchlaufen haben.

In einem zweiten Kapitel sollen dann anhand des konkreten Beispiels Ansätze zur Lösung des Konflikts zwischen zunehmender Marktsättigung, steigender Komplexität des Geschäftes (disruptive Markt- und technologische Entwicklungen) und dem Bedürfnis nach Effizienz- und Effektivitätssteigerung bei der Steuerung von Organisationsstrukturen aufgezeigt werden.

Dieses Praxisbeispiel hat lediglich den Anspruch, Diskussionsansätze zum Erfahrungsaustausch zu bieten und nicht rezeptartige Optimallösungen. Im konkreten Einzelfall muss jedes Unternehmen trotz vieler vergleichbarer Entwicklungsphänomene seinen eigenen Weg finden.

1 Highlights der Swisscom Mobile AG

Nach der Liberalisierung des Telekommunikationsmarktes in der Schweiz Ende der 90er Jahre erhielt *Swisscom* den Status einer Aktiengesellschaft. Die Schweizer Regierung genehmigte den Börsengang Ende 1998. In 2001 nahm *Swisscom Mobile* die strategische Zusammenarbeit mit dem britischen Partner *Vodafone* auf und operiert seit 1. Januar 2002 als selbstständige Gruppengesellschaft.

In 2004 erwirtschaftete *Swisscom Mobile* mit 2491 Mitarbeitern ein operatives Betriebsergebnis (EBITDA) von 2 Mrd. CHF bei einem Umsatz von 4,4 Mrd. CHF. Die Kundenzahl erreichte Ende 2004 3,9 Mio. *Swisscom Mobile* investierte in 2004 0,5 Mrd. CHF vorab in die Abdeckung mit Breitbandtechnologien und -diensten. Ihr Engagement ist mit verantwortlich dafür, dass die Schweiz in diesem Bereich inzwischen europaweit führend ist.

2 Historische Veränderung des Controllings im Verlauf der Marktentwicklung

Die Mobilfunkmärkte haben inzwischen Penetrationsraten von deutlich mehr als 80 % erreicht und in manchen Ländern sogar die 100 %-Marke überschritten. Die Mobilbranche in Mittel- und Westeuropa hat sich innerhalb einer Dekade von einem Wachstumsmarkt zu einer reifen Branche mit ganz normalen einstelligen Wachstumsraten entwickelt. Entsprechend haben sich auch die Anforderungen an das Controlling substantiell verändert.

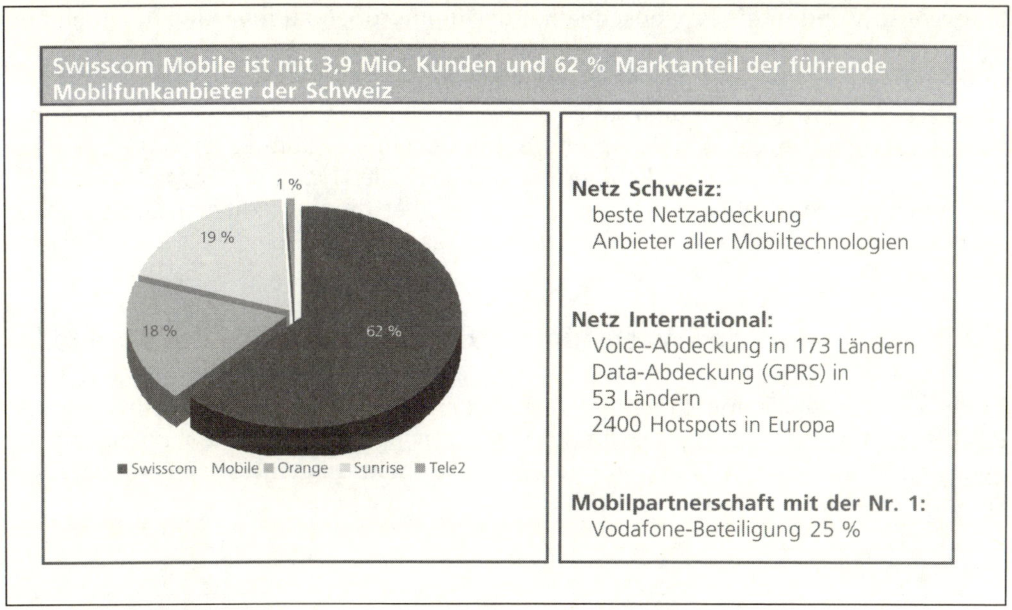

Abb. 1: Facts and Figures

2.1 Progressives Wachstum in der ersten Phase des Marktes

In den Anfängen der Marktentwicklung konzentrierte sich der Wettbewerb der Mobilfunknetzbetreiber um den Kunden auf die Netzabdeckung und Netzqualität bei Sprachservices. In dieser Phase außerordentlichen Wachstums von zeitweise zwei-, ja dreistelligen prozentualen Jahresraten (vgl. Abb. 2) waren die größten Herausforderungen die Sicherstellung der Logistik der Endgeräte und des Netzausbaus, um Kunden zu akquirieren. Der schweizerische Markt kann beinahe idealtypisch als pars pro toto gelten.

Die Gesellschafter und Kapitalmärkte konzentrierten sich auf die – in jener Phase scheinbar grenzenlosen Wachstums – entscheidenden inputorientierten Steuerungsgrößen schnellstmöglichen Netzausbaus (»Coverage« als Indikator für die Flächen- und Bevölkerungsabdeckung), Anzahl Basisstationen sowie als Umsatztreiber auf die Anzahl der akquirierten Kunden (Subscriber resp. SIM-Karten).

Die Aufgabe des Controlling beschränkte sich vereinfacht gesagt darauf, ohne wertorientierte Differenzierung Kunden zu zählen und Netzinvestitionen sowie bewerteten Input in Form von Kostenarten bzw. Kostenstellen zu budgetieren. Nicht der zu erwartende Output (Umsatzwachstum, Marktpotential) determinierte die Investitions- und Aufwandsbudgets, sondern schnellstmöglicher Netzausbau und Kundenakquisition waren die Maxime. Die Qualität der mittelfristigen Planung und der kurzfristigen Budgetierung – vor allem beurteilt an der Strategieorientierung und Prognosegenauigkeit – war mehr als mäßig. Beträchtliche Planabweichungen verleiteten oft dazu, mehr quantitativen Aufwand in die Prognosequalität der Inputgrößen zu investieren. Durch den Aufbau der Controllingabteilungen und die Verfeinerung der Planungs- und Budgetierungsprozesse hoffte man, die Abweichungen in den Griff zu bekommen und damit Gesellschafter sowie Kapitalmärkte zufrieden zu stellen. Die Prozesse wurden durch viele Iterationsschlaufen Top-Down und Bottom-Up immer komplexer, ohne dass sich die Qualität der Planung merklich verbessert hätte. Die Dynamik der Märkte und damit einhergehend die Wachstumsraten konnten aber die zusätzlichen Komplexitätskosten überdecken. Die EBITDA–Margen wuchsen unweigerlich.

2.2 Wendepunkt des Wachstums in der zweiten Phase des Marktes

In der zweiten Phase abnehmender, aber immer noch zweistelliger Wachstumsraten im Kundenbestand (Wendepunkt in der S-Kurve, vgl. Abb. 2) wurde zunehmend der Fokus auf das Halten der Kunden und deren Wertbeitrag (gemessen als monatlicher Umsatz pro Kunde = ARPU) gelegt.

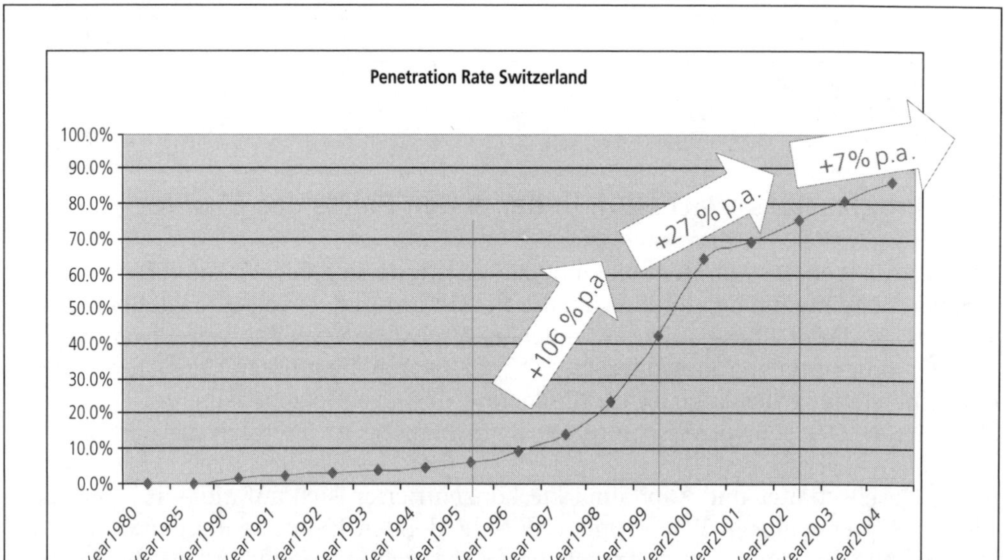

Abb. 2: Mobil-Penetration Markt Schweiz 1980–2004

Zu diesem Zweck erhielt die Segmentierung der Kunden größere Bedeutung, um die (relativen) Kündigungsraten (Churn rates) in den Griff zu bekommen und werthaltigere Kunden mit hohem Telephonievolumen zu binden. Zusätzliche relative KPIs (Ratios) wie segmentbezogene ARPU's (= average revenue per customer), Churn rates, Investitionsvolumen und Akquisitionskosten pro zusätzlichem Kunden wurden zunehmend relevanter für die Steuerung der Organisationseinheiten in Vertrieb und Technik.

Entsprechend wuchsen die Komplexität der Controllingobjekte, -reports und -prozesse und die Anforderungen an das Controlling. Dies zog höhere Investitionen in Data Warehouse Lösungen nach sich, mit der Folge größerer Datenmengen, die für Steuerungszwecke genutzt werden konnten. Die Folge war eine weitere Granularisierung der Planungs- und Budgetierungsobjekte mit entsprechend komplexeren Reporting- und Planungsprozessen. Einmal fixierte Budgets wurden im Detail verfolgt und Planabweichungen akribisch analysiert und kommentiert. Die immer noch aktive Marktdynamik machte aber die Zielerreichung nicht treffsicherer, sondern die Zielvereinbarungen nur komplexer.

Die Controllingabteilungen waren in dieser Zeit mit der Gewinnung und Selektion entscheidungsrelevanter Informationen aus der Flut der verfügbaren Daten sowie der effizienten Erstellung von Reports regelmäßig überlastet. Wegen fehlender End2End Prozesslösungen vermehrten sich die Dateninkonsistenzen. Grund war vor allem, dass Excel nicht nur als Präsentationsoberfläche, sondern als Planungs- und Reportingapplikation missbraucht wurde. Redundanzen in der Datengewinnung und –haltung waren das Ergebnis mit den unvermeidbaren negativen Folgen. Das Controlling war mehr mit der Behebung von Formelfehlern, Dateninkonsistenzen und Systeminstabilitäten beschäftigt als mit Analyse und der Erarbeitung wertschöpfender Steuerungsimpulse.

In dieser Zeit mehrten sich die Angebote an Data Mart Lösungen (z. B. BIW von *SAP*, *Hyperion* Essbase, *MIS* Alea), die aber nicht voll integriert mit Primärsystemen und entsprechenden ETL-Layer Ansätzen, sondern als Insellösungen genutzt wurden. Im nächsten Entwicklungsschritt konnte durch die Integration von Primärsystemen, ETL-Layer, Data Mart Umgebungen und komfortablen Reportingoberflächen die Effizienz (Schnelligkeit und Konsistenz) der Reporting- und Planungsprozesse erheblich gesteigert werden.

Allerdings blieb dabei die Effektivität, nämlich der Wertbeitrag für das Unternehmen, fraglich. Die Budgetierungsobjekte wurden immer granularer, die Prozesse immer stärker dominiert von normativen Vorgaben starrer Jahresbudgets, um den Versprechungen an die Kapitalmärkte mehr Stabilität zu verleihen.

2.3 Sättigungserscheinungen in der dritten Phase des Marktes

Die dritte Phase zunehmender Sättigung im Markt der mobilen Sprachtelephonie ist gekennzeichnet durch verstärkten Verdrängungswettbewerb und entsprechenden Preisdruck. Da der Markt an seine Wachstumsgrenzen zu stoßen schien, war der Erwartungsdruck der Kapitalmärkte nach differenzierter wertorientierter Marktbearbeitung entsprechend groß. Wenn der Markt keine zusätzlichen Wachstumsimpulse durch Neukunden erwarten ließ, musste der Kundenbestand entsprechend gezielter bearbeitet werden. Dies hatte natürlich Folgen für die Komplexität im Controlling. Eine wertorientierte Segmentierung der Kundenbasis und entsprechende Differenzierung der Akquisitionsaufwendungen führten zu einer weiteren Granularisierung der Controllingobjekte, –prozesse und Reportingstrukturen. Die zunehmende Marktsättigung erforderte die Erschließung neuer Wachstumsfelder, um der Umsatzstagnation vorzubeugen. Die Hoffnungen auf Umsatzsteigerungen liegen nun im möglichen Bedarf nach breitbandigen mobilen Datendiensten auf Basis entsprechender Übertragungstechnologien wie EDGE, UMTS, WLAN, 802.xx. Um die Wirtschaftlichkeit der Produktinnovationen sowie die Amortisation der Investitionen in neue Netztechnologien, Plattformen und Kundenabrechnungssysteme verfolgen zu können, steigen die Anforderungen an das Controlling um einen weiteren Komplexitätsgrad.

3 Optimierungsdimensionen zur Steuerung von Organisationsstrukturen

Für *Swisscom Mobile*, aber auch andere Unternehmen mit einer vergleichbaren Marktentwicklung stellt sich die Frage, ob man der scheinbaren Gesetzmäßigkeit zunehmend komplexerer Anforderungen an Steuerungssysteme für Organisationsstrukturen bei gleichzeitiger Marktsättigung entkommen kann. Sicherlich gibt es kein allgemeingültiges Rezept zur Effektivitäts- und Effizienzsteigerung und Komplexitätsreduktion bei der Steuerung von Organisationsstrukturen. Aber aus der oben beschriebenen historischen Entwicklung des Controllings sollen zumindest einige Dimensionen zur Optimierung der Steuerung von Organisationsstrukturen angesprochen werden.

Die wichtigsten Aspekte sind aus unserer Sicht der Grad der Konsistenz zur bestehenden Unternehmensstrategie sowie eine Veränderung der Controllingphilosophie durch relative Ziele (externe und interne Vergleiche) und Coaching statt Challenging. Weitere Erfolgsfaktoren sind eine integrierte IT-Architektur (Effizienz-, Konsistenzsteigerung), eine den veränderten Rahmenbedingungen angepasste Controllingstruktur sowie ein verändertes Führungsverhalten.

3.1 Ausrichtung des Controllings auf die Unternehmensstrategie

Die historisch erklärbare Komplexität im Controlling erfordert angesichts des zunehmenden Margendrucks eine Konzentration auf die strategisch wichtigen Handlungsfelder (Steigerung der Effektivität).

Dem Leser mag es trivial anmuten, wenn man die Notwendigkeit der Strategiekonsistenz mit den bestehenden Steuerungs- und Reportingprozessen und Objekten postuliert. Das Bekenntnis zur Strategiekonsistenz hat über die Systematik der Balance Scorecard, wenn auch mit unterschiedlichster Ausprägung und Nomenklatur, Einzug in viele Unternehmen gefunden.

Der Strategieprozess von *Swisscom Mobile* setzt beim Leitbild und den Unternehmenswerten als nachhaltig ethisch-normativem Ordnungsrahmen an. Die strategische Analyse der Ist-Situation sowie die Überprüfung des Risk Portfolio sind jährlich wiederholte Aktivitäten. Die Strategie wird auf Grundlage des Ordnungsrahmens und der Analysen überprüft und gegebenenfalls neu formuliert. Darauf baut der Long Range Plan (LRP) mit strategischen, finanziellen sowie nichtmonetären Eckdaten und KPIs auf.

3.1.1 Vision, Leitbild und Unternehmenswerte – Ausgangspunkt der Strategieüberlegungen

Das Fundament der Unternehmensstrategie bilden Vision und Leitbild (vgl. Abb. 3). Diese leiten sich aus den fünf Unternehmenswerten als Eckpfeiler einer nachhaltigen Wertsteigerung ab.

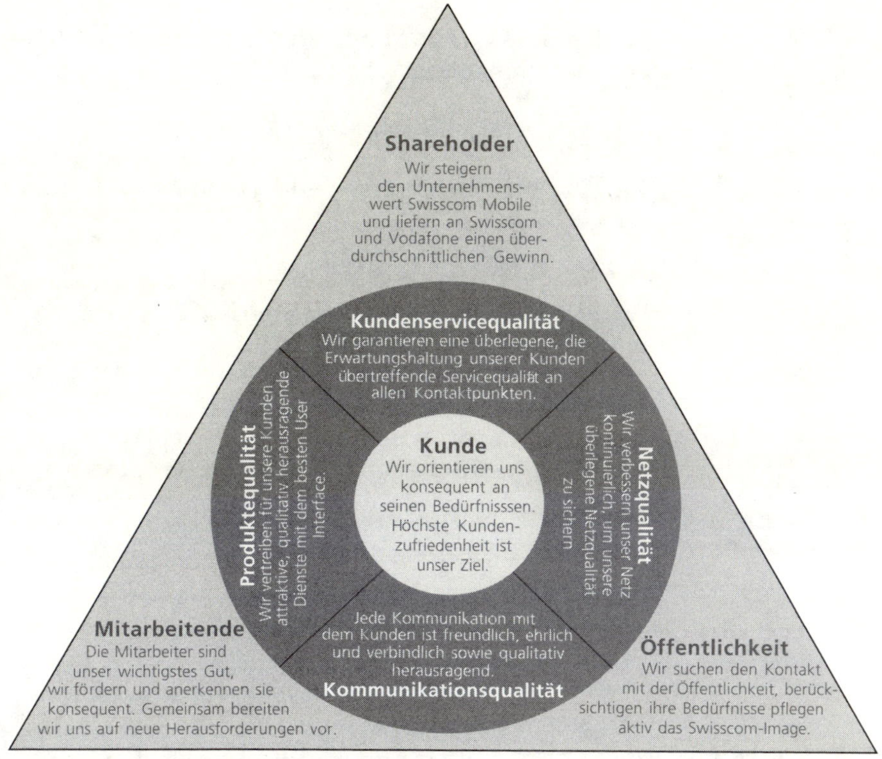

Abb. 3: Leitbild Swisscom Mobile

Da die Hälfte der schweizerischen Bevölkerung auf die Dienste von *Swisscom Mobile* vertraut, ist neben dem Kundenfokus und der unternehmerischen Einstellung der Mitarbeiter die Übernahme gesellschaftlicher Verantwortung ein wesentlicher Eckpfeiler für den dauerhaften Geschäftserfolg (vgl. Abb. 4).

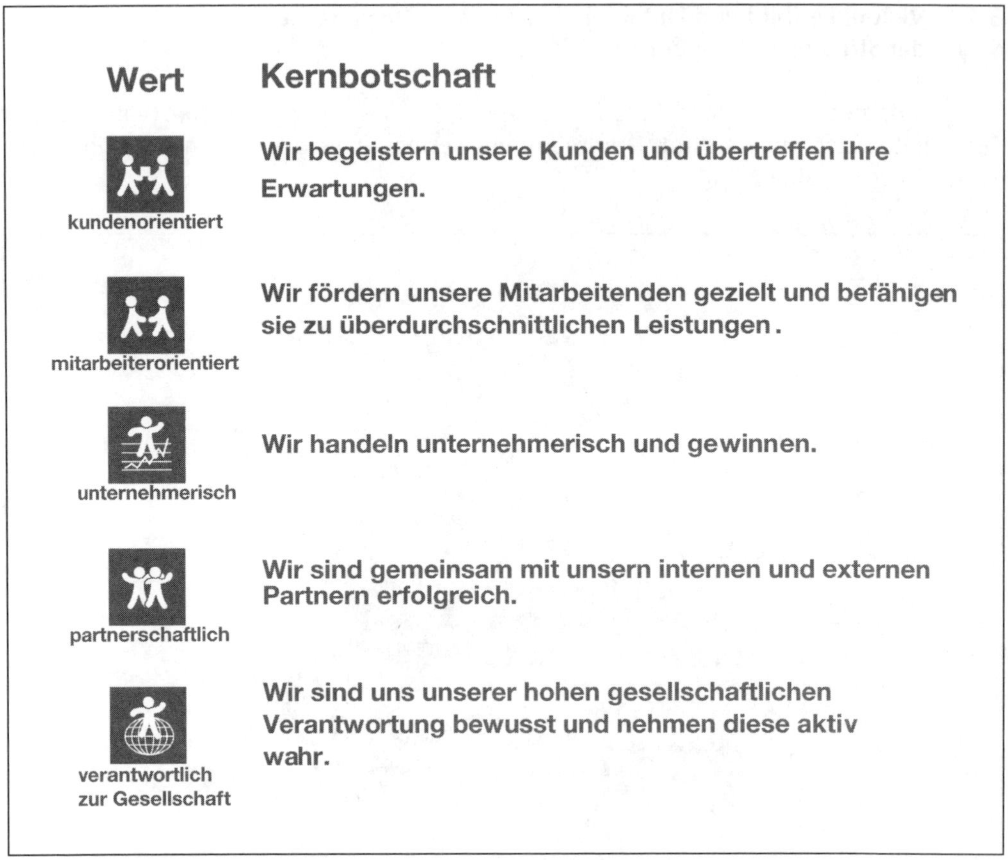

Abb. 4: Kernbotschaften Unternehmenswerte

3.1.2 Strategische Analyse

Die strategische Analyse beinhaltet die Einschätzung der Umfeldbedingungen (Marktrends, Umwelt, Wettbewerb, Regulierung, Kapitalmärkte), Technologieentwicklungen (insbesondere disruptive Technologien), Kundenbedürfnisse, Produktpositionierungen (in strategischen Segmenten) und interner Standortbestimmung (Human Assets, Benchmarks). In dieser Phase des Strategieprozesses wird systematisch mit den Führungsverantwortlichen ein Risk Portfolio erarbeitet, das die Risiken und Maßnahmenpakete zur Risikobegrenzung definiert, die nicht im Rahmen einer normalisierten Geschäftsplanung erfasst werden (vgl. Abb. 5).

Bei der strategischen Analyse legt *Swisscom Mobile* im Sinne der Balanced Scorecard großen Wert auf die Messung und Verfolgung nicht nur finanzieller Steuerungsgrößen, sondern auch der Frühindikatoren Imagewerte, Kundenzufriedenheit (Services, Netz, Produkte, Preis-Leistung) und -loyalität (vgl. Abb. 6), Mitarbeiterskills (Führung z. B.

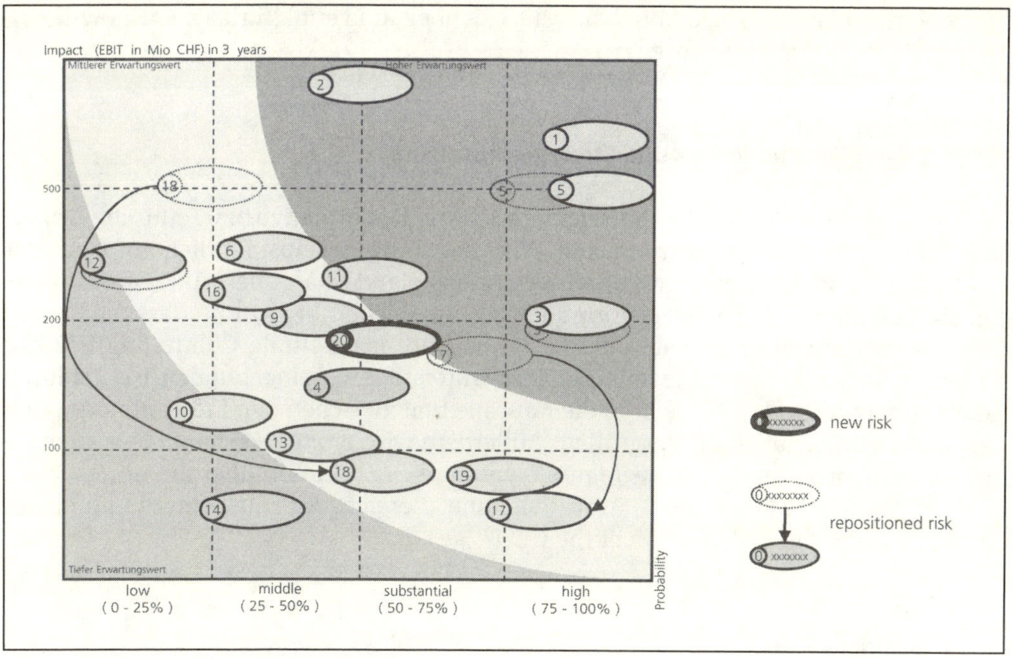

Abb. 5: Risk Portfolio 200X

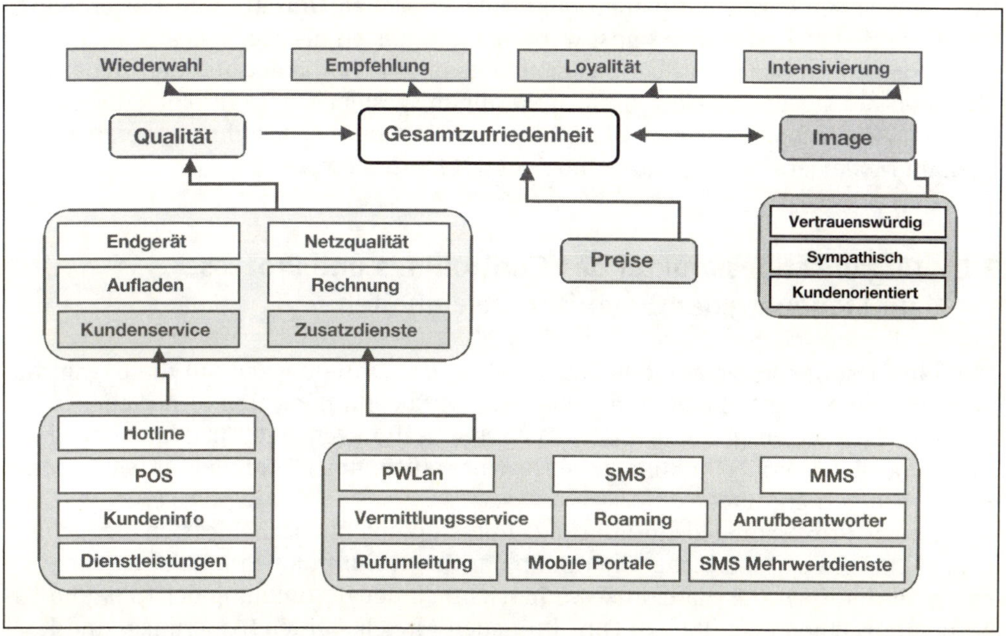

Abb. 6: Modell zur Bewertung der Kundenzufriedenheit

Index Vorgesetztenfeedback, Mitarbeiterzufriedenheit, und erfolgskritisches Know-how), Netzqualität und Prozesseffizienz.

3.1.3 Strategieformulierung und Strategieumsetzung

Während das Leitbild und die Unternehmenswerte die normative bzw. ethische Grundlage für die Strategieformulierung sind, wird die Strategie selbst jährlich auf Basis der strategischen Analyse und der aktualisierten Risikolandschaft überprüft. Ohne im Detail auf den Prozess der Strategieformulierung einzugehen, sei betont, dass die Linienverantwortlichen die Strategie aktiv gestalten und das zentrale Controlling im sehr frühen Stadium der Strategiedefinition zur Unterstützung eingebunden ist. Dadurch gewinnt man frühzeitig Einsicht in die Kausalketten zwischen den Erfolgstreibern und den finalen finanziellen Erfolgsgrößen. Außerdem wird großer Wert auf die systematische Kommunikation der Strategie in die gesamte Organisation über die unterschiedlichsten Medien (Management Strategietagung, Bereichs-Kickoffs, Intranetpublikation, betriebsinterne Zeitung, »Meet the CEO«) gelegt.

3.1.4 Business Plan

Basierend auf der Strategie übernimmt die Linie die direkte und unteilbare Verantwortung für die Erarbeitung und das Commitment der Unternehmens- und Bereichsziele. Die Linienverantwortlichen planen die erfolgskritischen Umsatz- und Kostentreiber. Die Umsatz- und Kostenziele selbst werden automatisiert als Ergebnis aus Menge mal Preis in einem integrierten Planungsmodell generiert, verdichtet und den steuernden Einheiten stufengerecht elektronisch zur Verfügung gestellt. Das Controlling übernimmt in diesem Zusammenhang eine Dienstleistungsfunktion für die Führungsverantwortlichen im Modellierungs-, Budgetierungs- und Reportingprozess.

3.2 Organisationsstruktur des Controllings und Prozesse zur Steuerung der Organisationseinheiten

Die führungsunterstützende Rolle hat unmittelbar Konsequenzen auf die Organisationsstruktur des Controllings. Während das Zentralcontrolling sich bisher eher in der Rolle des Challengers gegenüber der Linienorganisation verstand, rückt im neuen Führungsmodell die Servicefunktion auf Basis einer effizienten IT-Architektur (siehe Punkt 3.3) in den Vordergrund.

Das neue Prozessmodell zur Führungsunterstützung unterscheidet sich maßgeblich vom bisherigen Ansatz. Bisher übernahm das Zentralcontrolling im Rahmen der Steuerung der internen Geschäftsprozesse hinsichtlich der Bestimmung der KPIs und Reportingtools einen eher aktiven Part. Im neuen Modell werden Steuerungs- und Kontrollinformationen auf Basis der Strategieerfordernisse von der Linienorganisation angefordert (»Pullprinzip«) und vom Service Center (Zentralcontrolling) umgesetzt. Mit anderen Worten ist die Linie für die Festlegung der führungsrelevanten Ziele und KPIs verantwortlich, das Service Center berät bei der effizienten Entwicklung und Umsetzung der benötigten Planungsmodelle, strategierelevanten KPI's und Standardreports. Dazu stützt es sich auf integrierte IT-Strukturen (siehe Punkt 3.3).

Das nachfolgende Schaubild (Abb. 7) zeigt das generische Prozessmodell, in dem die Führungsbereiche (die beiden obersten Ebenen im Schaubild) die Verantwortung für die inhaltlichen Anforderungen der Führungsinformationen (blauer Bereich) und die Analyse und Umsetzung (rechter roter Bereich) sowie Steuerung der Linienstrukturen übernehmen. Dieses Makro-Prozessmodell deckt sowohl Planungs- und Budgetierungs- als auch Reportingprozesse ab.

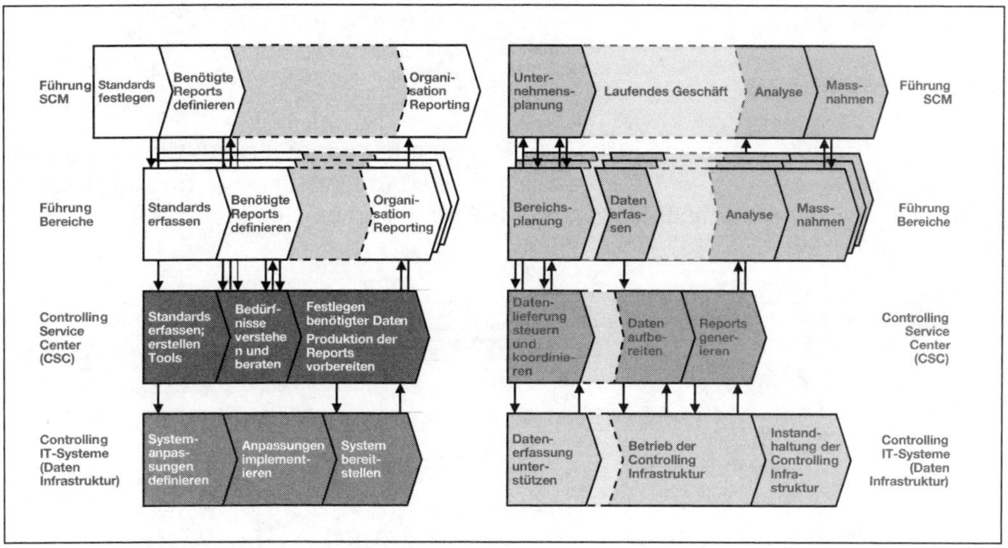

Abb. 7: Generisches Prozess Modell Controlling

Neue Planungsparameter und Reportinganforderungen werden über die Linie (Führungsebenen) spezifiziert. Das zentrale Service Center hat einen Beratungs- und Umsetzungsauftrag. Die formelle Modellierung des Planungsmodells und der Reportings obliegt dem Zentralcontrolling. Der Führungsbereich vereinbart mit dem Zentralcontrolling einen Service Level und wird entsprechend beliefert. Den nach USP's strukturierten Führungsbereichen stehen entsprechende Key Account Manager im zentralen Service Center zur Verfügung, die sie bei betriebswirtschaftlichen Fragestellungen mit entsprechendem fachspezifischem Know-how beraten und deren Teams die Reportinganforderungen umsetzen.

Durch die Umsetzung des neuen Steuerungsmodells und die damit einhergehende Auflösung dezentraler Controllingeinheiten konnten Effizienzgewinne von mehr als 20 % realisiert werden. Außerdem ist es erklärtes Ziel, mit den neuen Organisationsstrukturen und -prozessen die Komplexität in der Budgetierung und im Berichtswesen zu reduzieren. Die integrierte Modellierung und der effiziente Zugriff auf historische Treiberdaten bilden eine gute Voraussetzung für eine hohe Effizienz der Planungsprozesse. Es wird sich allerdings in der Praxis noch zu bewähren haben, ob die Effektivität der Arbeitsabläufe durch Reduktion der Komplexität, insbesondere der Budgetierung, nachhaltig verbessert werden konnte. Dies hängt entscheidend von den Anforderungen der Linienverantwortlichen und der Beratungsqualität des Controllings ab.

(Selbst-)kritisch ist allerdings anzumerken, dass der Erfolg der Effizienzsteigerung und der Komplexitätsreduktion entscheidend vom Mindset und Führungsverhalten der Vorgesetzten abhängt. Die hier gelebte Disziplin bei der Einhaltung der Prozesse, der Übernahme der Verantwortung für Informationsbedarf und Spezifikation der Anforderungen ist der Schlüssel zum Erfolg.

3.3 IT-Architektur

Technische Grundlage für die Effizienzsteigerung ist die integrierte Controlling-Architektur INCA von *Swisscom Mobile*. Diese basiert auf einer Integration der Primärsysteme (z. B. *SAP*-Module, Billingsystem, CRM) mit einer Data Mart Umgebung von *Hyperion* (vgl. Abb. 8).

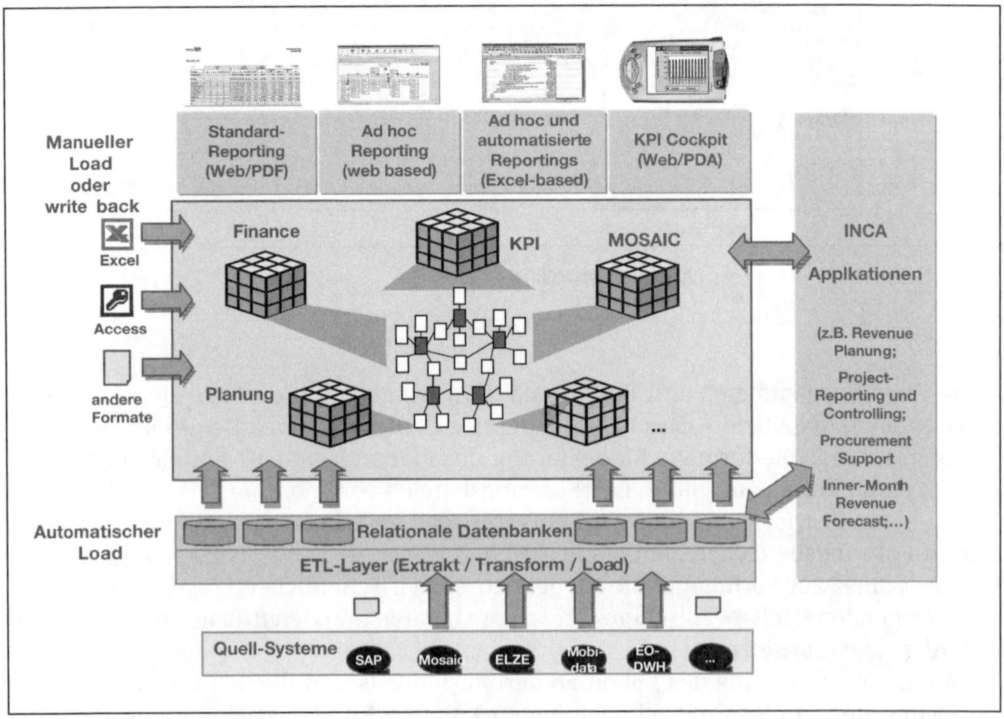

Abb. 8: Struktur integrierte Controlling Architektur (INCA)

Auf dieser Systembasis konnten erhebliche Effizienzsteigerungen und Konsistenzverbesserungen bei der Datengewinnung, betriebswirtschaftlichen Datendefinition, Budgetierung und Reportingerstellung erreicht werden. Die Führungsbereiche decken auf dieser Plattform stufengerecht ihren Informationsbedarf.

Die Kommunikationsschnittstellen für den Abruf der Steuerungsinformationen (KPIs und Analysen) sind sowohl webbasiert der klassische Desktop als auch unser neuestes Kundenprodukt UNLIMITED (eine seamless Datacard über die Netztechnologien GPRS, EDGE und UMTS) und den IPAQ im mobilen Einsatz.

Durch diese Kommunikationsmittel sind die Führungsbereiche stufengerecht ständig auf dem neuesten Stand der Steuerungsinformationen (vgl. Abb. 9 und Abb. 10).

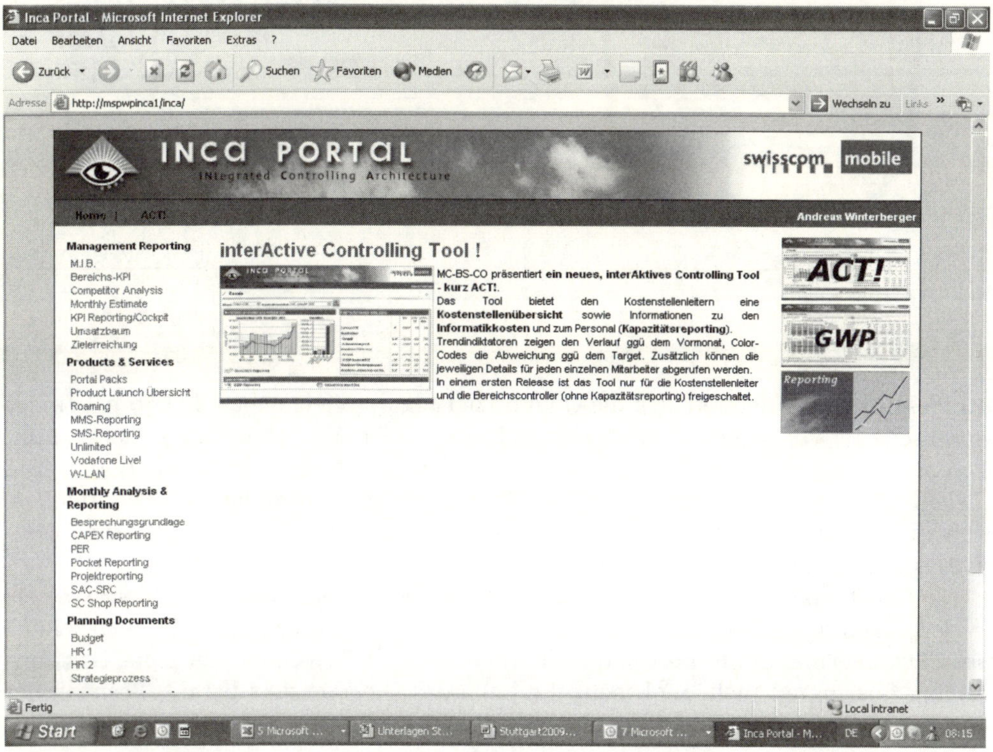

Abb. 9: INCA Portal

3.4 Ziele- und Incentivesystem

Das Führen über Ziele und deren Verknüpfung mit der Strategie ist integraler Bestandteil des Managementsystems von *Swisscom Mobile*. Sowohl die übergeordneten Führungsaufgaben als auch die Führungsgrundsätze und operationalisierten Führungsregeln geben explizite Guidance zur Führung durch Ziele (vgl. Abb. 11 und Abb. 12).

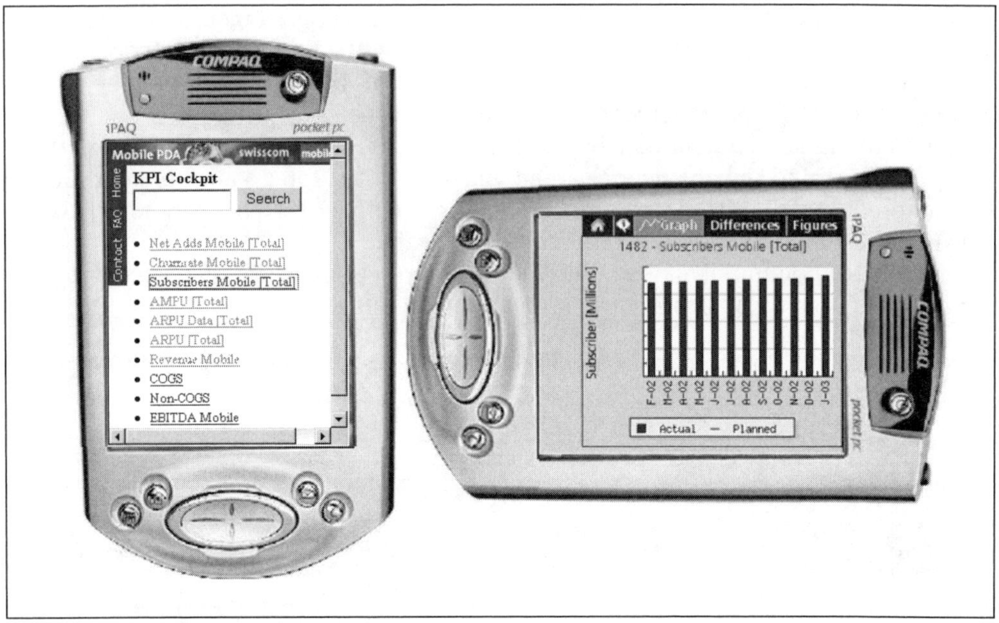

Abb. 10: KPI-Lookup via PDA

Im Wesentlichen orientiert sich die Quantifizierung der Ziele neben den Vorgaben der Gesellschafter vor allem in Zeiten sich stabilisierender Wachstumsraten (siehe Punkt 2.3) an der relativen Verbesserung gegenüber vergleichbaren Vorjahresperioden. Die Zielvorgaben zur Weiterentwicklung der Unique selling propositions (USP's) orientiert sich an der relativen Verbesserung gegenüber dem Wettbewerb und fließt in die Incentivesysteme der Mitarbeiter ein.

Die Festlegung der Zielanspannung obliegt den Führungsverantwortlichen. Dies erfordert im Sinne einer veränderten Führungsphilosophie erhebliches Vertrauen seitens des CEO, CFO und Controlling in die unternehmerische Denkweise der Linie. Das Controlling übernimmt mehr und mehr die Rolle des Dienstleisters bei der Beschaffung von Benchmarks und der Aufbereitung der Budgetierungs- und Entscheidungsgrundlagen.

Viel Diskussions- und Konfliktpotenzial liegt auch in der Festlegung der Incentivesysteme. Es gibt Anhänger konkreter, stufengerechter Ziele, die direkt vom Mitarbeiter beeinflussbar sein müssen, um Incentivewirkung auszulösen. Andere sind der Auffassung, dass dies schnell zu einer Entmündigung statt zu einem Empowerment der Mitarbeiter führt. *Swisscom Mobile* vertritt die Meinung, dass unternehmerisches Denken nur durch unternehmerische Ziele zu erreichen ist. Dies ist unauflösbar mit Zielkonflikten verbunden, die die Mitarbeiter zwischen persönlicher Beeinflussbarkeit der Bereichsziele einerseits und unternehmensübergreifenden Interessen andererseits – mit entsprechendem Konfliktpotential für ihren eigenen Verantwortungsbereich – akzeptieren und managen müssen.

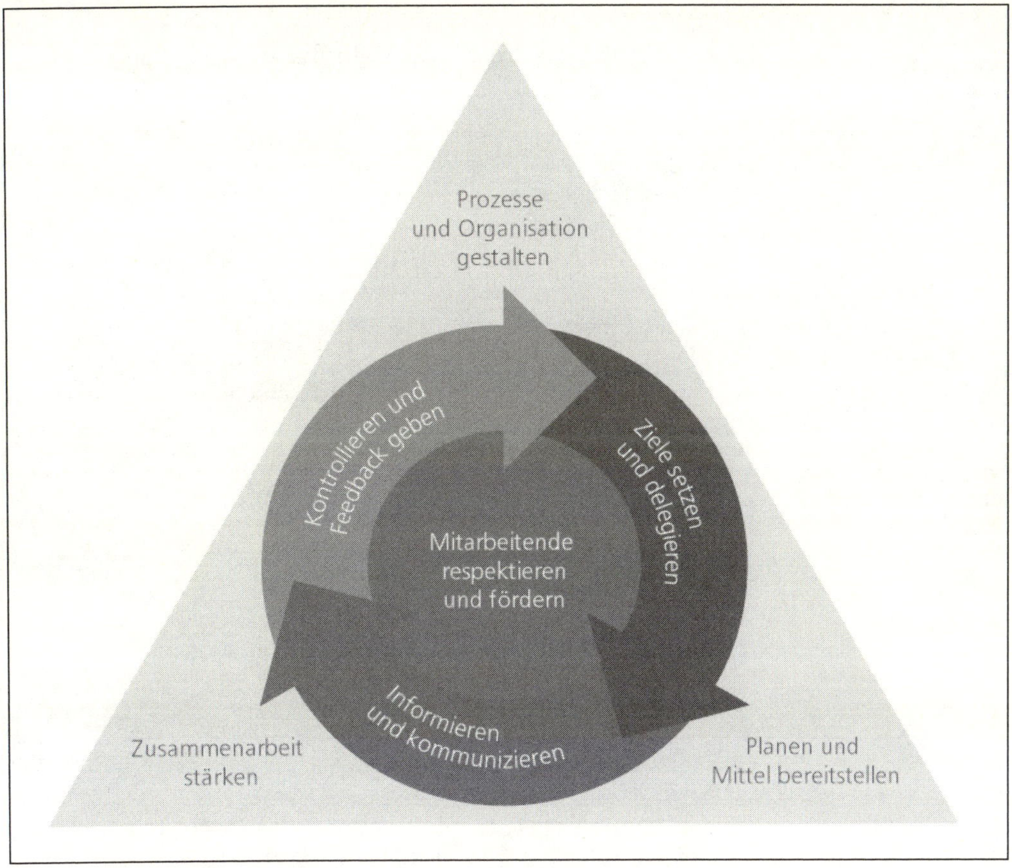

Abb. 11: Führungsaufgaben

Abschließend sei kritisch angemerkt, dass das Controlling eine große Verantwortung für die Reduktion der Prozesskomplexität und die Steigerung der Effizienz der Planungs-, Budgetierungs- und Reportingprozesse trägt. Insbesondere die hohe Leistungsfähigkeit moderner IT-Architekturen kann zur Effizienzsteigerung, aber auch aufgrund ihrer Performance bei missverstandener Detailverliebtheit zu erheblicher Komplexitätserhöhung führen.

Wir führen über vereinbarte Ziele und delegieren Aufgaben mit Kompetenzen und Mitteln.

Wir führen über vereinbarte Ziele und stellen sicher, dass die Ziele und Aufgaben im Zusammenhang mit Vision, Strategie, Unternehmens- und Bereichszielen richtig verstanden werden.

Wir delegieren Aufgaben mit klaren Zielsetzungen sowie den entsprechenden Kompetenzen und Mitteln. Wir überprüfen periodisch die Fortschritte und geben Feedback.

Wir geben unseren Mitarbeitenden Freiheit in der Umsetzung von Zielsetzungen und Aufgaben.

Wir fällen Entscheide so früh wie möglich sowie hierarchisch da, wo das Geschäft anfällt und die Kompetenz vorhanden ist.

Abb. 12: Führungsgrundsätze (Ziele-Teil)

II. Steuerung öffentlicher Organisationen

Das Geschäftsprozessmanagement-Modell des DLR – Beispiel der administrativen Unterstützungsprozesse
– Ein Bericht aus der Praxis

Prof. Dr. Bernd J. Höfer/Manfred J. Senden*

* Prof. Dr. Bernd J. Höfer, Stellv. Vorsitzender des Vorstandes, Deutsches Zentrum für Luft- und Raumfahrt e.V., Köln;
Manfred J. Senden, Leiter Finanzen und Unternehmenscontrolling, Deutsches Zentrum für Luft- und Raumfahrt e.V., Köln.

1 Der Organisationsentwicklungsprozess ›ATI im Wandel‹

Begriffe wie »Kundenorientierung«, »Benchmarking«, »Evaluation«, »Geschäftsprozessmanagement« oder »Total Quality Management« gehören inzwischen zum Vokabular von (öffentlichen) Forschungseinrichtungen, die ihre Organisation und Tätigkeiten zunehmend am Markt und am Nutzen für den Kunden ausrichten. Leistungs- und Wettbewerbsorientierung bestimmen in verstärktem Maße das Handeln des *Deutschen Zentrums für Luft- und Raumfahrt e.V. (DLR)*, wie auch die Anwendungsorientierung von Forschung und Entwicklung als existenzielle und finanzielle Grundlage für die Gestaltung einer Forschungseinrichtung an Bedeutung gewinnt. Folglich versteht sich das *DLR* als Forschungs*unternehmen*.

Sehr früh haben sich die Aufgabenbereiche der Administrativen und Technischen Infrastruktur (ATI) des *DLR* der Herausforderung gestellt, die Leistungsprozesse optimal zu gestalten. Um die Dienstleistung zu angemessenen Kosten zu produzieren und die Wettbewerbsfähigkeit des *DLR* nachhaltig unterstützen zu können, galt es, sowohl das Notwendige zu identifizieren, als auch die Dienstleistungen dorthin zu verlagern, wo wissenschaftliche Einrichtungen in den Forschungszentren und Standorten tätig sind.

Der Vereinfachung, Beschleunigung, Transparenz sowie der zeitlichen und inhaltlichen Vernetzung der Unterstützungsprozesse mit den Kernprozessen kommt aufgrund des folgenden Hintergrunds eine wachsende strategische Bedeutung zu: ein neues Planungs- und Steuerungsverfahren, die Umstellung der *Helmholtz-Gemeinschaft* auf eine programmorientierte Förderung sowie die strategischen Entscheidungen der Unternehmensleitung, die eine Steigerung der Akquisition von EU-Mitteln und ein Wachstum der Drittmittel bei einzelnen Instituten auf 50 % und darüber hinaus vorsehen. Dies macht bei insgesamt steigendem Kostendruck auf Forschung und ATI eine Identifizierung und Realisierung von Einsparpotenzialen dringend erforderlich.

Es müssen Voraussetzungen geschaffen werden, damit die ATI das Zusammenspiel von strategischer und operativer Planung als (Mit-) Prozessbetreiber effektiv unterstützen kann. Dies gelingt aber nur, wenn der Sprung von der bloßen Prozessumgestaltung zum echten Prozess*management* gewagt wird. Leitend ist dabei die Vision einer transparenten, flexiblen und kostengünstigen Administrativen und Technischen Infrastruktur (ATI) als notwendigem Pfeiler eines Forschungsunternehmens. Um diesen Wandel anzustoßen und voranzutreiben, ist im Jahr 2003 mit »ATI im Wandel« ein mehrjähriger Veränderungsprozess eingeleitet worden.

Ziel der Veränderung der ATI-Prozesse ist es, die Organisation konsequent und nachhaltig auf Prozesse auszurichten. Arbeitsschritte bzw. Aktivitäten, die auf mehrere Organisationseinheiten verteilt sind, sollen zu naht- und reibungslosen Abläufen vereinigt werden. Arbeitsschritte, die nicht zur Wertschöpfung und zum Kundennutzen beitragen, sollen entfallen. Mithin wird kein gedankenloser Personalabbau angestrebt, sondern die Schaffung vielseitiger und verantwortungsvoller Aufgabenbereiche, in denen die Mitarbeiter ihren Arbeitsbeitrag als Teil eines Gesamtablaufes begreifen und mit Blick auf das Ganze handeln.

Dazu bedarf es neben exzellenter und engagierter Mitarbeiter einer permanenten und konsequent an den Forderungen und Erwartungen der Kunden orientierten Verbesserung, Vereinfachung, Beschleunigung und Vernetzung der Unterstützungsprozesse mit den Kernprozessen.

Bereits seit mehr als zehn Jahren befindet sich die Administrative und Technische Infrastruktur (ATI) mit ihren Arbeitsvorgängen in einem kontinuierlichen Verbesserungsprozess, in dem deutliche Fortschritte erzielt worden sind.

Prozesse, wie das Auftragsmanagement (Vertriebslogistik) und der Einkauf, wurden schon in 1997 und 1998 nach DIN EN ISO 9001 zertifiziert.

Um wirtschaftlich zu agieren, gilt es, die unternehmerische Ausrichtung der ATI an den Zielen und der Strategie des Gesamtunternehmens zu orientieren. Der Vorstand führt das *DLR* über Ziele, daraus abgeleitete Maßnahmen und generelle Rahmenvorgaben. Leitbild, Ziele und Strategien (Maßnahmen) sind 2003 neu formuliert worden und weisen für einen Dreijahreszeitraum die zukünftigen Arbeitsschwerpunkte aus. Die Unternehmensstrategie ist verbindliche Grundlage für Zielvereinbarungen auf allen Ebenen und Orientierungsrahmen für die Prozesse und der daraus abzuleitenden Strukturmaßnahmen innerhalb des *DLR*.

Nochmals: Eine besondere Bedeutung kommt dabei der Fokussierung der ATI auf Kundenorientierung, Vereinfachung, Beschleunigung und Transparenz sowie auf zeitliche und inhaltliche Vernetzung der Unterstützungsprozesse mit den Kernprozessen zu. Des Weiteren erfordern neue Möglichkeiten der Informationstechnologie, aber auch neue Marktanforderungen und -erwartungen Veränderungen in den Abläufen und im Produktangebot hinsichtlich Leistungsart, -niveau und -umfang sowie der Struktur. Diese neuen Herausforderungen zwingen über kleine Verbesserungen und Prozessoptimierungen hinaus zu einer grundlegenden Neuausrichtung mit den Methoden des Geschäftsprozessmanagements, um in Zukunft im Wettbewerb bestehen zu können. Der Veränderungsprozess »ATI im Wandel« geht mit seinem Prozessmanagementansatz (»Wie« ist es zu tun?) deutlich über die Anforderungen eines prozessorientierten Qualitätsmanagements (»Was« ist zu tun?) hinaus. Qualitätsmanagement und Geschäftsprozessmanagement weisen starke Wechselbeziehungen auf, durch deren Verknüpfung eine hohe Effektivität und Effizienz zu erreichen ist. IT-Lösungen werden erst dann geprüft, wenn entsprechende Geschäftsprozesse beschrieben sind und nicht umgekehrt, da wir dem Zusammenwirken von Führung, Organisation und Controlling in Geschäftsprozessen einen besonderen Stellenwert einräumen.

2 Das Geschäftsprozessmanagement-Modell des DLR

Dem Kostendruck auf die Kernprozesse folgt gleichermaßen der Druck auf die Unterstützungsprozesse. Das Mindeste, was die internen Kunden (Institute) von den Unterstützungsprozessen verlangen (und erwarten dürfen), sind kurze Reaktionszeit, eindeutige Ansprechpartner, verbindliche Aussagen und eine reibungslose Abwicklung zu kostenoptimierten Preisen.

In den betrachteten Prozessen der administrativen Infrastruktur (siehe Abb. 1) ist schon seit mehreren Jahren eine Kultur der kontinuierlichen Verbesserung integraler Bestandteil der täglichen Arbeit.

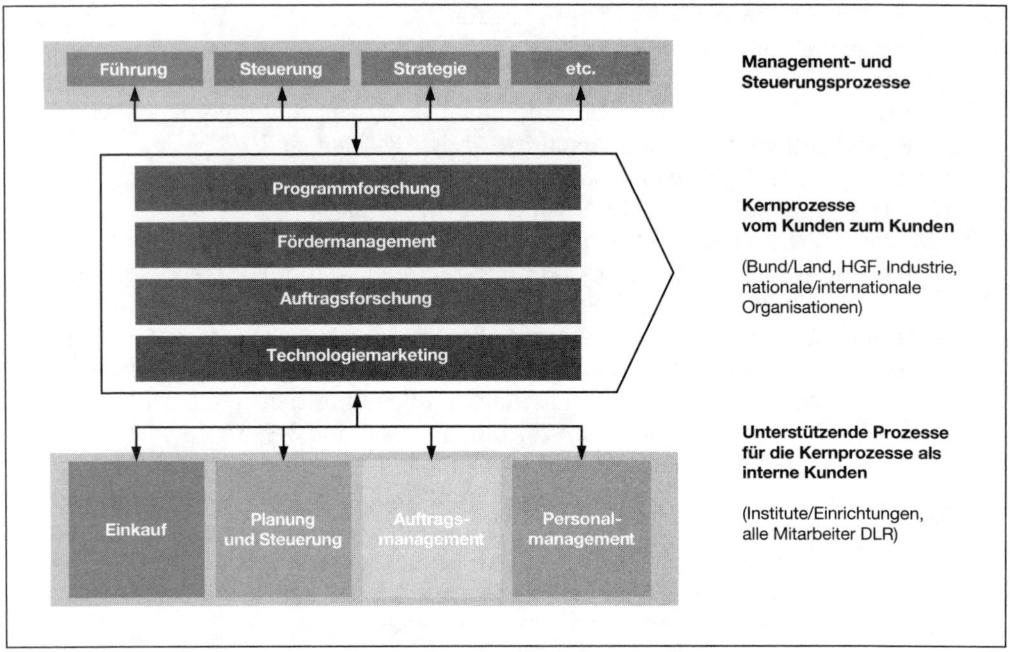

Abb. 1: Kern- und Unterstützungsprozesse im *DLR*

Beispielhaft wird hier auf den Prozess Auftragsmanagement (Vertriebslogistik) verwiesen: Auch das prozessorientierte QM-System im Auftragsmanagement wird einem kontinuierlichen Verbesserungsprozess (KVP) unterworfen. Ausgangspunkt ist die laufende Analyse der externen Produkt- und Prozessanforderungen und die Spiegelung mit den aktuellen Prozessabläufen. Das bedeutet, dass Verfahren und Routinen von den Prozessmitarbeitern, die sich bei ihrer täglichen Arbeit hieran orientieren, permanent auf ihre Aktualität überprüft und Änderungs- bzw. Verbesserungsvorschläge an den Qualitätsbeauftragten des Auftragsmanagements oder den Prozessverantwortlichen herangetragen werden. Die Ergebnisse der Analysen werden dokumentiert.

Die Einleitung einer Korrektur- und Vorbeugemaßnahme ergibt sich aus folgenden Anlässen:

- Änderung von externen Anforderungen (z. B. Gesetze, Richtlinien);
- Kundenbeanstandungen;
- Ergebnis von internen und externen Audits;
- Feststellung von Prozessabweichungen;
- Anstöße der am Prozess beteiligten Mitarbeiterinnen und Mitarbeiter.

Als Forum für den KVP dienen insbesondere die zweimal jährlich stattfindenden Fachtagungen und weitere Gesprächskreise. Hierbei werden Verbesserungspotenziale aufgegriffen und in Workshops spezifiziert. Die Probleme und Lösungsansätze werden in Projektgruppen eingebracht, die einen konkreten Verbesserungsvorschlag erarbeiten und mit den Prozessbeteiligten abstimmen. Die Resultate werden durch Protokolle dokumentiert.

Doch ein prozessorientiertes Qualitätsmanagement stößt im Hinblick auf das realisierbare Optimierungs- und Rationalisierungspotenzial über kurz oder lang an seine Grenzen. Es beschreibt lediglich, was zu tun ist, und trägt durch die Einhaltung vorgegebener Qualitätsrichtlinien zur ständigen Verbesserung der Abläufe bei. Es gibt jedoch keine Antwort auf die Frage, wie Prozesse dimensioniert, strukturiert, verbunden, gelenkt und geleitet werden. Auf der Suche nach Verbesserungen werden radikalere Veränderungen häufig übersehen und grundlegende strategische Fragen in der Regel nicht gestellt.

Dagegen beschreibt das Geschäftsprozessmanagement des *DLR*, wie etwas zu tun ist und eröffnet die Möglichkeit, die Prozesse grundsätzlich in Frage zu stellen. Es stößt grundlegende Erneuerungen an und beschleunigt die Neugestaltung der Abläufe. Darüber hinaus legt es den Fokus auf das Zusammenspiel von Führung, Organisation und Controlling und erleichtert dadurch die Bewertung durch das EFQM-Modell.

Es handelt sich also sowohl beim Qualitäts- als auch beim Geschäftsprozessmanagement um systemische Ansätze mit unterschiedlicher Schwerpunktsetzung, die sich in idealer Weise ergänzen, wenn die ständige Verbesserung der Prozesse und der Anstoß zu ihrer Neugestaltung kombiniert werden.

Die Besonderheit des Geschäftsprozessmanagement-Modells des *DLR* besteht gerade darin, dass es beide Ansätze integriert und sich ihre Wechselwirkungen zunutze macht. Ein auf dem Zusammenspiel von Geschäftsprozess- und Qualitätsmanagement basierendes Modell birgt erst die Option zur grundlegenden Erneuerung bis hin zum Wegfall ganzer Prozesse. Die Anstöße hierzu sind Resultat der Einbeziehung interner und externer Spezialisten, der Beteiligung interdisziplinärer Experten sowie der Berücksichtigung strategischer Aussagen.

Diese Vorgehensweise führt zu einem erweiterten KVP-Regelkreis (siehe Abb. 2), der neben der kontinuierlichen Verbesserung ein regelmäßig/periodisch durchgeführtes und systematisches Infragestellen der Prozesse vorsieht. Als Methoden hierfür werden im *DLR* im Wesentlichen die interne Selbst- und die externe Evaluation angewendet. Dabei gibt es drei grundsätzliche Ergebnisvarianten: Beibehaltung, Neugestaltung oder Wegfall des Prozesses. Die evaluierten und eventuell modifizierten Prozesse durchlaufen bis zum nächsten Evaluationszyklus wieder den kontinuierlichen Verbesserungsprozess.

Dargestellt werden kann diese Vorgehensweise beim Geschäftsprozessmanagement anhand von unterschiedlichen Entwicklungsstufen (siehe Abb. 3), die das Bild einer Treppe ergeben. Am Anfang, ganz oben, stehen strategische Impulse, die in erster Linie von der Unternehmenstrategie ausgehen. Als Reaktion auf diese Impulse werden auf der nächsten Stufe Aufgabenbündel identifiziert und hieraus im nächsten Schritt Geschäftsprozesse abgeleitet. Diese Geschäftsprozesse werden eingeführt und ein prozessadäquates Controlling zur Steuerung des Prozesses initiiert. Auf den laufenden Prozess wirkt der kontinuierliche Verbesserungsprozess ein. Der erweiterte KVP-Re-

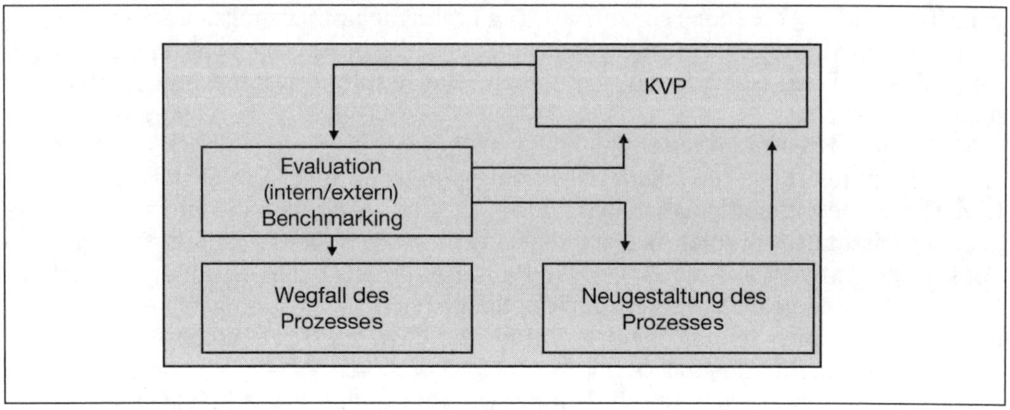

Abb. 2: Erweiterter KVP-Regelkreis

gelkreis des *DLR*-Geschäftsprozessmanagement-Modells impliziert, dass es in Abhängigkeit von den Ergebnissen der durchgeführten Evaluationen immer wieder zu einem Zurückspringen auf höhere Treppenstufen bis hin zum Aufgreifen neuer strategischer Impulse kommen kann und die Stufen erneut durchlaufen werden.

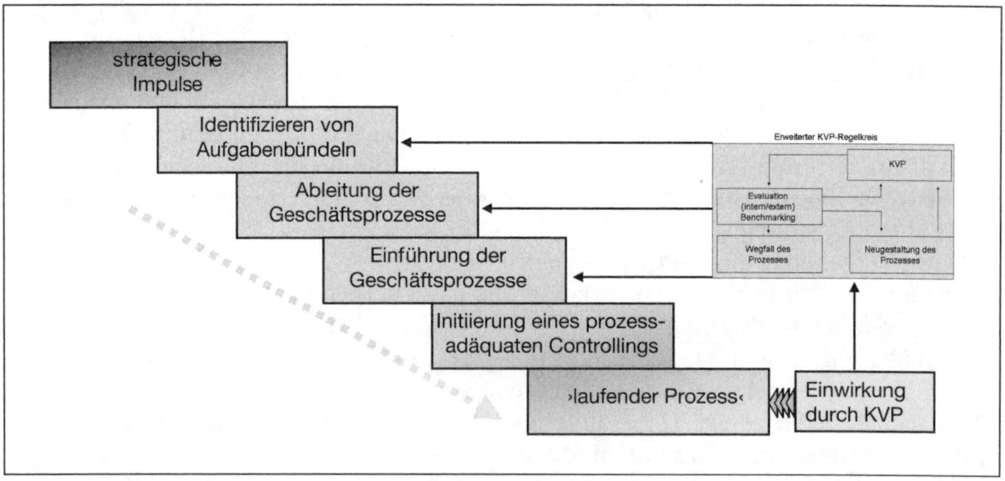

Abb. 3: Entwicklungsstufen beim Prozessmanagement

2.1 Selbstevaluationen

Ein wichtiges Element des um die Methode des Geschäftsprozessmanagements erweiterten Ablaufs des KVP sind periodisch durchgeführte Selbstevaluationen. Diese werden alle 2–3 Jahre vom Prozesseigentümer initiiert, können aber auch von Prozessmitarbeitern angestoßen werden. Als Moderator fungiert in der Regel der Prozessverantwortliche. Im Rahmen der Selbstevaluation werden die angewandten Verfahren sowie die Aufgabenverteilung einer kritischen Prüfung unterzogen, um einerseits Verbesserungspotenziale im Sinne der Norm (»Was«) und andererseits durch die Verknüpfung mit Methoden des Geschäftsprozessmanagements (»Wie«) grundlegende Erneuerungen anzustoßen bzw. aufzudecken, die zur Neugestaltung der Abläufe führen können. So besteht auch bei der Selbstevaluation die Möglichkeit, weitere Experten einzubinden. Diese Methode erfüllt, beschleunigt und erleichtert die Bewertung entsprechend dem EFQM-Exzellenz-Modell und stellt die Berücksichtigung weitergehender Anforderungen, z. B. durch die Einbeziehung der Aspekte des Zusammenspiels von Führung, Organisation und Controlling sicher.

Der kontinuierliche Verbesserungsprozess soll aufgrund des hohen Reifegrades des Unterstützungsprozesses Auftragsmanagement (Vertriebslogistik) durch engere Verbindung und Rückkopplung von Qualitäts- und Geschäftsprozessmanagement erweitert werden. Hier stellt sich die Aufgabe, neben der weiteren Optimierung des Unterstützungsprozesses im Sinne der kontinuierlichen Verbesserung auch »neue Wege«, z. B. in der Beeinflussung der strategischen Rahmenbedingungen des Unterstützungsprozesses Auftragsmanagement bis tief hinein in den Kernprozess Auftragsforschung zu gehen. Dazu zählen die Entscheidung über die Produkte des Unterstützungsprozesses sowie die Änderung der Vertrags- und Risikopolitik. Im Fokus steht dabei die Frage der Optimierung des Servicelevels unter Berücksichtigung der Kundenwünsche einerseits und der Sicherstellung eines gleich bleibend hohen Qualitätsniveaus andererseits. Eine solche Diskussion erfordert nicht nur den engen Dialog mit den Kunden, sondern auch eine offene Kultur innerhalb des Unterstützungsprozesses. Von Führungskräften und Mitarbeitern wird erwartet, laufend die tagtägliche Arbeit kritisch und konstruktiv – auch unter Berücksichtigung evtl. Konsequenzen für die Position, den persönlichen »Rang« oder das Aufgabengebiet – zu hinterfragen.

Dies kann nur durch Sicherstellung einer einheitlichen Kulturpassung des offenen Dialogs und der hohen fachlichen Entscheidungsbefugnis aller Prozessbeteiligten erreicht werden. Hierzu ist die Weiterentwicklung entsprechender Schulungsprogramme in Richtung eines prozessorganisierten Lernens von wesentlicher Bedeutung, welches nicht nur der Vermittlung des reinen Wissens in Richtung »Doing« dient, sondern den Mitarbeitern die Prozessphilosophie und die sie tragenden Führungsgrundsätze näher bringt. Denn nur durch eigenverantwortliche Mitarbeiter, in Sachfragen mit den Linienverantwortlichen gleichrangig, kann eine flexible und auf die Kundenwünsche ausgerichtete Prozessorganisation sichergestellt werden.

2.2 Externe Evaluationen

Als Katalysator für den Wandel zur Prozessorganisation dient die Evaluation durch externe Gutachter. Diese Begutachtung lässt sich als »eine besondere Art der wissenschaftlichen Begleitung von Praxis« (*König* 2000, S. 34) definieren, bei der es um die systematische Sammlung von Informationen, deren Analyse und Interpretation geht. Ziel ist es, bestimmte Aspekte der Praxis zu bewerten, um eventuell Hinweise auf

Optimierungspotenzial zu erhalten. Im Rahmen einer Evaluation werden »Programme, Maßnahmen, Organisationen etc. durch Personen, die zur Bewertung besonders befähigt sind, in einem objektivierten Verfahren nach explizit auf den Sachverhalt bezogenen und begründeten Kriterien (und ggf. Standards) bewertet« (*Kromrey* 2001, S. 108).

Die Evaluation, das heißt die sachgerechte Bewertung einer Unternehmenssituation, erfolgt am besten mehrfach und zu unterschiedlichen Zeitpunkten. Dadurch lassen sich Fortschritte verlässlich messen und für alle Beteiligten erkennbar machen. Gerade für kontinuierliche Optimierungsprozesse bietet die Evaluation eine wichtige Standortbestimmung. Falsche Ansätze können frühzeitig identifiziert und Alternativen erwogen werden. Eine längere Wegstrecke lässt sich auf diese Weise in Einzelschritte untergliedern, wobei das Ganze natürlich immer im Blick bleiben sollte.

Das *DLR* betrachtet die Evaluation als wichtiges Instrument, das die ATI auf dem Weg zum Prozessunternehmen begleitet. Bereits zum dritten Mal hat sich die Administrative Infrastruktur im Juli 2004 nach 1995 und 1999 einer externen Evaluation unterzogen. Dies gilt für die technische Infrastruktur analog. Grundlage der Evaluation 2004 bildete der Evaluationsbericht, der die Entwicklung der letzten Jahre sowie die geplante Fortsetzung der Reform zusammenfasst. Kernstück des Berichts ist die Beschreibung der einzelnen Prozesse mit Basisdaten, Kennzahlen, Produkten und Kosten (Preisen) sowie den Ergebnissen einer Kundenbefragung. Der Bericht wurde den Gutachtern zusammen mit einigen Leitfragen zur Verfügung gestellt.

Das Gutachter-Gremium bestand aus Vertretern anderer Wissenschaftseinrichtungen, Professoren der Fachrichtung Betriebswirtschaftslehre, Industriemanagern, Vertretern von Beratungsunternehmen sowie zwei Institutsleitern (als interne Kunden der Unterstützungsprozesse) des *DLR*. Alle Gutachter haben auf theoretischer oder praktischer Ebene Erfahrung mit Prozessmanagement und konnten die Reformen im *DLR* vor diesem Hintergrund beurteilen.

Im Rahmen einer zweitägigen Evaluationsveranstaltung wurden ihnen die administrativen Prozesse vorgestellt. Hinzu kamen Diskussionen mit den Verantwortlichen, die der Klärung von Einzelfragen dienten. Das Gutachter-Votum wurde in Klausur erstellt und den Prozessverantwortlichen und Mitarbeitern zum Abschluss präsentiert.

Im Ergebnis bescheinigten die Gutachter der Administrativen Infrastruktur, dass sie auf einem sehr guten Weg ist. Sie habe die Neuausrichtung von der bloßen Prozessgestaltung zu einem echten Prozessmanagement vollzogen. Gerade die starke Kundenorientierung zeige die Verankerung des Prozessmanagements bei allen betroffenen Mitarbeitern. Das Denken in Prozessen sei sehr ausgeprägt und könne auch im Industrievergleich als beispielhaft gelten. Aus der Sicht der internen Kunden habe sich die Transparenz der administrativen Prozesse deutlich erhöht. Für absolut erforderlich halten es die Gutachter, im Rahmen der Prozessweiterentwicklung klare Meilensteine mit nachprüfbaren Leistungsmerkmalen zu definieren. Unabdingbar sei eine parallele Reform der Kernprozesse des *DLR*. Andernfalls bestünde die Gefahr, dass die administrativen Prozesse von den Kernprozessen quasi übersteuert werden und einige sehr gute Vorgehensweisen wieder zunichte gemacht werden können.

Die Gutachterempfehlungen fließen in den weiteren Organisationsentwicklungsprozess ein.

3 Umsetzung des Geschäftsprozessmanagement-Modells in den administrativen Unterstützungsprozessen

Ein übergeordnetes Ziel des Prozesses »ATI im Wandel« ist die Entwicklung zu einer Prozessorganisation mit einem gelebten Prozessmanagement. Dabei wird eine schrittweise Einführung und ein unterschiedlicher Reifegrad der Prozesse toleriert.

Was bedeutet es nun, »Prozesse effektiv/effizient zu optimieren«? Im Zentrum steht die Aufgabe, die Abläufe zwischen dem einzelnen wissenschaftlichen Institut (Produktion) und der administrativen Infrastruktur, also über die Grenzen hinweg, zu optimieren. Die Prozesse und Strukturen innerhalb der Administration stehen mit den Prozessen und Strukturen in den Einrichtungen des *DLR* in unterschiedlicher Weise in Wechselwirkung. Um möglichst reibungsfreie Abläufe zu schaffen, muss der Veränderungsprozess als systemische Organisationsentwicklung konzipiert werden. Veränderungen in Prozessen und Produkten sowie der Strukturen haben nämlich nicht nur Auswirkungen auf die Mitarbeiter in der Administrativen Infrastruktur selbst, sondern sie betreffen in unterschiedlicher Weise auch die Institute als interne Kunden. Die aktive Einbindung und Beteiligung, Information und Kommunikation der Kunden, Mitarbeiter und betroffener Zielgruppen im Veränderungsprozess ist Grundvoraussetzung, um Ängste abzubauen, Unsicherheit zu vermeiden, Ziele und Absichten sowie Hintergründe und Zusammenhänge zu verstehen und Akzeptanz und Identifikation mit dem Veränderungsprozess zu schaffen. Für den Organisationsentwicklungsprozess »ATI im Wandel« werden damit Information und Kommunikation als Bausteine zu kritischen Erfolgsfaktoren.

In einem Kommunikationskonzept wurden die unterschiedlichen Maßnahmen beschrieben, die projektbegleitend sicherstellen sollen, dass zu jeder Phase des Projekts die unterschiedlichen Zielgruppen umfassend und offen informiert werden und der Dialog untereinander und miteinander gefördert wird. Es wurden Verantwortlichkeiten, Zielgruppen, Intervalle, Methoden und Hilfsmittel festgelegt, um die Kommunikations- und Informationsqualität zu verbessern.

Mit einem geeigneten Kommunikation-Medien-Mix wird/werden in den bevorstehenden Changeprozessen des Projektes

- auf die Veränderungen vorbereitet,
- Menschen ernst genommen,
- auf Krisensituationen vorbereitet,
- Vertrauen geschaffen,
- »Problemzonen« berücksichtigt und
- Sicherheit gegeben.

Ein regelmäßiges Feedback/Kommunikationscontrolling in der Umsetzungsphase des Projekts als Frühwarnsystem soll frühzeitig Handlungsbedarf aufzeigen und eine kontinuierliche Erfolgskontrolle sicherstellen. Als Methoden werden dazu Mitarbeiterbefragungen durch das Projektteam, ein Beschwerdemanagement sowie die mit den Führungskräften vereinbarten »Vor-Ort«-Gespräche eingesetzt.

Die Nachhaltigkeit des Veränderungsprozesses wurde durch größtmögliche Einbindung der Beteiligten in der Administrativen Infrastruktur (zentral und dezentral), der

Institute und Einrichtungen als Kunden, der Geschäftsführungen der Standorte und der Betriebsräte sichergestellt.

In Querdenkerworkshops wurden mit allen beteiligten Zielgruppen außergewöhnliche und bereichsübergreifende Ideen zur Verbesserung bzw. Neugestaltung der Prozesse und deren Dienstleistungen, Potenzial für Rationalisierungsprozesse sowie konkrete Ideen zur Kostensenkung gesammelt. In den nachgeschalteten Prozessworkshops wurden die Prozesse auf den Prüfstand gestellt, Anforderungen und Erwartungen sowie die Zufriedenheit der Kunden mit den Prozessen analysiert, Zielsetzungen für alle Prozessbeteiligten formuliert, Ideen aus den Querdenkerworkshops weiter konkretisiert und Aktionen daraus abgeleitet, zu denen verbindliche Teilprojektpläne erstellt wurden.

Die Untersuchungsphase des Projektes »Prozesse effektiv/effizient optimieren« (PEO) wurde mit Aufnahme und Modellierung der Prozesse bis zur dritten Detaillierungsebene, der Definition von Produkten und der Ermittlung der aktuellen Produktpreise über eine Prozesskostenanalyse, Mitte 2004 abgeschlossen. Damit stehen jetzt für alle Prozesse Produkte und Produktpreise für einen Leistungsvergleich (Benchmarking) mit anderen Organisationen zur Verfügung.

Die größten Probleme entstehen immer dort, wo die Verantwortlichen nur ihren eigenen Bereich optimieren. Oft genug laufen solche Initiativen darauf hinaus, dass die so gewonnenen Einsparungen zu Lasten anderer Abteilungen gehen. Durch die Umstellung auf Prozessmanagement soll genau dieses verhindert werden. In dem Moment, in dem ein Mitarbeiter für den gesamten Vorgang verantwortlich ist, werden Verbesserungen nur mit Blick auf das Ganze vorgenommen. Im *DLR* bedeutete die Umgestaltung eine stärkere Zentralisierung der administrativen Bereiche – bei gleichzeitig verstärkter Schulung der Mitarbeiter vor Ort –, die den internen Kunden als Ansprechpartner dienen.

Verwaltungstätigkeiten, die zuvor in den einzelnen Standorten individuell organisiert wurden, wurden standardisiert und werden jetzt zentral gesteuert. Standardisierung bringt – so paradox es klingt – organisatorische Flexibilität. In Engpasssituationen kann die Aufgabe »mobil«, also auch von einem anderen Ort aus und von anderen Mitarbeitern übernommen werden.

Gleichzeitig darf Vereinheitlichung natürlich nicht dazu führen, dass unterschiedliche Bedürfnisse des Kunden nicht mehr bedient werden. Erfolg wird die Standardisierung nur dann haben, wenn sie die Grundbedürfnisse des Kunden abdeckt. Wo sie sinnvoll erscheint, sollte Prozessvielfalt immer zugelassen werden.

Für die Ausrichtung auf Prozessmanagement gilt der Grundsatz: Die Struktur folgt dem Prozess, das heißt, die Organisation richtet sich nach den Erfordernissen der Arbeit. Am Anfang steht die Formulierung einer Vision sowie strategischer Ziele, die sich an den unternehmerischen Gesamtzielen orientierten. Um die Zielerreichung überprüfen zu können, werden Kennzahlen definiert. Hierzu kann unter anderem das angestrebte Einsparvolumen gehören.

Bei der anschließenden Umsetzung wird nach dem Prinzip verfahren: Der beste Prozess ist der, bei dem man nichts mehr weglassen kann. Alle Aktivitäten eines Prozesses werden aufgelistet, analysiert und so weit wie möglich vereinfacht. Überflüssige Vorgänge werden gestrichen. Die vereinfachten, auf die notwendigen Arbeitsschritte reduzierten Prozesse werden dann standardisiert. Das heißt, es wird ein für alle Beteiligten verbindliches Vorgehen festgelegt.

Sinnvoll ist eine zentral gesteuerte Standardisierung grundsätzlich dann, wenn sich dadurch die Gemein- und Transaktionskosten senken, die Qualität erhöhen und die Bearbeitungszeiten reduzieren lassen. Auch Fragen des Risikomanagements können hier eine Rolle spielen.

Hier hat sich gezeigt, dass es auch in einer Prozessorganisation der Hierarchie bedarf. Die Lösung bestand in einer Veränderung der Führungsstruktur. Die Leistungen der Administrativen und Technischen Infrastruktur wurden unterteilt in solche, für die die Standorte zuständig sind (z. B. Facility Management) und in Aufgaben, die zentral organisiert und ganzheitlich verantwortet werden (z. B. Einkauf).

Eine wichtige Voraussetzung und Erfolgsfaktor zur Erreichung dieses und auch der weiteren Projektziele ist daher ein grundlegender Kulturwandel. Dieser Wandel erfordert von den Führungskräften und Mitarbeitern ein radikales Umdenken und führt zu neuen bzw. veränderten Aufgabenprofilen, Führungsprinzipien und Qualifikationsanforderungen (siehe Abb. 4). Gänzlich neu ist etwa die Rolle des »Prozesseigentümers«. Prozesseigentümer sind mit entsprechender Macht und Entscheidungsbefugnis ausgestattete Führungskräfte ab der dritten Ebene. Diese delegieren die Verantwortung für einen Prozess, an dem mehr als 20 Mitarbeiter beteiligt sind, in der Regel auf »Prozessverantwortliche«. Der Prozessverantwortliche hat insbesondere die Aufgabe, die gesamte Prozesskette so zu gestalten, dass ein möglichst unterbrechungsfreier Ablauf gewährleistet ist. Die Optimierung des Ablaufs sorgt für eine Steigerung der Qualität, die Verkürzung von Durchlaufzeiten und die Senkung der Kosten. Die Verantwortung für einen Prozess begründet keine direkte Führungsrolle, sondern stellt eine fachliche Führungsaufgabe dar, bei der es darum geht, die beteiligten Mitarbeiter zu koordinieren, Lösungsansätze zu sammeln und der fachlich besten Idee zum Durchbruch zu verhelfen. Die Prozessverantwortlichen stoßen die Gestaltung der Prozesse an, treiben diese voran, vermitteln deren Inhalte, überprüfen die Wirksamkeit der Maßnahmen und sorgen für die Einbindung der Kundeninteressen. Die Mitarbeiter in einem Prozess treffen die täglichen operativen Entscheidungen; sie kontrollieren und bewerten ihre eigene Arbeit. Im Aufgabenbereich der Führungskräfte erfolgt mithin eine neue Schwerpunktsetzung, die die Mitarbeiterführung in den Mittelpunkt stellt.

Sollen Prozesse den Mittelpunkt der Organisationsstruktur bilden, wird eine Anpassung des Führungsstils erforderlich. Die Maxime dieses Führungsstils lautet: Die Aufgaben nicht selbst übernehmen, sondern die Mitarbeiter in die Lage versetzen, sie von sich aus anzupacken. Führungskräfte sollen die Motivation der Mitarbeiter stärken, einen reibungslosen Informations- und Wissensaustausch gewährleisten, die Zusammenarbeit verbessern sowie talentierte Mitarbeiter fördern und an sich binden. Anweisungen zu erteilen und Kontrolle auszuüben – die zentralen Aufgaben, die den traditionellen Führungsstil kennzeichnen – verlieren an Bedeutung: Die Teams selbst übernehmen Führungspflichten. Die Führungskräfte in »Prozessunternehmen« werden zum Betreuer und Partner der Mitarbeiter und unterstützen sie dabei, den Prozess zu bewältigen. Sie beurteilen die Fähigkeiten der Mitarbeiter, verfolgen ihre Entwicklung und stehen ihnen mit Rat und Tat zur Seite.

Auch die Rolle des Mitarbeiters verändert sich. Der Arbeitsbereich jedes Einzelnen wird vielseitiger; er kann sich und seinen Arbeitsbeitrag als Teil eines Ganzen begreifen und muss die Auswirkungen seiner Vorgehensweise und Entscheidungen auf den Prozessablauf berücksichtigen. Sein Arbeitserfolg ist häufig von einer erfolgreichen Zusammenarbeit mit anderen Prozessbeteiligten abhängig. Im Rahmen eines klar definierten Aufgaben- und Verantwortungsbereichs sowie der mit ihm vereinbarten Ziele hat der Mitarbeiter Spielraum für selbstständiges und eigenverantwortliches Handeln. Dabei dürfen ihm auch Fehler unterlaufen. Ein offener und verständnisvoller Umgang mit Fehlern ermöglicht Ursachenanalyse und Prozessoptimierung.

Rollenaspekte	Prozess-Eigentümer	Prozess-Verantwortlicher	Linien-Verantwortlicher	MitarbeiteR
Wesentliche Rollenmerkmale	Strategie und Kultur »Visionär und Entscheider«	Gestaltung und Koordination von Geschäftsprozessen »Koordinator«	Führung und Umsetzung »Befähiger«	Selbstmanagement und Teamarbeit »Selbstmanager und Teamarbeiter«
Inhalt	• Gesamtverantwortung füreinen Prozess oder Teilprozess(e) • Fachliche und disziplinarische Weisungsmacht für den Prozess • bei mehr als 20 Prozessmitarbeitern: Delegation der Prozessverantwortung an einen Prozess-Verantwortlichen empfohlen	• Schwerpunkt: Organisation des Prozesses • Definition der Prozessziele • Fachliche Richtlinienkompetenz	• Schwerpunkt: Führungsaufgabe • Definition der Ziele der Linieneinheit abgestimmt auf die Ziele des Prozesses • Entscheidungen im Rahmen der Kompetenzen insbesondere mit Außenwirkung • Sachbearbeiterfunktion mit Schwerpunkt in einem fachlichen Spezialgebiet	• Selbständige und eigenverantwortliche Bearbeitung seines Aufgabenbereiches im Prozess im Rahmen vereinbarter Ziele • Kooperation und Informations austausch mit anderen Prozess Beteiligten
Organisation	• Mindestens 3.Führungsebene • Entscheidung bei Konflikten zwischen den Prozess und Linienverantwortlichen im eigenen Kompetenzbereich	• Prozessgestaltung • Sicherstellung der Effizienz und Transparenz des Prozesses • Festlegung der Kommunikationsstruktur	• Gestaltung der Abläufe und Strukturen der Linieneinheit entlang der festgelegten Prozesse • Qualifikationsadäquate Aufgabenverteilung • Auslastungssteuerung	• Aktive Mitarbeit bei der kontinuierlichen Verbesserung des Prozesses entlang den Prozesszielen
Ressourcen	• Führen von Ressourcenverhandlungen mit dem Korridorverantwortlichen	• Planung des qualitativen und quantitativen Personalbedarfs für den Prozess • Qualifizierung der Prozessmitarbeiter für ihre Aufgaben im Prozess	• Mitarbeiterauswahl und -einsatz in Absprache mit dem Prozess verantwortlichen bzw. Vorgesetzten • Mitarbeitereinstellung • Schaffung von Rahmenbedingungen für eine erfolgreiche Arbeit der Mitarbeiter • Karriereplanung und –begleitung • Befähigung der Mitarbeiter zum Selbstmanagement • Personalpflege • Bereitstellung der notwendigen Arbeits-Infrastruktur • Sicherstellung der Finanzierung	• Eigeninitiative zur Anpassung und Erweiterung der Qualifikation entsprechend den Anforderungen des Prozesses in Absprache mit dem Prozessverantwortlichen • Treffen von Vereinbarungen über Qualifizierungs- und karrierefördernde Maßnahmen mit dem zuständigen Linien-Verantwortlichen
Qualitäts-management	• Ausübung der Funktion der „obersten Leitung" im Sinne der Qualitätsnorm	• Definition der Qualitätsziele • Sicherstellung einer kontinuierlichen Verbesserung durch Evaluation des Prozesses	• Beraterfunktion • Sicherstellung der Umsetzung der Qualitätsziele in der Linieneinheit	• Aktive Mitarbeit bei der Umsetzung der Qualitätsziele

Abb. 4: Rollen innerhalb der Prozessorganisation im *DLR*

3.1 Prozess Auftragsmanagement (Vertriebslogistik)

Von den 450 Millionen Euro, die den Forschungsetat des *Deutschen Zentrums für Luft- und Raumfahrt (DLR)* ausmachen, wird knapp die Hälfte im Rahmen der Auftragsforschung (Aufträge und projektbezogene Forschungsförderung) eingeworben. Die betriebswirtschaftliche und juristische Betreuung dieser Projekte ist Aufgabe des Unterstützungsprozesses »Auftragsmanagements«, dessen interne Kunden die Wissenschaftler der einzelnen *DLR*-Institute sind. Das Auftragsmanagement wurde innerhalb der letzten zehn Jahre konsequent umstrukturiert: von hierarchisch geführten Abteilungen hin zu einer Prozessorganisation.

An Stelle verschiedener Sachbearbeiter für einzelne Projektphasen oder betriebswirtschaftliche Fragestellungen begleitet jeweils ein einziger Ansprechpartner der Auftragsadministration die Institute vor Ort durch den gesamten Lebenszyklus eines Projekts. Er ist bereits in die Planungsphase eines Projekts eingebunden und arbeitet eng mit den Wissenschaftlern zusammen. Er kennt sich mit den besonderen betriebswirtschaftlichen und juristischen Rahmenbedingungen der verschiedenen Auftraggeber des *DLR* aus, seien es supranationale Organisationen, die öffentliche Hand, die Europäische Union oder Unternehmen, und er klärt sämtliche administrativen Fragen. Dort, wo besondere Fachkenntnisse erforderlich sind, kann er auf Spezialisten im Kölner Back Office zurückgreifen. Die Federführung für den gesamten Prozess verbleibt jedoch bei ihm.

Ziel des Auftragsmanagements ist es, trotz starker Dezentralisierung (das *DLR* ist auf 12 Standorte und Außenstellen innerhalb Deutschlands verteilt) und der großen Heterogenität der Kunden (das *DLR* ist in unterschiedlichsten wissenschaftlichen Forschungsbereichen tätig) einen einheitlichen Auftritt zu gewährleisten. Dazu gehört eine homogene Angebots- und Vertragspolitik, gleiche Preise, definierte Allgemeine Geschäftsbedingungen etc. Das neue System bietet eine Reihe von Vorteilen. Während es bei stark linienorientierten Organisationsformen beim Weiterreichen eines Vorgangs durch mehrere Abteilungen immer wieder Reibungsverluste gibt, sichern in der Prozessorganisation flache Hierarchien und zentrale Prozesssteuerung kurze Reaktionszeiten bei gleichzeitiger, fachlich fundierter Vorgangsbearbeitung. Auch Kompetenzstreitigkeiten, die durch die Trennung der administrativen und fachlichen Zuständigkeiten entstehen, fallen weg. Entscheidungen bis in Höhe von 250.000 Euro können die Sachbearbeiter selbstständig treffen. Das Back Office ist für die zentrale Prozesssteuerung verantwortlich, liefert u. a. Werkzeuge wie Musterverträge sowie weitere administrative Handlungsempfehlungen, sorgt dafür, dass alle Beteiligten nach den gleichen fachlichen Prinzipien arbeiten und die betriebswirtschaftlichen und juristischen Vorgaben der Unternehmensleitung Berücksichtigung finden. Verantwortlich für den Unterstützungsprozess ist in letzter Instanz der Prozesseigentümer. Kommt es zu Konflikten zwischen den Mitarbeitern, beispielsweise wenn mehrere Institutskaufleute den gleichen Juristen beanspruchen, entscheidet er, welches Projekt Vorrang hat.

Das Auftragsmanagement bietet seine Dienstleistungen auf zwei Ebenen an: einmal als Basisleistung und zum anderen als Mehrwertleistung. Die Basisleistung wird als Grundversorgung vom *DLR* gestellt, die Mehrwertleistungen müssen intern eingekauft werden. Sie werden von Instituten beauftragt, die sich stärker in der Auftragsforschung engagieren und deswegen erhöhten Beratungsbedarf haben. So liegt im Rahmen der Basisleistungen die Bearbeitungszeit eines Angebots des »Einzelfertigers« *DLR* i. d. R. bei zwei Wochen; im Rahmen von Mehrwertleistungen sind kürzere Reaktionszeiten und intensivere Projektbetreuungen möglich. Hierbei ist insbesondere das Konzept »Institutskaufmann« anzuführen. Die internen Kunden können dabei auf einen Kaufmann zurückgreifen, der exklusiv für sie tätig ist und über spezielle Kenntnisse der Primärkunden in dem betreffenden Forschungsgebiet verfügt. Der Erfolg dieses Modells ist daran zu erkennen, dass etwa 60 % der operativ im Prozess tätigen auf diese Weise von den Einrichtungen angefordert und bezahlt werden.

3.2 Prozess »Planung und Steuerung«

Wo es vorher zwei Steuerungssysteme gab, wird jetzt nur noch eines verwendet – so das Ergebnis der Umstrukturierung im Prozess Planung und Steuerung. In der Vergangenheit wurde analog zu den beiden Finanzierungsquellen des *DLR* – Drittmittelerträge/Auftragsforschung und öffentliche Grundfinanzierung – mit zwei Steuerungssystemen gearbeitet. Kernstück des neuen Steuerungssystems ist die Ergebnisrechnung der Institute. Auf der Basis der Vollkostenrechnung werden den Erträgen die Kosten des Instituts gegenübergestellt. Die Institute werden somit wie Profit-Center gesteuert.

Seitdem werden alle Projekte, ob grundfinanzierte oder durch Drittmittel finanzierte, auf Basis einer Vollkostenrechnung geplant. Bei Drittmittelprojekten/Auftragsforschung war dies ohnehin üblich. Erstmals wird nun auch für grundfinanzierte Projekte der Ressourcenbedarf ermittelt und geplant. Vor der Einführung des neuen Steuerungsverfahrens wurden grundfinanzierte Projekte über die Budgetierung von Personalmengen, Sachkosten und projektbezogenen Investitionen geplant und gesteuert. Diese Daten wurden in einem Budgetverfolgungssystem abgebildet. Da die Drittmittelprojekte auf der Basis von Vollkosten geplant und gesteuert wurden, ließen sich die beiden Steuerungssysteme nicht ohne weiteres in ein Ergebnis überführen.

Das alte System der Steuerung war solange praktikabel, wie die institutionelle Förderung den überwiegenden Anteil an der Finanzierung des *DLR* ausmachte. In den vergangenen zehn Jahren nahm allerdings die Drittmittelfinanzierung stetig zu. Zurzeit beträgt das Verhältnis von Finanzierung aus Drittmitteln und institutioneller Förderung eins zu eins. Zudem erhalten die Einrichtungen der *Helmholtz-Gemeinschaft (HGF)* seit 2003 im Rahmen der Umstellung auf eine programmorientierte Förderung eine Finanzierung ihrer Aktivitäten innerhalb der definierten Programme auf der Basis von Vollkosten.

Das neue Planungssystem ist seit 2003 im Einsatz. Dabei kommt dem Institut als ergebnisrelevanter Einheit eine zentrale Funktion zu. Den Erträgen aus den Projekten werden die Kosten des Instituts gegenübergestellt. Gesteuert wird über Zielvereinbarungen zwischen Vorstand und Institutsleiter, die u. a. das wirtschaftliche Ergebnis des Instituts zum Inhalt haben.

Angesichts der neuen Planungs- und Steuerungsverfahren wie auch der Auswirkungen der programmorientierten Förderung durch die *HGF* stehen die Institute des *DLR* hinsichtlich Kostenoptimierung und Risikosteuerung vor einer wachsenden Herausforderung. Aus diesem Grunde wurde vom Vorstand Mitte 2001 eine Rahmenrichtlinie zum Projektmanagement in Kraft gesetzt. Sie regelt verbindlich die Anwendung von einheitlichen Projektmanagementmethoden. Dabei geben alle Projektleiter den gegenwärtigen Stand ihres Projektes in ein zentrales Informationssystem ein, dem so jederzeit die aktuellen Daten aller Forschungsvorhaben zu entnehmen sind: Welches Budget wurde geplant, was ist schon verbraucht, wie viel ist noch übrig? Von besonderer Bedeutung ist dabei die zeitnahe Erfassung aller Kosten. Dabei stehen Workflow-Komponenten im Mittelpunkt, die eine schnelle und medienbruchfreie Weiterverarbeitung der Daten in *SAP* zum Ziel haben.

Den Verbesserungen bei der Kostenerfassung steht zurzeit eine Bewertung der Erträge im Vierteljahresrhythmus gegenüber. Dem Institutsleiter steht somit vier Mal im Jahr ein Ergebnis zur Verfügung, auf dessen Basis eine Standortbestimmung zur Zielerreichung möglich ist. Auch hier sieht das *DLR* noch Optimierungspotential. Erste Überlegungen gehen dahin, die Bewertung monatlich durchzuführen.

3.3 Prozess Einkauf

Von der Kaffeetasse über den Hubschrauber bis zum Bauteil für Satelliten: Für alles, was die Wissenschaftler des Deutschen Zentrums für Luft- und Raumfahrt (*DLR*) für die Forschung benötigen, ist der Einkauf zuständig.

Zu den Aufgaben der Einkäufer gehören u. a. die Beratung der Wissenschaftler, die Durchführung von Vergabeverfahren und die Leitung von Warengruppenteams. Während vor der Umstrukturierung jeder Standort seine Beschaffung selbstständig organisierte, sind die entsprechenden Prozesse inzwischen gebündelt und für alle Standorte standardisiert worden. Auf diese Weise ließen sich Einsparungen von rund sechs Millionen Euro realisieren.

Einkäufer gehen auf den Markt, informieren sich über Angebote und Preise und schließen Verträge ab – und das alles oftmals schon, bevor der interne Kunde überhaupt eine Bestellung in Auftrag gegeben hat. Wenn dann ein Produkt gebraucht wird, ist idealerweise der günstigste Preis bereits ausgehandelt. Bei »Einzelfertigern«, wie dem *DLR*, bedeutet das Abschätzen von künftigem Bedarf eine große Herausforderung.

Vor der Umstellung auf Prozessmanagement waren die Einkäufer vor Ort weitgehend auf sich allein gestellt; die Einführung von einheitlichen Vorgehensweisen für das gesamte Unternehmen hat in vielfacher Hinsicht Einsparungspotenzial erschlossen. Am deutlichsten wurde dies bei der Neugestaltung der Lieferantenverträge. Es stellte sich heraus, dass viele Institute die gleichen Waren bei den gleichen Firmen einkauften: nur zu jeweils unterschiedlichen Preisen. Inzwischen schließt das *DLR* als Gesamtunternehmen die Verträge ab und kann aufgrund der Menge der Bestellungen vielfach Rabattierungen aushandeln. Kostenreduktionen von 4,9 Millionen Euro waren die Folge.

Institutsübergreifend waren etwa 150 Mitarbeiter aus Einkauf und Rechnungswesen an der Neugestaltung der Beschaffung beteiligt. Ausgehend von der Frage: »Wie sieht der optimale Einkauf aus?« wurden Ziele wie Kostenreduktion oder schnelle Durchlaufzeiten formuliert und quantifiziert; das heißt, es wurde festgelegt, wie viel eingespart und wie schnell Bestellungen bearbeitet werden sollten. Gesteuert wird die Zielerfüllung über ein Kennzahlensystem – ein Novum in diesem Bereich. Als Kennzahlen dienen beispielsweise die Anzahl der Rahmenverträge, die Durchlaufzeit oder die Kundenzufriedenheit.

Einkauf und Lieferantenbuchhaltung wurden vollständig reorganisiert. Gewählt wurde eine Lösung, die eine zentrale Führung des Einkaufs vorsieht, wobei jedoch die direkten Ansprechpartner an den Standorten präsent bleiben. Die Lieferantenbuchhaltung findet dagegen ausschließlich in der Zentrale statt.

Bei der Untersuchung aller Abläufe und Aktivitäten rund um den Einkauf kristallisierten sich insgesamt acht Prozesstypen heraus, für die jeweils eine bestimmte Vorgehensweise festgelegt wurde. Dazu gehören neben dem Abschluss von Rahmenverträgen und der Rechnungsprüfung auch Vorgänge wie die Einmalbestellung und der dringende Sofortbedarf.

Der dringende Sofortbedarf entsteht, wenn einem Wissenschaftler ein Bestandteil kaputt geht, das er dringend braucht, um eine aufwändige Versuchsanordnung zu erhalten. So kann es vorkommen, dass ein Teil einer Versuchseinrichtung seinen Dienst versagt und eine ganze Experimentreihe erneut durchlaufen werden muss, wenn nicht schnellstens Ersatz herbeigeschafft wird. Für solche Fälle wurde eine Notrufnummer eingerichtet, die garantiert immer besetzt ist. Über diese Telefonnummer erhält der Anrufer dann auf die Schnelle eine Bestellnummer, die er beim Einkauf des Ersatzteiles angeben kann.

Für viele Standardprodukte, wie Büromaterial wurde ein virtuelles Kaufhaus eingerichtet. Auf dieser Plattform befinden sich die Warenkataloge der Lieferanten, mit denen das *DLR* Rahmenverträge hat. Die Mitarbeiter der Institute können hier – innerhalb bestimmter Budgetrahmen – per Mausklick bestellen.

Insgesamt ist durch die Veränderung nicht nur die Zufriedenheit der internen Kunden, sondern auch die Motivation der Mitarbeiter gestiegen, die durch den Wechsel von der operativen, eher reaktiven Beschaffung zum strategischen, proaktiven Einkauf wesentlich besser zur Wertschöpfung beitragen.

3.4 Prozess Personalmanagement

Wichtige Neuerung im Personalmanagement des *Deutschen Zentrums für Luft- und Raumfahrt (DLR)* ist die intranetgestützte Plattform, auf der alle Dienstleistungen zusammengeführt sind: seien es Anträge auf Dienstreisen, Fortbildungsangebote oder eingegangene Bewerbungen. Die Einrichtung des Portals gehört zu den Maßnahmen, mit denen die Kommunikation zwischen Instituten und Zentrale verbessert werden soll. Dieser Bereich hatte sich als wichtiger Ansatzpunkt für Reformen erwiesen, nachdem alle anderen administrativen Prozesse bereits durch vorausgegangene Umstrukturierungen weitestmöglich vereinfacht worden waren.

Was macht ein Wissenschaftler, wenn er mit einer Stelle in einem anderen Bereich im *DLR* liebäugelt, seinen gegenwärtigen Vorgesetzten aber nicht verschrecken möchte? Seit der Reorganisation ist die Antwort einfach: Er stellt eine Initiativbewerbung in anonymisierter Form ins Intranet.

Ebenfalls durch das Portal vereinfacht sind Anträge auf Dienstreisen und Fortbildungen. Der Mitarbeiter braucht lediglich ein Formular im Netz auszufüllen, das dann automatisch in Form einer E-Mail an den jeweiligen Vorgesetzten weitergeleitet wird. Die Abzeichnung erfolgt in elektronischer Form.

Besonders positiv hat sich die Einführung von Institutskaufleuten (administrative Funktion) in den Instituten ausgewirkt. Dort fungiert jeweils ein Mitarbeiter, der in Personalfragen geschult ist, als Vermittler zwischen Standort und Zentrale. Von besonderer Bedeutung ist dies beispielsweise bei der Einstellung neuer Mitarbeiter.

Die gehaltliche Einstufung eines Wissenschaftlers basiert nach den Regeln des Bundesangestelltentarifs (BAT) auf einer Beschreibung seiner Tätigkeit. Die Ausarbeitung dieser Stellenbeschreibung erfordert eine intensive Kooperation zwischen den Instituten und dem Personalmanagement, die durch die neuen sachkundigen Ansprechpartner in den Instituten sehr erleichtert wird.

Eine strategische Veränderung gab es im Bereich Fortbildung: weg von der Angebots- hin zur Nachfrageorientierung. Inzwischen wird ein bedarfsorientiertes Programm erstellt. Basierend auf Umfragen in den Instituten werden die Maßnahmen auf die Anforderungen am Arbeitsplatz zugeschnitten. Ein Beispiel sind hier Wissenschaftler, deren ganz besonderes Spezialgebiet seine Relevanz verloren hat und weder für die Grundlagen- noch für die Anwendungsforschung mehr von Interesse ist. Der Forscher erhält dann die Möglichkeit intern umzuschulen und sich ein neues Gebiet zu erarbeiten.

4 Zusammenfassung

Motivation und Veränderungsbereitschaft der Mitarbeiter und das Vorbild der Führungskräfte sind wichtige Faktoren für den Erfolg einer prozessorientierten Organisation. Gefördert wird die Motivation insbesondere durch die Übertragung von anspruchsvollen Aufgaben, die selbständiges und eigenverantwortliches Handeln ermöglichen und mit entsprechender Verantwortung verbinden. Auf diese Weise erhalten die Mitarbeiter die Chance, ihr Arbeitsumfeld aktiv mitzugestalten und einen Beitrag zur kontinuierlichen Verbesserung des Prozesses zu leisten.

Die angestrebte Entwicklung zu einem Organisationsaufbau, der sich an Prozessen orientiert, betrifft nicht nur die Neugestaltung der Prozesse selbst, er setzt vielmehr einen Kulturwandel auf verschiedenen Ebenen voraus. Nicht Besitzstand und Hierarchie stehen im Zentrum, sondern die Teamarbeit – und der Kunde. Dieser Wandel erfordert von den Führungskräften und Mitarbeitern ein radikales Umdenken und führt zu neuen bzw. veränderten Aufgabenprofilen, Führungsprinzipien und Qualifikationsanforderungen.

Die Veränderungen müssen in einem Gesamtbild verstanden werden, um die Abstimmung mit allen Betroffenen und Veränderungsbereitschaft zu gewährleisten sowie akzeptable Lösungen zu realisieren. Change Management ist ein wesentlicher Erfolgsfaktor. Die heterogene Meinungsbildung und die unterschiedlichen Interessen in einer Organisation sind in diesem Umfeld zu berücksichtigen. Meinungsmacher müssen in Konzeptentwicklung und Umsetzung eingebunden sein. Eine intensive Auseinandersetzung mit den unterschiedlichen Zielgruppen (interne Kunden, Logistiker, dezentrale und zentrale Mitarbeiter der AI-Prozesse, Geschäftsführungen der Standorte, Betriebsrat) ist notwendig.

Ein erfolgreicher Ansatz berücksichtigt Strategie, Prozesse, Organisations- und Führungsstrukturen sowie IT gleichermaßen. Die Implementierung von technischen Lösungen allein, wie z. B. E-Procurement-Systemen, reicht nicht aus.

Die Analyse des Prozesses, seiner Produkte sowie seiner Kosten ermöglicht eine ergebnisorientierte Steuerung über Kennzahlen und schafft die Grundlage für weitere Leistungsvergleiche über Benchmarking.

Die Steuerung über Kennzahlen, Ziel-, Service-Level- und Projektvereinbarungen trägt zu einem zielgerichteten Handeln ebenso bei, wie die Messung des Erfolgs anhand des Zielerreichungsgrads.

Portale fördern Transparenz und Orientierung für die Kunden in den administrativen Prozessabläufen, fördern die Kommunikation und Interaktion, effizientes Arbeiten, Zeitgewinn und dadurch erhöhte Arbeitsproduktivität. Sie bieten die Möglichkeit, die Informations- und Wissensprozesse systematisch zu optimieren und ermöglichen langfristig den Einstieg in die virtuelle Administration.

Der konsequente Ansatz des Geschäftsprozessmanagements, der über den herkömmlichen KVP-Ansatz des prozessorientierten Qualitätsmanagements hinausgeht, ermöglicht durch den Fokus auf den Wie-Bezug (Wie tun wir es?) auch einen radikalen Neuzuschnitt von Prozessen. Hierbei bringen gerade die Wechselwirkung der Methode des Geschäftsprozessmanagements mit den Ansätzen des Qualitätsmanagements im KVP sowie die Betrachtung der Lebenszyklen von Prozessen weitere Potenziale für Kunden und Unternehmen. Dies wird insbesondere durch systematische prozessinterne (Selbstevaluationen) wie extern begleitete Evaluationen erreicht.

Literatur

Behnke, C. W. F./Niemand, S. (1998), Prozesskostenmanagement auf der Grundlage einer vorhandenen Prozessorganisation bei Siemens Med CT, in: *Horváth & Partner GmbH* (Hrsg.), Prozesskostenmanagement. Methodik und Anwendungsfehler, 2. Auflage, München 1998, S. 97–113

Binner, H. F. (2000), Prozessorientierte TQM-Umsetzung, München und Wien 2000

Davenport, T. H. (1993), Process Innovation, Reengineering Work through Information Technology, Boston 1993

Doppler, K./Lauterburg, C. (1994), Change Management. Den Unternehmenswandel gestalten, 2. Auflage, Frankfurt am Main 1994

Ebeling, J. (2000), Die sieben elementaren Werkzeuge der Qualität, in: *Kamiske, G. F.* (Hrsg.), Unternehmenserfolg durch Excellence, München und Wien 2000, S. 227–307

EFQM (1999), Business Process Management, »How to embrace Process Management«, EFQM Good Practice and Benchmarking Services, Brüssel 1999

Engelmann, T. (1995), Business Process Reengineering: Grundlagen – Gestaltungsempfehlungen – Vorgehensmodell, Wiesbaden 1995

Eversheim, W. (1995), Prozessorientierte Unternehmensorganisation, Berlin und Heidelberg 1995

Fischer, J. (1996), Prozessorientiertes Controlling: ein notwendiger Paradigmenwechsel!?, in: Controlling, 8, 1996, 4, S. 222–231

Gadatsch, A./Knuppertz, T./Schnägelberger, S. (2004), Geschäftsprozessmanagement – Eine Umfrage zur aktuellen Situation in Deutschland, Schriftenreihe des Fachbereiches Wirtschaft der Fachhochschule Bonn-Rhein-Sieg, Band 9, Sankt Augustin 2004

Gaitanides, M. (1983), Prozeßorganisation. Entwicklung, Ansätze und Programme prozeßorientierter Organisationsgestaltung, München 1983

Gaitanides, M. (1998), Business Reengineering. Prozessmanagement – von der Managementtechnik zur Theorie der Unternehmung?, in: dbw, 58, 1998, 3, S. 369–381

Gerpott, T. J./Wittkemper, G. (1996), Business Process Redesign. Der Ansatz von Booz, Allen & Hamilton, in: Nippa, M./Picot, A. (Hrsg.), Prozessmanagement und Reengineering. Die Praxis im deutschsprachigen Raum, 2. Auflage, Frankfurt am Main 1996, S. 144–164

Haist, F./Fromm, H. (1989), Qualität im Unternehmen: Prinzipien – Methoden – Techniken, München 1989

Hammer, M./Champy J. (1994), Business Reengineering, Frankfurt am Main und New York 1994

Hammer, M. (2002), Der Weg zum supereffizienten Unternehmen, in: Harvard Business Manager, 24, 2002, 2, S. 40–52

Höfer, B. J. (2005), Prozesskostenmanagement, in: Wissenschaftsmanagement - Zeitschrift für Innovation, 2005, S. 1–8

Horváth, P./Mayer R. (2002), X-Engeneering: Neue Potentiale der Prozess-Performance erschließen, in: Information Management & Consulting, 17, 2002, Sonderausgabe 10, S. 48–54

Horváth & Partner GmbH (Hrsg., 1998), Prozessmanagement: Methodik und Anwendungsfelder, 2. Auflage, München 1998

Kaplan, R. B./Murdock, L. (1991), Core process redesign, in: The McKinsey Quarterly (1991)

König, J. (2000), Einführung in die Selbstevaluation: Ein Leitfaden zur Bewertung der Praxis sozialer Arbeit, Freiburg 2000

Komrey, H. (2001), Evaluation - ein vielschichtiges Konzept, in: Sozialwissenschaften und Berufspraxis, 24, 2001, 2, S. 105-131

Picot, A./Böhme, M. (1996), Zum Stand der prozessorientierten Unternehmensgestaltung in Deutschland, in: Nippa, M./Picot, A. (Hrsg.), Prozessmanagement und Reengineering. Die Praxis im deutschsprachigen Raum, 2. Auflage, Frankfurt am Main und New York 1996, S. 227–247

Picot, A./Franck, E. (1996), Prozessorganisation. Eine Bewertung der neuen Ansätze aus Sicht der Organisationslehre, in: Nippa, M./Picot, A. (Hrsg.), Prozessmanagement und Reengineering. Die Praxis im deutschsprachigen Raum, 2. Auflage, Frankfurt am Main und New York 1996, S. 13–38

Strohmayr, W./Schwarzmaier, C. (1996), Finanzierungsdienstleistungen prozessorientiert gestalten. Der Ansatz der Bayerischen Landesbank, in: Nippa, M./Picot, A. (Hrsg.), Prozessmanagement und Reegineering. Die Praxis im deutschsprachigen Raum, 2. Auflage, Frankfurt am Main und New York 1996, S. 258–271

Auf dem Weg zu einem Best in Class-Controlling im Bundesministerium der Finanzen, Wien

Claudia Sterrer-Pichler*

* Claudia Sterrer-Pichler, Leiterin der Abteilung I/7 (Controlling), Bundesministerium für Finanzen, Wien.

1 Einleitung

Bevor sich der Artikel dem eigentlichen Thema – Konzeption und Implementierung von Controlling im österreichischen *Bundesministerium für Finanzen* – zuwendet, lohnt es sich, den Prozess der Verwaltungsmodernisierung in einem umfassenden Kontext zu betrachten – speziell für jemanden wie mich, der aus der Industrie- und Telekom-Branche in die Verwaltung gewechselt hat.

Die Verwaltung befindet sich in einem rasanten Veränderungsprozess und ist mit Entwicklungen konfrontiert, die sie unter enormen Anpassungsdruck setzt. Die Staaten stehen wegen hoher Staatsquoten und Beschäftigungsquoten im öffentlichen Sektor unter einem starken Druck zur Haushaltskonsolidierung. Die Anzahl der öffentlich Bediensteten wird in den nächsten Jahren anteilsmäßig stark sinken (müssen). Mittelfristig werden auch Staaten und Regionen miteinander in Wettbewerb stehen. Staaten mit starren, ausufernden und kostenintensiven Verwaltungen haben Nachteile im internationalen Standort-Wettbewerb.

Verschärft wird die Situation durch neue Ansprüche der Bürger und der Wirtschaft. Die Bürgerinnen und Bürger erwarten zu Recht, dass ihre Steuergelder ökonomisch und effizient eingesetzt werden. Gleichzeitig stellen sie aber immer höhere Anforderungen an Umfang, Art, Zeit, Ort, Qualität und Transparenz der öffentlichen Leistungserbringung seitens der Verwaltung. Die korrekte Rechtsanwendung und eine verlässliche Zurverfügungstellung von Standardleistungen durch den öffentlichen Sektor reichen nicht mehr aus – Innovationen sind gefragt.

Wenn man sich diese Aspekte vor Augen hält, drängt sich unmittelbar die Frage auf, wie eine solche Quadratur des Kreises denn überhaupt zu bewerkstelligen sei. Dem ökonomischen Prinzip zufolge kann entweder das angestrebte Ziel unter möglichst großer Ressourcenersparnis erreicht werden, oder aber es wird versucht, mit den vorgegebenen bzw. vorhandenen Ressourcen ein Maximum zu erzielen. So oder so, die Wirtschaftlichkeit des Verwaltungshandelns steht zur Debatte.

Möglichkeiten für Effizienzsteigerungen in der Verwaltung ergeben sich durch eine Steigerung der Prozessqualität, also durch die Neugestaltung von Arbeits- und Entscheidungsabläufen. Daraus leiten sich Forderungen an die kontinuierliche Planung, Steuerung und Evaluation von Geschäftsprozessen nach betriebswirtschaftlichen Gesichtspunkten ab.

Meine persönliche Überzeugung ist, dass es beim Thema Verwaltungsmodernisierung um wesentlich mehr geht, als um bloße Effizienzsteigerung. Es geht um einen generellen Kulturwandel, um ein völlig neues Selbstverständnis des Staates. Wenn sich der Kontext der Leistungserbringung und die generellen Erwartungshaltungen der Kunden an die Leistungserstellung massiv ändern, dann wird eine Verwaltungsmodernisierung, die sich dieser Herausforderungen annimmt, zwangsläufig auch Strukturen und Prozesse in ganz grundlegender Form berühren müssen.

In Österreich wie auch im internationalen Kontext ist der organisatorische Umbau des öffentlichen Sektors zu einem der größten gesellschaftlichen Reformprojekte geworden.

Wie bereits erwähnt, haben sich die Erwartungen und Wünsche der Bürger in Bezug auf die Gestaltung öffentlicher Leistungen in den letzten Jahren und Jahrzehnten grundlegend geändert. Zur Debatte steht nichts weniger als ein gesellschaftlicher Wertewandel, ein neuer Gesellschaftsvertrag. Das neue Paradigma lautet: *Der Staat als Dienstleister, der Bürger als Kunde*. Nicht nur eine effiziente Verwaltung ist gefragt, sondern es kommen eine neue Verantwortungsteilung, mehr Bürgerorientierung und mehr staatliche Vielfalt hinzu. Aus diesem neuen Verhältnis von Staat und Bürger entstehen völlig neuartige Kundenbeziehungen und Kontrakte.

Das neue Selbstverständnis des Staates spiegelt sich auch in der heute verwendeten Terminologie wider. Die Rede ist nicht länger von Government, sondern von Governance, wodurch die Prozesshaftigkeit bereits begrifflich deutlich wird. Governance ist ein Sammelbegriff für die neue Generation von Staats- und Verwaltungsreformen, die das wirksame, transparente und partnerschaftsorientierte Zusammenwirken von Staat, Wirtschaft und Zivilgesellschaft zur innovativen Bewältigung gesellschaftlicher Probleme sowie zur Schaffung von zukunftsweisenden, nachhaltigen Entwicklungsmöglichkeiten und -chancen für alle Beteiligten zum Ziel haben (*Löffler* 2001).

Wenn man Veränderungsarbeit in der Verwaltung betreiben will, ist es hilfreich, sich vor Augen zu halten, dass die Bürokratie in Europa älter ist als die Demokratie und die Republik. Sie hat alle politischen Regierungen und Regierungsformen als stabiles Element überstanden. Dieses Selbstverständnis als tragende Säule des Staates, die die Zeiten überdauert, spiegelt sich auch im kollektiven Gedächtnis der Institutionen und im Selbstverständnis der in der Verwaltung Tätigen wider. Modernisierungsvorhaben rühren daher an das Gefühl von Beständigkeit und an die Tradition; daher geht es bei der Verwaltungsmodernisierung immer auch um das Verständnis von Kultur und um die Bewältigung von Kulturbrüchen. Den Mitarbeitern und Mitarbeiterinnen der Verwaltung ist zu vermitteln, dass die Verwaltung, wie die Vergangenheit sie kannte, nicht wiederkommt. Man kann die Prozesse der Verwaltungsreform zwar abfedern, man kann sie möglicherweise verlangsamen, aber nie mehr umkehren und wohl auch nicht stoppen.

Das betriebswirtschaftliche Paradigma ist weltweit bereits zu weit fortgeschritten. Andererseits ist aber dann, wenn die Vorstellung eines Konzerns und die Prinzipien der betriebswirtschaftlichen Steuerung auf den Staat ausgedehnt werden sollen, wichtig und unverzichtbar, die Spezifika des öffentlichen Sektors und seine Geschichte zu respektieren.

Meine konkrete Frage lautete daher bei meinem Antritt: Wie können wir – Experten aus der Betriebswirtschaft – entsprechende Instrumente zur Verfügung stellen, um diesen Wandel zu fördern?

2 Ausgangslage

Im Dezember 2004 wurde ich zur Leiterin der neu gegründeten Grundsatzabteilung Betriebswirtschaft/Controlling des *Bundesministeriums für Finanzen* bestellt.

Neben der Einführung von New Public Management-Prinzipien und der daraus resultierenden Dezentralisierung setzte die Ressortleitung folgende strategische Schwerpunkte:

- Kunden- und Bürgerorientierung;
- Kostensenkung und Effizienzsteigerung;
- Wirkungs- statt Inputsteuerung (Budgets, Stellen);
- Schaffung konzernähnlicher Verwaltungsstrukturen;
- Umfassende Wirkungsprüfung.

Entsprechende Reformaktivitäten waren bereits gesetzt und erwiesen auch erste Erfolge. Jedoch zeigte sich deutlich, dass das Steuerungssystem an diese strategische Veränderung angepasst werden musste, um Instrumente einer »Neuen Steuerung« zur Verfügung zu stellen.

Nach einer ersten Evaluierungsphase konnten die wesentlichen Kriterien für dieses Steuerungssystem definiert werden. Diese erscheinen möglicherweise offensichtlich, setzen jedoch einen Prozess der Bewusstseinsbildung und -veränderung und einen Kulturwandel im *BMF* voraus, der für eine weitere erfolgreiche Umsetzung der Verwaltungsmodernisierung unverzichtbar ist.

Die Erwartungen an das neue Steuerungssystem für Führungsstrukturen nach der Organisationsreform im Mai 2004 waren schwerpunktmäßig folgende:

- Reduktion des Zeitaufwands für Informationsbeschaffung,
- Erhöhung der Aktions- und Reaktionsgeschwindigkeit,
- weitere Optimierung der Budgetdisziplin in der neuen Dezentralität durch eine laufende Abweichungsanalyse und dadurch
- mehr Selbststeuerung und höheres Kostenbewusstsein.

In der Evaluierungsphase hat sich auch deutlich gezeigt, dass das bestehende Haushaltssystem den neuen Anforderungen nicht ausreichend gerecht wurde. Parallel zu den Reformaktivitäten wurden daher die IT-Systeme entsprechend adaptiert. Die Einführung von *HV-SAP* sowie *PM-SAP* stellte die Ausgangsbasis für die notwendige systemunterstützte Mittelüberwachung nach neuesten Standards dar. Jedoch war damit die Frage nach einem managementorientierten Berichtswesen und betriebswirtschaftlichen Instrumentariums noch nicht zufrieden stellend geklärt. Die Daten aus diesen Systemen bieten nur dem Fachexperten entsprechende Information, jedoch nicht der einzelnen Führungskraft. Die adressatengerechte Aufbereitung der Daten und somit die Unterstützung für den Steuerungsprozess fehlten zu diesem Zeitpunkt, hierfür mussten erst Lösungen entwickelt werden.

Ein nicht zu unterschätzender Faktor ist die Auswirkung des neuen Steuerungssystems auf die »Unternehmenskultur« und das Führungsverhalten. In den letzten Jahren hat sich das Image der Beamtenschaft massiv verschlechtert – oftmals dadurch, dass gute Leistungen nicht ausreichend belegbar waren. Auch dieser Faktor wurde in unsere Überlegungen mit aufgenommen. Aus diesem Grund haben wir weitere Ziele identifiziert:

- Verbesserung der Motivation durch bessere Begründungsfähigkeit und Leistungsdarstellung sowie
- höhere Objektivierung durch betriebswirtschaftliche Leistungsdarstellung nach außen.

3 Controlling@BMF

3.1 Mission & Vision für das Controlling@BMF

In einem mitunter auch herausfordernden Teambuilding-Prozess wurden eine Mission und eine Vision für 2008 ausgearbeitet und formuliert. Im Zuge dieses Prozesses wurde auch deutlich, wie groß und herausfordernd der kulturelle Wandel hin zur betriebswirtschaftlichen Steuerung für die Mitglieder des »Unternehmens *BMF*« ist und sein wird. Mein eigenes Team hat sich mit großem Enthusiasmus dieser Herausforderung gestellt und dabei viele Widerstände und Ängste überwunden. Der Aufbruch in eine neue Welt und die damit verbundenen – durchaus verständlichen und nachvollziehbaren– Ängste werden mitunter in ihrer Tragweite unterschätzt. Die Konsequenz und das Durchhaltevermögen dieses Teams haben sich auch in jenen schwierigen Zeiten bewährt, als die Erfolge der arbeitsintensiven Phasen noch nicht für andere erkennbar waren. Daraus hat sich eine wesentliche Erkenntnis für die Praxis entwickelt.

Praxistipp: Bei der Einführung von Controlling in der Verwaltung zeigt sich die massive Veränderungsproblematik bereits im eigenen Team. Dieser Prozess dient somit als Mikrokosmos und Erkenntnispool für das Veränderungsmanagement der weiteren Ebenen.

In mehreren Schritten haben wir das Verständnis unserer Aufgabe und unserer Ziele entsprechend geschärft und formuliert:

Mission...
Die Abteilung Controlling stellt der Ressortleitung und den Führungskräften des Finanzressorts moderne betriebswirtschaftliche Steuerungsinstrumente für den Führungsalltag zur Verfügung.

Durch die Transparenz der finanzwirtschaftlichen Steuerung der jeweiligen Einheiten erhalten die Führungskräfte Orientierung und Sicherheit.

Vision...
Bis zum Jahr 2008 soll das österreichische Finanzressort Best Practice-Beispiel für den Einsatz von betriebswirtschaftlichen Steuerungsinstrumenten in der EU sein und die Themenführerschaft im Bereich der Business Intelligence haben.

Sowohl die betriebswirtschaftliche Methodik als auch die IT-Umsetzung sollen im Sinne des New Public Managements neue Standards setzen.

3.2 Produktportfolio des Controlling@BMF

»Am Beginn das Ziel bereits im Auge haben« – diese Überlegung berücksichtigend, haben wir zunächst die grundsätzliche Zusammenarbeit der Controller mit ihren Führungskräften definiert. Auch dieser Prozess der Rollenstrukturierung und -implementierung unterlag einem intensiven Lernprozess und bedurfte der Identitätsschärfung der Führungskräfte, die durch entsprechende begleitende PE-Maßnahmen unterstützt wurde. Bisher erfolgreiche Modelle mussten in Frage gestellt und durch neue Modelle und Instrumente ersetzt werden.

Praxistipp: Denken Sie an Ihre persönliche Lernkurve bei neuen Themen – es ist schwer, sich von lieb gewonnen Gewohnheiten zu trennen und sich dem noch Unbekannten »auszuliefern«. Ein begleitender Meinungsbildungs- und Kommunikationsprozess hilft, Widerstände zu mildern, und erleichtert den Kollegen den Übergang in die »neue Welt«.

Das Performance Management in der öffentlichen Verwaltung unterscheidet sich von bewährten Konzepten der Privatwirtschaft zwar in Hinblick auf die Ziele, Prozesse und damit Kennzahlen. Die Methoden und Tools zur Planung, Überwachung und Steuerung von Performance sind jedoch die gleichen. Worauf es ankommt, sind maßgeschneiderte Lösungen – die intelligente Kombination von betriebswirtschaftlichem Know-how und verwaltungsspezifischen Anforderungen.

Wir haben schließlich folgende Aufgabenaufteilung definiert:

Führungskraft/Manager
- Entscheidungs- und Ergebnisverantwortung;
- Planen und Ziele setzen;
- Forecasts und Prognosen erstellen;
- Steuerungsmaßnahmen bei Fehlentwicklungen einleiten.

Controller
- Informationsverantwortung und wirtschaftlicher Berater des Managements;
- Entwickeln von Methoden und Instrumenten, z. B. für Forecasting-Systeme;
- Owner von Controllingsystemen und -prozessen;
- Sparringpartner der Führungskräfte.

Ziel ist es, unseren Kunden (= den Führungskräften des *BMF*) in einem ersten Schritt folgende Produkte zur Verfügung zu stellen:

- Planung;
- Forecast (Monat, Jahr);
- Jahres-Forecast;
- Kosten- und Leistungsrechnung;
- Management Reporting und Abweichungsanalyse via Intranet;
- Reporting an das Bundesbudget;
- Reporting an den Rechnungshof.

3.3 Strukturelle und organisatorische Herausforderungen

Parallel zu den genannten Entwicklungen fanden weitreichende Veränderungen im Ressortumfeld statt, die sich auf unser Team und unsere Aufgaben auswirkten:

- Eine strukturelle Reorganisation großer Teile des Finanzressorts wurde per 1. Mai 2004 umgesetzt.
- Für das Jahr 2005/2006 musste ein Doppelbudget erstellt werden.
- *HV-SAP* wurde eingeführt.
- Der Haushalt wurde dezentralisiert. Es erfolgte die Ausgliederung der entsprechenden Organisationseinheiten in eine eigene Buchhaltungs-Agentur.

3.4 Der Weg zum Controlling@BMF

Auf Basis der Informationen aus der Evaluierung des IST-Zustands und den Erfahrungen aus der Einführung der IT-Systeme *HV-/PM-SAP* erwies es sich als sinnvoll, die Maßnahmen in drei thematische Blöcke aufzuteilen:

- Entwicklung eines betriebswirtschaftlichen Fachkonzepts,
- Datenkonsolidierung gemäß Konzern-Controlling-Philosophie,
- Aufbau eines Konzern-Controllings mit den Schwerpunkten Kostenrechnung (*KoRe@BMF*), Leistungsorientierter Steuerung (*LoS@BMF*) und den entsprechenden IT-Tools wie Management Reporting (*MR@BMF*).

3.4.1 KoRe@BMF

Das Projekt Kostenrechung (*KoRe@BMF*) wurde in zwei Phasen unterteilt, weil ein systematischer Aufbau und eine Fokussierung auf dezentrale Verantwortung wichtiger sind als eine umfassende Produktrechnung von ungewissem Steuerungsnutzen. Phase 1: Erfahrung aufbauen, Phase 2: systematische Weiterentwicklung. Diese Vorgehensweise wurde gewählt, da die Einführung der Kostenrechung eine wesentliche Veränderung darstellt und der Transfer der zuständigen Mitarbeiter in neue Teams und Arbeitsgebiete einiges an Zeit und Investment in deren Ausbildung in Anspruch nimmt.

In Phase 1 wurde eine ressortweite Kostenarten- und Kostenstellenrechnung eingeführt. Um dies zu ermöglichen, waren zahlreiche Basisarbeiten vorab zu erfüllen.

Neben dem Teamaufbau und der Transformation der Budgetisten zu Controllern musste ein Konzern-Controlling komplett neu konzipiert und aufgebaut werden. Erster Schritt war der Aufbau einer Organisationsstruktur inklusive der Definition von Prozessen, Aufgabenstrukturen und Rollen. Dann mussten auf Basis der Datenkonsolidierung die Aufgaben und Strukturen der Kosten- und Erlösarten sowie der Kostenstellen definiert werden. Diese Informationen dienten als Basis für ein Pflichtenheft für die IT zur Erstellung geeigneter Tools.

Die Erarbeitung der Kontierungsrichtlinie (einheitliche Kontierungsregeln für Kosten und Erlöse) diente der Sicherstellung der Datenqualität, ebenso wie die definierten Ableitungsregeln zwischen KoRe und Haushaltswesen. Ein entsprechendes Verrechnungsmodell wurde für die Entwicklung eines Umlagesystems für Overheadkosten sowie für die spezifische Verrechnung anderer Kosten (beispielsweise Immobilien- oder IT-Kosten) definiert.

Da das Haushaltswesen ein wesentlicher Bestandteil des Reportings ist, musste selbstverständlich auch hier den betroffenen Mitarbeitern entsprechende Unterstützung angeboten werden. Neben einem eigenen Schulungsprogramm haben wir ein Handbuch entwickelt, in dem die wesentlichen Prozesse visuell und schriftlich aufbereitet sind und die einzelnen Arbeitsschritte erklärt werden.

In Phase 2 erfolgt die Erweiterung um eine ressortspezifische Leistungsrechnung. Die interaktive Bearbeitung in Workshops zwischen Experten des Controllings und Vertretern der Führungskräfte als Sparringpartner und Inputgeber bildet die Basis für die Festlegung der grundsätzlichen Abbildungsmöglichkeiten der Kostenträgersystematik. Die Berücksichtigung ressortspezifischer Anforderungen an eine leistungsorientierte Steuerung (Basis: Projekt LoS) ist aus meiner Sicht ein kritischer Erfolgsfaktor. Wenn die Kostenrechnung als Instrument etabliert, akzeptiert und angewendet wird, erfolgt die Umsetzung der Leistungssicht.

Praxistipp: Vermeiden Sie zu Beginn übermäßige Komplexität, dies gilt zum einen für die Stammdatenstrukturen, zum anderen für die Verrechnungen. Dies vereinfacht den Einführungsprozess und die Kontierungspraxis, erhöht die Akzeptanz und bietet die Chance, eine verlässliche Datenbasis in der Kostenrechnung zu schaffen, ohne sich dabei mit Scheingenauigkeiten aufhalten zu müssen. Wenn die Mitarbeiter Möglichkeiten und Nutzen der KoRe verinnerlicht haben, ist ein erheblich gezielterer und steuerungsorientierterer Ausbau der KoRe möglich.

3.4.2 LoS@BMF

Das Projekt Leistungsorientierte Steuerung (*LoS@BMF*) ist ein Gemeinschaftsprojekt zwischen der Grundsatzabteilung Controlling und der Steuer- und Zollsektion des *BMF*. Ziel ist die Schaffung einer konzeptionellen Basis für die leistungsorientierte Steuerung mittels eines integrierten Steuerungssystems unter Gewährleistung der technischen Umsetzbarkeit.

Die leistungsorientierte Steuerung hat im Controlling-System des *BMF* die fachliche Steuerung der Prozesse zum Gegenstand und ist somit der Spiegel zu den Kosten und dem Ressourceneinsatz, den die KoRe zur Verfügung stellt.

Leistung ist ein oft verwendeter Begriff, den wir im LoS-Projekt im Sinne eines erweiterten produktbezogenen Leistungsbegriffs verstehen. Es geht uns bei Leistung um die Messung unserer Zielerreichung auf den Ebenen Wirkung, Produkte und Prozess. Damit stellt LoS auch ein wichtiges Bindeglied zwischen Zielvereinbarung und Kostenrechnung bzw. Haushalt dar. Gegenstand des LoS-Projekts im organisatorischen Sinne ist die Steuer- und Zollverwaltung des *BMF*.

Die Erarbeitung der Leistungskennzahlen erfolgte in Workshops mit den Spezialisten des Leistungscontrollings, Experten aus den jeweiligen Fachgebieten und Führungskräften der Steuer- und Zollverwaltung. Das große Engagement der Führungskräfte und Mitarbeiter und das rege Interesse an diesem Projekt haben die Bedeutung des Themas nur noch verdeutlicht.

Neben der Dokumentation der Kennzahlen (mit Beschreibung, Quelle/datenliefernden Systemen, Erhebungsverantwortlichen, zeitlichem Rhythmus der Kennzahlengenerierung) erfolgt die Definition für das Management Reporting (Bestandteil Leistungscontrolling: Inhalte, Berichtsebenen/Verdichtungsebenen, Berechtigung, Berichtszyklen).

Auf Basis dieses Konzeptes wird ein Lastenheft mit den entsprechenden Anforderungen an das Management Cockpit, der Beschreibung der Schnittstellen und den Anforderungen an die Daten liefernden Systeme erstellt.

Praxistipp: Da dieses Thema sehr stark in den Führungsalltag der Managementebene eingreift, ist zu empfehlen, frühzeitig mit Meinungsbildung und entsprechendem Lobbying für dieses Thema zu beginnen. Die Nutzenkommunikation bei den verschiedenen Zielgruppen (Betroffene, Beteiligte etc.) unterstützt die Projektmitglieder wesentlich in der Zielerreichung und stärkt eine positive Grundhaltung gegenüber der später stattfindenden technischen und organisatorischen Implementierung.

3.4.3 MR@BMF

Ein entsprechend aussagekräftiges Management Reporting stellt einen wesentlichen Erfolgsfaktor für effiziente und effektive Steuerungsprozesse dar und ist der Spiegel des Steuerungssystems. Die zielorientierte Steuerung des gesamten Verwaltungshandelns wird durch zukunftsorientierte Informationen unterstützt. Das MR-Tool als Instrument zur Förderung der Selbststeuerung einzelner Bereiche innerhalb vorgegebener Schwellenwerte unterstützt die weitere Umsetzung und Weiterverfolgung der eingeleiteten Veränderungen.

Es gibt jedoch einige Voraussetzungen für ein erfolgreiches Management Reporting, das jenen Erwartungen gerecht werden soll. Aussagekräftige Plan-/Ist-Vergleiche basieren auf einer soliden Planung. Im Workshop Planungsdokumentation wurde daher eine inhaltliche Überarbeitung und Aufbereitung der Planungsgrundlagen vorgenommen. Die Konten-Bereinigung – die Überarbeitung der Finanzstellenstruktur und eine entsprechende Neuausrichtung gemäß der Restrukturierung – brachte uns klarere Strukturen.

Unsere Erfahrungen haben gezeigt, dass die Führungskräfte sehr offen den neuen Prozessen gegenüber sind und schnell die neuen Ideen aufgreifen, wenn diese verständlich und transparent aufbereitet werden. Wie schon erwähnt, ist die konsequente Nutzenkommunikation wesentlich für den Erfolg der Prozessimplementierung.

3.4.4 Forecasting

Ein weiterer essenzieller Schritt für ein entsprechend aussagekräftiges Reporting sind die Forecast-Prozesse. Auch diese wurden in mehrere Ebenen unterteilt, um die Lernmengen überschaubar zu halten und auch mögliche Verbesserungen rascher einzuarbeiten.

Der erste implementierte Forecasting-Prozess war der MFC (Monatsforecast). Gegenstand des Monatsforecasts ist eine verbindliche Liquiditätsvorschau auf den Folgemonat. Die Implementierung dieses Prozesses unterstützte die Entwicklung der Zusammenarbeit zwischen Controlling und Führungskräften. Ein eigens dafür entwickeltes IT-Tool konnte frühere Fehlerquellen und Effizienzverluste beheben.

Das Management wurde anlässlich dieses Prozesses erstmals intensiver mit dem Thema Controlling konfrontiert und konnte durch die Aufgabenstellung das Verständnis für diese Thematiken schärfen. Die Aufgaben in diesem Prozess sind:

- Validierung und Freigabe der Forecast-Werte, Support durch das Controlling;
- Suche und Aufzeigen von Handlungsalternativen bei drohender Überschreitung der Planwerte (Support durch Controlling-Abteilung);
- Eskalation bei drohender Überschreitung der Planwerte;
- Kommentierung von Abweichungen;
- Entscheidung sowie Initiieren und Durchführen von Gegensteuerungsmaßnahmen.

Die Aufgaben der Controlling-Abteilung umfassen neben der Gestaltung der Forecast-Methodik und -Instrumente, der Erstellung der Standards und Richtlinien zur Erstellung der Forecasts, der Begleitung der Einzelforecasts und der Konsolidierung und Approval von Einzelforecasts/Finanzstellen (FISTL) zu einem Gesamtforecast/*BMF* auch die Erstellung und Aufbereitung von Berichten. In diesem Prozess-Bündel erfolgte auch erstmals eine nach »außen« – d. h. an die Führungskräfte als Kunden des Controllings – gerichtete Controlling-Wirkung: das Aufzeigen des Gegensteuerungsbedarfs bei etwaigen Abweichungen.

Die nächste Implementierungsphase umfasste den Prozess des Jahresforecasts. Gegenstand des Jahresforecasts ist eine zentrale/dezentrale Abschätzung des Mittelbedarfs zur frühzeitigen Gegensteuerung. Die Validierung und Freigabe des Forecastwertes erfolgte analog dem MFC-Prozess mit Unterstützung eines algorithmengestützten Vorschlagswerts (kumulierte Istwerte + neu berechnete Monatsplanscheiben) für alle Finanzpositionen (FiPos)/Finanzstellen (FISTL). In einer detaillierten »Knetphase« wurden Mehr-/Minderbedarfe zwischen der Abteilung Controlling und den Fachabteilungen validiert und ausgehandelt. Durch den bereits implementierten MFC-Prozess waren die Führungskräfte bereits gut auf die Validierungsphase vorbereitet und konnten schon erste fundierte Controlling-Gespräche führen.

Bei diesen Prozessimplementierungen hat sich das Identitätsverständnis der Controller als wesentlicher Erfolgsfaktor herauskristallisiert. Die neutrale und beratende Position des Controllers musste erst trainiert werden und war anfänglich für die Kollegen eine Herausforderung. Die Sicherstellung einer einheitlichen Kommunikation durch die Erarbeitung eines Argumentariums sowie das Training der Prozesse mit Experten trugen wesentlich zu einer Positionssicherung der Teammitglieder bei.

4 Ausblick

4.1 Fokus 2005

Viel ist bereits geschehen, viel ist noch zu tun, um die Umsetzung des Controllings im österreichischen *Bundesministerium für Finanzen* voranzutreiben. Folgende Arbeitspakete stehen im Fokus für 2005:

- Die Konzeption und Implementierung weiterer Controlling-Prozesse, insbesondere zur Planung;
- Der weitere Ausbau der Tool-Landschaft, z. B. die Basis für Management Reporting (inkl. Datawarehousing und Intranet);
- Abschluss der Implementierung der Konzernkostenrechnung;
- Die Stabilisierung und Etablierung der Abteilung im Arbeitsalltag (Wissensaufbau, Sicherung der Prozessqualität);
- Teamausbau – Festigung der Teams, Besetzung noch offener Posten.

4.2 Kritische Erfolgsfaktoren

Meiner Erfahrung nach lassen sich folgende Erfolgsfaktoren für die erfolgreiche Umsetzung des Controllings in der Verwaltung ableiten:

1. Eine intelligente Adaption der betriebswirtschaftlichen Steuerungsinstrumentarien an die Verwaltungsanforderungen ist essenziell für die erfolgreiche Implementierung.
2. Es empfiehlt sich eine Implementierung der Konzeption in mehreren Phasen. Zum einen wird so die Umsetzung besser kontrollierbar, zum anderen kann so der Lern- und Umstellungsaufwand in handhabbare Pakete unterteilt werden.
3. Entsprechende begleitende Personalentwicklung ist nicht nur notwendig für die Anwenderkenntnisse. Neben dem erforderlichen Ausbildungs- und Schulungsaufwand geht es hierbei auch darum, ein neues Identitätsverständnis bei Controllern, Führungskräften und Mitarbeitern zu fördern und die neuen Positionierungen abzusichern. So können auch in personeller Hinsicht dauerhafte, tragfähige und akzeptierte Strukturen geschaffen werden.
4. Und nicht zuletzt ist eine begleitende Kommunikation unverzichtbar, um Orientierung zu geben und Akzeptanz zu erleichtern – und somit den Projekterfolg nachhaltig zu sichern. Die klare Kommunikation des Nutzens unterstützt die für die Umsetzung Verantwortlichen in der Zielerreichung und hilft, Reibungsverluste zu reduzieren.

4.3 Resümee

Zusammenfassend bleibt festzuhalten, dass sich die Einführung des Controllings bei allen Herausforderungen sicher gelohnt hat.

Ein Gedanke zum Abschluss: Mit Controlling ist oft der – berechtigte – Wunsch verbunden, das System durch (mehr) Kontrolle in eine gewünschte Richtung zu zwingen. Was mit den Mitteln bürokratischer Detailregelung nicht möglich war, soll nun mit Hilfe eines betriebswirtschaftlichen Controllings bewerkstelligt werden. Denn Systeme verändern sich nicht unbedingt durch die Einsicht in die Notwendigkeit einer Veränderung, sondern es bedarf eines Managementmodells, das die gewünschte Veränderung vorantreibt. Das Bedürfnis nach Kontrolle und strafferer Führung hat aber auch eine Kehrseite. Denn ein grundlegender Wandel im Selbstverständnis einer Organisation – eine neue Führungs-, Arbeits- und Dienstleistungskultur – ist nur zu erzielen, wenn der Respekt für die Autonomie der Beteiligten und die Bereitschaft, sich auch auf Aushandlungsprozesse einzulassen, gegeben sind. In diesem Sinne muss sich Controlling als strategisches Instrument verstehen und sich auch so positionieren. Das Motto für eine erfolgreiche Umsetzung des organisatorischen Umbaus in der Verwaltung lautet daher: *Ermöglichen statt erzwingen.*

Für das Controlling im Verwaltungsbereich heißt das meiner Erfahrung nach auf der Meta-Ebene Folgendes:

- Die Führungskräfte in ihrer neuen Rolle fördern – das bedeutet: Unterstützung bei der Positionierung und Präsentation der Leistungen der Einheiten.
- Unsicherheit und Ängste durch neutrale und wertschätzende Leistungserbringung reduzieren.
- Ein neues Selbstverständnis als Unterstützer des Kulturwandels fördern – Controlling als »Klebstoff« für die Mosaike der Good Governance.

Als Schlusswort und letzter Praxistipp folgendes: Schaffen Sie Möglichkeiten. Fördern Sie ein breiter angelegtes Verständnis von Controlling und dem betriebswirtschaftlichen Verständnis, das den Besonderheiten der Verwaltung Rechnung trägt. Bauen Sie Ihren Kunden eine sechsspurige Autobahn in Richtung betriebswirtschaftliche Steuerung und respektieren Sie die Nutzung aller sechs Spuren – sprich die jeweils notwendigen Lernkurven und Besonderheiten der Verwaltungskultur. So stärken Sie die Selbständigkeit und die Selbstverantwortung innerhalb der gesetzten Ziele.

Literatur

Löffler, E. (2001), Governance – die neue Generation von Staats- und Verwaltungsmodernisierung, in: Verwaltung & Management, 7, 2001, 4, S. 212–215

Berens, W./Hoffjan, A. (2004), Controlling in der öffentlichen Verwaltung – Grundlagen, Fallstudien, Lösungen, Stuttgart 2004

Buschor, W. (1997), New Public Management an den Hochschulen, URL: http://www.unicom.unizh.ch/unimagazin/archiv/1-97/publicmanagement.html, Abruf am 09.07.1997

Kommunales Standortmanagement

Gerhard Grandke*

* Gerhard Grandke, Oberbürgermeister, Stadt Offenbach am Main.

1 Kommunen unter Veränderungsdruck

In allen westlichen Gesellschaften sind die Kommunalverwaltungen seit Beginn der 90er-Jahre einem starken Veränderungsdruck ausgesetzt. Auf der örtlichen Ebene müssen wegen der sich ändernden gesellschaftlichen Bedingungen und nicht zuletzt wegen der Politik der Aufgabenverschiebung von der stattlichen auf die kommunale Ebene ständig neue Aufgaben und Probleme bewältigt werden. Chronische Budgetprobleme bei gleichzeitig steigenden Erwartungen der Bürger, die fortschreitende europäische Integration, tiefgreifende Strukturveränderungen in der Wirtschaft und der sich beschleunigende Prozess der Globalisierung mit wachsender Standortkonkurrenz haben enorme Auswirkungen auch und gerade auf die Kommunen.

Kommunalpolitik, die zukunftsfähig sein will, muss deshalb ihre Strukturen und Verfahren grundlegend reformieren. Eine stärkere betriebswirtschaftliche Orientierung, die die bislang gerade in Deutschland übliche Dominanz der juristischen Definition und Bearbeitung von Aufgaben und Problemen zurückgedrängt hat, sind eine Konsequenz dieses neuen Verständnisses von zeitgemäßer und problemadäquater kommunaler Steuerung. Effizienz, Flexibilität, Kundenzufriedenheit und Qualitätsmanagement, Controlling und Budgets sind zu Gemeinplätzen in der kommunalen Politik und der urbanistischen Begleit-Literatur geworden.

Mittlerweile gibt es eine größere Zahl von Erfahrungen mit Reformansätzen in der Kommunalpolitik – sowohl in der Bundesrepublik, wie auch im Vergleich mit anderen Ländern. Natürlich ist in den vielen, jeweils nach der Stadt oder dem Landkreis benannten Modellen und besonderen Wegen, den Konzepten und Blaupausen der Reform immer auch Standortwerbung und Imagepolitik enthalten. Welches Ausmaß der Marketing-Anteil jeweils hat muss individuell in kritischer Analyse festgestellt werden. Die in langer Tradition erprobte und verfeinerte Kultur der aufmerksamen Beobachtung der Nachbarkommunen, die Performance-Bewertung, die habitualisierte Konkurrenz der Städte untereinander und die zunehmend auf eine Kundenrolle trainierte Bevölkerung sorgen jedenfalls dafür, dass die Reform-Theorie und die Modernitäts-Versprechungen dem Verwaltungsalltag auf Dauer nicht ungestraft allzu weit enteilen können.

Alles in allem kann man festhalten: Hinter dem Rauch der kommunalen Reformrhetorik brennt ein Modernisierungsfeuer, das so schnell nicht erlöschen wird.

Kommunalverwaltungen haben, bei allen Unterschieden und bei Würdigung der kommunalen Individualität, die Chance, wechselseitig aus den konkreten Erfahrungen in und mit Reformprozessen zu lernen. Denn die Kommunen haben vielfach ähnliche, nicht selten sogar identische Probleme zu lösen. Benchmarking-Ansätze und Vergleichsringe haben, bei allen Problemen im methodischen Detail, über die deutlich gesteigerte Transparenz der örtlichen Leistungserbringung und der Kostenstruktur einen enormen Druck zur Durchsetzung von Modernisierungsmaßnahmen in den Kommunalverwaltungen geliefert. Die Einzigartigkeit jeder Kommune mit ihrer oft langen und stolzen Tradition liefert jedenfalls keine Legitimation mehr für unterdurchschnittliche Verwaltungsleistungen oder mangelnde Kundenfreundlichkeit des kommunalen Dienstleistungsangebotes.

Feststellbar ist aber auch, dass die Phase des euphorischen Aufbruchs und der schwungvollen Umsetzung neuer Konzepte in vielen Kommunen nach mehr als einem Jahrzehnt der Reform und der allgemeinen Reformrhetorik vorbei ist. Die zweifellos eingetretene Ernüchterung ist nicht wirklich erstaunlich, legt man die bekannten Phasenmodelle von Reformprozessen zu Grunde. Auch hat es sich gezeigt, dass natürlich nicht alle eingeschlagenen Reformpfade auch zum Ziel führen. Aktuell kann man wohl von einer Phase der Konsolidierung der Modernisierung der Kommunalpolitik sprechen. Diese Phase ist positiv zu bewerten, wenn sie für die Verankerung von erprobten, tatsächlich tragfähigen Reformmaßnahmen und für die selbstkritische Revision der Methoden und Zielkataloge genutzt wird.

2 Ausgangslage in Offenbach

Die Stadt Offenbach hat ein für ihre spezifischen Bedingungen maßgeschneidertes Modell kommunaler Krisenpolitik entwickelt und umgesetzt. Die Öffentlichkeit nahm es als »Modell Offenbach« wahr, und so wurde es auch von den Akteuren selbst kommuniziert. Sein Kern ist die Einsicht, dass eine erfolgreiche Bewältigung der kommunalen Finanzkrise mehr erfordert als simples Sparen. Dabei stand die Stadt vor dem Problem, gleichzeitig mit der neuen Steuerung auch eine nachholende wirtschaftliche Modernisierung und einen sozialen Stadtumbau betreiben zu müssen. Das nötigte zu einem Gesamtkonzept von Haushaltssanierung und Verwaltungsreform, von Stadtentwicklung und forcierter Wirtschaftsförderung.

Mit rund 118.000 Einwohnern ist Offenbach die kleinste der Großstädte (die anderen drei sind Darmstadt, Wiesbaden und Frankfurt) im Rhein-Main-Gebiet. Die unmittelbare Nachbarschaft zur Wirtschaftsmetropole Frankfurt mit ihren Verkehrsanbindungen, Messen, Banken und Kulturangeboten sollte eigentlich einen idealen Standortvorteil bieten. Dennoch hat Offenbach bis in die 90er-Jahre von der dynamischen Entwicklung der Region nur unterdurchschnittlich profitiert.

Bis in die 70er-Jahre des 20. Jahrhunderts hielt der produzierende Sektor an der Offenbacher Bruttowertschöpfung einen Anteil von mehr als 70 %. Seitdem ging ein Drittel der Industriearbeitsplätze verloren. Dem gegenüber vermochte sich der Dienstleistungssektor noch lange Zeit quantitativ wie qualitativ nur unterdurchschnittlich zu entwickeln.

Seit 1986 waren Fehlbeträge im Verwaltungshaushalt zum Kennzeichen des Offenbacher Etats geworden. Fällige Zinsen konnten nur noch mit neuen Krediten bezahlt werden. Die Alt-Defizite des Verwaltungshaushaltes haben sich bis auf 242 Mio. Euro aufgetürmt, der Etat 2004 wies ein Jahresdefizit von 24 Mio. Euro aus. Die Investitionsschulden sind bei einem Stand von 208 Mio. Euro plafondiert. Eine verdeckte Form der Verschuldung bestand – und besteht angesichts der Auflage der Kommunalaufsicht, keine Neuverschuldung im Investitionshaushalt vorzunehmen – zudem darin, dass Unterhaltungsmaßnahmen im Bestand unterblieben bzw. unzureichend sind. So hat sich ein enormer Instandsetzungs- und Modernisierungsstau aufgebaut. Allein bei den Schulgebäuden ist ein Sanierungsbedarf von mehr als 50 Mio. Euro zu finanzieren.

Der Kern des »Modell Offenbach« ist nicht allein die notwendige Haushaltssanierung, sondern die Realisierung neuer Entwicklungschancen. Das »Modell Offenbach« ist ein Beispiel dafür, wie auch unter ungünstigen Ausgangsbedingungen die Wiedergewinnung kommunaler Handlungsmöglichkeiten gelingen kann. Offenbach kann sich nicht aus der Krise heraussparen, es muss aus der problematischen Situation herauswachsen.

Zum Ausgangspunkt der Überlegungen wurden deshalb diese Fragen: Was kann die Stadtentwicklung leisten, welche eigenständigen Fähigkeiten stehen zur Verfügung? Wo kann und muss eine engpassorientierte Strategie ansetzen? Welche Potenziale in der Verwaltung, in der örtlichen Wirtschaft und in der Wohnbevölkerung lassen sich nutzen, aktivieren oder bündeln? Wo können von der Verwaltung ausgehende Initialzündungen zielgerichtet eingesetzt werden? Wo und wie kann die Verwaltung als Katalysator für Innovationsprozesse wirken?

In diesem Beitrag soll gezeigt werden, wie eine moderne Politik der Wirtschaftsförderung, verstanden als Standortmanagement, nachhaltige Wirkung in der kommunalen Praxis entfalten kann.

3 Wirtschaftsförderung im Stadtentwicklungskonzept: Von der Bürokratie zum Standortmanagement

Das Amt für Wirtschaftsförderung versteht sich als Lobbyist der Wirtschaft und Dienstleister, der flexibel und schnell auf Kundenanforderungen reagiert. Das Amt gehörte zu den Ersten, die im Rahmen des Qualitätsmanagements der Stadt Offenbach nach DIN ISO zertifiziert wurden. Diese ISO-Norm wurde ausgewählt, da sie eine starke Verbindlichkeit hat, sie orientiert sich an einem QM-System, das vielen Investoren bekannt ist. Dieses System wird kontinuierlich überwacht. In regelmäßigen Abständen erfolgt eine Neuzertifizierung.

Teil dieses Zertifizierungssystems sind Verfahrensanweisungen, die die immer wiederkehrenden Arbeiten klar regeln. Im Rahmen des Qualifizierungssystems wurden bei der Wirtschaftsförderung Standards entwickelt, die eine gute Erreichbarkeit des Amtes garantieren und sicherstellen, dass das Arbeiten der Beschäftigten des Amtes strikt auf die Bedürfnisse der Kunden ausgerichtet ist. Die folgende Abbildung zeigt die Eckwerte der Kundenorientierung des Amtes:

Marktausrichtung der Wirtschaftsförderung

Erreichbarkeit zwischen 8:00 und 18:00 Uhr.
Mit einem Anruf muss der Kunde den Verantwortlichen erreichen.
Jeder Fall profitiert von der Gesamterfahrung des Amtes.
Jede Anfrage wird innerhalb eines Tages beantwortet.
Flächensuchen werden innerhalb des gleichen Tages beantwortet.
Wirtschaftsförderung wird den Kunden aktiv angeboten.
»Wir sind nicht zuständig« ist keine Auskunft des Amtes.
Der Kunde gibt die Dringlichkeit vor.
Die Arbeiten des Amtes sind dem Kunden transparent darzustellen.
Der Kunde ist jederzeit über Projektstand und noch offene Fragen informiert.

Kundenorientierung bedeutet für das Amt für Wirtschaftsförderung nicht nur die Garantie, zu unternehmensfreundlichen Geschäftszeiten erreichbar zu sein. Kundenorientiert zu arbeiten heißt auch, auf alle Kundenwünsche weitestgehend einzugehen bis hin zu der Absicht, im optimalen Fall die Wünsche des Kunden vorwegzunehmen, bevor der Kunde selbst diese äußern kann.

Diese Definition führt zu einem breiten Kanon von Dienstleistungen, der sich in sämtlichen Bereichen des Amtes niederschlägt. Erreichbarkeit ist nur ein Faktor, wenngleich ein wichtiger, der flexibel gehandhabt werden muss. Wenn Besprechungstermine nicht während der Geschäftszeiten des Amtes stattfinden können, weil der Kunde erst um 20 Uhr Zeit hat, dann wird dieser Termin gewählt. Der Kunde muss erfahren, dass er allein der Maßstab aller Bemühungen des Amtes für Wirtschaftsförderung und Liegenschaften ist.

Doch die Bereitschaft, stets erreichbar zu sein, genügt alleine nicht. Wer kennt nicht aus eigener Erfahrung das recht freudlose Unterfangen, telefonisch nicht zum richtigen Ansprechpartner durchzudringen. Man wird vielfach in solch ergebnislosen Telefonaten gebeten, zu einem anderen Zeitpunkt nochmals anzurufen, wenn der richtige Ansprechpartner anwesend ist. Und ruft man dann wieder an, ist der Ansprechpartner gerade wieder nicht im Haus.

Hier gibt es im Amt für Wirtschaftsförderung und Liegenschaften eine klare wie wirkungsvolle Zielvorgabe, die unnötige Kontaktaufnahmeversuche auf ein Mindestmaß beschränkt: Mit einem Anruf oder Besuch muss der Kunde einen Kontakt zum verantwortlichen Bearbeiter erreichen. Ist der Zuständige nicht erreichbar, ist es ein Muss für den der das Telefonat entgegennimmt, dafür zu sorgen, dass der verantwortliche Bearbeiter schnellstmöglich den Kunden zurückruft. Derjenige, der den Anruf entgegennimmt, muss dazu auch den Zweck des Anrufes/Besuches erfragen, damit sich der gewünschte Ansprechpartner auf den Rückruf vorbereiten kann. Der Rückruf, so eine weitere Maßgabe, muss spätestens am nächsten Arbeitstag erfolgen.

Bei komplexen Projekten, die über einen längeren Zeitraum laufen, werden die Kunden permanent über Projektstand und Zeitplanung informiert. Schnelligkeit, Transparenz und ein kommunikativ offenes Verhalten sind als Qualitätsmerkmale des Amtes für Wirtschaftsförderung und Liegenschaften verinnerlicht. Ein Beispiel dafür ist der Umgang mit Anfragen nach freien Grundstücken oder leerstehenden Büroflächen, Produktionsgebäuden oder Ladenflächen. Diese Anfragen werden grundsätzlich innerhalb des gleichen Arbeitstages, also sofort, beantwortet. Auf andere Arten von Anfragen wird innerhalb eines Arbeitstages nach Eingang reagiert.

Um diese kundenorientierte, qualitativ hochwertige und effektive Verarbeitung von Anfragen und Informationen zu gewährleisten, wurde ein effizientes, rhythmisches Mitteilungs- und Auftragsbearbeitungssystem aufgebaut. Dazu gehört beispielsweise, dass alle Mitarbeiter in alle Arbeitsprozesse so weit wie nötig eingebunden und so unterrichtet werden, dass sie den Kunden bestmöglich betreuen können.

Daher informieren sich alle Mitarbeiterinnen und Mitarbeiter gegenseitig in einer wöchentlichen Abteilungsbesprechung über den Stand der Arbeit bei den Kollegen. Dabei können sie gegenseitig von den Erfahrungen und dem Spezialwissen der anderen profitieren und Arbeitsergebnisse optimieren, indem sie in Diskussionen Alternativen erörtern oder Arbeitsprozesse modifizieren. In den Abteilungsbesprechungen werden zudem die Termine der jeweils kommenden Woche erörtert und weitere Absprachen getroffen, vor allem solche, die Kunden unmittelbar betreffen.

Darüberhinaus erhält jeder Beschäftigte der Wirtschaftsförderung den gesamten täglichen Posteingang zur Durchsicht. In einer anschließenden gemeinsamen Postbesprechung wird dann die Post mit entsprechenden erläuternden Maßgaben verteilt, so dass alle wissen, mit welchen Aufgaben andere zur Zeit beschäftigt sind und eventuelle Kundenanfragen gezielt weiterleiten kann. Unter Umständen ist er aufgrund seiner relativ umfassenden Kenntnis der Arbeitsbereiche der Kollegen sogar selbst in der Lage, gezielt kurze Antworten beispielsweise über den Verfahrensstand von gewünschten Dienstleistungen zu geben.

Ein wesentliches Ziel der Wirtschaftsförderung liegt darin, sich als zentraler Ansprechpartner in allen Standortfragen immer wieder bekannt zu machen. Ein sehr geeignetes Medium dazu sind gemeinsam mit den Kunden veranstaltete Pressekonferenzen. In diesen werden Projekte vorgestellt und immer wieder deutlich gemacht, welche Dienstleistungen das Amt bietet. Auch dies ist ein Mittel der Wirtschaftsförderung, um aktiv auf die Kunden zuzugehen.

4 Kernaufgaben der Wirtschaftsförderung

Die Wirtschaftspolitik der Stadt Offenbach ist auf die zwei Schwerpunkte Bestandsentwicklung und Neuansiedlung ausgerichtet.

Im Bereich der Bestandsentwicklung profiliert sich die kommunale Wirtschaftsförderung als Ansprechpartner für die Unternehmen. Sie muss der Koordinator für alle Anliegen der Betriebe sein, die Kontakte zur Verwaltung oder anderen Behörden notwendig machen. Die Wirtschaftsförderung ist insbesondere behilflich bei Fragen über Bau- und Erweiterungsmöglichkeiten, Nutzungsänderungen, Sondergenehmigungen im Umfeld der Betriebe, bei Verkehrs- und Standortfragen, Grundstückssuche oder Förderhilfen. Die Wirtschaftsförderung sorgt auch dafür, dass die Wünsche und Forderungen der Betriebe, in die städtischen Planungen eingebracht und berücksichtigt werden. Sie versteht sich als Interessenvertreter und Lobbyist für die örtliche Wirtschaft.

Die Ansiedlungsbemühungen der Offenbacher Wirtschaftsförderung wurden im Zuge der Entwicklung des Haushaltssanierungskonzeptes völlig neu ausgerichtet. In einer Art Markt-Produkt-Segmentierung wurde zunächst untersucht, für welches Marktsegment der Standort Offenbach attraktiv ist und welche Stärken des Produktes Standort Offenbach herausgearbeitet und sichtbar gemacht werden können.

Offenbach hat zum Beispiel weltweite Sichtbarkeit durch die Lederwarenindustrie erlangt, diese hat inzwischen jedoch nur noch sehr geringe Anteile am örtlichen Bruttosozialprodukt. Lediglich die »Internationale Lederwarenmesse« sowie höchstpreisige Lederproduzenten und Lederhandelsfirmen sind es, die heute das Image Offenbachs weltweit prägen.

Dagegen liegt eine Stärke des Standortes Offenbach im Bereich hochwertiger Technik, wie Förder-, Elektro- und Drucktechnik und in den unternehmensnahen Dienstleistungen. Hier hat Offenbach eine große Bedeutung für die Gesamtwirtschaft der

Rhein-Main-Region und darüber hinaus. Folgerung aus dieser Erkenntnis war, dass die Wirtschaftsförderungsstrategie, die bislang undifferenziert auf Ansiedlungen allgemein ausgerichtet war, grundlegend geändert wurde und stärker auf die spezifischen Entwicklungspotenziale des Standortes fokussiert wurde.

Die Lederwarenmesse und der Lederwarengroßhandel, die beide die internationale Sichtbarkeit der Stadt begründen, wurden gezielt unterstützt und am Standort gefestigt.

Die Ansiedlungsbemühungen dagegen wurden speziell auf unternehmensorientierte Dienstleistung, Backoffices großer in der Region ansässiger Konzerne, sowie produzierendes Gewerbe mit hohem Ausbildungsniveau ausgerichtet. Als Ansiedlungsargumente wurden neben den Standortqualitäten aufgrund ihrer günstigen Lage vor allem die bereits vorab kurz dargestellten Stärken des Produktes Stadt Offenbach entwickelt und herausgestellt:

- **Gutes Preis-Leistungs-Verhältnis des Standorts**

Durch Bebauungspläne und darin festgeschriebene Ausnutzungsziffern wird der Bodenpreis für Gewerbeflächen auf einem konkurrenzfähigen Niveau gehalten. Der Preis von Gewerbegrundstücken wird maßgeblich davon geprägt, welche Nutzungen zulässig sind, wie dicht und mit welchen Gebäudehöhen gebaut werden darf. Die Konkurrenz von Einzelhandelsmärkten, die hohe Grundstückspreise akzeptieren, um in gute Lagen zu kommen und der Versuch von Grundstückseigentümern, hohe Ausnutzungen zu erreichen, verteuern die Gewerbeflächen. Ziel der Stadt ist es daher, Flächen nicht für die Vermarkter sondern für die Nutzer zu entwickeln und durch Ausschluss beispielsweise des Einzelhandels und die Durchsetzung von moderaten Ausnutzungsziffern die Gewerbeflächenpreise in einem von dem Nutzer akzeptablen Bereich zu halten.

- **Schnelle Baugenehmigungen**

Die Stadt Offenbach garantiert bei vollständigen Bauantragsunterlagen eine Baugenehmigung in weniger als drei Monaten. Dies wurde durch einen integrierten Ansatz des Behördenmanagements und der Betreuung der Bauvorhaben auf nahezu allen Stufen des Genehmigungsverfahrens erreicht. Das dahinterstehende Konzept wird im Folgenden noch detailliert dargestellt.

- **Verlässliche Entscheidungsstrukturen**

Der Oberbürgermeister ist das Bindeglied zur Politik und muss frühzeitig politische Entscheidungen für anstehende Projekte herbeiführen. Er sorgt dafür, dass der Magistrat und die politischen Gremien bereits in den Planungsprozess einbezogen werden. In Offenbach garantiert der Oberbürgermeister persönlich dafür, dass abgestimmte Projekte auch politisch gefördert werden und gibt dadurch den Investoren eine hohe Entscheidungssicherheit. Diese Qualität Offenbacher Kommunalpolitik klingt sehr einfach, stellt aber in ihrer strikten und nachhaltigen Umsetzung für die Wirtschaft einen sehr hohen Wert dar.

- **Betreuung ansässiger Betriebe, Bestandssicherung und Entwicklung**

Die Aufgabenstellung des Amtes für Wirtschaftsförderung umfasst die Beratung und laufende Betreuung aller Gewerbetreibenden in Offenbach, das heißt der ansässigen Groß-, Mittel- und Kleinunternehmen, der Einzelunternehmer und des Handels.

Neben der Betreuung der vorhandenen Unternehmen wird eine intensive Ansiedlungspolitik im Hinblick auf den angestrebten Strukturwandel hin zu einem Standort für Dienstleistungsunternehmen praktiziert.

In diesem Rahmen fungiert die Wirtschaftsförderung als zentraler Ansprechpartner innerhalb der Stadtverwaltung Offenbach für sämtliche Belange der Industrie, des Handwerks und des Handels sowie der entsprechenden Kammern und Verbände.

Ziel der Wirtschaftsförderung im Bereich der Bestandsentwicklung ist es, vorhandenen Betrieben Wachstum zu ermöglichen, Umstrukturierungsprozesse zu begleiten und Erschwernisse und Hemmnisse am Standort abzubauen. Hauptaufgabe ist, zwischen Unternehmen und den Fachämtern so zu vermitteln, dass die Belange der Firmen in die städtische Planung einfließen und bei konkreten Vorhaben der Firmen erforderliche Befreiungen erteilt, Auflagen abgemildert und Spielräume im Sinne der Unternehmen ausgeschöpft werden. Um dies zu ermöglichen und gleichzeitig dafür zu sorgen, dass das jeweilige Projekt, wenn es stadtpolitisch gewollt ist, auch entsprechend unterstützt wird, muss die Wirtschaftsförderung über die Belange der Firmen und die stadtpolitischen Zielsetzungen informiert sein. Die Wirtschaftsförderung agiert daher nicht reaktiv, sondern besucht regelmäßig die Offenbacher Unternehmen, um Probleme aktiv zu erfragen.

Um mit den beteiligten Unternehmen regelmäßig Kontakt zu pflegen, organisiert die Wirtschaftsförderung eigene Veranstaltungen, die im Gespräch die Möglichkeit geben, kritische Situationen bereits im Frühstadium zu erkennen. Diese Veranstaltungen sind:

- **Gewerbebereichsgespräche**

Im Rahmen dieser Gewerbebereichsgespräche werden alle Unternehmen eines Gebietes zum Erfahrungsaustausch eingeladen. Zum einen stellt die Stadt Offenbach während des Treffens neue Planungen vor und informiert über Entwicklungen, die für die jeweilige Zielgruppe interessant sind. Umgekehrt haben die Teilnehmer aus der Wirtschaft die Möglichkeit, während dieser Gespräche ihre Probleme und Anliegen mit der Wirtschaftsförderung zu erörtern. Es wird sehr schnell fühlbar werden, ob diese Probleme andere Unternehmen auch betreffen. Diese Gewerbebereichsgespräche bieten nicht nur die Möglichkeit des Austausches zwischen Verwaltung und Betrieben, sondern sie helfen auch, dass Betriebe eines Quartiers untereinander in Kontakt treten und gemeinsame Interessen organisieren. Diese, sehr gut besuchten und akzeptierten Veranstaltungen finden drei bis vier Mal pro Jahr statt.

Neben den Gewerbebereichsgesprächen wurden weitere Firmengesprächskreise eingerichtet, um die Interessen von Firmen ähnlicher Größe beziehungsweise Struktur und ihre spezifischen Probleme zu besprechen.

- **TOP 100**

Der Oberbürgermeister der Stadt Offenbach lädt regelmäßig die Vertreter der hundert größten Betriebe zu einem Erfahrungsaustausch ein. Ein meist prominenter Gast spricht über ein aktuelles Thema. Danach besteht die Möglichkeit des Erfahrungsaustausches und die Möglichkeit auf kurzem Weg mit Beschäftigten der Verwaltung beziehungsweise einzelnen Dezernenten in Kontakt zu treten. Dieses Angebot wird von den Firmen dazu genutzt, Probleme anzusprechen und ihre Bewertung in anstehende oder laufende städtische Planungen mit einzubringen.

• **Handwerkergespräche**
Ähnlich wie bei den Gewerbebereichsgesprächen und den Top 100 Gesprächen bieten Handwerkergespräche die Möglichkeit, die Interessen des Handwerks beziehungsweise einzelner Innungen in direktem Austausch zu erörtern. Diese Handwerkergespräche werden in der Regel vom Oberbürgermeister moderiert. Es hat sich gezeigt, dass Handwerker im Kreis ihrer Kollegen weit engagierter ihre Probleme und Anregungen darstellen, so dass dieses Forum zu einer wichtigen Plattform für den Oberbürgermeister und die Wirtschaftsförderung geworden ist, um das Handwerk in den Stadtentwicklungsprozess mit einzubinden.

• **Einzelbesuche**
Sowohl Vertreter der Wirtschaftsförderung als auch der Oberbürgermeister besuchen regelmäßig Betriebe. Diese Besuche dienen dazu, die Produktionsabläufe vor Ort kennen zu lernen, um bei künftigen Planungen der Stadt diesen Interessen Rechnung zu tragen, aber auch, um konkrete Probleme der Betriebe vor Ort zu besprechen. Bei diesen Besuchen wird Wert darauf gelegt, nicht nur mit den Inhabern der Firmen zu sprechen, sondern auch mit Mitarbeiterinnen und Mitarbeitern aus einzelnen Abteilungen beziehungsweise mit dem Betriebsrat in Kontakt zu treten. Die Kontakte zu den Firmen werden bei der Wirtschaftsförderung in einer Firmendatenbank erfasst, um auch über längere Zeiträume Entwicklungen verfolgen zu können, aber auch um Erfahrungen zu sammeln, die anderen zugute kommen können.

• **Citymanagement**
Eine Sonderfunktion im Rahmen der Wirtschaftsförderung hat das sogenannte Citymanagement. Ein Mitarbeiter der Wirtschaftsförderung tritt quasi als Mittler zwischen den Interessen der Verwaltung und den unterschiedlichen Gruppierungen der Innenstadt auf.

Zu diesen Interessenvertretern gehören nicht nur die Geschäfte und Kaufhäuser, sondern auch all diejenigen, die mit ihrem Handeln die Strukturen in der Innenstadt beeinflussen. Dies sind beispielsweise Dienstleister, Grundstücksinhaber, Hausbesitzer oder die Interessenvertreter von Mietern. Die privaten Interessenvertreter haben sich in einer Dachorganisation, dem »*Treffpunkt Offenbach e.V.*«, organisiert.

Aufgabe des Citymanagers ist es, ein permanenter Ansprechpartner für die Vertreter der Innenstadt zu sein, um auftretende Probleme möglichst sofort zu lösen. Er ist dann beispielsweise für Geschäfte Lotse und Koordinator innerhalb der Verwaltung. Der Citymanager soll gleichzeitig auch gemeinsame Interessen organisieren und koordinieren, beispielsweise Absprachen über Ladenöffnungszeiten, Marketingaktivitäten, Innenstadtfeste und vieles mehr. Gleichzeitig besteht seine Aufgabe darin, neue Planungen, wie die Umgestaltung der Fußgängerzone, Einzelbaumaßnahmen oder Sondernutzungen, in Einzelgesprächen zu vermitteln, aber auch umgekehrt Anregungen dazu entgegenzunehmen.

5 Wirtschaftsförderung als Lotse für Unternehmen durch die Verwaltung

Anforderungen, die ein Unternehmen an die Verwaltung stellt, werden oft von mehreren Ämtern bearbeitet. Mitarbeiter der Wirtschaftsförderung übernehmen auf Wunsch die Aufgabe, für das Unternehmen die Behördengänge zu koordinieren und zu erledigen. Ein Unternehmer, der einen neuen Kanalanschluss braucht, kann in Offenbach die Wirtschaftsförderung in Anspruch nehmen, um nicht selbst nacheinander das Vermessungsamt, das Bauamt und die Energieversorgung zu kontaktieren. Es bedarf eines Briefes oder eines Gespräches mit der Wirtschaftsförderung, um dann von diesem Amt einen abschließenden Bescheid zu erhalten, der auf der Grundlage der Anforderungen der beteiligen Ämter erarbeitet wurde. Diese Lotsenfunktion gilt für viele Einzelanforderungen und Fragen die Unternehmen haben, wie beispielsweise zur Stellplatzsatzung, zum Denkmalschutz oder für Ausnahmegenehmigungen und Befreiung. Hier versteht sich die Wirtschaftsförderung als Anwalt der Unternehmen, der versucht, die Verwaltung zu bewegen die vorhandenen Entscheidungsspielräume für die Unternehmen zu nutzen.

6 Standortmarketing und Standortentwicklung zur Sicherung vorhandener Betriebe und für Neuansiedlungen

Die Wirtschaftsförderung ist auch der zentrale Ansprechpartner für alle Standortfragen. Sie führt eine umfangreiche Flächendatei, in der alle in Offenbach angebotenen Flächen aufgenommen werden. Die Flächendatei des Amtes ist ein wesentliches Arbeitsmittel bei der Vermarktung der Gewerbeflächen in der Stadt und bei der Beratung von an- oder umsiedlungswilligen Firmen. Sie enthält – von wenigen Ausnahmen abgesehen – alle in Offenbach angebotenen Grundstücke, Gewerbeobjekte, Büro-, Laden-, Produktions- und Lagerflächen.

Diese Flächendatei ermöglicht es, dass jeder, der in Offenbach ein Miet-, Pacht- oder Kaufobjekt sucht, von der Wirtschaftsförderung auf Anfrage innerhalb von wenigen Minuten, alle auf seine Belange und seine speziellen Bedürfnisse passenden Objekte mit allen erforderlichen Informationen erhält. Das Amt für Wirtschaftsförderung organisiert dann auf Wunsch auch Besichtigungstermine. Darüber hinaus ermöglicht die Datei eine Auswertung und eine Bewertung der gewerblichen Flächenangebote in Offenbach.

Daraus veröffentlicht die Wirtschaftsförderung jährlich einen Gewerbeflächenreport als gebundene Broschüre. Dieser Report wird auch im Internet unter der Adresse www.offenbach.de veröffentlicht. Der Gewerbeflächenreport ist gleichzeitig ein Marketinginstrument und ein Informationsmedium. Er unterrichtet über Leerstand, Preisniveau, Neuansiedlungen und Entwicklung am Standort Offenbach. Er ist gleichermaßen interessant für Investoren, Grundstücksbesitzer und ansiedlungswillige Betriebe.

Die Akquisition von ansiedlungswilligen Betrieben ist für das Amt für Wirtschaftsförderung der Stadt Offenbach, wie in vielen vergleichbaren Kommunen, eine seiner Hauptaufgaben. Wie in der Republik üblich, werden nicht nur Anfragen abgewartet sondern der Kontakt zu Unternehmen gesucht, die eventuell den Standort verlagern möchten beziehungsweise die weitere Niederlassungen gründen wollen.

7 Regionale Wirtschaftsförderung

Die Stadt Offenbach ist Mitglied im *Wirtschaftsförderungsverein Rhein-Main*. Hier wurden bislang die gemeinsamen Marketingaktivitäten der Region gebündelt und so verstärkt für die Region als Standortalternative geworben. Ziel des Vereins war es aber auch sicherzustellen, dass ansiedlungswillige Unternehmen, die eine Anfrage bei einer Kommune stellen und hier nicht die gewünschte Fläche erhalten, sofort an andere Städte innerhalb der Region vermittelt werden. So soll sichergestellt werden, dass Arbeitsplätze innerhalb des Rhein-Main Gebietes gebunden werden, und es soll verhindert werden, dass ein Investor Alternativen an anderen Standorten in Deutschland sucht. Zwischenzeitlich ist es gelungen, den Verein in eine neue Struktur überzuleiten: 22 Vertreter von Landkreisen und Städten aus der Region FrankfurtRheinMain mit dem *IHK-Forum Rhein-Main*, der *Wirtschaftsinitiative Metropolitana FrankfurtRheinMain*, dem *Planungsverband Ballungsraum Frankfurt/Rhein-Main*, der *Wirtschaftsförderung Region Frankfurt RheinMain* haben einen Vertrag zur Gründung der *FrankfurtRheinMain GmbH – International Marketing of the Region* – unterschrieben. Die Initiative zur Gründung dieser regionalen Marketinggesellschaft war vom Offenbacher OB *Grandke* und dem Landrat des Hochtaunuskreises, *Jürgen Banzer*, ausgegangen.

Mit der Standortmarketinggesellschaft *FrankfurtRheinMain GmbH* wird auch die in Wirtschaftskreisen seit langem erhobene Forderung verwirklicht, die Region möge mit einer Stimme sprechen. Geschlossenheit nach außen, Wettbewerb im Inneren – das sind die Ziele der neuen Gesellschaft. Sie wird zukünftig erstmals umfassend für die Gesamtregion im Ausland und um Ansiedlungen in der Region FrankfurtRheinMain werben. Die Gesellschaft *FrankfurtRheinMain GmbH* soll dabei keineswegs den fruchtbaren Wettbewerb der verschiedenen Wirtschaftsförderungsgesellschaften in den einzelnen Städten behindern oder gar unterbinden.

8 Beschleunigung von Genehmigungsverfahren als Standortvorteil

Bei der Standortentscheidung von Unternehmen, seien es Entscheidungen zu Betriebsausbau, -umbau oder -neubau, spielt Geschwindigkeit eine immer größere Rolle. Die Unternehmen sind gezwungen, auf Marktanforderungen flexibel und schnell zu reagieren. Gleichzeitig nimmt die Regelungsdichte mehr und mehr zu. Bei genehmigungspflichtigen Investitionsvorhaben steigt sowohl der Aufwand zur Erstellung der Antragsunterlagen als auch der Prüfaufwand für die Genehmigungsbehörde.

Wenn die betriebliche Grundsatzentscheidung für eine Investition getroffen ist und die Bauantragsunterlagen gefertigt sind, beginnt für den Unternehmer die Phase, in der er nicht mehr »Herr des Verfahrens« ist. Er muss darauf warten, dass die Prüfung der Bauantragsunterlagen abgeschlossen wird und er die Baugenehmigung bekommt.

Unabhängig davon wie lange das Unternehmen für seine Planungen benötigt hat, wird die Phase in der die Genehmigungsbehörde prüft, als Belastung betrachtet. Ursache dafür ist, dass Unternehmen sehr häufig diese Zeiten in ihrer Projektplanung nicht berücksichtigen, oder die Prüfung aus ganz verschiedenen Gründen tatsächlich viel Zeit in Anspruch nimmt. Die für die Prüfung benötigte Zeit beeinträchtigt dann den Ablauf des jeweiligen Projekts. Dies kann für das Unternehmen sehr teuer werden.

Für die Wirtschaftsförderung bedeutete das zwingend, sich in die Genehmigungsverfahren einzubinden, da die Verkürzung von Genehmigungszeiten in einer Stadt wie Offenbach zu einem echten, wirkungsvollen Standortfaktor werden kann.

- **Analyse des Genehmigungsverfahrens**

Zu Beginn des Projektes Beschleunigung von Baugenehmigungsverfahren wurde untersucht, wie ein Bauvorhaben typischerweise abläuft. Dabei wurde deutlich, dass die Verwaltung in der Hauptsache in zwei Phasen eingebunden ist, in die Vorabstimmung des Vorhabens und in die Prüfung der Bauantragsunterlagen.

- **Vorabstimmungsphase**

In diesem Stadium eines Projektes finden in der Regel Gespräche zwischen dem Bauherrn oder Architekten und einzelnen Ämtern wie Bauaufsichtsamt, Planungsamt, Umweltamt oder der Feuerwehr statt. Dabei ist es für den Bauherrn/Architekten sehr zeitintensiv, die jeweils zuständige Stelle und den richtigen Ansprechpartner zu finden und danach noch jeweils Termine zu vereinbaren. Die Vielzahl der Ämter und der Ansprechpartner hat zur Folge, dass bereits für die Vorabstimmung sehr viel Zeit benötigt wird.

Darüber hinaus hat der Bauherr/Architekt in der Regel nicht alle relevanten Ämter mit eingebunden, da er meist die Zuständigkeit nicht überschauen konnte. Dies führt dazu, dass trotz Vorabstimmung die einzelnen Bauanträge Passagen oder Antragsbestandteile enthielten, die für einzelne Ämter nicht genehmigungsfähig waren oder zu nachträglichen Auflagen führten.

Die Bauantragsunterlagen müssen dann in der konkreten Prüfungsphase nachgebessert werden, was Zeit kostet und das Risiko birgt, dass die Genehmigung nur mit Auflagen erteilt oder gar versagt wird.

Aus dieser Analyse definiert die Stadt Offenbach das Ziel, die Zeit für die Vorabstimmung zu minimieren und Fehlerquellen zu verringern.

- **Prüfungsphase**

In der Phase der konkreten Prüfung des Bauantrages sind, wie bereits in der Vorprüfungsphase, eine Vielzahl an städtischen und nichtstädtischen Ämtern zu beteiligen. In der Regel nimmt die Bauaufsichtsbehörde die Planungsunterlagen vom Bauherrn/

Architekten entgegen. Diese verschickt sie dann nach einer Vorprüfung an alle zu beteiligenden Ämter. Nach Rücklauf aller Stellungnahmen der Fachämter fertigt die Bauaufsichtsbehörde erst dann die Baugenehmigung, wenn alle Ämter die Genehmigungsfähigkeit bescheinigen, beziehungsweise die jeweiligen Auflagen formuliert haben. Dieses Verfahren kann sehr zeitintensiv sein.

Wenn bei der Vorprüfung beispielsweise festgestellt wird, dass eine Unterschrift oder ein Formular fehlt, schreibt die Vorprüfung den Bauherrn an und teilt ihm mit, dass die Unterlagen unvollständig sind. Bis das Schreiben gefertigt ist, der Bauherr es erhalten hat, die Unterlagen vervollständigt sind und er den dann vollständigen Bauantrag erneut abgeben kann, kann weit mehr als eine Woche vergehen.

Die Bauaufsicht verschickt dann die Antragsunterlagen an die einzelnen Fachämter und wartet auf deren Stellungnahme. Durch die unkoordinierte Einzelbearbeitung in den Fachämtern und durch eventuelle Rückfragen der Fachämter bei ihren vorgesetzten Dezernenten oder beim Bauherrn (direkt oder wieder über die Bauaufsicht) wird sehr viel Zeit benötigt.

Wenn die Stellungnahme eines Fachamtes aussteht, ruht das gesamte Verfahren bei der Bauaufsichtsbehörde. Erst wenn dort die letzte ausstehende Stellungnahme eingeht, werden alle Einzelaussagen der Fachämter zu einem Bescheid zusammengefasst.

Diese Art der Prüfung kann sehr lange dauern. Insbesondere dann, wenn der Bauantrag Festsetzungen enthält, die den Entscheidungsspielraum der Fachämter maximal ausschöpfen. Viele Mitarbeiter von Fachämtern neigen in solchen Fällen dazu, sich zunächst der Zustimmung ihres Dezernenten zu versichern. Die Verfahrensdauer wird unkalkulierbar.

Kundenfreundlicher wirkt das Verfahren, wenn die Fachämter sich beim Formulieren von Auflagen als Dienstleister verstehen und den Kunden beraten, so dass er möglicherweise kostenintensive Auflagen vermeiden kann.

- **Optimierung des Genehmigungsprozesses**

Bei der Betrachtung der einzelnen Phasen eines Bauvorhabens zeigte sich, dass mangelnde Vorabstimmung und Fehler in dieser Phase zu einem enormen Zeitbedarf im eigentlichen Prüfungsvorgang führten. Daher wurden von der Wirtschaftsförderung Offenbach Regelkreise mit dem Ziel eingeführt, die Vorprüfungsphase und die eigentliche Prüfung zu optimieren und beide miteinander zu verknüpfen.

- **Behördenmanagement**

Die Wirtschaftsförderung übernimmt als Projektleiter die Koordination der Vorabstimmung der Bauvorhaben. Dabei koordiniert sie Termine, an denen alle am Bauvorhaben beteiligten Fachämter an einem Tisch sitzen.

Wichtig ist, dass diese Abstimmungsgespräche mit allen relevanten Ämtern bereits zu Beginn der Planungsphase stattfinden. Hier stellt der Bauherr/Architekt die ersten Grundplanungen vor und die Fachämter arbeiten als »Berater« in der Planungsphase mit. In den Gesprächen wird auch herausgearbeitet, welche Zwänge beim Bauherrn und den Ämtern vorhanden sind und versucht, für beide Parteien akzeptable, kostengünstige Lösungen zu finden. So wird bereits in dieser Phase deutlich, welche Auflagen bei welcher Planungsalternative zu erwarten sind. Der Bauherr kann diese Vorgaben einplanen und kalkulieren und die für sein Vorhaben beste Lösung weiterverfolgen.

Üblicherweise ist es so, dass der Architekt diese Koordinierungsleistung erbringen sollte oder der Bauherr sich darauf verlässt, sein Architekt werde dies tun. Mit Nachdruck verfolgen dies jedoch nur wenige Architekten. Zumal es auch Themenbereiche gibt, die Architekten nicht überblicken. Wenn die Behörden dann Auflagen formulieren, wenn die Bearbeitung sich verzögert oder gar die Genehmigung versagt werden muss, wird der Architekt die Verantwortung in der Regel auf die unflexible Verwaltung schieben. Aus dieser Erkenntnis heraus hat die Wirtschaftsförderung der Stadt Offenbach entschieden, prinzipiell diese Koordinierungsleistung dem Kunden anzubieten. Dadurch werden die Abläufe beim Bauherrn und der Verwaltung optimiert.

Je nach Komplexität des Bauvorhabens sind ein oder mehrere solcher Behördengespräche nötig. Sie werden von der Wirtschaftsförderung organisiert. Nach dem Ende der Vorabstimmung liegt dann ein Bauantrag vor, der mit den Fachämtern bereits abgesprochen wurde. Durch diese frühzeitige Koordination der Wirtschaftsförderung spart der Bauherr Zeit und kann sicher sein, dass er alle Belange der Fachämter kennt und im Projekt darauf reagieren kann.

- **Prüfung der Bauantragsunterlagen**

Da die Bauaufsicht und die Fachämter in der Vorabstimmung das Projekt und die Akteure kennengelernt haben, wird die eigentliche Prüfung sehr erleichtert. Die Bauaufsicht prüft zusammen mit dem Bauherrn/Architekten die Vollständigkeit der Unterlagen. Wenn Unterlagen fehlen, werden diese sofort nachgefordert. Dann schickt die Bauaufsicht die Unterlagen zu den Fachämtern. Da diese in der Vorabstimmung das Bauvorhaben intensiv mitbetreut haben, wird die Prüfung sehr erleichtert und verkürzt.

Sobald die erste Stellungnahme eines Fachamtes bei der Bauaufsicht eingeht, mahnt diese alle noch ausstehenden Stellungnahmen an. Durch dieses sehr einfache Vorgehen wurde die Genehmigungszeit enorm verkürzt.

- **Stadtentwicklungsrunde**

Neben den ämterinternen Regelkreisen wurde in Offenbach eine Gesprächsrunde beim Oberbürgermeister eingerichtet, die Stadtentwicklungsrunde. Diese Einrichtung wurde geschaffen, da in der Analyse der Baugenehmigungsprozesse die Abstimmung mit Amtsleitern und politisch verantwortlichen Dezernenten als Zeitproblem identifiziert wurde. Bei komplexen Bauanträgen gibt es in der Regel immer Problempunkte, die den Entscheidungsspielraum des Sachbearbeiters übersteigen, bei denen der Sachbearbeiter vor einer Ausschöpfung des Spielraumes zurückschreckt oder bei denen geklärt werden muss, ob ein Projekt inhaltlich oder in der geplanten Qualität politisch gewollt ist. Es wurde schnell deutlich, dass die dann erforderliche Einbindung des politisch verantwortlichen Dezernenten teilweise viel Zeit in Anspruch nahm.

Um diesen Abstimmungsbedarf zu minimieren und den Zeitaufwand zu verkürzen, ist die Stadtentwicklungsrunde als Regelkreis eingeführt worden. An dieser Gesprächsrunde, die jede Woche an einem fixen Termin stattfindet, nehmen neben dem Oberbürgermeister und dem Planungsdezernenten alle Amtsleiter der an der Prüfung von Bauanträgen beteiligten Ämter teil. In dieser Runde werden alle gewerblichen Bauprojekte, die momentan im Behördenmanagement oder in der konkreten Prüfung behandelt werden, vorgestellt und die Verfahrensstände besprochen.

Um Planungssicherheit in den Verfahren zu gewährleisten, übernimmt der Oberbürgermeister frühzeitig die Konsensbildung im politischen Raum. So können Zusagen, die er oder die Verwaltung den Bauwilligen gibt, eingehalten werden. Wenn erforderlich, können auf dieser Grundlage der politischen Konsensbildung und der baurechtlichen Beurteilung Teilbaugenehmigungen erteilt werden, um bei komplizierten Verfahren keine Zeit zu verlieren.

Die Fachämter müssen jeweils einen Bericht über den intern bearbeiteten Stand eines Vorhabens geben. Gibt es unterschiedliche Einschätzungen beteiligter Fachämter zu wichtigen Projekten und konnten diese zuvor bei den Amtsrunden nicht gelöst werden, fällt dieses Gremium eine Entscheidung. In dieser Runde wird aber auch das weitere Vorgehen im politischen Raum erörtert, beispielsweise »Wann wird eine Magistratsvorlage eingebracht? Welche Beratungszeiträume sind in der Stadtverordnetenversammlung zu beachten?«. Diese Runde gibt den Ämtern die Sicherheit Entscheidungsspielräume mit Unterstützung durch die Dezernenten ausschöpfen zu können. Außerdem werden auch Gründe dafür besprochen, weshalb einzelne Stellungnahmen zu den vorliegenden Bauanträgen noch ausstehen. Die dadurch entstehende Transparenz der Arbeitsvorgänge führt dazu, dass die einzelnen Ämter sich bemühen ihre Stellungnahmen zügig abzugeben. Kein Amt möchte permanent in der Stadtentwicklungsrunde erklären müssen, warum es als letzte Dienststelle noch keine Stellungnahme zu einem Bauantrag abgegeben hat.

Das Zusammenspiel der drei Regelkreise Behördenmanagement, Genehmigungsverfahren und Stadtentwicklungsrunde hat dazu geführt, dass Baugenehmigungen für komplett eingereichte Bauantragsunterlagen in Offenbach in der Regel nach weniger als drei Monaten erteilt werden können.

Da die Wirtschaftsförderung als koordinierende Stelle keine Weisungsbefugnis über andere Ämter hat, kann dieses Verfahren nur effizient funktionieren, wenn es als »Chefsache« von den Dezernenten mitgetragen und unterstützt wird.

9 Standortmanagement in der Praxis

Es hat sich gezeigt, dass das Ziel Baugenehmigungen in weniger als drei Monaten zu garantieren immer dann erreicht werden kann, wenn nicht Landesdienststellen wie Wasserwirtschaftsamt oder Regierungspräsidium eingeschaltet werden müssen.

Sind diese Dienststellen involviert, ist in der Regel mit längeren Fristen zu rechnen. Aber auch in diesem Fall übernimmt die Wirtschaftsförderung die Koordination der Termine und Gespräche. In der Regel gelingt es dadurch, auch diese Bearbeitungszeiten zu minimieren. Da die Behörden eigenständig sind, ist es besonders wichtig, Kontakte zu den jeweiligen Sachbearbeitern aufzubauen.

Der Baugenehmigungsprozess innerhalb der Verwaltung der Stadt Offenbach ist gegenüber dem Kunden, das heißt gegenüber dem Investor oder dem ansiedlungswilligen Unternehmen, jederzeit transparent. Der Kunde erhält Auskunft darüber, wie der Stand des Verfahrens ist, welche der beteiligten Ämter ihre »Hausaufgaben erledigt haben«, wo die Zustimmung noch nicht erteilt wurde, welche Probleme noch gelöst werden müssen. Dies ermöglicht es den Bauwilligen im Laufe des Prozesses Unterlagen nachzureichen oder zu ändern. So wird vermieden, dass ein Verfahren mit einem negativen Bescheid abgeschlossen wird und dann neu aufgerollt werden muss.

Wirtschaftsförderung und Bauaufsichtsamt verstehen sich in diesem Prozess als kundenorientierte Berater und Problemlöser. Beurteilungsspielräume für den Bauherrn werden ausgeschöpft. Es gibt keine Beschränkung der Auslegung des Gesetzestextes auf die wörtliche Interpretation. Vielmehr werden sämtliche anerkannten Auslegungsmethoden, maßgeblich auch die teleologische Auslegung, die Auslegung am Sinn und Zweck des Gesetzes, herangezogen. Verwaltung ist so nicht primär als Träger hoheitlicher Gewalt sondern als Dienstleister, der zur Förderung der Maßnahmen sowohl technische als auch menschliche Ressourcen in das Genehmigungsverfahren einbringt, anzusehen. Durch die frühzeitige Fühlungnahme mit allen am Genehmigungsverfahren zu beteiligenden Stellen kann deren Know-how bei der Problembewältigung ausgeschöpft werden.

Betrachtet man den Weg zur Beschleunigung von Genehmigungsverfahren in der Stadt Offenbach, so kann man zunächst feststellen, dass die eingesetzten Mittel und Managementprozesse in vielen Städten bekannt sind und angewandt werden. So wird jede Wirtschaftsförderung einer Gebietskörperschaft deutlich machen, dass sie das Behördenmanagement als eine der Hauptaufgaben betrachtet und erfolgreich betreibt. Auch die jeweilige Bauaufsicht wird die Bauanträge so zügig wie möglich bearbeiten. Und schließlich wird auch jeder verantwortliche Politiker darauf hinweisen, dass er bei all den Fällen wo eine politische Unterstützung nötig wird, diese unverzüglich leistet.

Besonders und erfolgreich wird das Offenbacher Modell dadurch, dass es sich um einen integrierten Ansatz handelt, bei dem die drei Regelkreise Behördenmanagement-Baugenehmigungsverfahren-Stadtentwicklungsrunde zunächst einzeln optimiert und dann aber als notwendige Bestandteile eines integrierten Prozesses zusammengeführt und erneut optimiert werden.

Erst dadurch besteht die Möglichkeit alle Optimierungspotenziale zu nutzen. Durch die in allen Prozessstufen beteiligten Personen entsteht darüber hinaus ein extrem hohes Prozess-Know-how, das jeder Baugenehmigung zugute kommt. Das Stadtentwicklungsziel »Schnelle Baugenehmigung« wird in diesem Prozess über die permanente, wöchentliche Einbindung und Abstimmung mit den politisch verantwortlichen Dezernenten bei allen Beteiligten verinnerlicht und wird über den Zeitablauf nicht aufgeweicht, sondern eher noch weiterentwickelt.

10 Positive Ergebnisse

Aus dem aktuellen Flächenreport für das Jahr 2004 wird ersichtlich, dass am Markt Offenbach deutlich geringere Leerstandsquoten registriert werden als in Frankfurt: 7,9 % in Offenbach, in Frankfurt liegt dieser Wert zwischen 13 und 17 %. Das Mietniveau in Offenbach blieb, anders in der Region, im Jahr 2004 stabil. In einem insgesamt sehr schwierigen Immobilienmarkt konnte Offenbach leichte Zugewinne erzielen. Dies ist auch ein Ergebnis des aktiven Standortmanagements.

Seit 1990 bis heute wurden mehr als 1,5 Mrd. Euro in Offenbach investiert, mehr als 450.000 Quadratmeter Geschossfläche wurden gebaut und rund 14.000 neue Arbeitsplätze wurden zum großen Teil in den mehr als 100 neuen Unternehmen, die in Offenbach gegründet wurden, oder ihren Standort hierher verlagert haben, geschaffen.

Mit dieser Entwicklung ging auch die Veränderung der Wirtschaftsstruktur Offenbachs einher. Von der bisherigen Arbeiterstadt wandelte sich Offenbach zum Dienstleistungsstandort. Hier siedelten sich, wie von der städtischen Politik geplant, die Backoffices von Banken, High-Tech-Unternehmen und Agenturen an. Für sie wurde Offenbach zum Standort der Wahl, weil sie dank der hervorragenden Anbindungen an Autobahn, Bahn und den internationalen Luftverkehr ihre oftmals weltweit ausgerichteten Geschäftstätigkeiten optimal abwickeln können.

Im Jahr 2003 waren bereits 71,2 % der versicherungspflichtig Beschäftigten im tertiären Sektor tätig, und nur noch 28,8 % im sekundären Sektor. Noch im Jahr 1990 waren 44,9 % im Sekundärsektor und 54,8 % im Tertiärsektor beschäftigt gewesen. Keine andere Zahl könnte den drastischen Wandel einer innerstädtischen Struktur in nur zwölf Jahren besser beschreiben.

Entsprechend stieg auch die Bruttowertschöpfung von 3,032 Mrd. Euro im Jahr 1990 auf 3,449 Mrd. Euro innerhalb von acht Jahren bis 1998 an. Bis zum Jahr 2002 war ein weiterer Anstieg auf 3,959 Mrd. Euro zu verzeichnen. Diese Kennziffern zeigen, dass Offenbach wieder ein produktiver Wirtschaftstandort ist, der sich auch in konjunkturell schwieriger Zeit stabil präsentiert und einen leichten Vorwärtsgang eingelegt hat.

Ein ähnliches Bild bot sich bei der Gewerbesteuer, die bis zum Ende der 90er-Jahre von rund 40 Mio. Euro bis auf rund 82 Mio. Euro anstieg. Allerdings war auch die Stadt Offenbach in den letzten Jahren durch den dramatischen Wandel der Rahmenbedingungen durch die Steuerreform und wegen der aktuellen konjunkturellen Situation von den daraus resultierenden Einbrüchen bei der Gewerbesteuer zuletzt im Jahr 2002 stark betroffen. Der Negativ-Saldo von 5 Mio. Euro war bundesweit einmalig. Zwischenzeitlich hat sich die Gewerbesteuer positiv entwickelt, 2004 konnten 68 Mio. Euro an Gewerbesteuer (brutto) eingenommen werden. Dieses Volumen wird zu mehr als $^3/_4$ von den in den 90er-Jahren neu angesiedelten Unternehmen aufgebracht.

Ein bundesweit beachtetes großes Lob für die Stadt Offenbach war auch das Ergebnis der Standort-Umfrage des deutschen Industrie- und Handelskammertages, die Offenbach nach Frankfurt auf den zweiten Platz der beliebtesten Standorte innerhalb der gesamten Bundesrepublik bei den befragten Unternehmen in Deutschland brachte. Dieses Ergebnis ist nicht zuletzt deshalb so bemerkenswert, weil sich die Veränderungen offenbar schneller herumgesprochen haben, als es zunächst erwartet werden konnte.

11 Fazit

Die Reformpolitik, die Umsetzung eines aktiven Standortmanagements in Offenbach hat zu einem deutlichen Imagewandel der Stadt beigetragen. Offenbach wird nicht mehr als graue, alt-industrielle Stadt ohne Ambiente, ohne Zukunft und ohne Entwicklungschance wahrgenommen. Das Offenbach von heute steht für Innovationen, Modernisierung und unkonventionelle Lösungen. Das »Modell Offenbach« hat überregional Aufmerksamkeit gefunden.

Offenbach setzt mit der Ansiedlungspolitik im Finanz-Dienstleistungsbereich, mit der Strategie die Backoffice-Bereiche von Banken anzusiedeln, auf das regional vorgegebene und von seinen Wachstumspotenzialen richtige Marktsegment. Der Wandel von der Industrie- zur Dienstleistungsstadt geht weiter. Mit dem integrierten Konzept des Strukturwandels, der Haushaltssanierung und der Verwaltungsreform hat die Politik in Offenbach die Voraussetzungen für eine zukunftsfähige Stadt geschaffen.

Strategieumsetzung im Rahmen von Public Private Partnerships

Dr. Uwe Günther*

* Dr. Uwe Günther, Mitglied der Geschäftsführung, Bau- und Liegenschaftsbetrieb NRW, Düsseldorf.

1 Ausgangslage

Das geringe wirtschaftliche Wachstum und das Wegbrechen von Steuereinnahmen, steigende oder gleich bleibende Ausgaben zur Bedienung der Zinslast und zur Bezahlung des Personals haben die öffentlichen Haushalte veranlasst, Investitionen zurückzufahren, und zwar auch dann, wenn etwa bauliche Investitionen sachlich notwendig und das Verschieben dieser Investitionen in die Zukunft unwirtschaftlich war. Zur Durchführung von Investitionen gibt es keine rechtliche Verpflichtung, wohl aber zur Zahlung der Zinslast und des Personals.

Es bestehen unterschiedliche Handlungsalternativen des Staates zur Realisierung baulicher Investitionen. Der Staat kann sich der eigenen Bauverwaltung bedienen, er kann Landesbetriebe einsetzen oder PPP-Modelle umsetzen.

Alternative 1: konventionelle Eigenerstellung durch die staatliche Bauverwaltung in ineffizienten kameralen Strukturen:
Die Jahrzehnte geübte, bisherige Praxis der Realisierung von staatlichen Baumaßnahmen durch die staatliche Bauverwaltung hat gezeigt, dass durch die bestehenden Entscheidungs- und Mittelgenehmigungsverfahren sowie die Praxis bei der Realisierung der Projekte eine erhebliche Ineffizienz entsteht. Diese führte wiederum zu einem nachhaltig negativen Image der staatlichen Bauverwaltung.

Alternative 2: wirtschaftlich handelnde Landesbetriebe:
Mit der Etablierung marktwirtschaftlich und immobilienökonomisch handelnder Landesbetriebe zur Immobilienverwaltung und -bewirtschaftung hat die öffentliche Hand die Möglichkeit sich den Zwängen kameraler Strukturen zu entziehen und ihre Effizienz zu steigern.

Um notwendige Investitionen durchzuführen, scheinen auch Public Private Partnership-Modelle (PPP-Modelle) ein geeignetes Instrument zu sein. Durch die Kooperation von öffentlicher Hand und privatwirtschaftlichen Partnern soll die Finanzierung der Projekte gesichert, das Risiko sachgerecht verteilt, die Effizienz der öffentlichen Hand durch marktkonformes Handeln gesteigert und die Erbringung der öffentlichen Dienstleistungen gesichert werden.

Im Folgenden sollen die Anwendungsfelder von PPP-Modellen skizziert (2), ihre Problematik erläutert (3) und als Alternative wirtschaftlich handelnde Landesbetriebe diskutiert werden (4).

2 Anwendungsfelder und PPP-Realisierungsmodelle

PPP-Modelle sind insbesondere in den Bereichen Verkehr, Immobilien, Logistik, öffentlicher Nahverkehr, Stadtentwicklung, Wirtschaftsförderung und öffentliche Sicherheit denk- und realisierbar, was die bislang durch Bund, Länder und Kommunen realisierten Beispiele belegen.

Bei PPP-Projekten finden insbesondere Finanzierungs-, Konzessions- und Betreibermodelle Anwendung.

Im Finanzierungsmodell finanziert der private Partner ein Vorhaben der öffentlichen Hand und wird im Rahmen von Mietkauf- bzw. Leasingverträgen vergütet. Der Betrieb und die Realisierung des Vorhabens liegen in der Verantwortung der öffentlichen Hand.

Beim Betreibermodell wird durch den privaten Partner neben der Finanzierung auch der laufende Betrieb und die Unterhaltung des Projektes übernommen. Die öffentliche Hand vergütet dabei die Leistungen des privatwirtschaftlichen Partners zu vereinbarten marktgängigen Konditionen, da der private Partner das wirtschaftliche Risiko trägt. Die bestehenden öffentlich-rechtlichen Verpflichtungen verbleiben beim öffentlichen Auftraggeber.

Konzessionsmodelle finden Anwendung, wenn der private Partner öffentliche Dienstleistungen unmittelbar für die Bürger erbringt. Die öffentliche Hand gewährt dem privaten Partner mit der Konzession das Recht, die Leistung zu erbringen und vom Bürger eine Gebühr oder ein privatrechtliches Entgelt auf Grundlage einer Tarifgenehmigung zu erheben.

Bei Kooperationsmodellen erbringen die öffentliche Hand und der private Partner gemeinsam öffentliche Dienstleistungen. Dazu gründen die Beteiligten ein gemeinsames privatrechtliches Unternehmen (z. B. Projekt- und Infrastrukturentwicklung).

3 Bewertung der aktuellen Situation

Mittels PPP-Projekten insbesondere in Betreibermodellen sehen Unternehmen die Möglichkeit, langfristig profitable, ergebnisverbessernde Umsätze zu erwirtschaften. Langfristig bedeutet hier insbesondere, das die Unternehmen nicht nur an der Realisierung der Projekte interessiert sind, sondern darüber hinaus auch die mit dem Betrieb verbundenen Dienstleistungen erbringen wollen. Dabei zeigen die Unternehmen die erforderliche Risikobereitschaft, in bislang unbekannte Bereiche zu investieren.

Für die öffentliche Hand werden Effizienzgewinne durch PPP-Projekte in Höhe von 20 % auf Grundlage der in Großbritannien gesammelten Erfahrungen – je nach Sichtweise – behauptet, festgestellt oder prognostiziert. Deswegen gibt es vielfältige Initiativen auf Bundes- und Länderebene, PPP-Projekte durchzuführen; es hat auch schon einige spektakuläre Vergaben gegeben. Auf vielen Kongressen werden PPP-Modelle vorgestellt und ihre positive Wirkung beschrieben.

Zur Euphorie über PPP-Modellen besteht kein Anlass. Das sei exemplarisch an dem für die öffentlichen Hände zentralen Punkt – der Wirtschaftlichkeitsrechnung – dargelegt.

Aus haushaltsrechtlichen Gründen muss die angestrebte PPP-Lösung insgesamt gesehen wirtschaftlich genauso günstig sein wie die konventionelle Realisierung.

Sieht man einmal davon ab, dass die für einen Vergleich notwendigen Daten (z. B. Verbrauchskennziffern) nicht immer vorhanden sind, müssen bei einem Vergleich zukünftige Entwicklungen in dem Zeitraum der Dauer der vertraglichen Bindung eingeschätzt und rechnerisch abgebildet werden. Die Einschätzung bzw. Prognose der zukünftigen Entwicklung einzelner für den Projekterfolg wesentlicher Parameter ist jedoch fehlerträchtig. So ist aus aktueller Sicht eine fehlerfreie Abschätzung der zukünftigen Zinsentwicklung der nächsten Jahrzehnte vor dem Hintergrund der aktuellen Marktentwicklungen nur schwer möglich. Gleiches gilt für die zukünftige Personalkostenentwicklung im öffentlichen Dienst. Es kommen weitere offene Fragen hinzu: Wie müssen bei einem wirtschaftlichen Vergleich Personalkosten, da in Folge von PPP-Lösungen Angestellte beschäftigungslos werden, berücksichtigt werden, oder bleiben diese Kosten als »eh-da-Kosten« unberücksichtigt? Wenn ja, ist mutmaßlich fast jedes PPP-Modell wirtschaftlich darstellbar; wenn nein, ist fast jede PPP-Lösung unmöglich.

Zu berücksichtigen ist ferner Folgendes: Verträge über eine lange Laufzeit bergen unabsehbare Risiken. Ändern kann sich die Gesetzeslage, ändern kann sich die Rechtsprechung, ändern können sich die funktionellen Anforderungen an öffentliche Gebäude, ändern können sich die Bedarfe der öffentlichen Hand. Es ist unabsehbar, welche Auswirkungen dies auf die Verträge hat und ob sich die einmal in Aussicht genommene Risikoverteilung zwischen den Vertragspartnern realisiert. Auch diese Umstände machen einen wirtschaftlichen Vergleich zwischen PPP-Modellen und konventionellen Verfahren fast unmöglich.

Zudem besteht eine unterschiedliche steuerliche Behandlung von öffentlicher Hand und Privaten (erstellt der Hoheitsträger die Leistung selbst, so unterliegt die Leistung keiner Steuer; bei Einschaltung der Privatwirtschaft unterliegen die erbrachten Leistungen diversen Steuern). Bleibt die unterschiedliche steuerliche Behandlung von öffentlich und privat erbrachten Leistungen irrelevant oder müssen sich die öffentlichen Hände die Steuerbarkeit entgegen halten lassen auch um den Preis, dass Steuersparmodelle Eingang in Wirtschaftlichkeitsberechnungen finden?

Die aufgeworfenen Fragen lassen sich möglicherweise einzeln noch halbwegs plausibel beantworten, ihre Beantwortung insgesamt führt aber letztlich zu einer Vergabeentscheidung, die weniger auf wirtschaftlichen denn dezisionistischen Erwägungen beruht: Je nach Vorverständnis über den Sinn von PPP-Modellen und in Abhängigkeit von den jeweils unterschiedlichen Interessen wird ihnen eine Wirtschaftlichkeit zugesprochen oder abgesprochen. Die Vergabeentscheidung beruht nicht wirklich auf nachvollziehbaren Erwägungen, sondern auf höchst unsicheren Annahmen über die Zukunft. Die Entscheidung behauptet, rechtlich begründet zu sein, sie schafft aber nur einen Anschein. Aus der Unsicherheit der Entscheidungssituation erklärt sich auch, warum PPP-Projekte vielfach von externen Gutachtern (deren Kosten zumeist nicht in Wirtschaftlichkeitsbetrachtungen eingehen) begleitet werden, die durch Textlänge vorspiegeln, was nicht und schon gar nicht kurz zu begründen ist.

Hinzu kommt: Die öffentliche Hand scheint dennoch aus haushaltsverfassungsrechtlichen Gründen gehindert, notwendige, nur über Darlehen finanzierbare Investitionen durchzuführen. Gleiches soll aber nicht gelten für PPP-Modelle, ob schon diese wirtschaftlich die gleiche Wirkung haben und gleichermaßen rechtliche Bindungen – zwar nicht als Käufer von Bauleistungen, sondern als Käufer von Dienstleistungen – erzeugt werden. Diese Rechtslogik ist nicht logisch, sondern paradox: Die staatlicherseits errichteten Fesseln dienen zur Begründung der Wirtschaftlichkeit privaten Handelns statt sie abzuschaffen.

Die hier skizzierten Widersprüche bezwecken nicht, PPP-Modelle schlecht zu reden. Nachzuweisen, dass Eigenbauprojekte wirtschaftlicher sind, führt mangels zur

Verfügung stehender Haushaltsmittel unter Umständen lediglich dazu, dass nichts passiert, obwohl etwas passieren müsste. Die skizzierten Widersprüche sollen verdeutlichen, dass die wirtschaftliche Plausibilität von PPP-Modellen nur belegt werden kann, wenn ein bestimmtes Maß an Reformunfähigkeit der öffentlichen Hände auch für die Zukunft unterstellt wird. So sind die Bewirtschaftungskosten der öffentlichen Hand beim Betreiben von Immobilien zwar höher als bei Privaten, dies trifft aber nur zu, weil bestimmte Tarifgruppen im öffentlichen Dienst höher bewertet werden als in der privaten Wirtschaft. Dies muss nicht notwendigerweise in Zukunft so bleiben. Also: PPP-Modelle sind nicht die Lösung des Problems, sondern sie helfen allenfalls, ungelöste Probleme zu umschiffen. Das ist nicht notwendigerweise schlecht, darf aber die öffentliche Hand nicht hindern, die notwendigen Reformen durchzuführen.

4 Die Etablierung von Landesbetrieben

Es gibt einen dritten Weg zwischen konventionellen Verfahren und PPP-Modellen. Das ist die Etablierung marktwirtschaftlich und immobilienökonomisch handelnder Landesbetriebe, welche das staatliche Immobilienportfolio als Dienstleister verwaltet und bewirtschaftet.

Diese Landesbetriebe sollen Synergien generieren, die Effizienz steigern und die lebenszyklusorientierte Bewirtschaftung, Entwicklung und Verwertung des vorhandenen und neuen Immobilienbestandes marktkonform realisieren.

Das Beispiel des *Bau- und Liegenschaftsbetrieb Nordrhein-Westfalen (BLB NRW)* soll dies verdeutlichen.

Der Immobiliendienstleister *BLB NRW* ist ein teilrechtsfähiges Sondervermögen des Landes NRW. Er hat die Aufgabe, Flächen (durch Ankauf, Neubau, Umbau oder Bestandsnutzung) für die Immobiliennutzer des Landes und weitere Kunden zur Verfügung zu stellen, sofern dies mit dem Auftrag des wirtschaftlichen Handelns vereinbar ist und Mittel zur Verfügung stehen. Das Handeln des *BLB NRW* soll dabei zu einer differenzierten Struktur- und Renditeoptimierung für den *BLB NRW* und die Landesnutzer führen sowie den Werterhalt des Immobilienvermögens sicherstellen. Dabei werden den Kunden des *BLB NRW* die benötigten Flächen zu Marktkonditionen angeboten. Der *BLB NRW* erbringt, neben der Verwaltung des eigenen Immobilienbestandes, die Planung und Durchführung von Baumaßnahmen sowie die Bauunterhaltung nicht nur für *BLB NRW*-eigene Immobilien, sondern auch für staatliche und staatsnahe Dritte. Der *BLB NRW* hat einen flächendeckenden Infrastrukturauftrag, den er nach kaufmännischen Grundsätzen erfüllen muss.

Das Land NRW hat somit durch den *BLB NRW* den gesamten Immobilienbestand des Landes gebündelt sowie eine lebenszyklusorientierte Errichtung, Bewirtschaftung und Verwertung des Immobilienvermögens von 8,5 Mrd. € sichergestellt. Die so realisierten Synergien tragen dazu bei, dass erforderliche Investitionsmaßnahmen kurzfristig und effizienter als bei der konventionellen Realisierung sowie zielorientiert im Gesamt- und Einzelinteresse gesteuert und realisiert werden.

Insofern ist der *BLB NRW* das PPP-Modell des Landes NRW.

Darüber hinaus wird der *BLB NRW* durch das dienst- und fachaufsichtsführende Finanzministerium mit seiner PPP-Arbeitsgruppe, die helfen soll PPP-Modelle zu realisieren, noch stärker in den Wettbewerb gestellt. PPP-Modelle sind für den *BLB NRW* kein Angriff, sondern Anreiz besser zu werden und Wissenstransfer zu organisieren.

5 Schlussbemerkung

Ein Federstrich des Gesetzgebers kann nicht nur bewirken, dass Bibliotheken zur Makulatur werden, sondern auch, dass Effizienzgewinne von 20 % durch PPP-Modelle, aber auch durch Neuorganisation der Bauverwaltung in Form von Landesbetrieben realisiert werden. Ob das Eine oder Andere oder beides passiert, hängt ab von politischen Entscheidungen.

Strategieumsetzung als Steuerungsinstrument eines kennzahlengestützten Controllings im deutschen Heer

Christopher Kaatz*

* Christopher Kaatz, Oberst i. G., Leiter Controlling Heer, Heeresamt, Euskirchen.

1 Controlling in militärischen Organisationen

Controlling als zukunftsorientiertes Steuerungsinstrument wird erst seit wenigen Jahren systematisch in den Führungsprozess und das Entscheidungsverhalten militärischer Führer in der Bundeswehr und im Heer eingeführt. Andererseits hat sich schon *Clausewitz* im 19. Jahrhundert mit der Ökonomie militärischer Potenziale und Effektivitätsanalysen auseinandergesetzt.

Die Notwendigkeit, militärische Entscheidungen unter Zeitdruck und bei mangelnden Ressourcen zu treffen, prägt den Verlauf und die Führung von Kriegen und Schlachten seit es Soldaten gibt. Man kann sogar die Beschleunigung von Entscheidungsprozessen und die Konzentration auf wenige aber symptomatische Informationen als militärische Erfindung bezeichnen. Lange bevor es Unternehmensberatungen gab, wurden in der militärischen Operationsführung Fakten, Wirkungszusammenhänge und Beziehungen zusammengefasst und zur Entscheidungsvorbereitung verwandt, ohne dass man Begriffe wie Kampfkraft, Gefechtswert, Versorgungsrate, logistische Reichweite, Ausfallsraten, Intensitätsfaktor etc. als »Kennzahlen« bezeichnete.

Der Begriff »Strategie«, heute Schlüsselwort moderner Unternehmensführung, leitet sich von dem griechischen Wort »Heerführer« ab.

Unzweifelhaft erhöhen heute Kostendruck, Haushaltsmittelknappheit und Reformzwang den Druck, auch militärische Systeme darauf zu prüfen, ob und wie moderne Management- und Steuerungssysteme Anwendung finden können. Dem Controllingansatz, der in den 90er Jahren mit kennzahlengestützten ganzheitlichen Steuerungssystemen auf den Markt kam, näherten sich betriebswirtschaftliche Unternehmungen und militärische Organisationen, wie die *Bundeswehr* und das »Tochterunternehmen« *Heer*, allerdings auf unterschiedliche Weise, man kann sagen von zwei verschiedenen Richtungen:

Ging es modernen Unternehmensmanagern darum, die Allmacht betriebswirtschaftlicher Zahlen, wenn nicht in Frage zu stellen, aber mindestens zu relativieren und mechanisch aggregierten Schlüsselkennzahlen wie »Return on Investment«, »Cashflow« oder Markt- und Umsatzanteilen nicht mehr die alleinige Lufthoheit in den Führungsetagen zu überlassen, mussten Generale erfahren, dass auch militärische Entscheidungen gelegentlich auf harte Zahlen, gelegentlich sogar Finanz-, Kosten- und Ausgabenzahlen, Rücksicht zu nehmen haben.

Generale lieben Entscheidungsfreiräume und hassen demzufolge Zahlen, die sie in ihrem Bewegungsspielraum einschränken. Harte Controllingzahlen werden gerne genommen, wenn sie Bauchgefühle bestätigen, widersprechen sie »military knowledge«, dem Bauchgefühl oder langjährigen Erfahrungen, wird gerne Controlling an sich als einseitig betriebswirtschaftlich orientiert in Frage gestellt.

Der Ansatz von *Kaplan* und *Norton*, mit Hilfe einer »Balanced Scorecard« Führungsentscheidungen ganzheitlich und ausgewogen zu treffen, führte daher zu einem systematischen und inzwischen auch in der *Bundeswehr* dem Grundsatz nach akzeptierten und weitflächig eingeführten Controllingverständnis. Viele Elemente dieses Ansatzes waren ohnehin bekannt, auch wenn sie jetzt mit neuen Begriffen hinterlegt wurden. Den rückwärts gerichteten »Soll-Ist-Vergleich« (»Haben wir es richtig gemacht?«) gab es in der Phase »Kontrolle« des militärischen Führungsvorgangs immer schon. Voraus-

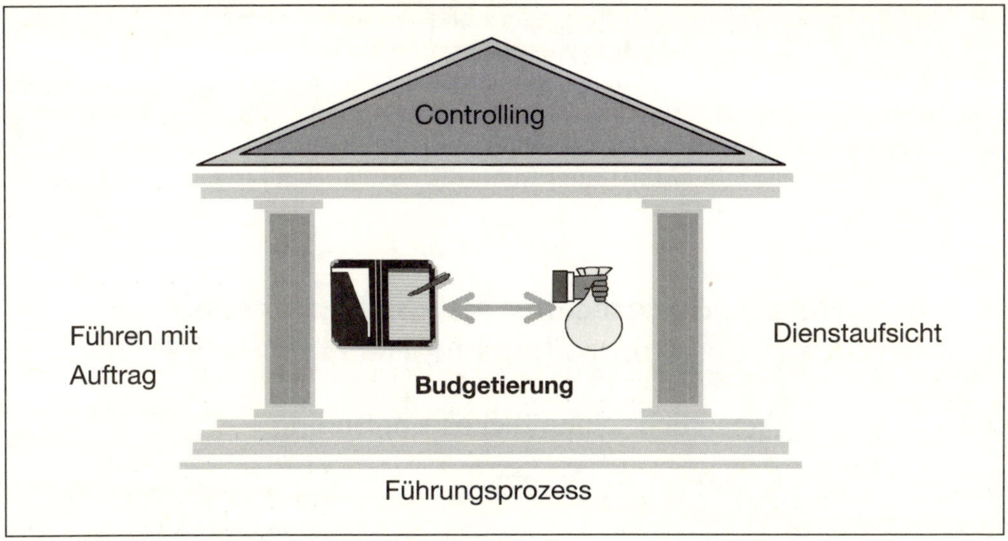

Abb. 1: Controlling in militärischen Organisationen

schauendes Steuerungsverhalten (»Machen wir es richtig?«) war immer elementarer Bestandteil von Führungskunst und das Abweichen von Normen, das Suchen nach originellen Lösungen, die Freiheit des Handelns in der Durchführung bei vorgegebener »Absicht der übergeordneten Führung« hatte von jeher Tradition in der Führerausbildung deutscher Offiziere.

Die meisten Widerstände galt es zu überwinden, wenn kostenbasierte Zahlen in Entscheidungen mit einfließen sollten. Das hatte damit zu tun, dass es im Bereich der öffentlichen Hand (nicht nur im Bereich des Verteidigungsministers) bis heute kein konsistentes Kostenrechungssystem im Sinne einer Konzernkostenrechnung gibt. Der Frage nach dem Huhn und dem Ei, ob es kein Kostenrechungssystem gibt, weil betriebswirtschaftliches Bewusstsein und entsprechende Kompetenz bei ministerialen Spitzenmanagern fehlt, oder ob dieses Bewusstsein fehlt, weil keine Kostenrechnung angelegt ist, sei hier nicht weiter nachgegangen.

Tatsache ist, dass es innerhalb der Ressorts der Bundesregierung zwar unter dem Primat der Politik einen harten Druck gibt, das Ausgabenverhalten zu steuern, dies aber nicht immer und auf keinen Fall zwangsläufig dazu führt, dass Kosten (periodengerechter in Geld bewerteter Güterverzehr) unter betriebswirtschaftlichen Kriterien optimiert werden.

Im Bereich des Bundesministers der Verteidigung ist es so in den letzten acht Jahren zwar gelungen, ein flächendeckendes Kostenrechungssystem einzuführen, sein Nutzen muss aber eher begrenzt bleiben, weil die Kosten nicht verursachungsgerecht auf den (meist höheren) Ebenen erfasst werden, wo sie entstehen und demzufolge in der weitaus größten Zahl der Fälle nicht beeinflussbar sind. Damit kann man zwar Transparenz erreichen, selten jedoch bewusst gestalten. Optimale Steuerung des Ausgabenverhaltens setzt das Zusammenführen von Aufgaben und zugewiesenen Mitteln voraus und damit ein System der Budgetierung von dem Streitkräfte noch weit entfernt sind. Der Redlichkeit halber sei hier angemerkt, dass ein Staat, der die Freiheit haben will und muss, aus übergeordneten Gesichtspunkten innerhalb eines Haushaltsjahres durch Kürzungen oder Streichungen einzugreifen, dies umso leichter tun kann, je weniger Mittel er budgetiert und damit frühzeitig aus der Hand gegeben hat.

2 Die »Balanced Scorecard« als konzeptionelle Grundlage des Controllings im Heer

2.1 Durchgängiges, nicht einheitliches Controlling

In der »Rahmenweisung Controlling« legte der Bundesminister für Verteidigung im Mai 2003 fest, dass im Bereich der *Bundeswehr* ein durchgängiges Controlling in allen Organisationsbereichen zu implementieren sei. Dabei gab er sowohl den militärischen Teilstreitkräften, wie auch den zivilen Abteilungen die Freiheit, ein auf die jeweiligen Bedürfnisse zugeschnittenes Controlling zu entwickeln und einzuführen, das ebenengerecht und überall durchgängig zu sein hatte. Damit wurde den »Tochtergesellschaften« des Konzerns *Bundeswehr* auferlegt, gemeinsam mit einem Kostenrechnungssystem ein Controlling einzuführen und betriebswirtschaftliche Kriterien stärker als bisher zu berücksichtigen. Die militärspezifischen Bedürfnisse, der dem Primat der Politik untergeordnete Auftrag und das System der Finanzierung durch öffentliche Haushalte blieben jedoch bestimmende Größen.

2.2 Ebenengerechtigkeit und militärische Hierarchie

Sehr früh wurde deutlich, dass Controlling den Informationsbedarf verschiedener hierarchischer Ebenen decken und Handlungsbedarf aufzeigen kann. Auch wenn die Perspektive oder der Fokus, auf den sich Controlling richtet, auf verschiedenen Ebenen sehr ähnlich sein kann, muss das Ziel von Controlling auf jeder hierarchischen Ebene neu analysiert und definiert werden. Die reine Aggregation von Daten und zweifelhafte »Rechenregeln« beim Gewinnen von Controllinginformationen führen nicht zum erwünschten Erfolg. In ihrem Ursprung militärische Führungsprinzipien und Denkansätze, wie das Führen mit Aufträgen statt mit kleinlicher Befehlstaktik, das Einräumen von Verantwortungsfreiräumen und das Prinzip der helfenden Dienstaufsicht ließen sich gut mit dem Prinzip einer Balanced Scorecard (BSC) als Steuerungsinstrument vereinbaren. Von Anfang an galt es, die BSC nicht als mechanistischen »Kennzahlenkatalog« zu sehen, sondern als Ergebnis eines Kommunikations- und Koordinationsprozesses, bei dem sehr häufig der Weg das Ziel darstellte, wenn es galt in verschiedenen Perspektiven Zielsysteme aufzustellen und von diesen Zielen Kennzahlen bzw. Indikatoren abzuleiten. Das militärisch hierarchische System erleichtert es, einen Controllingansatz umzusetzen, weil die Grundforderung »der Boss muss dahinter stehen« schon aufgrund hierarchischer Strukturen leichter zu erfüllen ist. Es kann allerdings nicht verschwiegen werden, dass der komplexe Prozess beim Einführen einer BSC nur gelingen kann, wenn sichergestellt wird, dass der Nutzen von Controlling auf allen Ebenen gesehen wird und von ganz unten bis ganz oben Controlling nicht nur als Selbstzweck gesehen wird, dem Befehl »von ganz oben« nach dem Motto »to keep the old man happy« nachzukommen.

2.3 Controlling, Reporting und militärisches Meldewesen

Controlling deckt zunächst Informationsbedarf und zeigt danach Handlungsbedarf auf. Militärische Führer sind auch ohne Controlling darauf angewiesen, umfassend, zeitgerecht und präzise informiert zu werden. Das militärische »Meldewesen« baut auf dieser Urforderung auf und steht zunächst in einer Konkurrenz zu dem Informationsbedarf, den Controlling deckt. Auf keinen Fall darf Controlling, das mit voller Absicht nur ausgewählte, gleichsam »prototypische« Informationen bereit stellt und sich bewusst nur auf wirklich wesentliche Führungsinformationen abstützt, mit dem umfassenden militärischen Meldewesen verwechselt werden. Militärische Meldungen decken Sachverhalte lückenlos ab und sind zielgerichtete Informationssysteme militärischer Stäbe, während Controllinginformationen ganz bewusst selektiv und exemplarisch angelegt sind. Das System der »Kennzahl« lebt davon, von einzelnen begrenzten und definierten Sachverhalten auf größere Zusammenhänge schließen zu können. Dabei werden Erfahrung, Kompetenz und Führungskunst vorausgesetzt, wenn es darum geht, Informationen nicht nur zu sammeln, sondern immer auch zu bewerten und mit anderen Informationen in einen Zusammenhang zu stellen. Im Einsatz findet dieses Verfahren von militärischen Vorgesetzten aller Ebenen aufgrund einheitlicher und gründlicher Ausbildungsstandards wie selbstverständlich Anwendung. Die Einführung von Controlling gelingt immer dann besonders gut, wenn militärischen Vorgesetzten klar wird, dass dabei nicht betriebswirtschaftliche Führungsverfahren ziviler Unternehmen kritiklos kopiert werden, sondern bekannte Prozesse aus der militärischen Führungslehre in den Friedensbetrieb übernommen werden.

2.4 Perspektiven und Kennzahlen

Bei der Einführung einer BSC im Heer galt es, das Prinzip von *Kaplan* und *Norton* zu übertragen und dabei militärischen Besonderheiten Rechnung zu tragen. Das betraf zunächst die Auswahl und Festlegung von »Perspektiven«. Um eine »ausgewogene« BSC zu etablieren musste sichergestellt werden, dass in die Zukunft gerichtetes Steuerungsverhalten ebenso berücksichtigt wurde, wie vergangenheitsbezogene Kontrollen. Harte, durchaus auch kostenorientierte Kennzahlen mussten ebenso wie »weiche« Faktoren Eingang finden und verschiedene Sichtweisen (Perspektiven) sollten Leistungen, Prozesse, Ressourcen und Fähigkeiten ausgewogen darstellen. Damit wurde der Ansatz einer betriebswirtschaftlichen BSC nicht kopiert, sondern methodisch adaptiert und einer eigenen militärischen Denksystematik unterzogen.

Aus vier Perspektiven (Leistungen, Fähigkeiten, Prozesse, Ressourcen), einer »Sonderperspektive« (Bundeswehrreform) wurden jeweils Ziele abgeleitet. Dieser Prozess, eng angelehnt an systematische Vorschläge einschlägiger Literatur, musste für jede Führungsebene wiederholt und so präzise durchgeführt werden, dass aus operationalisierten Zielen plausible Kennzahlen und Indikatoren abgeleitet werden konnten. Ein Prozess, der sich über mehr als drei Jahre hinzog, bis er auf den obersten drei Führungsebenen (bis zur Division) abgeschlossen war.

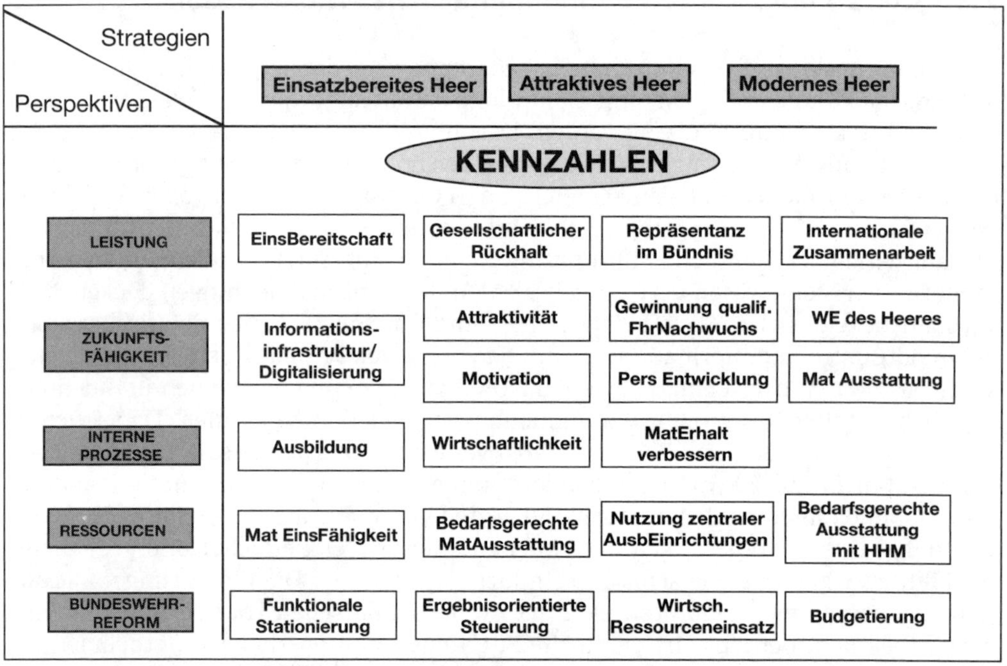

Abb. 2: Perspektiven und Kennzahlen auf der obersten hierarchischen Ebene (Inspekteur des *Heeres*)

3 Strategieumsetzung im Rahmen eines militärischen Controllings

3.1 Eine militärische »Konzernstrategie«

Die Einführung von Controlling im *Heer* stand nicht im Widerspruch zu bewährten Formen und Verfahren militärischen Führens. Viele Widerstände und – manchmal emotionale – Vorbehalte auf verschiedenen Ebenen konnten ausgeräumt werden, wenn klar wurde, dass die Unteilbarkeit der Verantwortung, die Pflicht zur Dienstaufsicht und das Prinzip »Führen mit Auftrag« durch Controlling nicht aufgegeben oder ersetzt werden. Das Prinzip zielorientierten Führens ist mit militärischer Führungskultur fest verhaftet. Der Aufbau eines durchgängigen ebenengerechten Controllings mit einem kennzahlenbasierten Ansatz führte allerdings dazu, sich auf allen Führungsebenen systematisch über Ziele klar zu werden und diese zueinander in Beziehung zu setzen. Gerade militärische Führer stehen oft vor dem Problem, gleichzeitig gegenläufige Ziele zu verfolgen oder der Versuchung widerstehen zu müssen, kurzfristige Ziele zu priorisieren bzw. durch das einseitige Verfolgen bestimmter Ziele zu suboptimalen Ergebnissen zu kommen. Hier konnte Controlling und insbesondere der BSC-Ansatz dazu beitragen, eine Gesamtstrategie festzulegen und durch den Inspekteur des *Heeres* entscheiden zu lassen, welche grundsätzlichen Ziele und Strategien zu verfolgen sind. Natürlich führte Controlling nicht dazu, jetzt mit Einführung einer BSC völlig neue Schwerpunkte zu bilden. Einsatzbereitschaft, Modernität und Attraktivität waren auch früher strategische Grundausrichtungen. Allerdings bietet sich jetzt die BSC als ein Steuerungsinstrument an, mit dessen Hilfe überprüft werden kann, ob die strategische Grundausrichtung noch stimmt und welche Parameter möglicherweise dafür verantwortlich sind, wenn nicht alle Ziele (gleichzeitig) erreicht werden können.

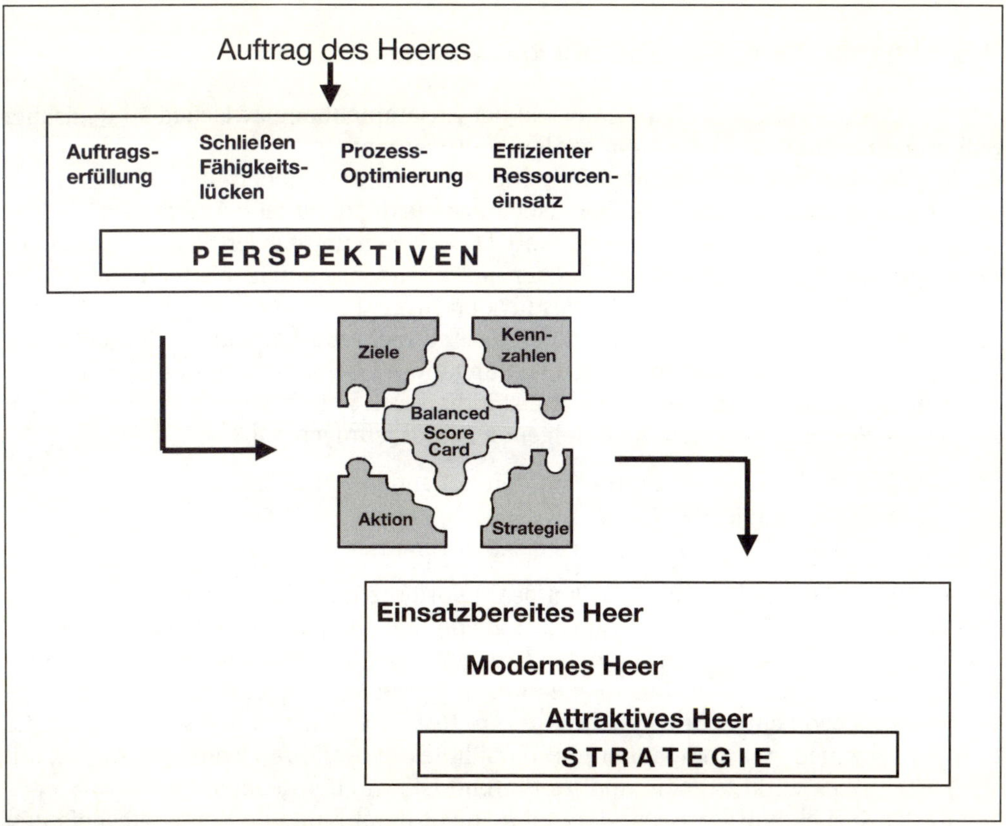

Abb. 3: Vom Auftrag zur Strategie

3.2 Wirkzusammenhänge der Kennzahlen und Indikatoren

Zunächst ist durch das Aufstellen und systematische Erfassen von Kennzahlen noch keine strategische Steuerung sichergestellt. Mathematisch ausgedrückt sind Kennzahlen, deren Aggregation und Bewertung eine notwendige aber noch nicht hinreichende Bedingung für systematische zukunftsgerichtete und zielorientierte Steuerung. Erst wenn die Wirkzusammenhänge der Kennzahlen und Schlüsselindikatoren analysiert und erkannt werden und Zielkonkurrenzen transparent werden, kann man davon sprechen, übergeordnete strategische Ziele im Auge zu haben und auch bewusst einer Zielerfüllung zuzuführen. Da die Begriffe »strategisch«, »operativ« (und »taktisch«) aus dem militärischen Bereich kommen und dort der Abgrenzung der Truppenführung im Gefecht (Taktik) zu dem Schlagen von Schlachten (operative Ebene) und dem Zusammenhang von Politik und Kriegsführung (Strategie) dienen, muss im Bereich des Controllings sorgfältig festgelegt werden, ob sich strategische Steuerung auf das Verfolgen »wichtiger« Ziele bezieht (dabei stellt sich dann sofort die Frage, was »wichtig« ist), ob damit langfristige versus kurzfristige Ziele verfolgt werden, oder ob es um unterschiedliche Hierarchieebenen der Entscheidungsträger geht.

3.3 Aggregation und »military knowledge«

Am Beispiel der »Einsatzbereitschaft« soll der Zusammenhang zwischen strategischer Steuerung und Kennzahlensystem verdeutlicht werden:

Das *Heer* hat den Kernauftrag, Einsatzbereitschaft herzustellen und zu halten. Die personelle und materielle Einsatzbereitschaft sowie die materielle Ausstattung (Fähigkeiten) bilden dabei Einsatzbereitschaft ab. Das Messen und Bewerten dieser Kategorien erfolgt auf den hierarchischen Ebenen jedoch höchst unterschiedlich. Zweifellos stellt die Einsatzbereitschaft des *Heeres* für den Inspekteur ein wichtiges Ziel dar und er muss über den Stand seiner Einsatzbereitschaft nicht nur laufend und aktuell informiert sein, sondern entsprechende Einstellungen und Bewertungen der militärischen und politischen Führung der Streitkräfte ständig rasch zur Verfügung stellen können. Auf seiner Ebene stellen sich dabei folgende Schlüsselfragen:

»Wie erfüllt das *Heer* seinen Auftrag (in den laufenden Einsätzen)?«
»Wie durchhaltefähig ist das *Heer*?«
»Welchen Handlungsspielraum gibt es darüber hinaus?«

Um diese Fragen präzise und plausibel beantworten zu können, muss der Inspekteur nicht etwa einzelne Daten (Ausbildungsstand von Einheiten, Schießergebnisse, Übungserfahrung, Krankenstand, Ausfallquoten Großgerät, Instandsetzungsumläufe etc.) messen und zusammenzählen. Ein solcher Ansatz ginge von der Illusion aus, ein hochkomplexes soziotechnisches System wie das *Heer* sei nichts anderes als eine große Summe verschiedener Kompanien und Bataillone. So verführerisch dieser Ansatz auf den ersten Blick wirkt, so naiv und irreführend ist er in der Realität.

Für den Inspekteur des *Heeres* kommt es nicht darauf an, alle Kompaniechefs und Bataillonskommandeure zusammenzuzählen und Mittelwerte zu bilden, sondern in

Dispositiven (grundsätzliches Zusammenstellen von Truppenkörpern), Fähigkeiten und Kräftekategorien zu denken. Damit lässt sich »Einsatzbereitschaft« nicht auf einen mathematischen Algorithmus reduzieren, der Menschen und technische Systeme zusammen zählt.

Das bedeutet aber nicht, dass grundsätzliche Aussagen über Personaldeckung, Ausbildungsstand und »Klarstand« von Systemen irrelevant wären. Diese Daten werden erhoben und sie müssen auch erhoben werden. Aber eben auf anderen Ebenen. Ob das System »Kompanie« oder »Bataillon« einsatzbereit ist, wird sich unter anderem daraus ableiten, wie verfügbar, wie gut ausgebildet und wie erfahren und motiviert das Personal und wie einsatzbereit das Material ist. Auf dieser Ebene werden entsprechende Kennzahlen erhoben und von den verantwortlichen Führern ausgewertet und bewertet.

Eine Aggregation auf höhere Ebenen wäre nicht nur aufwändig und technisch schwierig, sondern im Ergebnis auch irreführend. Für die Frage des Ministers oder des Bundeskanzlers, ob das *Heer* sich an einem multinationalen Einsatz in einer Krisenregion beteiligen kann, muss sich der Inspekteur des *Heeres* anders vorbereiten, als die Zugführer, Gewehre und Panzer des *Heeres* zusammenzuzählen. Auf der Basis vorhandener Grundaussagen und gestützt auf Bewertungen militärischer Führer aller Ebenen, die in der Regel in Form von Bewertungen, Urteilen und Einschätzungen vorliegen, müssen Aussagen zu Fähigkeiten (manchmal auch Fähigkeitslücken), zu Kontingenten und Dispositiven getroffen und über mehrere hierarchische Stufen zusammengefasst und abstrahiert werden. Wie viele konkrete Kompanien (und Soldaten) oder gar welche dahinter stehen, kann und muss der Inspekteur des *Heeres* dabei nicht wissen.

Hier wird ein grundsätzlicher Unterschied zu betriebswirtschaftlichen Organisationen deutlich, wo betriebswirtschaftliche Kennzahlen der Liquidität, der Kostenstrukturen, der Marktanteile und Umsatzerwartungen leichter aggregiert werden können. Ob militärisches Controlling nicht schon modernere Formen entwickelt hat als die

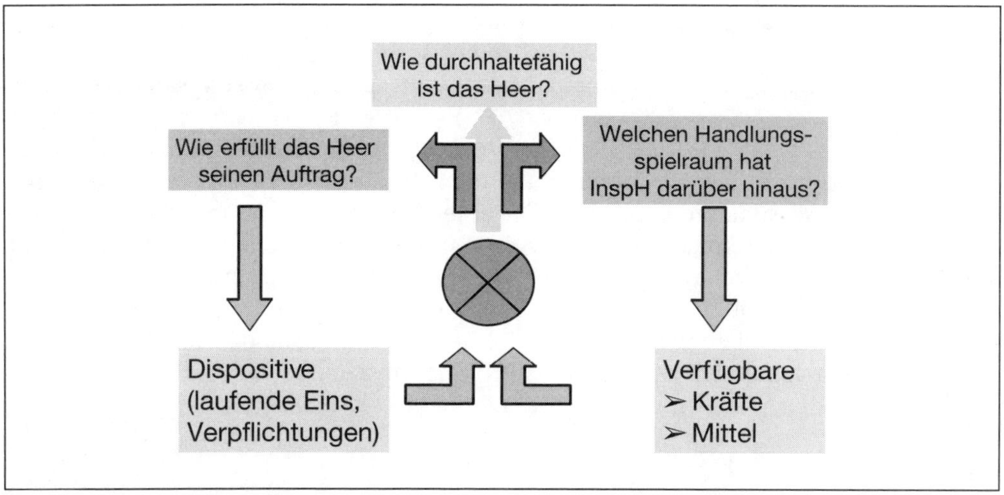

Abb. 4: Controlling Einsatzbereitschaft *Heer*

Industrie wird dann zu fragen sein, wenn auch in betriebswirtschaftlichen Unternehmungen andere Problemstellungen bedeutsamer werden als die Information über Return on Investment und Cashflow. Immer dann, wenn Zukunftsfähigkeit, Potenziale, Risikoabschätzungen und Wertsteigerungspotenziale für die Konzernsteuerung relevant werden, eignen sich zusammengefasste Zahlenkolonnen weniger gut, als komprimierte aber plausible Urteile und Vorschläge der Führer aller Ebenen. Es wird im zivilen, wie im militärischen Bereich immer deutlicher, dass es nicht um ein entweder (zahlengestütztes) Controlling oder wissensbasierte strategische Steuerung geht, sondern dass abhängig von dem Steuerungsziel und der hierarchischen Ebene beide Ansätze ihre Berechtigung und Notwendigkeit haben.

4 Controllingkonzeption als dynamischer Prozess

Eine Herausforderung liegt auch weniger darin, dem Grundsatz nach anzuerkennen, dass sowohl aggregierte Kennzahlen als auch military knowledge unverzichtbar sind, sondern viel mehr darin, präzise festzulegen, wo mit konkreten Zahlen gearbeitet und aggregiert werden kann und wo die Beurteilung des Führers und seine Kommentierung unverzichtbar sind.

In komplexen arbeitsteiligen Systemen wird Controlling im Sinne zukunftsausgerichteter strategischer Steuerung immer einer EDV-Unterstützung bedürfen. Die Lösungsansätze, die hier auf dem Markt sind, bieten sowohl den Unternehmungen, als auch den Streitkräften hinreichend Methoden und Instrumente auch komplexe Zusammenhänge zahlenbasiert darzustellen, zusammenzufassen und auszuwerten. Die Brillanz der Lösungen und ihre grafisch hochwertige Darstellung korreliert jedoch auffallend mit den Problemen, die, wenn nicht banal, aber auf jeden Fall eher einfach sind. So ist es kein Zufall, dass militärische Controllinglösungen immer zuerst und am intensivsten in logistischen Bereichen gesucht und gefunden wurden. Da, wo Entscheidungen, vor allem strategischer Art, nicht so ohne weiteres auf umfangreiches Zahlenmaterial zurückgreifen können, wurden nur spärliche Lösungsansätze entwickelt.

Häufig wird so getan, als sei die informationstechnologische Unterstützung des Controllings vor allem ein Mengenproblem und dem Grundsatz nach lösbar, wenn ausreichende Rechnerkapazitäten bereitgestellt werden können. Das ist in vielen Bereichen auch zutreffend. Allerdings steigen die Anforderungen an »intelligente« Systeme, die vor allem verbale Informationen verarbeiten, aggregieren, zusammenfassen und visualisieren können. Insofern muss Controlling – jedenfalls in militärischen Systemen – nicht nur konzeptionell immer weiter entwickelt werden (Stillstand ist hier Rückschritt), sondern muss sich parallel dazu auch der informationstechnischen Unterstützung versichern, um in den Wirkbetrieb gehen zu können.

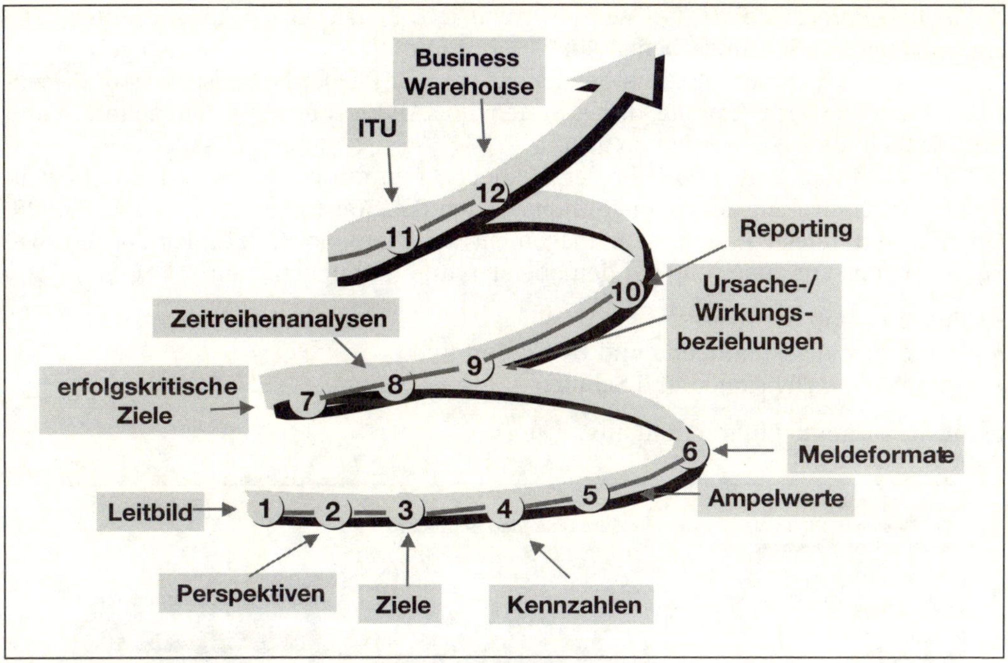

Abb. 5: Dynamischer Prozess der Controllingentwicklung

5 Controlling im Heer und SASPF

Die Einführung von SASPF in den Streitkräften beeinflusst naturgemäß auch die militärischen Controllingansätze. Controlling ist neben den Prozessen Rechnungswesen und Bundeswehrplanung einer der zentralen Hauptprozesse. Mit der »Standardsoftware Produktfamilie« (SASPF) wird ein BSC-Ansatz in allen Organisationsbereichen des BMVg und eine »Cockpitlösung Controlling« als Standard implementiert werden. Das dritte Element wird ein Business-Warehouse-Ansatz darstellen, in dem alle wesentlichen Informationen aus allen Hauptprozessen dem Controlling zur Verfügung gestellt werden und zu Kennzahlen und Berichten verknüpft werden können. Allerdings führen diese »Kennzahlen« lediglich technische Informationen und Grunddaten zusammen und dürfen nicht mit »Kennzahlen« aus der Methodik einer Balanced Scorecard verwechselt werden. Gleichwohl wird es mit der Einführung von SASPF gelingen, Informationen in nahezu Echtzeit, repräsentativ, einheitlich und ebenengerecht zur Verfügung zu stellen. Bis das Business Warehouse vollständig aufgebaut, technisch realisiert und befüllt ist, wird man sich jedoch noch einige Jahre gedulden müssen. Immerhin sind die ersten Segmente bereits funktionsfähig, so dass der Nutzen des Systems nicht erst beginnt, wenn alle Arbeiten abgeschlossen sind. Es wird segmentweise, abhängig vom Arbeitsfortschritt in den Wirkbetrieb gegangen.

Für den Bereich des *Heeres* wurde in den letzten Jahren ein konsequenter BSC-Ansatz über drei Führungsebenen konzipiert und mit Kennzahlen hinterlegt. Dies erfolgte informationstechnologisch bereits auf einer SAP-Oberfläche, so dass in diesem Jahr begonnen werden konnte, dieses System im SAP-Erprobungssystem zu testen und noch 2005 in den Wirkbetrieb zu gehen.

Damit kann ab Ende 2005 vor der offiziellen Einführung von SASPF das *Heer* in Teilen sein Controlling auf einen IT-unterstützten BSC-Ansatz setzen, auf einer SASPF-Oberfläche (Strategic Enterprise Management) arbeiten und Kennzahlen der BSC wie auch Cockpits zur Steuerung auf den obersten drei Hierarchiebenen:

- Führungsstab des *Heeres*,
- Heeresführungskommando und Heeresamt und
- ausgewählte Divisionen und Schulen

befüllen, zusammenführen und auswerten.

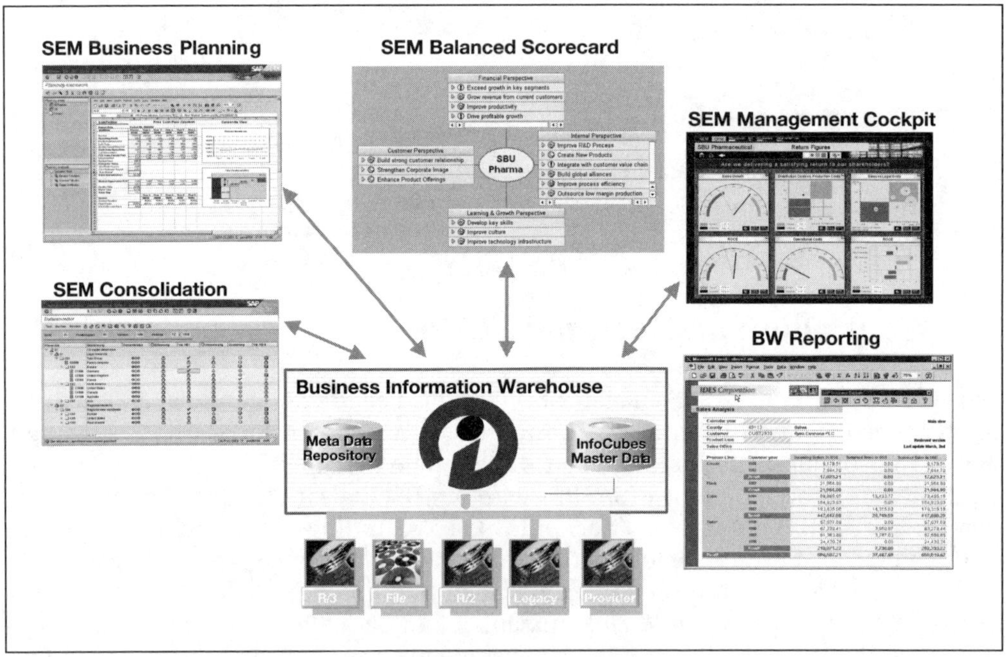

Abb. 6: Controllinginformationen unter SASPF

6 Controlling als Führungsphilosophie

Zukunftsgerichtetes und zielorientiertes Steuern setzt einen Prozess in Gang, der die Führungsphilosophie einer Organisation von Grund auf beeinflusst und nicht im Sinne der Einführung eines »Systems« zu einem Zeitpunkt beginnt und zu einem anderen definierten Zeitpunkt endet.

Die inzwischen mehrjährigen Erfahrungen im *Heer* lassen den Schluss zu, dass bei der Implementierung von Controlling mit Augenmaß und Geduld vorzugehen ist. Die Fähigkeit mit Hilfe von Controlling strategisch zu steuern und entsprechende BSC und Cockpits bereitzustellen wird regelmäßig erst dann aufgebaut werden können, wenn einige höchst unterschiedliche Vorraussetzungen erfüllt sind:

An erster Stelle muss der Wille des »Konzernchefs«, in diesem Fall des Inspekteurs des *Heeres* stehen, sich auf diesen methodischen Ansatz einzulassen und ihn durchzusetzen. Controller stellen Instrumente und Methoden bereit und machen Vorschläge. Legitimation und Durchschlagskraft erfährt Controlling, das ist in zivilen Bereichen nicht anders als in militärischen Organisationen, durch den verantwortlichen Führer.

Ein wesentlicher Aspekt des Controllings, gerade hinsichtlich der Strategieumsetzung, besteht im Umgang mit Informationen, im Informationsmanagementsystem. Es geht nicht darum, alle möglichen Informationen bereitzustellen, wie verführerisch das für manchen Boss auch sein mag, sondern sich bewusst nur auf die wirklich wichtigen, allerdings plausiblen und repräsentativen Informationen abzustützen und sich auf diese zu konzentrieren.

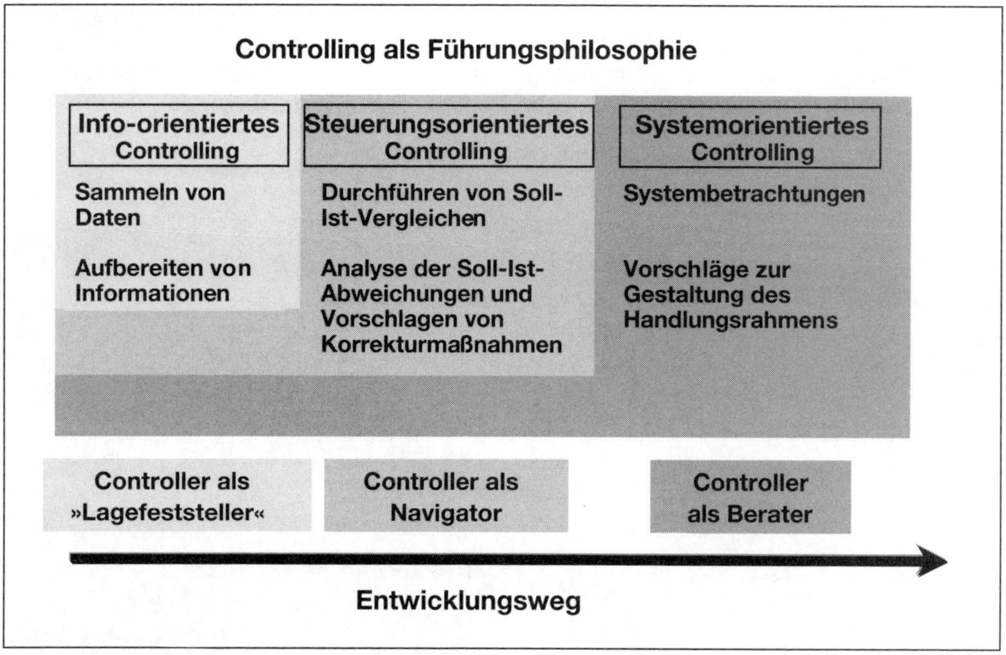

Abb. 7: Entwicklung des Controllings

Der nächste Schritt hebt dann Controlling aus der Ebene der reinen »Lagefeststellung« in ein »Navigationssystem«, um einem Steuerungsanspruch wirklich gerecht zu werden. So wichtig der rückwärtsgerichtete »Soll-Ist-Vergleich« in Teilbereichen sein mag, die Herausforderung besteht darin, erkennen zu können, wo man ankommen wird, wenn man so weiter macht, wie bisher und was getan werden muss, wenn man genau das verhindern möchte.

In der letzten Stufe gelingt es dem Controlling Vorschläge zu machen, wie der Handlungsrahmen ausgefüllt werden könnte, bzw. darzustellen, welche Rahmenbedingungen möglicherweise verändert werden müssen.

Dem militärischen Bereich und dem Prinzip der unteilbaren Verantwortung eigentümlich ist es, dass Controller sehr selten konkrete Handlungsvorschläge machen. Die Führungsentscheidungen trifft der militärische Führer und die Fachkompetenz der Stäbe bei der Ausarbeitung von Handlungsalternativen hat sich über lange Zeit bewährt. Eine »Nebenhierarchie« des Controllings oder Controller als »graue Eminenzen« neben den Verantwortlichen oder gar als heimliche Entscheidungsträger würden bestenfalls zu Redundanzen und Doppelarbeit, wahrscheinlicher und schlimmer aber zu Reibungsverlusten, suboptimalen Lösungen und Grabenkämpfen führen.

Der Inspekteur des *Heeres* bedient sich des Controllings, um über transparente, repräsentative und plausible Informationen in Schlüsselbereichen seines Verantwortungsbereichs zu verfügen. Aber es bleibt sein Hilfsinstrument, das niemals einem Selbstzweck folgt und dessen Methoden und Instrumente immer eine dienende Funktion haben, um Entscheidungen transparenter zu machen, sie zu beschleunigen oder zu optimieren.

Dabei stehen alltagstaugliche auf konkrete Fragestellungen bezogene Instrumente im Blickpunkt des Interesses. Die theoretische Durchdringung und logische Ableitung ist wichtig, um Controlling zu implementieren. Zur Legitimation und Durchführung von Controlling in militärischen Organisationen taugen sie nur bedingt.

Hier gilt: Controlling muss sich nützlich machen. Jeden Tag.

Strategische Steuerung einer gemeinnützigen Konzernorganisation
– Von der diakonischen Einrichtung zu einem modernen diakonischen Unternehmen

Hans-Peter Züfle/Martin Römer*

* Hans-Peter Züfle, Vorsitzender des Vorstandes, Zieglersche Anstalten e.V., Wilhelmsdorf; Martin Römer, Principal, Horváth & Partner GmbH, Stuttgart.

1 Einleitung

Die Herausforderungen zur Steuerung des diakonischen Unternehmens *Zieglersche Anstalten e.V.* sind zum Teil durch die Rahmenbedingungen der Branche aber vor allem durch die dynamische Entwicklung der Organisation entstanden. Um den Weg von einer diakonischen Einrichtung hin zu einem nach modernen Managementansätzen geführten Unternehmen zu gehen, galt es, die Führungs- und Steuerungsstrukturen der Organisation anzupassen und geeignete Instrumente zur Unternehmensführung zu implementieren. Um die Entwicklung und das deutliche Wachstum der *Zieglerschen Anstalten* und die damit verbundenen Strukturanpassungen darzustellen, wird im Folgenden ein Überblick über das Leistungsspektrum der *Zieglerschen Anstalten* sowie ein Abriss zur historischen Entwicklung des Unternehmens dargestellt. Anschließend wird ein Überblick über die strategische Ausrichtung gegeben. Die eingesetzten Instrumente und Vorgehensweisen zur strategischen Steuerung auf dem Weg zum modernen Unternehmen sind im letzten Kapitel beschrieben.

2 Das Unternehmen Zieglersche Anstalten

Die *Zieglerschen Anstalten e.V.* präsentieren sich im Jahr 2005 als modernes diakonisches Sozialunternehmen mit rund 2.000 Beschäftigten an mehr als 30 Standorten in Baden-Württemberg. Organisiert sind die *Zieglerschen Anstalten* als Holding mit insgesamt sechs rechtlich selbstständigen Gesellschaften, die die Rechtsform der gGmbH haben. Drei dieser gGmbHs sind 100%-Töchter der Holding, in den anderen drei sind die *Zieglerschen Anstalten* Mehrheitsgesellschafter.

Die *Zieglerschen Anstalten* arbeiten gegenwärtig in folgenden Aufgabenfeldern:

- *Behindertenhilfe gGmbH*
- *Hör-Sprachzentrum gGmbH*
- *Suchtkrankenhilfe gGmbH*

Bei diesen drei Gesellschaften sind die Zieglerschen Anstalten Alleingesellschafter.

- *Martinshaus Kleintobel gGmbH* (Jugendhilfeeinrichtung)
  Gesellschafter:
  Zieglersche Anstalten (70 % der Gesellschaftsanteile)
  Diakonie der Evangelischen Brüdergemeinde Korntal (30% der Gesellschaftsanteile);
- *Gotthilf-Vöhringer-Schule gGmbH* (Ausbildungsstätte)
  Gesellschafter:
  Zieglersche Anstalten (70 % der Gesellschaftsanteile)
  Mariaberger Heime e.V. (30 % der Gesellschaftsanteile);
- *Evangelische Altenheime in Baden-Württemberg gGmbH*
  Gesellschafter:
  Zieglersche Anstalten (80 % der Gesellschaftsanteile)

Förderverein der Evangelischen Altenheime in Baden-Württeberg e. V.
(20 % der Gesellschaftsanteile);

- *Kindergarten Friedensstraße in Wilhelmsdorf*
  Dieser Bereich gehört zur Holding.

Mehr als 3.000 Menschen vom Kleinkind bis zum pflegebedürftigen hochaltrigen Menschen nehmen heute die Dienstleistungen dieser gGmbHs in Anspruch.

Seit 1. Mai 2005 haben die *Zieglerschen Anstalten* auch eine nicht gemeinnützige *Service GmbH*, die interne Dienstleistungen anbietet; bislang in den Bereichen Küche, Hauswirtschaft und Technik.

Oberstes Organ der *Zieglerschen Anstalten e. V.* ist die Mitgliederversammlung mit ca. 50 berufenen Persönlichkeiten aus Kirche, Diakonie, Politik, Wirtschaft und Verbänden. Die Mitgliederversammlung beruft aus ihrer Mitte den ehrenamtlich tätigen Aufsichtsrat. Dieser wiederum beruft den hauptamtlichen zweiköpfigen Vorstand (Vorstandsvorsitzender und Kaufmännischer Vorstand) an die Spitze der Holding. Die Vorstände sind bei den 100 %-Töchtern Alleingesellschafter, bei den Beteiligungsgesellschaften Mehrheitsgesellschafter.

3 Die Geschichte der Zieglerschen Anstalten

Die *Zieglerschen Anstalten* sind untrennbar mit der Entstehung der Gemeinde Wilhelmsdorf in Oberschwaben verbunden. Wilhelmsdorf ist eine pietistische Kolonie, kein gewachsenes Bauerndorf. Gegründet wurde Wilhelmsdorf 1824 von eigentlich auswanderungswilligen Pietisten. Sie wollten, um ihren Glauben ungehindert leben zu können, nach Amerika oder Russland auswandern. Auf Initiative von *Hoffmann*, dem Gründer der Brüdergemeinde Korntal und der Brüdergemeinde Wilhelmsdorf, erlaubte der damalige *König Wilhelm* aber die Ansiedlung im erst seit kurzem zum Königreich Württemberg gehörenden Oberschwaben. Bedingung war, dass die Kolonisten das Moor, das noch heute rund um Wilhelmsdorf besteht, trocken legten und fruchtbar machten.

Der Bauplan für das Dorf, den die Kolonisten mitbrachten, ist noch heute am Ortsbild Wilhelmsdorfs ablesbar. Vier kreuzförmig aufeinander zulaufende Straßen, an deren Kreuzungspunkt die Kirche des Ortes, der sogenannte Betsaal steht. Kein Haus durfte höher sein als das andere, und keines durfte die Kirche überragen. Damit war der Glaube der Pietisten, dass alle vor Gott gleich sind und Gott der Höchste ist, gleichzeitig der Maßstab für die Anlage der Siedlung. Die Wilhelmsdorfer blieben so bettelarm wie sie gekommen waren, weil sie sich von dem moorigen Boden nicht ernähren konnten. Schon 1833, also neun Jahre nach Gründung des Ortes, entstand die erste »Kinderrettungsanstalt«. Ab 1837, als *August Friedrich Oßwald* die Taubstummenanstalt in Wilhelmsdorf begründete, begann dann aber der eigentliche Aufschwung diakonischer Arbeit in Wilhelmsdorf, die ab da die Haupteinnahmequelle des Ortes war und bis heute ist. Bis heute hat sich auf dem Gemeindegebiet kein anderer Arbeitgeber angesiedelt, der Arbeitsplätze in nennenswerter Zahl zur Verfügung stellt. Wilhelmsdorf ist ganz und gar ein Dorf der Diakonie, auch heute noch, 175 Jahre nach Gründung der ersten diakonischen Einrichtung.

Nachfolger von *Oßwald* war dessen Schwiegersohn *Johannes Ziegler*, der den *Zieglerschen Anstalten* ihren Namen gab. *Ziegler* leitete nicht nur die Taubstummenanstalt, sondern auch das 1857 gegründete »Knabeninstitut«.

Aus der Taubstummenanstalt entwickelte sich das heutige Hör-Sprachzentrum mit Schul- und Kindergartenstandorten in Ravensburg, Friedrichshafen, Leutkirch, Wilhelmsdorf, Altshausen, Sigmaringen, Biberach, Pfullendorf-Otterswang und Owingen im Bodenseekreis.

Das »Knabeninstitut« war bis in die 80er Jahre des vergangenen Jahrhunderts eines der bekanntesten evangelischen Internate in Baden-Württemberg. Erst 1999 endete der Internatsbetrieb. Heute ist daraus das Bildungszentrum Wilhelmsdorf geworden, auch die früher von den *Zieglerschen Anstalten* getragene private Oberstufe des ansonsten staatlichen Gymnasiums ist mittlerweile in öffentlicher Trägerschaft.

Ziegler veranlasste 1905, kurz vor seinem Tod, die Gründung der »Trinkerheilanstalt« in der Haslachmühle, südlich von Wilhelmsdorf. Ebenso in der Haslachmühle entstand kurz nach dem Krieg, 1946, die »Helferschule für innere Mission«, da in der Wilhelmsdorfer Diakonie und weit darüber hinaus geeignete Arbeitskräfte fehlten. Aus ihr entwickelte sich die heutige *Gotthilf-Vöhringer-Schule* mit rund 800 Studierenden an den Standorten Friedrichshafen, Wilhelmsdorf und Gammertingen-Mariaberg mit Ausbildungsgängen für Altenpflege, Ergotherapie, Logopädie, Heilerziehungspflege, Erzieher am Arbeitsplatz. Bereits 1955 wurde mit dem damaligen Kurheim Höchsten die erste frauenspezifische Suchtfachklinik Deutschlands eröffnet. 1960 verließ auch die »Trinkerheilanstalt« das Gelände der Haslachmühle und zog in die neu erbaute *Fachklinik Ringgenhof* in Wilhelmsdorf um. Der *Ringgenhof*, in dem ausschließlich Männer behandelt werden, hat heute 132 Betten. Beide Kliniken gehören zu den großen und renommierten Suchtkliniken in Deutschland. In den letzten beiden Jahren sind mit den Tagesrehabilitationen Friedrichshafen, Ulm und Reutlingen tagesklinische Angebote dazugekommen.

1966 entstanden auf dem Gelände der Haslachmühle Heim und Schule für Kinder mit geistiger Behinderung und Hörsprachbehinderung. Dort leben heute etwa 240 junge Menschen mit diesen Behinderungen. Ebenso viele erwachsene und alte Menschen mit diesen Behinderungen leben in Wilhelmsdorf, selbst im *Rotach-Heim* mitten im Ort.

Mit dem *Seniorenzentrum Wilhelmsdorf* (Pflegeheim und Betreutes Wohnen) begannen die *Zieglerschen Anstalten* 1999 den Einstieg in die Altenhilfe. Es folgte der Standort Bad Waldsee und die Gründung einer Diakonie-Sozialstation in Ravensburg, Bad Waldsee und Wilhelmsdorf. Durch die Fusion mit dem traditionsreichen Altenhilfeträger »*Verein für evangelische Altenheime in Württemberg*« zum 1.1.2004 wurde der kleine Bereich der Altenhilfe zur einer der großen gGmbHs der *Zieglerschen Anstalten*. Angesichts der Eröffnung von drei neuen Standorten noch in diesem Jahr wird die »*Ev. Altenheime in Baden-Württemberg gGmbH*« bald der größte Arbeitsbereich der *Zieglerschen Anstalten* sein.

Der Einstieg in die Jugendhilfe erfolgte im Jahr 2001 mit der Übernahme des *Martinshauses Kleintobel*, einer Jugendhilfeeinrichtung in der Gemeinde Berg bei Ravensburg. Mitgesellschafter ist hier die Diakonie Korntal.

Zum 1.9.2003 übernahmen die *Zieglerschen Anstalten* auf Bitten der politischen Gemeinde Wilhelmsdorf erstmals einen Regelkindergarten als Träger. Der Kindergarten wird seither zu einer integrativen Kindertagesstätte mit Ganztagesangebot ausgebaut.

Zum 1.5.2005 gründeten die *Zieglerschen Anstalten e.V.* die nicht gemeinnützige *Service GmbH*. Diese bietet den Gesellschaften der *Zieglerschen Anstalten* Dienstleistungen im Bereich Küche, Hauswirtschaft und Technik an.

4 Unternehmensstruktur der Zieglerschen Anstalten

Bis zum Jahr 1996 hatten die *Zieglerschen Anstalten* die Struktur eines Vereins mit eher locker verbundenen, rechtlich nicht selbstständigen Arbeitsbereichen, die aber de facto genau so agierten. Aufsicht und Leitung wurden ehrenamtlich verantwortet. Zunächst wurde auf Initiative des seit 1996 als Hauptgeschäftsführer amtierenden *Hans-Peter Züfle* eine Trennung von Aufsicht und Leitung verwirklicht. Ein ehrenamtlicher Aufsichtsrat übernahm die Aufsichtsfunktion, der Hauptgeschäftsführer wurde zum Vorstandsvorsitzenden ernannt, der Verwaltungsleiter zum Kaufmännischen Vorstand. Zum 1.1.2000 wurde die Struktur des Unternehmens insgesamt geändert. Die bisher rechtlich nicht selbstständigen Arbeitsbereiche wurden in rechtlich selbstständige gGmbHs umgewandelt, mit Doppel- oder Einzelgeschäftsführung, der e.V. bildete als Dach über diesen Gesellschaften die Holding.

Als Ziele der Unternehmensumstrukturierung wurden benannt:

- Zukunftssicherung der *Zieglerschen Anstalten e.V.*;
- Risikoabsicherung (kaufmännische Vorsorge);
- Klarheit in Aufgaben, Kompetenzen und Verantwortung;
- Verantwortliches Unternehmertum;
- Erzielung von wirtschaftlichen und fachlichen Verbesserungspotentialen.

Die diakonische Einrichtung nahm deutliche Strukturen eines managementorientierten Unternehmens an.

Die Unternehmensstruktur stellt sich heute dar wie in der folgenden Abbildung 1:

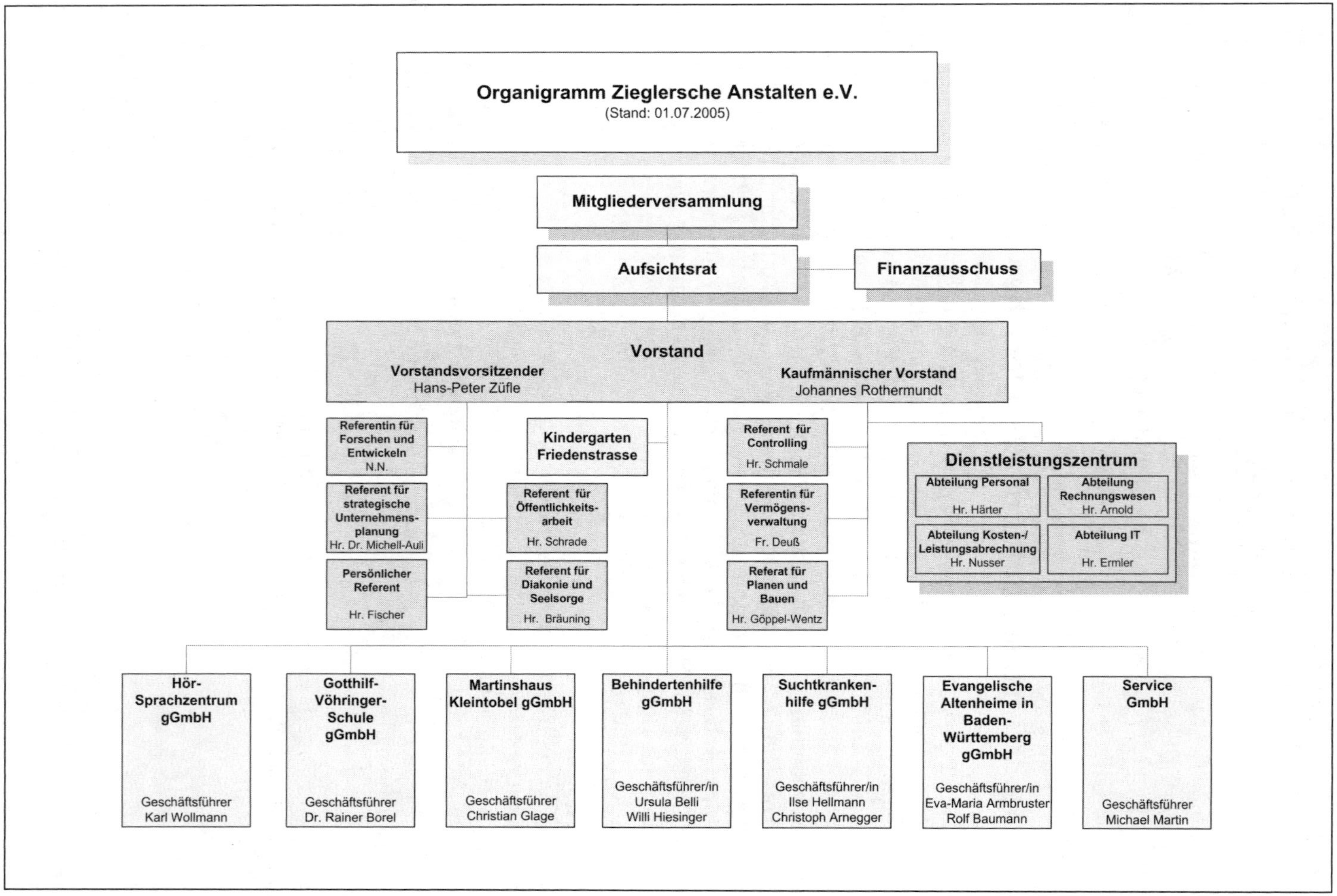

Abb. 1: Unternehmensstruktur der *Zieglerschen Anstalten*

5 Leitbild und Konzepte

Parallel zur Umstrukturierung der *Zieglerschen Anstalten e.V.* in eine Holding und mehrere rechtlich selbstständige gGmbHs initiierte der Vorstand die Erarbeitung eines Unternehmensleitbildes für das Gesamtunternehmen. Das Leitbild entstand in einem mehrmonatigen offenen Prozess unter aktiver Beteiligung der Mitarbeiterschaft. Mehr als 500 Mitarbeiterinnen und Mitarbeiter wirkten in den verschiedenen Phasen der Entstehung daran mit. Erstmals formulierten die *Zieglerschen Anstalten* darin ihre inhaltlichen Grundlagen, Ziele und Leitlinien für den Umgang im Arbeitsalltag. Aus dem Leitbild abgeleitet entstanden danach ein Führungs- und Kommunikationskonzept, ein Personalentwicklungskonzept, die Leitlinien Kundenorientierung, ein Handbuch Qualitätsmanagement und das Seelsorgekonzept der *Zieglerschen Anstalten*. Leitbild und Konzepte sowie ihre Vermittlung in die Mitarbeiterschaft waren damit ein Äquivalent zur Umstrukturierung des Unternehmens. Einerseits wurde den Tochtergesellschaften durch die rechtliche Verselbstständigung die unternehmerische Freiheit gegeben, die sie bisher nicht hatten, andererseits wurden speziell durch den partizipativen und mitarbeiterorientierten Leitbildprozess die Gemeinsamkeiten und Grundlagen über alle verschiedenen Arbeitsbereiche hinweg erstmals klar und deutlich formuliert. Dies stärkte den Zusammenhalt der Unternehmensteile ganz erheblich. Leitbild und Konzepte sind seither verbindlich. Sie formulieren Pflichten aber auch Rechte, auf die sich jeder berufen kann. Leitbild und Konzepte werden in einem festgelegten Rhythmus überarbeitet.

6 Vision und Strategie

6.1 Die Vision der Zieglerschen Anstalten

Über die mittelfristige Strategie und damit über den Fünfjahreszeitraum hinausgehend, befasst sich die Vision damit, wo die *Zieglerschen Anstalten* als Gesamtwerk und in ihren einzelnen Aufgabengebieten in einem 15-Jahres-Zeitraum stehen wollen. Gerade langfristige Strategieziele lassen sich nicht nur aus der Aktualität heraus entwickeln, vielmehr ist es unerlässlich, ein Szenario zu entwickeln, wie sich das Unternehmen in der Zukunft darstellen soll. Natürlich enthält so ein Verfahren Unwägbarkeiten; gerade die stürmische Entwicklung des Sozialstaates macht es schwierig, einigermaßen verlässlich die Zukunft vorauszusehen. Aber es geht in der Vision nicht so sehr darum, zu prognostizieren, wie sich das gesellschaftliche, wirtschaftliche und staatliche Umfeld entwickelt, in das die *Zieglerschen Anstalten* als Unternehmen eingebunden sind. Es geht darum, dass das Unternehmen selbst seinen Standort in der Zukunft bestimmt. Erst zwischen der Analyse der heutigen Situation und der Bestimmung des künftigen Standorts ergeben sich die Wege, die in die Zukunft führen. Das sind die langfristig strategischen Ziele der *Zieglerschen Anstalten* und ihrer Aufgabenbereiche. In der Vision machen die *Zieglerschen Anstalten* deshalb Aussagen zu folgenden Themen:

- Unser diakonisches Profil;
- Unsere Qualität – unsere Mitarbeiterschaft;
- Unsere Angebote;
- Unsere Wirtschaftlichkeit;
- Unsere Innovation;
- Unsere politische Einflussnahme.

6.2 Die Strategie der Zieglerschen Anstalten

»Wir stellen uns den gegenwärtigen und zukünftigen gesellschaftlichen Herausforderungen. Wir nehmen gesellschafts- und sozialpolitische Verantwortung wahr«. Diese Leitbildaussage wird konkretisiert in der mittelfristigen Strategie für die *Zieglerschen Anstalten*, ihre gGmbHs und Bereiche für den Zeitraum von 2003–2007.

Die Strategie zielt auf die »Konsolidierung und Stabilisierung des Unternehmens«, »die Qualifizierung unserer bestehenden Aufgaben« sowie »weitere Differenzierung und einen weiteren Ausbau unserer Angebote« (Strategiekonzept, aus den Vorbemerkungen).

Sie wurde vom Vorstand unter intensiver Einbeziehung der Geschäftsführungen und Führungskräfte erarbeitet und vom Aufsichtsrat verabschiedet. Die Gesamtwerksstrategie benennt allgemein gefasste Inhalte, welche dann auf gGmbH-Ebene für das jeweilige Arbeitsfeld konkretisiert werden.

Zur Strategie für die Jahre 2003–2007 gehören:

- der diakonische Auftrag;
- die Qualität unserer Arbeit;
- die fachlich-strategische Weiterentwicklung und ihre Voraussetzungen;
- die Steigerung der Ertragskraft und damit die Stabilisierung des wirtschaftlichen Fundamentes sowie die Ausschöpfung wirtschaftlicher Verbesserungspotenziale;
- die intensive Lobbyarbeit für die Interessen der uns anvertrauten Menschen und strategische Allianzen und Kooperationen.

Die Konkretisierung dieser Strategie für das Gesamtunternehmen erfolgt für die gGmbHs und Bereiche in jeweiligen Strategiekonzepten. Die Gesamtwerksstrategie bildet »die Grundlage für die jährlichen Zielvereinbarungen zwischen Aufsichtsrat und Vorstand sowie zwischen Vorstand und gGmbHs bzw. Bereichen« (Strategiekonzept, aus den Vorbemerkungen).

Die Kommunikation der Gesamtwerksstrategie geschieht in der Gesamtkonferenz und in eigens dazu stattfindenden Führungskräfteklausuren, um hier alle Führungskräfte der *Zieglerschen Anstalten* über die Strategie des Unternehmens zu informieren, zu motivieren und einzubinden. Die Führungskräfte werden auf diese Weise ernst genommen als Multiplikatoren für die Umsetzung der Strategie des Gesamtwerkes, der gGmbHs und Bereiche.

Die derzeit bestehende mittelfristige Strategie für die *Zieglerschen Anstalten* und ihre gGmbHs wird im Jahr 2005 weiterentwickelt. Der Prozess der Weiterentwicklung wird genutzt, um die Balanced Scorecard als Instrument zur Strategieumsetzung einzuführen und mit dem Führungsinstrument Zielvereinbarung zu verzahnen. Hierdurch entsteht ein integriertes Risiko-, Chancen- und Qualitätsmanagementsystem, da die strategischen Ziele durch die Erhebung von Kennzahlen einem systematischen Controlling zugänglich gemacht werden.

Im Jahr 2004 wurde die von Vorstand und Geschäftsführungen erarbeitete Vision für das Gesamtwerk und die langfristig strategischen Ziele für die Gesellschaften durch den Aufsichtsrat und die Mitgliederversammlung beschlossen.

7 Unternehmenssteuerung

Die *Zieglerschen Anstalten e.V.* haben zur Steuerung der Organisation moderne Managementprinzipien adaptiert:

- Leitbild;
- Seelsorgekonzept;
- Kundenorientierung;
- Projektmanagement;
- Zielvereinbarungen auf allen Ebenen;
- Funktionendiagramme;
- Personalentwicklungskonzept;
- Führungs- und Kommunikationskonzept.

Bei dem schnellen Wachstum und den Strukturveränderungen der letzten Jahre galt es, die Steuerung der Organisation mit zu entwickeln. Die Trennung von Aufsicht und Leitung wurde in den Steuerungsabläufen ebenso berücksichtigt wie die Frage des Erhalts der Unternehmenskultur nach der Fusion im Bereich Altenhilfe.

Auf dem Weg von der diakonischen Einrichtung zu einem modernen diakonischen Unternehmen wurden die *Zieglerschen Anstalten e.V.* zu Fragen der Unternehmenssteuerung und organisatorischen Aufgabenstellungen extern unterstützt durch *Horváth & Partners*. Wesentliche Herausforderungen waren die Einführung einer Steuerungssystematik, die der neuen Organisationsstruktur gerecht wird, die Konzentration auf die wirtschaftliche Aufgabenerbringung im Bereich von Servicedienstleistungen und Overhead sowie die erfolgreiche Strategieumsetzung, um die langfristigen Ziele transparent zu machen und allen Mitarbeitern ihren Beitrag bei der Zielerreichung aufzuzeigen. Diese Herausforderungen wurden in folgenden Schritten bewältigt:

- Rahmenkonzeption Controlling;
- Implementierung des Controllingkonzepts, SAP Einführung;
- Organisationsuntersuchungen
  - Dienstleistungszentrum
  - Overhead der Einrichtungen
  - Identifikation von Synergieeffekten nach der Fusion;
- Strategieumsetzung.

7.1 Rahmenkonzeption Controlling

Die *Zieglerschen Anstalten e. V.* befanden sich Ende 1999 in einer Phase der Neustrukturierung. Die Entwicklung des Unternehmens zu einem modernen Dienstleistungskonzern basierte auf der Entscheidung, die einzelnen Fachbereiche in rechtlich selbstständige gGmbHs zusammenzufassen. Darüber hinaus wurden Querschnittsaufgaben und Serviceleistungen in einem Dienstleistungszentrum gebündelt. Die Gesamtsteuerung der dezentralen Verantwortungsbereiche erfolgt über eine Holding. Ziel dieses Umbaus war es, die Reaktionsfähigkeit des Unternehmens auf die dynamischen Veränderungen im sozialen Markt zu verbessern und die dezentrale Ziel- und Ergebnisorientierung durch Centerstrukturen zu verbessern.

Mit diesen Veränderungen war auch eine Reorganisation des Planungs- und Steuerungssystems der *Zieglerschen Anstalten* erforderlich. Dabei waren mehrere zentrale Fragen zu klären.

Die Kosten- und Leistungsrechnung (KLR) der *Zieglerschen Anstalten* soll eine möglichst verursachungsgerechte Kostenzurechnung zu Kostenstellen, Leistungen, Produkten und Ergebnisbereichen ermöglichen, um die für die laufende Kontrolle der Zielerreichung und die für die Planung erforderlichen Informationen bereitzustellen. Hier waren einerseits die Kostenstellenstruktur und die konzernweite Verrechnung innerbetrieblicher Serviceleistungen (z. B. IT) zu betrachten. Andererseits waren aber auch die Anforderungen aus Sicht der fachbereichsspezifischen Kalkulation (z. B. Pflegesatzermittlung, Kosten pro Platz) und der Darstellung von Fachbereichsergebnissen zu berücksichtigen. Zusätzlich waren bei der Gestaltung der KLR auch die Strukturen des Budgetierungssystems zu beachten, da die Ergebnisse der Budgetierung in der KLR abgebildet werden müssen, um eine dezentrale Steuerung zu unterstützen. Die Umsetzung des KLR- und Controllingkonzepts stellte ebenfalls bestimmte Anforderungen an die Controllingorganisation der *Zieglerschen Anstalten*. Die für die Konzernsteuerung erforderlichen zentralen und dezentralen Controllingaufgaben waren daher inhaltlich zu beschreiben und in die Organisation einzugliedern.

In den neuen Konzernstrukturen brauchten die *Zieglerschen Anstalten* ein einheitliches, ziel- und empfängerorientiertes Berichtssystem, das den jeweiligen Steuerungsebenen zeitnah und fokussiert die notwendigen monetären und nichtmonetären Informationen bereitstellt. Nur auf der Basis eines einheitlichen Führungsinformationssystems können die Planungs- und Steuerungsaufgaben der Führungskräfte in ihren jeweiligen Verantwortungsbereichen sinnvoll wahrgenommen werden.

Die neuen Strukturen der *Zieglerschen Anstalten* unterstützen eine stärkere dezentrale Steuerung der Fachbereiche. Zu diesem Zweck war die Frage zu klären, wie im Rahmen des Controllingsystems die künftigen Planungs- und Zielvereinbarungsprozesse – von der Strategieplanung bis hin zur operativen Jahresplanung und Budgetierung – gestaltet werden, um die Nutzenrealisierung der neuen Struktur organisatorisch abzusichern.

Das an den Steuerungsanforderungen des Konzerns *Zieglersche Anstalten* orientierte Controllingsystem stellte neue Anforderungen an die IT-Systeme. Anhand eines entsprechenden Anforderungskatalogs wurde grundsätzlich überprüft, inwieweit die vorhandenen Systeme (z. B. FIBU, KLR, Berichtssysteme etc.) die Umsetzung der konzeptionellen Vorgaben ermöglichen.

Die vorstehenden Fragestellungen wurden in einem Rahmenkonzept für ein Controllingsystem der Zieglerschen Anstalten aufgearbeitet.

7.2 Implementierung des Controllingkonzeptes, SAP Einführung

Nach Fertigstellung des Konzepts zur Steuerung und der Softwareauswahl mit Entscheidung für *SAP* waren folgende Aufgaben zu bewältigen:

- Analyse der Inhalte des Rahmenkonzepts auf konzeptionellen und softwarespezifischen Konkretisierungsbedarf;
- Anpassung des vorliegenden Konzepts zum internen und externen Rechnungswesen an die konkreten Softwareanforderungen für das Customizing;
- Erarbeitung der Belegorganisation, Stammdatenstrukturen, Kontierungsvorgaben, Verrechnungssystematiken, Berichtslayouts etc.;
- Erhebung der noch fehlenden Basisdaten (z. B. Bezugsgrößen, Umlageschlüssel, statistische Kennzahlen);
- Klärung der Detailanforderungen an die erforderlichen Schnittstellen zu Vorsystemen des Rechnungswesens, Erarbeitung der Detailregelungen und Umsetzung in Implementierungsvorgaben für den Softwarelieferanten;
- Anpassung der Kernprozesse im Bereich des Rechnungswesens an die Softwareanforderungen des neuen Rechnungswesens und Unterstützung bei der organisatorischen Umsetzung.

Die SAP Einführung wurde konzeptionell begleitet.

Neben dem Steuerungssystem wurde im Rahmen der Neuausrichtung des Konzerns auch die effiziente und effektive Aufgabendurchführung sichergestellt. Durch die zu erwartenden und bereits eingetretenen Veränderungen der Rahmenbedingungen dürfte es immer schwieriger werden, die Ertragskraft des Konzerns zu erhalten. Eine hohe Ertragskraft ist jedoch notwendig, damit die *Zieglerschen Anstalten* die für die Zukunftssicherung geplanten Investitionen durchführen können. Strategisch relevant ist somit eine wirtschaftliche Aufgabenerledigung. Bei den o. a. Veränderungen der Organisation galt es hier vor allem, die Servicebereiche und den Overhead im Blick zu behalten. Nach der Fusion mit dem *Verein für evangelische Altenheime in Württemberg* durften auch die hier möglichen Synergieeffekte nicht unberücksichtigt gelassen werden. Deshalb wurden Potenziale zur Einsparung systematisch identifiziert. Dazu wurden in ausgewählten Bereichen die Prozesse und Strukturen analysiert, Verbesserungsvorschläge und Umsetzungsfahrpläne entwickelt.

7.3 Strategieumsetzung

Die *Zieglerschen Anstalten e.V.* möchten bis Ende 2005 die Strategieumsetzung mit dem Instrument der Balanced Scorecard (BSC) für die Holding und alle sechs Einrichtungen durchführen. Das mit dem Aufsichtsrat vereinbarte Jahresziel ist die Einführung der BSC. Die BSC ist ein Instrument zur Strategieumsetzung und Strategiekommunikation. Mit Hilfe der BSC werden Leitbilder und Visionen in konkrete Handlungen und Aktionen transformiert. Strategische Grundlagen wie die Vision und das Leitbild der *Zieglerschen Anstalten* mit den Unternehmenszielen, der Unternehmenskultur und -ethik liegen vor. Darüber hinaus wurde bereits eine Risikoanalyse durchgeführt, im November 2002 wurden sieben Punkte als Ausrichtung für die Jahre 2003 bis 2007 festgelegt. Für die Einrichtungen wurden Strategiekonzepte erarbeitet mit Portfolio, Stoßrichtungen, Standortbestimmung sowie Zielen und Maßnahmen.

In einer Vielzahl von Unternehmen hat sich die Balanced Scorecard bewährt, um oft nur abstrakt formulierte Leitbilder und Strategien zu konkretisieren und deren Umsetzung zielgerichtet zu steuern. Dazu verwendet die BSC ein aufeinander aufbauendes und zugleich ausgewogenes System von Zielen, Messgrößen, Ziel-Werten und Maßnahmenplanungen.

BSC könnte als »ausgewogenes Zielsystem« frei übersetzt werden. Dabei liegt die Betonung auf der Ausgewogenheit. Die wesentlichen Sichtweisen (Perspektiven) einer Organisation sollen gleichgewichtig – d. h. ausgewogen (balanced) – dargestellt werden. Mit den vier Perspektiven Finanzen, Prozesse, Kunden sowie Lernen und Entwicklung wurde die BSC in der Privatwirtschaft erfolgreich eingesetzt. Aufgabe der Perspektiven der Balanced Scorecard ist es, zu gewährleisten, dass an alle wesentlichen Aspekte einer Organisation in einem ausgewogenen Verhältnis gedacht wird. Insofern stellen die Perspektiven die relevanten Themenblöcke dar, zu denen die Strategie Aussagen treffen muss. Die konkrete Auseinandersetzung mit den einzelnen Perspektiven bei der Entwicklung von strategischen Zielen, Messgrößen, Zielwerten und strategischen Aktionen soll verhindern, dass bei der Ableitung und Verfolgung der Ziele zu einseitig gedacht wird. Zusätzlich zu den bereits erwähnten »klassischen« vier Perspektiven kommt in Non-Profit Organisationen ein weiterer Aspekt hinzu: der Themenblock, der die Frage nach dem gesellschaftlichen oder diakonischen Auftrag, den eine diakonische Einrichtung zu erfüllen hat, aufgreift. Die *Zieglerschen Anstalten* haben festgelegt, dass die Balanced Scorecard mit den aus der Privatwirtschaft bekannten vier Perspektiven Finanzen, Kunden, Prozesse und Potenziale erstellt und der Themenblock »diakonischer Auftrag« als Klammer über den vier Perspektiven verstanden wird. Strategische Ziele wurden den vier Perspektiven zugeordnet, stets mit Blick darauf, dass alle Ziele dazu dienen, den diakonischen Auftrag gemäß der Vision der *Zieglerschen Anstalten* zu erfüllen. Hier schlägt sich die Wirkung (der Outcome) des Handelns nieder.

Den Kern des gewählten und schließlich umgesetzten Vorgehens bildeten drei sogenannte »Holding-Workshops«. Dabei handelte es sich um jeweils eintägige Workshops, in denen der Vorstand mit ausgewählten Stabsstellen gemeinsam über die künftigen Herausforderungen für das diakonische Unternehmen und Lösungsansätze diskutierte, strategische Stoßrichtungen definierte, strategische Ziele formulierte und Messgrößen sowie strategische Aktionen für die Holding entwickelte.

Im ersten Schritt wurden mit Hilfe der Ergebnisse der bereits im Vorfeld durchgeführten Chancen- und Risikoanalyse der *Zieglerschen Anstalten* sowie der Vision und des Leitbilds die wesentlichen Handlungsfelder für die Strategieumsetzung in Form von strategischen Stoßrichtungen formuliert. Wichtig ist im Rahmen der Strategieumsetzung vor allem das gemeinsame Strategieverständnis aller Beteiligten.

Die Wege und Schritte zur Erreichung der Vision wurden mit Hilfe möglichst konkreter strategischer Ziele beschrieben. Ziele sind aktionsorientierte Aussagen, die die strategischen Stoßrichtungen über die grundsätzlichen Fragen für die jeweiligen BSC-Perspektiven konkretisieren. Sie haben eine hohe Strategierelevanz und eine hohe Handlungsnotwendigkeit. Das Ableiten der strategischen Ziele dient der Reduktion und Selektion von einer Vielfalt von Möglichkeiten auf die strategisch wirklich relevanten Ziele. Durch diesen Prozess wird die Strategie konkretisiert und den einzelnen Perspektiven Ziele zugeordnet. Die Bestimmung strategischer Ziele bildet den Ausgangspunkt aller weiterer Aktivitäten bei der BSC-Erstellung. Die Qualität der strategischen Ziele ist zentral für die Qualität der gesamten BSC und hat einen großen Einfluss auf den Erfolg der Einführung sowie Umsetzung der Strategie. Die Überlegungen zu den definierten strategischen Zielen wurden mit jeweils einem Zieldefinitionsblatt ausführlich dokumentiert. Strategische Ziele auf der BSC verlangen eine knappe und prägnante Formulierung. Wichtig zu wissen ist es jedoch, vor allem später für die Kommunikation, was genau mit dem Ziel gemeint war. Daher sollte für jedes strategische Ziel eine Erläuterung formuliert werden. Entscheidend ist vor allem die Begründung, warum das Ziel als strategisch relevant angesehen wird.

Da zwischen vielen der definierten strategischen Ziele inhaltliche Zusammenhänge bestanden, wurden die Ursache-Wirkungsbeziehungen in Form einer Ursache-Wirkungskette dokumentiert und die einzelnen Abhängigkeiten und Zusammenhänge erläutert. Ursache-Wirkungsketten haben auch einen starken kommunikativen Faktor: Sie schaffen bei der Führungsebene Bewusstsein über die Zusammenhänge und Bedeutung verschiedener Ziele und fördern das gemeinsame Verständnis der gesamten Strategie. Sie stellen dar, wie die unterschiedlichen Bereiche (Potenziale, Prozesse, Kunden, Finanzen) zusammenwirken müssen, um die Strategie umsetzen zu können und sie liefern ein Erklärungsmodell für den strategischen Erfolg. Es wurde bei der Erstellung der Ursache-Wirkungsketten besonders darauf geachtet, dass nur die strategisch relevanten Beziehungen zwischen den Zielen abgebildet werden. Auf die Abbildung von Redundanzen sowie auf positive Nebeneffekte wurde zugunsten der Nachvollziehbarkeit und Übersichtlichkeit verzichtet.

Die Überlegungen können wie folgt zusammengefasst werden: Wir sichern die Qualität unserer Dienstleistungen und die Erfüllung unseres diakonischen Auftrags auf der Basis eines tragfähigen wirtschaftlichen Fundamentes. Die Finanzziele versetzen uns in die Lage, Investitionen zu tätigen, fachliche Weiterentwicklung voranzutreiben und gute Lösungen zur Umsetzung unseres diakonischen Auftrags zu entwickeln. Durch Reduzierung des Personalkostenanteils wird die Liquidität erhöht und der Ertrag gesteigert. Die Kundenziele sehen den Menschen in seiner Ganzheit und achten ihn in seiner Würde. Sie orientieren sich am individuellen Bedarf des Einzelnen. Gleichzeitig stellen sie die Möglichkeiten für eine individuelle Lebensgestaltung in sozialer Integration bereit. Wir entwickeln mit den zuständigen Kosten- und Leistungsträgern zukunftsfähige Konzepte und nehmen mit ihnen Einfluss auf sozialpolitische Entwicklungen im Interesse unserer Kunden. Die Prozessziele gewährleisten eine leistungsfähige Organisation mit effizienten Strukturen sowie Beziehungen, die die Erfüllung unseres diakonischen Auftrags ermöglichen. Die Potenzialziele bringen zum Ausdruck, dass optimale Fachkompetenz und soziale Kompetenz sowie eine Haltung und Gesinnung vorhanden sind, die die Erfüllung des diakonischen Auftrags gewährleisten.

Um den mit dem Balanced Scorecard-Vorgehen verfolgten Transparenzgedanken fortzuführen, stand im Fokus des zweiten Workshops die Entwicklung von Messgrößen zur Feststellung der Zielerreichung. Messgrößen präzisieren die strategischen Ziele und sollten den Charakter des betreffenden strategischen Ziels richtig widerspiegeln. Kennzahlen und Indikatoren sollen künftig die Erreichung der strategischen Ziele transparent machen. Entsprechend dem Grundgedanken der BSC wurde dabei sowohl auf quantitative als auch auf qualitative Kennzahlen zurückgegriffen.

Eine Messgröße zur Steuerung der Zielerreichung ist dann sinnvoll, wenn man für ihre Ausprägung auch einen Zielwert, ein Anspruchsniveau o. ä. vorgeben kann und sie so auch für Planung oder z. B. Zielvereinbarung nutzen kann. Die Zielwerte werden für den Strategieumsetzungsprozess der *Zieglerschen Anstalten* im Anschluss an die Workshops festgelegt, in Einzelfällen ist dazu zunächst die Erhebung des Ist-Wertes Voraussetzung.

Im dritten Holding-Workshop wurden die strategischen Aktionen festgelegt. In dieser Phase des BSC-Prozesses geht es darum, geeignete Aktionen zu entwickeln, um das strategische Ziel zu erreichen. Aktionen können langfristige Programme oder Initiativen sein, sie haben Projektcharakter. Aus Sicht der Ziele kann man die Aktionen als Arbeitspakete bezeichnen, deren erfolgreiche Bearbeitung die Zielerreichung oder einen Beitrag zur Zielerreichung zur Folge hat.

Im Vorfeld der Strategieumsetzung wurde die Zielsetzung und die Methode allen Führungskräften der *Zieglerschen Anstalten* erläutert. Durch die Kommunikation in verschiedenen Veranstaltungen wurde sichergestellt, dass

- die Notwendigkeit/Bedeutung des BSC-Projektes von allen Mitarbeitern deutlich gesehen wird,
- die Strategie in den einzelnen Organisationseinheiten den Mitarbeitern bekannt ist,
- die Transparenz der Strategieerreichung akzeptiert und konstruktiv genutzt wird.

Nach der Erstellung der BSC für die Holding galt es, die Überlegungen in der Organisation zu kommunizieren und die Beiträge der einzelnen Einrichtungen zur Strategieerreichung zu definieren. Dazu wurde das Ergebnis der Holding auf die sechs gGmbHs kaskadiert.

Die Phase der Kaskadierung bedeutet, Ziele und strategische Aktionen aus organisatorisch übergeordneten Einheiten konsequent herunterzubrechen in die Balanced Scorecards nachgeordneter Organisationseinheiten. Damit werden die Beiträge der nachgeordneten Einheiten zur Gesamtzielerreichung transparent. Für die Kaskadierung wurden je Einrichtung (gGmbH) jeweils zwei Workshops mit allen Führungskräften durchgeführt. Durch eine intensive Vor- und Nachbereitung der Workshops konnten im Rahmen des engen Zeitplans die gewünschten Arbeitsergebnisse erreicht werden. Organisiert und moderiert wurden diese Veranstaltungen von der Stabsstelle Strategische Planung mit externer Unterstützung. Kommunikation, die die Ergebnisse des BSC-Prozesses in der Organisation bekannt und nachvollziehbar macht, schafft Akzeptanz und Motivation. Sie verdeutlicht den Mitarbeitern ihre Beiträge zur Strategieumsetzung und stiftet Sinn für ihr Engagement. Um die Ergebnisse der Holding-BSC im ersten Workshop der Einrichtungen vorzustellen und die Zusammenhänge aufzuzeigen, hat der Vorstandsvorsitzende der *Zieglerschen Anstalten* in jeder ersten Veranstaltung pro Einrichtung persönlich präsentiert.

Nach der Fertigstellung aller BSCs für die Einrichtungen werden die Ergebnisse systematisch in den Planungs- und Zielvereinbarungsprozess überführt. Künftig sollen die strategischen Überlegungen koordiniert mit allen anderen Planungsaktivitäten ablaufen. Die Integration der BSC in den Planungsprozess führt dazu, dass Umfeldentwicklungen und Potenziale der Organisation sowie langfristige Entwicklungslinien konkret in die Planungsprozesse einfließen und sich das Handeln einheitlich an den Schwerpunktsetzungen orientiert. Mit Hilfe der BSC lässt sich eine konsistente Verbindung beschreiben, von der Planung auf der Holdingebene bis hin zur operativen Planung in den Einrichtungen. Anzumerken bleibt, dass die BSC kein statisches, sondern ein dynamisches Management-Werkzeug darstellt, welches von Lerneffekten während der Nutzung lebt und an sich ändernde Rahmenbedingungen im Abstand von ca. einem Jahr angepasst werden muss. Dies wird bei der Einbindung der BSC in den Planungs- und Zielvereinbarungsprozess sowie bei der Vorgabe des Berichtszyklus berücksichtigt.

Abschließend noch das Motto, unter dem die *Zieglerschen Anstalten* die strategische Steuerung des modernen diakonischen Unternehmens angegangen sind:

Was bleiben will, muss sich ändern.
Unternehmen statt unterlassen.

Beteiligungscontrolling des Staates

Jens-Hermann Treuner*

* Jens-Hermann Treuner, Ministerialrat als Mitglied des Bundesrechnungshofes, Bundesrechnungshof, Bonn.

1 Vorbemerkung

Die Rolle des Staates bei der Erwirtschaftung und insbesondere bei der Umverteilung des Bruttosozialproduktes sind ein dauerhaftes politisches Grundthema. In der Darstellung werden zur Vereinfachung alle Gebietskörperschaften und ihre Sondervermögen unter den Begriff Staat gefasst, obwohl die Unterschiedlichkeit ihrer Aufgaben und Strukturen sich auf Art und Umfang der Beteiligungen und ihre Verwaltung auswirkt. Vom »Sicherheitsstaat« über den »Wohlfahrtsstaat« zum »aktivierenden Staat« lassen sich eine große Zahl von Ansätzen finden, die die Entwicklungen der gesellschaftlichen Theorien und ihre Umsetzung in politische Programme widerspiegeln.

In der Regel wird dabei heute akzeptiert, dass der Staat die ihm von der Gesellschaft – meist in der Verfassung oder in Organisationsgesetzen – übertragenen Aufgaben selbst und in eigener Verwaltung ausführt. Die Gleichheit der Bürger ist materiell- und verfahrensrechtlich dabei am ehesten zu gewährleisten. Die vom Bürger darüber hinaus benötigten Leistungen sollen von privaten Unternehmen erbracht werden, die im Markt und im Wettbewerb stehen. Der Staat schafft und erhält hierfür ein einheitliches handelsrechtliches Umfeld mit Grundregeln für Marktzugang, Wettbewerb und Verbraucherschutz.

Ein privatrechtliches Unternehmen, dessen Anteile sich teilweise oder vollständig im Eigentum einer oder mehrerer Gebietskörperschaften befinden oder das von einer oder mehreren Gebietskörperschaften beherrscht wird (»Staatsunternehmen«) ist bei dieser Aufgabenteilung eine Ausnahme. Das Haushaltsrecht fordert daher für diese Fälle in § 65 BHO/LHO (Bundes-/Landes-Haushaltsordnung) die Erfüllung strenger Voraussetzungen, deren Fortbestand regelmäßig zu überprüfen ist (Subsidiaritätsgrundsatz, § 7 BHO/LHO):

- Es muss ein wichtiges öffentliches Interesse an der Aufgabe bestehen.
- Private Anbieter können die Tätigkeiten nicht ebenso gut oder besser erbringen.
- Die Einzahlungsverpflichtung der öffentlichen Hand ist auf einen bestimmten Betrag begrenzt.
- Auf Rechnungslegung und Prüfung des Jahresabschlusses finden die handelsrechtlichen Vorschriften für große Kapitalgesellschaften entsprechende Anwendung.
- Die Einwilligung des jeweiligen Finanzministeriums liegt beim Erwerb, der Veränderung oder der Veräußerung des Anteils oder Beherrschungsverhältnisses vor.

2 Beteiligungsvermögen

Der Staat (verallgemeinernd für Bund, Länder und Gemeinden verwendet) informiert Parlamente und Öffentlichkeit regelmäßig durch jährliche »Beteiligungsberichte« (bspw. »Beteiligungsbericht 2004« der Bundesregierung, herausgegeben vom Bundesminister der Finanzen, Dezember 2004). Eine eindeutige Zahl der Beteiligungsunternehmen ist dennoch kaum zu nennen, da es unmittelbare und mittelbare Beteiligungen, Mehrheits- und Minderheitsbeteiligungen, Mehrfach- und Über-Kreuz-Beteiligungen, Veränderungen im Beteiligungsportfolio von Konzernen, Verkäufe (materielle Privatisierungen) sowie Neugründungen gibt.

Der Beteiligungsbericht des Bundes 2004 gibt den folgenden Überblick über den Bestand an bedeutenderen unmittelbaren und mittelbaren Beteiligungen:

	2003	**2004**
	Anzahl	
Unmittelbare Beteiligungen		
– Bund	98	93
– Sondervermögen (ohne Mehrfachbeteiligungen)	18	18
Gesamtzahl der unmittelbaren Beteiligungen	**116**	**111**
Unmittelbare und mittelbare Beteiligungen		
– unmittelbare Beteiligungen mit mind. 25 % und einem Nennkapital von mind. 50.000 €	36	32
– mittelbare Beteiligungen mit mind. 25 % und einem Nennkapital von mind. 50.000 €	470	389
Gesamtzahl der bedeutenderen unmittelbaren und mittelbaren Beteiligungen	**506**	**421**

Dabei ist das Beteiligungsvermögen in seiner heutigen Zusammensetzung Ergebnis historischer Einflüsse und nur selten Ausdruck einer konsequent verfolgten Beteiligungspolitik. Im Bereich der Wohnungsbaugesellschaften und der Banken, aber auch bei Verkehrs- und Versorgungsunternehmen wird dies besonders deutlich. Der Einfluss der europäischen Wirtschaftssteuerung und der globalen Verflechtung von Unternehmen sowie der Aufnahmefähigkeit der Kapitalmärkte ist prägend für die weitere Entwicklung und Zusammensetzung der Beteiligungs-Portfolios.

Auch neue Formen staatlicher Aufgabenwahrnehmung in privatrechtlichen Formen (bspw. Energieversorgung, Kultur, Flugsicherung), Outsourcing und »innovative« Formen wie öPP/PPP (Partnerschaften zwischen Gebietskörperschaften und privaten Unternehmen) erweitern das mögliche Spektrum von Beteiligungen und schaffen neue Verknüpfungen zwischen Staat und Privatwirtschaft.

3 Staatsunternehmen

Unter Berücksichtigung der oben dargestellten Beteiligungsvoraussetzungen des § 65 BHO/LHO kommt als Unternehmensform eigentlich nur die Gesellschaft mit beschränkter Haftung (GmbH) in Betracht. Bei anderen Gesellschaftsformen lassen sich entweder die Einzahlungsverpflichtung oder Haftung nicht begrenzen oder kein angemessener Einfluss auf das Unternehmen verwirklichen. Die Beteiligungen an oder die Verlagerung öffentlicher Aufgaben in neu gegründete Aktiengesellschaften spiegeln i. d. R. die Absicht einer völligen Veräußerung der staatlichen Anteile an privates Kapital wider. Bürgerlich-rechtliche Stiftungen entziehen sich dem nachhaltigen Einfluss des öffentlichen Stifters. Auch Subventionen, Bürgschaften oder Gewährleistungen ermöglichen einen gewissen Staatseinfluss auf Unternehmen, sind aber aus Gründen der Wettbewerbsgleichheit problematisch. Alle Gebietskörperschaften haben sich öffentlich zur Verringerung des staatlichen Einflusses im Unternehmensbereich erklärt, wobei neben ordnungspolitischen häufig auch Argumente des Haushaltsausgleichs von Bedeutung sind (vgl. *Bundesministerium der Finanzen* 2003 und *Bundesministerium der Finanzen* 2004, S. 5).

4 Beteiligungsverwaltung

Für die Steuerung der Erfüllung öffentlicher Aufgaben durch Unternehmen des privaten Rechts hat die jeweilige Verwaltung Regeln entwickelt und besondere Arbeitseinheiten eingerichtet (vgl. *Bundesministerium der Finanzen* 2001, S. 950 ff. und *Beschluss des Bundeskabinetts*; ähnliche Regelungen haben die meisten Bundesländer und Gemeinden). Dabei werden die Begriffe Beteiligungsverwaltung, -management und -führung meist als gleichwertig verwendet. Es gibt bei einem Ressort (meist Finanzen oder Wirtschaft) zentral oder bei den jeweiligen Fachverwaltungen dezentral eingerichtete Beteiligungsverwaltungen sowie alle denkbaren Mischformen, die den Bedürfnissen der jeweiligen Gebietskörperschaft am besten entsprechen. Die Vertraulichkeit der Unternehmensführung ist für die notwendige Information der öffentlichen Eigentümer durch die §§ 394, 395 Aktien Gesetz und die besonderen Prüfungsanforderungen des § 53 HGrG (Haushaltsgrundsätzegesetz) durchbrochen. Die Erreichung der Beteiligungsziele ist jährlich durch Berichte nach § 69 BHO/LHO zu evaluieren. Mit ihnen wird auch die Rechnungsprüfungseinrichtung unterrichtet, die im Rahmen des § 54 HGrG über weitere besondere Informationsrechte im Unternehmen verfügt.

Die Beteiligungsreferenten des Bundes und der Länder treffen sich jährlich zum Erfahrungsaustausch über Entwicklungen und zur Erörterung der erforderlichen Anpassungen. An vielen Unternehmen sind mehrere Körperschaften mit unterschiedlichen Anteilen und teilweise unterschiedlichen Interessen beteiligt (bspw. Flughäfen), was schon im Interesse der Unternehmen eine grundsätzliche Abstimmung und Angleichung der verfolgten Unternehmenspolitik zwischen den Gebietskörperschaften erfordert.

5 Beteiligungscontrolling

Die Aufgabe des Beteiligungscontrollings ist »die Unterstützung für das Management bei der Schaffung einer abgestimmten ergebnisorientierten Steuerung des Gesamtunternehmens und seiner Beteiligungen« (*Horváth* 1997, S. 82). Es »ist ... eine Zusammenstellung der Methoden bzw. Instrumente, die die Wahrnehmung der Aufgaben des

Beteiligungsmanagements unterstützen. Das Beteiligungscontrolling ist das zentrale, primär quantitativ geprägte Subsystem des Beteiligungsmanagements« (*Neumann* 1997, S. 143).

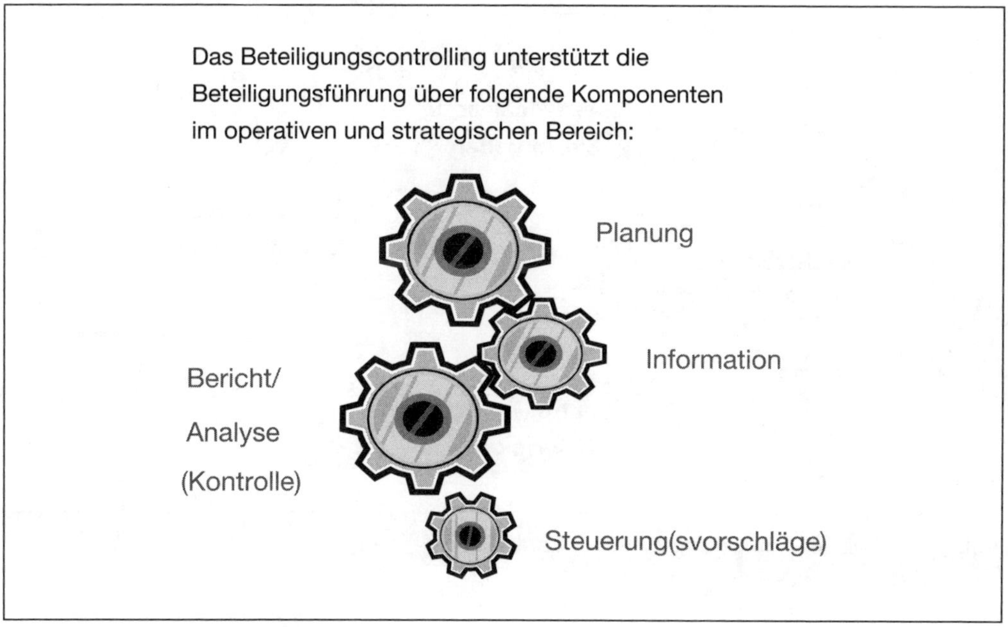

Abb. 1: Beteiligungscontrolling

Unter Berücksichtigung des haushaltsrechtlich geforderten wichtigen öffentlichen Interesses ergeben sich für das Beteiligungscontrolling die folgenden *Wirkungszusammenhänge* und *Aufgaben* (vgl. Abb. 2).

Untersuchungen auf Bundes- und Landesebene haben in den letzten Jahren ein hohes Maß an Übereinstimmung ergeben. Die Rechnungshöfe haben die folgende Definition erörtert (vgl. Abb. 3):

»Beteiligungscontrolling ergänzt die reine Verwaltung von Beteiligungen und ermöglicht es der Beteiligungsverwaltung in der Art eines Beteiligungsmanagement zu handeln. Es ist als Führungsinstrument zu verstehen, das es dem Beteiligungsmanagement ermöglicht, die mit der Beteiligung verfolgten strategischen Ziele (§ 65 BHO/LHO) sowie die zu deren Erreichung definierten operativen Ziele zu steuern. Das Beteiligungscontrolling wertet entscheidungsrelevante Unternehmensinformationen in Form transparenter Plan/Ist-Abweichungsanalysen aus und gibt der Leitung und dem Management für deren Entscheidungen die bestmöglichen Informationen und Anregungen weiter. Dadurch wird hinsichtlich der Entscheidung, mit einer von der Gebietskörperschaft verselbständigten juristischen Person des Privatrechts öffentliche Ziele zu verfolgen, eine Erfolgs- und Wirkungskontrolle sowie eine zielorientierte Steuerung ermöglicht.«

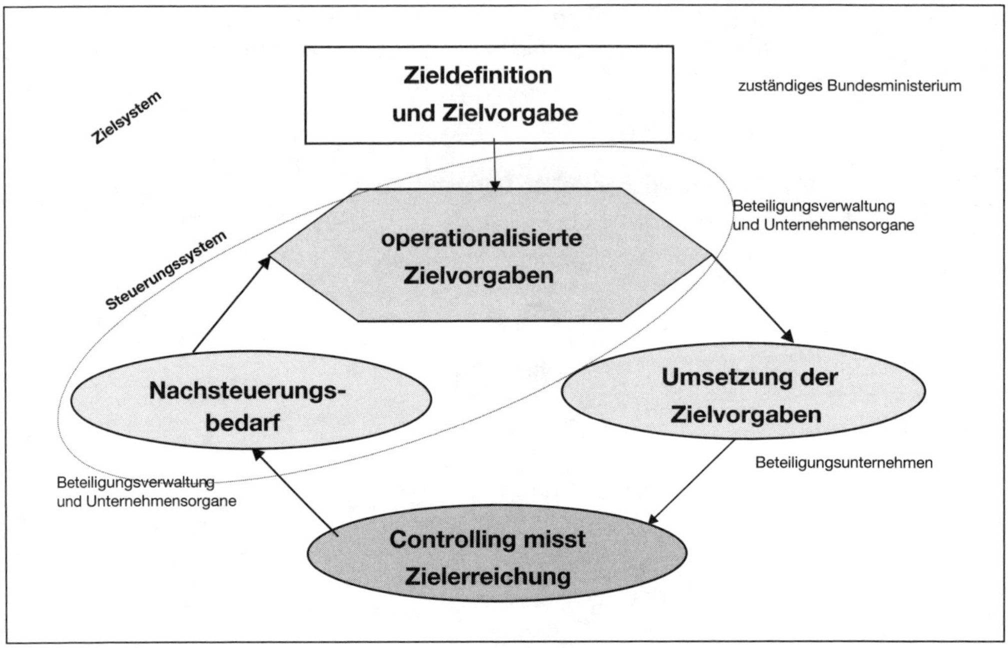

Abb. 2: Zielsystem – Steuerungssystem – Controlling

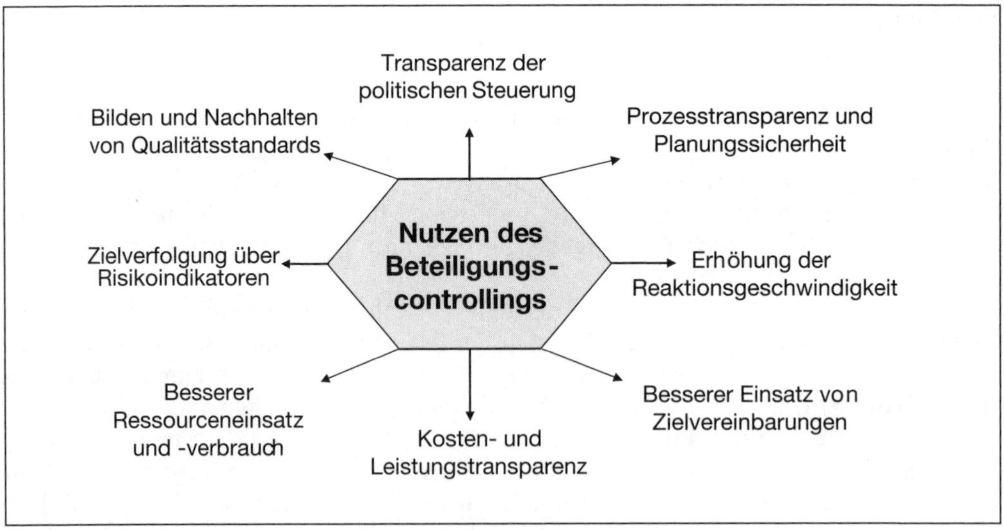

Abb. 3: Wirkungsmöglichkeiten und Nutzen des Beteiligungscontrollings

Wirkungsmöglichkeiten und Nutzen des Beteiligungscontrollings werden danach auf verschiedenen Ebenen und mit verschiedenen Zielrichtungen gesehen:

Die Heterogenität der Beteiligungsportfolios und der Verwaltungsstrukturen der verschiedenen Gebietskörperschaften hat eine Fülle unterschiedlicher Lösungen für die Organisation der Beteiligungsverwaltungen und des Beteiligungscontrollings bewirkt. Von völliger Zentralisierung bis zur vollständigen Dezentralisierung, von Eigenwahrnehmung über Auslagerung in Holdingstrukturen bis zur Übertragung auf externe Berater sind alle Lösungen denkbar und begründbar. Optimierungen folgen teilweise stärker politischen Zielen oder stärker reinen Kosten-Gesichtspunkten. Zielkonflikte werden selten systematisch erkannt und aufgearbeitet.

Als besonders wichtig wurde der Ressort und Gebietskörperschaften übergreifende Austausch von Erfahrungen und die aktive Erörterung und Entwicklung von Modellen und Best-Practice-Beispielen gesehen. Die aktuelle Diskussion der Grundsätze guter Unternehmensführung, kodifiziert im »Deutschen Corporate Governance Kodex«, und deren Auswirkungen oder Übertragbarkeit auf den Bereich öffentlicher Unternehmen, etwa in Form eines »Public Corporate Governance Kodex«, sind in diesem Zusammenhang zu sehen. Grundlegend für die weitere Führung von Beteiligungen ist aber nicht eine Modernisierung des Instrumentariums, sondern die Orientierung auf die Ziele, die vom Staat mit der Beteiligung kurz-, mittel- und langfristig verfolgt werden sollen. Eine konkretisierte und der Öffentlichkeit vermittelbare Zielsystematik ist zu entwickeln, Zielkonflikte sind aufzuzeigen, wirtschaftliche Rahmenbedingungen zu klären und Beteiligungs- und Handlungs-Strategien darauf zu gründen. Die dazu erforderlichen Informationen sind vollständig und zeitnah in die kontinuierliche Überprüfung und Weiterentwicklung solcher Strategien einzubringen. Der Aufwand für Instrumente wie Controlling muss in Relation zur Größe und Zusammensetzung des Beteiligungsportfolios gesehen werden. Bei der Beurteilung der Wirtschaftlichkeit sind alle finanziellen Beziehungen zwischen Staat und Unternehmen und nicht nur bilanzielle Gesichtspunkte zu berücksichtigen. Neben der (Mit-)Eigentümerstellung können u. a. Steuern, Subventionen, Umwelteinflüsse, Kundenbeziehungen, öffentliches Ansehen wichtige Aspekte beitragen.

Die nachfolgenden Prüffragen können als Grundlage für die Einrichtung und Ausgestaltung eines Beteiligungscontrollings dienen. Zielverfolgung und Zielsystem nach dem Modell der Balanced Scorecard sowie Quartalsberichte können unter Beachtung der folgenden Hinweise, Muster und Checklisten eingerichtet werden.

5.1 Prüffragen

1. **Notwendigkeit eines Beteiligungscontrollings**

   Ausnahmsweise kein Bedarf für ein Beteiligungscontrolling, z. B.:
   - Endphase eines Privatisierungsverfahrens;
   - Kein »werbend« bzw. operativ tätiges Unternehmen;
   - Anteilshöhe und sonstige Einflussmöglichkeiten erlauben keine Steuerung.

2. **Beteiligungsziele**
   - Welche Erfolgs- und Leistungsziele werden lang-, mittel- und kurzfristig mit der Beteiligung aufgrund des gesellschaftsrechtlichen Engagements verfolgt?
   - Weitere mit der Beteiligung verfolgte Ziele (z. B. über vertragliche Verknüpfungen)?
   - Welche Zielhierarchie oder wechselseitige Beeinflussung gibt es bei miteinander konkurrierenden Zielen (Balanced Scorecard)?

3. **Planung**
   - Wie können die kurzfristigen Ziele erreicht werden?
   - Gibt es Zwischenschritte (Meilensteine) oder zeitkritische Phasen?
   - Was kann zur Erreichung der Ziele getan werden (Zielkontrakte, Zielvereinbarungen)?
   - Was geschieht bei einer Verfehlung oder unzulänglichen Erreichung des/der Ziele?
   - Welche Risiken für die Zielerreichungen gibt es?
   - Messbarkeit der Zielerreichung (Kennziffern, Indikatoren)?

4. **Berichtswesen**
   - Welches Mindestmaß an Information genügt zur Verifizierung der Ausgangslage, der Zwischenschritte, der Zielerreichung (Plan/Ist/Prognose-Vergleich, Kennziffern-Tableau)?
   - Wann müssen welche Informationen in welcher Qualität wem verfügbar sein, um rechtzeitig ausgewertet werden zu können?
   - Welche Informationsquellen können im Einzelnen genutzt werden?
   - Wie kann das regelmäßige Reporting oder die Ad-hoc-Unterrichtung über bedeutende Entwicklungen bzw. aus besonderem Anlass sichergestellt werden?
   - Wer wertet die Informationen aus und wer berichtet über was an welche Adressaten (Vermeidung von Schnittstellen und Doppelbefassung)?
   - Gibt es Indikatoren für die Risikobewertung? Wie muss reagiert werden (Risikoberichterstattung)?

5. **Kontroll- und Analyseprozess**
   - Welche Analysemöglichkeiten bestehen (Kommentierung der wesentlichen Abweichungen und deren Auswirkung, Plausibilitätsbetrachtungen, historischer Vergleich, Heranziehung eines Benchmarks)?
   - Steht dafür (qualifiziertes) Personal zur Verfügung?
   - Auswirkungen bisheriger Steuerungsmaßnahmen?

6. **Steuerungsvorschläge**
   - Welche Steuerungsoptionen bestehen und mit welchem Aufwand und welchen Folgen sind sie verbunden?
   - Wer muss in die Steuerungsmaßnahme eingebunden werden?
   - Welche Indikatoren gibt es für den (Teil-)Erfolg der Steuerungsmaßnahmen? Wann und wie werden sie nachgehalten?

5.2 Eckpunkte der Zielverfolgung durch das Beteiligungscontrolling

Gründung/Erwerb	Definition der strategischen Ziele § 65 Abs. 1 BHO/LHO (Meilensteine, Erfolgskriterien), strategischer Planungsprozess
Wirtschaftsplan	Definition der operativen Ziele (Kennzahlen, Indikatoren, Zielvereinbarungen, Zielkontrakte)
Regelmäßige Berichte der Beteiligung, z. B. quartalsweise	Prüfung und Bericht, Vorbereitung aller »Staats«-Vertreter in den Gremien (zeitnahe Information, Analyse, Risiken, Handlungsvorschläge)
Jahresabschluss, Abschlussprüferbericht	Prüfung und Bericht, Bericht nach § 53 HGrG (Beurteilung der Zielerreichung, Handlungsvorschläge)
Nachbereitung der Gremiensitzung	Auswertung der Berichte der »Staats«-Vertreter oder zusätzlich gegebener Tischvorlagen
Fortschreibung des Berichts zur Verringerung von Beteiligungen der Gebietskörperschaft	Prüfung des wichtigen öffentlichen Interesses, Bericht nach § 69 BHO/LHO, Prüfung nach § 7 BHO/LHO, (Fortbestand des wichtigen Interesses an der Beteiligung, Privatisierung, sonstige Maßnahmen)
Jährlich von Gebietskörperschaft herausgegebener Beteiligungsbericht	Öffentliche und transparente Dokumentation der unternehmerischen Betätigung sowie der strategischen Ziele der Gebietskörperschaft

5.3 Balanced Scorecard

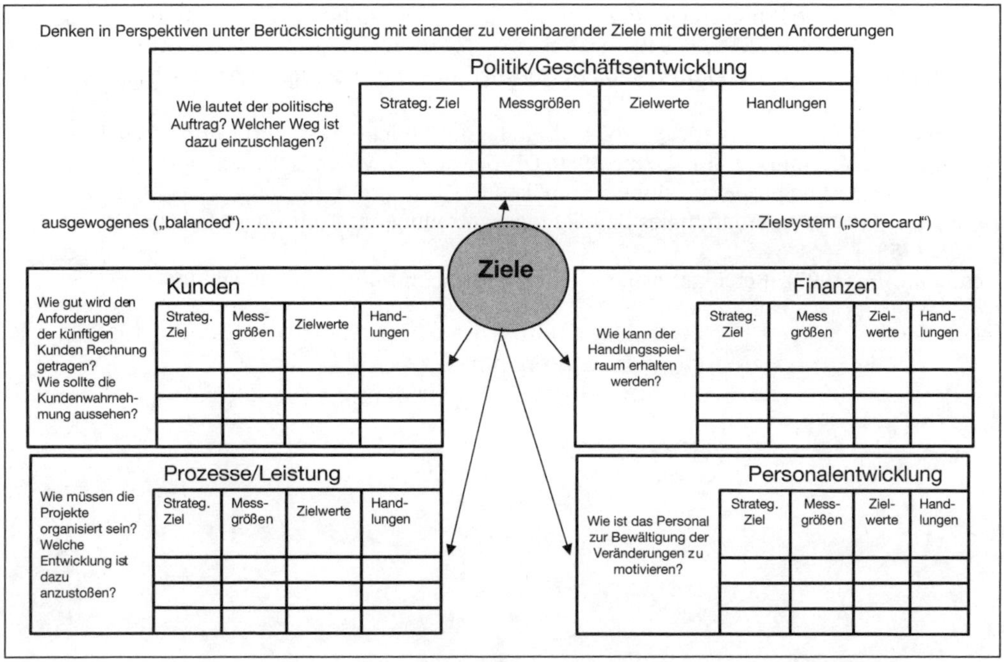

5.4 Skizze eines Quartalsberichts

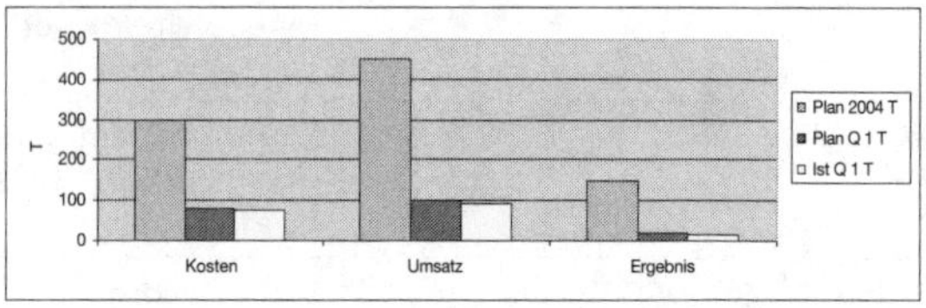

Erläuterung der Abweichungen/Prognose: ....

Maßnahmen: ....

Meilensteine/Zeitplan/Investitionen/Stand der Projekte: ....

Bewertung/Empfehlung: ....

Kennzahlen/Indikatoren

Ausgewählte finanzwirtschaftliche Daten: ....

Bewertung/Empfehlung: ....

Personal: ....(Bestand/Fluktuation/Überstunden/Krankenstand).......

Bewertung/Empfehlung: ....

Umfang/Qualität der Leistungserbringung: ....

Bewertung/Empfehlung: ....

Informationen zu zustimmungs-/informationspflichtigen Sachverhalten:

....

	Plan 2004 T	Plan Q 1 T	IST Q 1 T	Abweichung T	in %	Gesamtjahr in %
Kosten	300	80	76	4	5	25
Umsatz	450	100	94	6	6	21
Ergebnis etc....	150	20	18	2	10	12

Beurteilung der aktuellen Geschäftsentwicklung/Lage: .... **Risikoentwicklung: ....**

Literatur

Bundesministerium der Finanzen (2001), Hinweise für die Verwaltung von Bundesbeteiligungen – Beschluss der Bundesregierung vom 24. September 2001, in: Gemeinsames Ministerialblatt, Nr. 47, 18.12.2001, S. 949–980

Bundesministerium der Finanzen (2003), Verringerung von Beteiligungen des Bundes – Fortschreibung 2003, 2. Dezember 2003

Bundesministerium der Finanzen (2004), Beteiligungsbericht 2004, URL: http://www.bundesfinanzministerium.de/cln_03/nn_3980/DE/Service/Downloads/Downloads__6/28860__1,templateId=raw,property=publicationFile.pdf, Abruf am 10.06.2005

Horváth, P. (1997), Internationales Beteiligungscontrolling, in: Controller Magazin, 21, 1997, 2, S. 81–88

Neumann, H. (1997), Beteiligungsmanagement und -controlling, München 1997

Autorenverzeichnis

Dieter Bernauer
CFO
Swisscom Mobile AG
Schwarztorstr. 61
CH-3050 Bern

Alexandra Crusen
Leiterin Konzernkoordination
DEKRA AG
Handwerkstraße 15
70565 Stuttgart

Dr. Michael Currle
Senior Project Manager
Horváth & Partner GmbH
Rotebühlstraße 121
70178 Stuttgart

Werner Fleischer
Bereichsleiter Konzern-Controlling
Verbundgesellschaft
Weimarerstr. 89
A - 1190 Wien

Gerhard Grandke
Oberbürgermeister
Stadt Offenbach am Main
Berliner Straße 100
63065 Offenbach

Dr. Uwe Günther
Mitglied der Geschäftsführung
Bau- und Liegenschaftsbetrieb NRW
Mercedesstraße 12
40470 Düsseldorf

Thomas Hartwig
Finanzvorstand
EnBW Kraftwerke AG
Lautenschlager Str. 20
70173 Stuttgart

Prof. Dr. Bernd J. Höfer
Stellv. Vorsitzender des Vorstandes
Deutsches Zentrum für Luft- und Raumfahrt e. V.
Linder Höhe
51147 Köln - Porz

Christopher Kaatz
Oberst i. G., Leiter Controlling Heer
Heeresamt
Kommernerstraße 188
53879 Euskirchen

Stefan Klebert
Vorsitzender der Geschäftsführung
ThyssenKrupp Industrieservice
Holding GmbH
Riehler Straße 36
50668 Köln

Axel Knobe
Vorsitzender des Vorstandes
gedas AG
Carnotstr. 4
10587 Berlin

Dr. Harald Köster
Vice President
Henkel KGaA, Financial Services Branch
Germany
Bonner Str. 117
40589 Düsseldorf

Gerhard Kümmel
Geschäftsführer
Robert Bosch GmbH
Postfach 10 60 50
70049 Stuttgart

Willi Lemke
Senator für Bildung und Wissenschaft
Hansestadt Bremen
Rembertiring 8-12
28195 Bremen

Dr. Reinhold Mayer
Mitglied des Vorstandes
Horváth AG
Rotebühlstraße 121
70178 Stuttgart

Klaus H. Mühleck
Konzern CIO
Volkswagen AG
Brieffach 011/18 80
38436 Wolfsburg

Hans D. Pötsch
Mitglied des Vorstandes
Volkswagen AG
Brieffach 011/18 80
38436 Wolfsburg

Gregor Pottmeyer
Vorstand Finanzen und Risiko-management
DaimlerChrysler Bank AG
Siemensstraße 7
70469 Stuttgart

Dr.-Ing. Günther R. Reinelt
Leiter Zentralbereich Einkauf
Miele & Cie. KG
Carl-Miele-Str. 29
33332 Gütersloh

Dr. Andreas Renner
Geschäftsführer
Horváth & Partner GmbH
Rotebühlstraße 121
70178 Stuttgart

Martin Römer
Principal
Horváth & Partner GmbH
Rotebühlstraße 121
70178 Stuttgart

Klaus Schmidt
Vorsitzender des Vorstandes
DEKRA AG
Handwerkstraße 15
70565 Stuttgart

David Schwerbrock
Vice President Finance
SAS International
Neuenheimer Landstr. 28-30
69120 Heidelberg

Manfred J. Senden
Leiter Finanzen & Unternehmens-controlling
Deutsches Zentrum für Luft- und Raumfahrt e. V.
Linder Höhe
51147 Köln-Porz

Prof. Dr.-Ing. Dieter Spath
Institutsleiter
Fraunhofer-Institut für Arbeitswirtschaft und Organisation
Nobelstr. 12
70569 Stuttgart

Thomas Spitzenpfeil
CFO
Zumtobel AG
Höchster Straße 8
A - 6850 Dornbirn

Karl-Heinz Steinke
Leiter Konzerncontrolling
Deutsche Lufthansa AG
Flughafen-Bereich West
60546 Frankfurt am Main

Claudia Sterrer-Pichler
Leiterin der Abteilung I/7 (Controlling)
Bundesministerium für Finanzen
Himmelpfortgasse 4-8
A - 1010 Wien

Jens-Hermann Treuner
Ministerialrat als Mitglied des Bundesrechnungshofes
Bundesrechnungshof
Adenauerallee 81
53113 Bonn

Dr. Richard Watterott
Referent Internes Rechnungswesen
Robert Bosch GmbH
Postfach 10 60 50
70049 Stuttgart

Hans-Peter Züfle
Vorsitzender des Vorstandes
Zieglersche Anstalten e.V.
Saalplatz 4
88271 Wilhelmsdorf